电工与电子技术

主　编　姜凤利

副主编　丁　皓　杜　文　郑　伟

　　　　姚　萍　姚伟祥　冯　帅

参　编　黄　蕊

主　审　陈春玲

东北大学出版社

·沈　阳·

图书在版编目（CIP）数据

电工与电子技术 / 姜凤利主编. -- 沈阳 : 东北大学出版社，2024. 12. -- ISBN 978-7-5517-3724-1

Ⅰ. TM；TN

中国国家版本馆 CIP 数据核字第 2024B2Z277 号

出 版 者：东北大学出版社
地址：沈阳市和平区文化路三号巷 11 号
邮编：110819
电话：024-83683655（总编室）
024-83687331（营销部）
网址：http://press.neu.edu.cn
印 刷 者：辽宁一诺广告印务有限公司
发 行 者：东北大学出版社
幅面尺寸：185 mm×260 mm
印　　张：18.5
字　　数：416 千字
出版时间：2024 年 12 月第 1 版
印刷时间：2024 年 12 月第 1 次印刷
责任编辑：周　朦
责任校对：王　旭
封面设计：潘正一
责任出版：初　茗

ISBN 978-7-5517-3724-1　　定　价：48.00 元

前　言

电工与电子技术是本科非电类专业的技术基础课程，其主要任务是为学生学习专业基础知识和从事工程技术工作打下电工技术的理论基础，并掌握必要的基本技能。在科学技术飞速发展的信息时代，电工电子学科的发展日新月异。电工与电子技术作为非电类专业学生的技术基础课，应具备基础性、应用性和先进性。

通过多年的教学实践，我们对本书的内容体系进行了深入研究。本书从整体上可划分为四个模块：电路分析基础、变压器和电动机、模拟电子技术、数字电子技术。各模块之间既相互独立，又相互联系，教师可以根据专业需要和课程学时的不同而选择不同的模块，使之适应不同层次的教学需求。在本书编写过程中，我们总结和吸收了各院校教学及教学改革的有益经验，注重理论的系统性和实用性，对基本理论、基本定律、基本概念与基本分析方法做了详尽的阐述，并通过实例、例题和习题来说明理论的实际应用，以加深学生对理论的理解及掌握；同时，增加了新的知识和对一些问题的分析思路及解题方法，使之更适合组织教学和学生自学。本书中例题、习题丰富，图形、符号均采用最新国家标准。

为推动习近平新时代中国特色社会主义思想进教材、进课堂、进头脑，积极培养和践行社会主义核心价值观，充分彰显中华优秀传统文化，切实落实立德树人根本任务，本书中加入思政课堂内容，以展示中国在科技、工程和文化领域的卓越成就和深远影响，进而培养学生的民族自豪感、自强自立的价值观、自力更生与艰苦奋斗的创业精神及赶超先进的创新魄力。

本书包括 12 章。其中，第 1、2 章由姜凤利编写；第 3 章由姜凤利、黄蕊编写；第 4、5 章由杜文编写；第 6 章由郑伟编写；第 7、8 章由丁皓编写；第 9 章由姚伟祥编写；第 10、11 章由姚萍编写；第 12 章由冯帅编写。本书由陈春玲审定。

本书在编写过程中参考和引用了许多同人的优秀成果，在此对参考资料和成果的原作者表示衷心感谢。

由于编者水平和时间有限，本书中不足之处在所难免，恳请读者批评指正。

编　者

2024 年 9 月

目 录

模块1 电路分析基础

模块 2　变压器和电动机

模块 3　模拟电子技术

模块 1

电路分析基础

第 1 章　电路的基本概念和分析方法

本章从引入电路模型的概念开始，介绍电压和电流参考方向的概念，电压、电流关联与非关联参考方向的概念，以及判断元件吸收或发出功率的表达式和计算方法；介绍常用的二端元件电阻、电感、电容、独立电源、受控源等元件及其伏安特性；介绍基尔霍夫的两个定律，即基尔霍夫电流定律和基尔霍夫电压定律；介绍电阻电路的等效变换，包含电阻的等效变换及电源的等效变换。

1.1　电路和电路模型

电路是电流流通的路径，是为某种需要由若干电气元件按照一定方式组合起来的整体，主要用来实现能量的传输和转换或信号的传递和处理。

实际电路的形式和作用是多种多样的，但无论哪种电路，均离不开电源、负载和必要的中间环节这三个最基本的组成部分。电源是指提供电能的设备，如发电机、电池、信号源等；负载是指用电设备，如电灯、电动机、空调和冰箱等；中间环节是用作电源与负载相连接的设备，通常是一些连接导线、开关、接触器等辅助设备。

在对实际电路进行分析时，总是把构成电路的实际器件抽象成一些理想化的模型，这些理想化的模型叫作理想电路元件。理想电路元件是具有某种确定的电或磁特性的假想元件，理想电路元件及其组合可以反映出实际电路元件的电特性及电路的电磁现象。在本书中，后面所提到的电阻元件、电感元件、电容元件和电源元件等，若没有特殊说明，均表示理想电路元件，分别由相应的参数来描述，用规定的图形、符号来表示。这些元件在任何时刻对外界均不提供能量，因此又叫作无源元件。而有些元件对外界能够提供能量，这种元件称为有源元件。两种基本的有源元件是电压源和电流源。

电路元件有许多种，具有两个端钮的叫作二端元件，具有两个以上端钮的叫作多端元件。在任何时刻，从二端元件的某一端钮流入的电流必然等于从另一端钮流出的电流，并且两个端钮之间的电压值是完全确定的。同样，对于一个多端元件，在任一时刻，从任一端钮流入的电流值及任意两个端钮之间的电压值也都是完全确定的。

实际电路元件可以用理想电路元件或其组合来近似替代，从而构成与实际电路相对应的电路模型，也简称为电路。本书后面提及的电路一般均指这种电路模型，而非实际电路。

图 1.1(a)是简单的实际电路，这是一个由干电池和小灯泡并用两根连接导线组成的照明电路。其电路模型如图 1.1(b)所示。图 1.1(b)中，电阻元件 R 是小灯泡的电路模型，反映了将电能转换为热能和光能这一物理现象；干电池用电压源 U_S和电阻元件 R_0的串联组合作为模型，分别反映了电池内储化学能转换为电能及电池本身耗能的物理过程；连接导线用理想导线(其电阻为零)即线段表示。

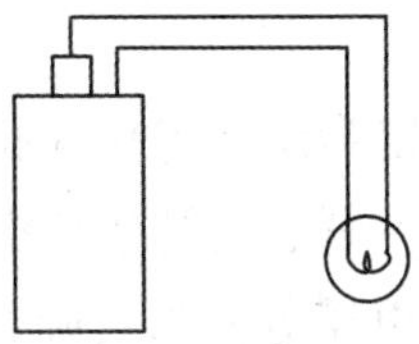

(a)

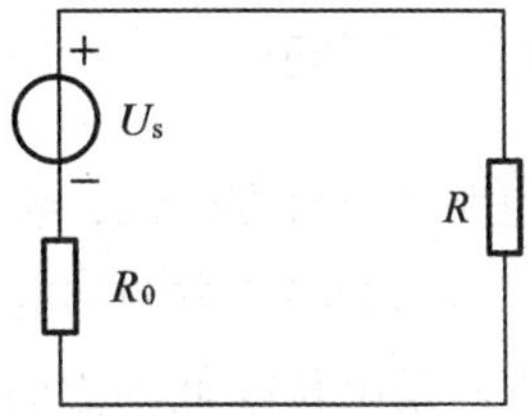

(b)

图 1.1　实际电路与电路模型示例

在研究电路时，还经常会遇到“网络”这个名称。通常，网络的含义是从拓扑学观点考察电路。一般在研究复杂的电路问题时，常把电路称为网络。而在研究比较简单或单一、具体的电路时，较多使用“电路”这个名称。

1.2　参考方向

1.2.1　电流的参考方向

当元器件中有电流通过，其流动方向总是从高电位一端流向低电位一端，这是电流流动的实际方向；或者当知道了电流流动的实际方向，也能判别出元器件两端的电位高低。然而，当分析较为复杂的电路时，往往很难知道电流的实际流动方向，特别是交流电路，由于电流的实际流动方向随时间变化，其实际流动方向难以在电路中标注。因此，引入“参考方向”的概念。参考方向又称正方向，它是分析和计算电路的基础。

电流的实际方向是指正电荷运动的方向或负电荷运动的反方向。电流的参考方向是指在分析与计算电路时，任意假定某一个电流的方向，当所假定的电流方向与实际方向一致时，则电流为正值($I>0$)；当所假定的电流方向与实际方向相反时，则电流为负值($I<0$)。由此可见，参考电流的值是一个代数量，有正负之分，只有其参考方向被假定后，电流值的正负才有意义。

电流的参考方向既可用箭头标注，也可用双下标表示。如 I_{ab}表示电流的参考方向是由 a 点流向 b 点。在电路图中所标注的电流方向，通常均为参考方向，它们的值是正还是负，与所假定的参考方向有关，如图 1.2 所示。

(a) $I>0$　　　　(b) $I<0$

图 1.2　电流的参考方向与正负值

1.2.2　电压的参考方向

电压在分析电路时也有方向性，电压的正方向规定为从高电位端指向低电位端，即电位降低的方向。电压的参考方向和电流的参考方向一样，也是任意指定的。在分析电路时，假定某一方向是电位降低的方向，当所假定的电压方向与实际方向一致时，则电压为正值($U>0$)；当所假定的电压方向与实际方向相反时，则电压为负值($U<0$)。因此，参考电压的值也是一个代数量，有正负之分，同样只有其参考方向被假定后，电压值的正负才有意义。

电压的参考方向除了可以用“+”“-”极性表示外，还可以用双下标表示。例如，a，b 两点间的电压 U_{ab}，它的参考方向是由 a 指向 b，即 a 点的参考极性为“+”，b 点的参考极性为“-”；若参考方向选为由 b 指向 a，则为 U_{ba}，且 $U_{ba}=-U_{ab}$。

在电路图中所标注的电压方向通常均为参考方向，它们的值是正还是负，与所假定的参考方向有关，如图 1.3 所示。

(a) $U>0$　　　　(b) $U<0$

图 1.3　电压的参考方向与正负值

1.2.3　电压、电流的关联参考方向

由于电流的参考方向和电压的参考方向的标注均具有任意性，所以在分析与计算电路时，有必要规定二者的参考方向且要取得一致，即电流的参考方向是从电压的“+”极性端流入、从“-”极性端流出，并称此时二者参考方向是关联的(或称负载惯例)，否则就是非关联的。

根据电路图上所选电压和电流参考方向的不同，在欧姆定律的表示式中可带有正号或负号。当电压和电流为关联参考方向时，$U=IR$ 或 $I=\frac{U}{R}$；而当二者取非关联参考方向时，$U=-IR$ 或 $I=-\frac{U}{R}$。参考方向的一致性如图 1.4 所示。

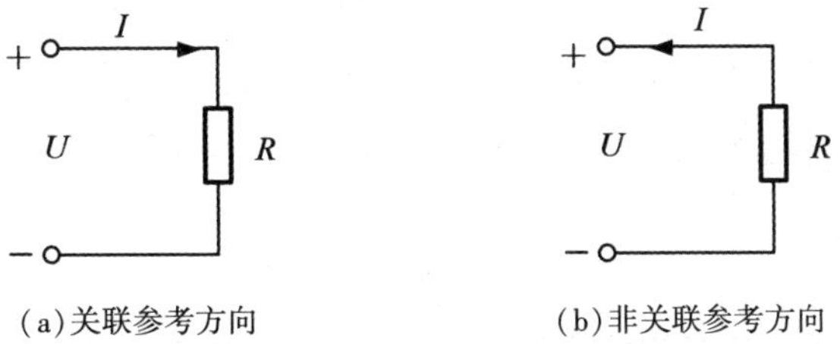

图 1.4　参考方向的一致性

【例 1.1】 求图 1.5 中所示电路的电流 I。

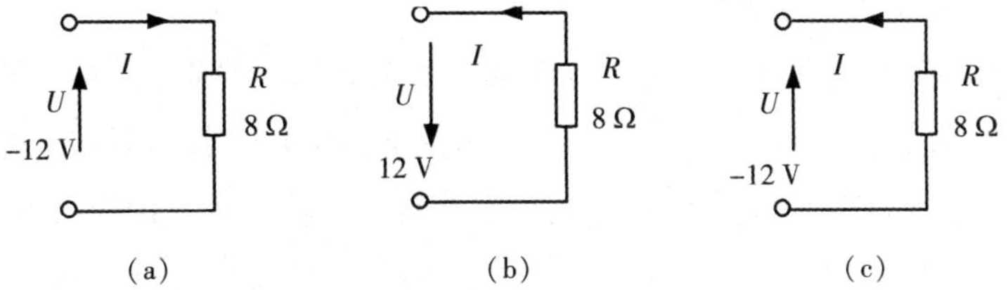

图 1.5　例 1.1 电路

解　在图 1.5(a)中，U，I 为非关联正方向，则电路 I 为

$$I=-\frac{U}{R}=-\frac{-12}{8}=1.5(\mathrm{A})$$

在图 1.5(b)中，U，I 为非关联正方向，则电流 I 为

$$I=-\frac{U}{R}=-\frac{12}{8}=-1.5(\mathrm{A})$$

在图 1.5(c)中，U，I 为关联正方向，则电流 I 为

$$I=\frac{U}{R}=\frac{-12}{8}=-1.5(\mathrm{A})$$

注意：公式的正负号与电路物理量本身的正负值不要相混淆。

电压、电流参考方向也可用于确定元件是吸收还是发出功率。

正电荷是从电路元件的电压“+”极，经元件移到电压“−”极，是电场力对电荷做功的结果，这时元件吸收能量。相反地，正电荷是从电路元件的电压“−”极，经元件移到电压“+”极，这时元件向外发出能量。电路元件吸收或发出能量相对时间的变化率就是电功率，有时简称为功率。

如果通过某电路元件的电流是 i，它两端的电压是 u，设二者的参考方向是关联的，那么根据电压的定义可知，当正电荷 $\mathrm{d}q$ 由 a 点移到 b 点时，这部分电路吸收的能量为

$$\mathrm{d}w=u\mathrm{d}q$$

又因

$$\mathrm{d}q=i\mathrm{d}t$$

故

$$dw=ui\,dt$$

这是这部分电路在时间 dt 内所吸收的电能。

在单位时间内这部分电路的电功率用字母 p 表示，可得

$$p=\frac{dw}{dt}=ui \tag{1.1}$$

在国际单位制中，电功率的单位是瓦特，简称瓦，用 W 表示。

式(1.1)中，p 是电路吸收的功率。即在关联参考方向下，$p=ui$；若电压和电流在非关联参考方向下，则 $p=-ui$。当 $p>0$ 时，表示这部分电路吸收(消耗)功率；当 $p<0$ 时，表示这部分电路发出(供给)功率。

此外，还可以先不考虑电压和电流参考方向的关联与非关联，计算出 $p=ui$ 的值。若电压和电流在关联参考方向下，当 $p>0$ 时，表示这部分电路吸收(消耗)功率；当 $p<0$ 时，表示这部分电路发出(供给)功率。若电压和电流在非关联参考方向下，当 $p>0$ 时，表示这部分电路发出(供给)功率；当 $p<0$ 时，表示这部分电路吸收(消耗)功率。

【例 1.2】 在图 1.6 中有两个电路元件，其电压均为 $U=32$ V，电流均为 $I=0.1$ A。判断两个电路元件在电路中是发出功率还是吸收功率。

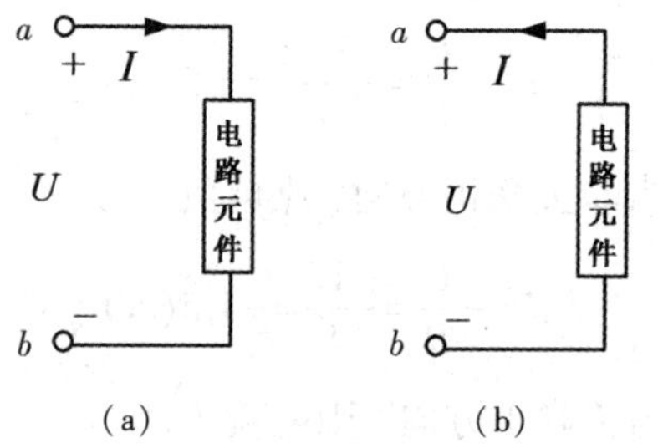

图 1.6 例 1.2 电路

解 方法 1：先考虑电压、电流的参考方向，图 1.6(a)中元件在关联参考方向下，即

$$P=UI=32\times0.1=3.2(\text{W})$$

其中，$P>0$ 表明元件吸收功率。

图 1.6(b)中元件在非关联参考方向下，即

$$P=-UI=-32\times0.1=-3.2(\text{W})$$

其中，$P<0$ 表明元件发出功率。

方法 2：先不考虑电压、电流的参考方向，计算 $P=UI=32\times0.1=3.2(\text{W})$。图 1.6(a)中元件在关联参考方向下，$P>0$ 表明元件吸收功率。图 1.6(b)中元件在非关联参考方向下，$P>0$ 表明元件发出功率。

1.3　电路元件

1.3.1　无源元件

(1)电阻元件。

电阻是反映能量消耗的电路元件。在电路理论中，电阻元件是用以模拟电阻器和其他实际部件电阻特性的。线性电阻元件是一个二端元件，其端电压与电流之间的关系服从欧姆定律，在关联参考方向下，电阻元件如图 1.7(a)所示，其 u，i 关系为

$$u=Ri \tag{1.2}$$

(a)关联　　(b)非关联

图 1.7　电阻元件

R 称为元件的电阻，其单位为欧姆，简称欧，用 Ω 表示。

令 $G=\dfrac{1}{R}$，则式(1.2)变为

$$i=Gu \tag{1.3}$$

式中，G 称为电阻元件的电导，其单位为西门子，简称西，用 S 表示。

式(1.2)是电阻元件的电压和电流在关联参考方向下而得到的，若电阻元件的电压和电流在非关联参考方向下[见图 1.7(b)]，则欧姆定律应写成

$$u=-Ri \text{ 或 } i=-Gu \tag{1.4}$$

由此可见，当参考方向不同时，公式是不同的，这一点读者应特别注意。

如果把电阻元件的电压取为纵坐标(或横坐标)、电流取为横坐标(或纵坐标)，对应一系列的电压和电流值后，就得到一条代表电流与电压之间的函数关系曲线，这种曲线叫作电阻元件的伏安特性曲线，简称伏安特性，如图 1.8 所示。线性电阻元件的伏安特性是通过坐标原点的一条直线，其电阻值可由它的伏安特性的斜率来确定，是一个常数，即

$$R=\frac{u}{i}=\frac{m_u}{m_i}\tan\alpha \tag{1.5}$$

式中，m_u，m_i 分别为电压和电流在 u—i 平面坐标上的比例尺；α 为伏安特性直线与电压轴间的夹角。

在电压和电流的关联参考方向下，任何时刻线性电阻元件吸收的电功率可按式(1.6)计算：

$$p=ui=Ri^2=Gu^2 \tag{1.6}$$

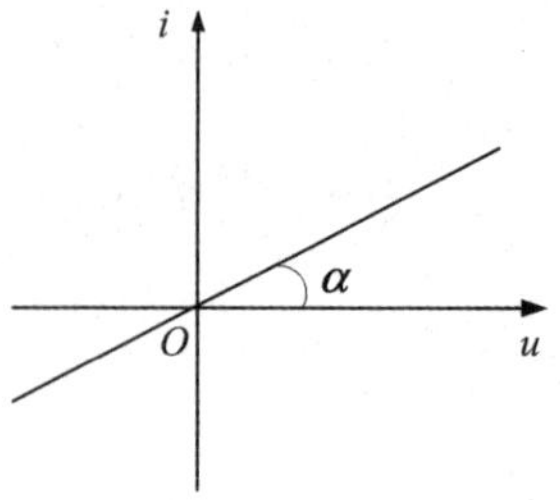

图 1.8　电阻元件的伏安特性

因电阻 R、电导 G 的值为正实常量，所以功率 p 恒为非负值。这说明任何时刻电阻元件吸收的电能全部转换成其他形式的能量并被加以利用或损耗掉。因此，线性电阻元件不仅是无源元件，而且是耗能元件。

由欧姆定律还可以看出，任一时刻电阻的电压仅与该时刻的电流有关，而与该时刻以前的电流无关。这就是说，电阻的电压(或电流)不能“记忆”前一时刻电流(或电压)在电阻上所起的作用，所以电阻又是无记忆元件。

与线性电阻元件不同，非线性电阻元件的伏安特性不是一条通过原点的直线，如二极管的伏安特性。因元件上电压和元件电流间不服从欧姆定律，且元件的电阻将随电压或电流的改变而改变，所以不能再用一个参数 R 或 G 来表示，只能通过它的伏安特性来描述。

若电阻元件的伏安特性不随时间改变，则称为非时变电阻元件；反之，若电阻元件的伏安特性随时间改变，则称为时变电阻元件。

(2)电感元件。

线性电感元件是一个二端理想元件，它是用导线绕制而成的线圈的电路模型。当忽略导线电阻时，便成了理想的电感元件。如图 1.9(a)所示，下面研究其中电压 u 和电流 i 的关系。

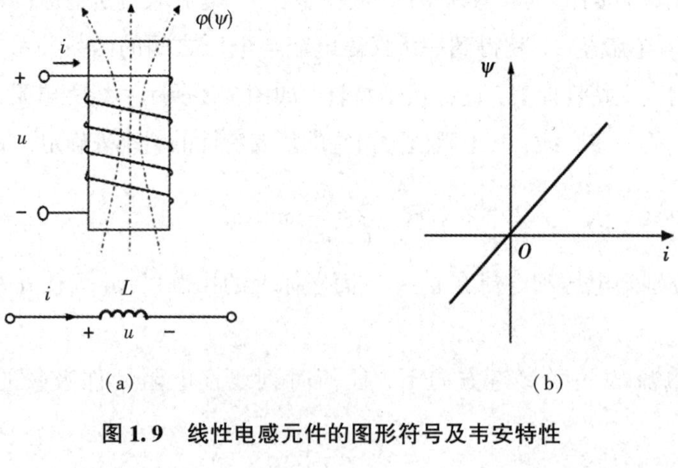

图 1.9　线性电感元件的图形符号及韦安特性

线圈中通以电流之后，在元件内部将产生磁通 φ_L，若磁通 φ_L 与线圈 N 匝都交链，则磁通链为

$$\psi_L = N\varphi_L \tag{1.7}$$

φ_L 和 ψ_L 均由线圈本身的电流所产生，所以称其为自感磁通和自感磁通链，在国际单位制中，磁通和磁通链的单位是韦伯，用 Wb 表示。

当选定磁通 φ_L 和磁通链 ψ_L 的参考方向与电流 i 的参考方向之间满足右手螺旋定则时，则有

$$\psi_L = Li \tag{1.8}$$

式中，L 称为该元件的自感或电感，其单位是亨利，简称亨，用 H 表示，有时还采用毫亨(mH)、微亨(μH)作为自感的单位。

在直角坐标系中，以电感元件的自感磁通链 ψ_L为纵坐标(或横坐标)、电流 i 为横坐标(或纵坐标)，对应一系列的自感磁通链和电流值后，就得到一条代表自感磁通链与电流之间的函数关系曲线，这种曲线叫作电感的韦安特性曲线，简称韦安特性。线性电感元件的韦安特性是一条通过坐标原点的直线，如图 1.9(b)所示。线性电感的电感值可由它的韦安特性的斜率来确定，是一个常数。

当电感元件中电流 i 随时间变化时，磁通链 ψ_L也随之而改变，元件两端感应有电压，此感应电压等于磁通链的变化率。在电压和电流的关联参考方向下，电压的参考方向与磁通链的参考方向为右手螺旋关系，如图 1.9(a)所示。根据楞次定律，感应电压为

$$u = \frac{d\psi_L}{dt} \tag{1.9}$$

将式(1.8)代入式(1.9)，得

$$u = L\frac{di}{dt} \tag{1.10}$$

式(1.10)表明，任何时刻，线性电感元件上的端电压不是与电流 i 成正比，而是与电流 i 对时间的变化率$\frac{di}{dt}$成正比。电流变化快，感应电压高；电流变化慢，感应电压低。在恒定电流(直流)情况下，由于电流恒定不变，端电压等于零，电感呈短路状态。

在电压和电流的关联参考方向下，电感元件中的电流也可以表示为电压的函数，对式(1.10)积分可得

$$\begin{aligned} i(t) &= \frac{1}{L}\int_{-\infty}^{t} u(\xi)\,d\xi = \frac{1}{L}\int_{-\infty}^{t_0} u(\xi)\,d\xi + \frac{1}{L}\int_{t_0}^{t} u(\xi)\,d\xi \\ &= i(t_0) + \frac{1}{L}\int_{t_0}^{t} u(\xi)\,d\xi \end{aligned} \tag{1.11}$$

式(1.11)说明，电感电流在某时刻 t 的量值取决于初始值 $i(t_0)$和从 t_0到 t 时刻为止的所有电压值。由此可见，电感是一种记忆元件。

下面从能量的角度进行分析。在图 1.9(a)所示的关联参考方向下，线性电感元件吸收的瞬时功率为

$$p=ui=Li\frac{\mathrm{d}i}{\mathrm{d}t} \tag{1.12}$$

从 t_0 到 t 时间内，电感元件吸收的电能为

$$\begin{aligned} W_{\mathrm{L}} &= \int_{t_0}^{t} u(\xi)i(\xi)\mathrm{d}\xi = \int_{t_0}^{t} Li(\xi)\frac{\mathrm{d}i(\xi)}{\mathrm{d}\xi}\mathrm{d}\xi \\ &= L\int_{i(t_0)}^{i(t)} i(\xi)\mathrm{d}i(\xi) = \frac{1}{2}Li^2(t) - \frac{1}{2}Li^2(t_0) \end{aligned} \tag{1.13}$$

如果选取 t_0 为电流等于零的时刻，即 $I(t_0)=0$，则式(1.13)变为

$$W_{\mathrm{L}}=\frac{1}{2}Li^2(t)\geqslant 0 \tag{1.14}$$

这意味着电感元件对外电路不提供能量，因而它是无源元件。

由式(1.12)和式(1.13)可知，由于 $\frac{\mathrm{d}i}{\mathrm{d}t}$ 既可以大于零，也可以小于零，因而瞬时功率 p 可正可负。当 $p>0$ 时，电感吸收能量，并转换成磁场能量储存在磁场中；当 $p<0$ 时，电感释放磁场能量，并转换成电能送回电源。可见，电感元件并不消耗能量，而是“吞吐”能量，所以它是一种储能元件。

空心线圈可以用线性电感元件来表征其储存磁场能量的特性。由于空心线圈的电感一般不大，而线圈导线电阻的损耗有时不可忽略，故往往用线性电阻元件和线性电感元件的串联组合作为空心线圈的模型。

非线性电感元件的韦安特性曲线不是一条通过 $\psi—i$ 坐标原点的直线。非线性电感元件的典型例子就是具有铁芯的线圈。在线圈中放入铁芯后，一般电感就不再是常数。不过，如果铁芯中含有较大的空气隙，或者在铁磁材料的非饱和状态下工作，那么韦安特性仍近似线性。所以，在这种情况下，铁芯线圈可以当作线性电感元件来处理。

(3)电容元件。

电容器是储存电场能量的电路元件，其主要参数就是电容。然而，电容不仅仅是电容器的参数，在实际电路中，到处都有分布电容。例如，线圈的分布电容和传输线的线间分布电容等。这些分布电容的作用在低频或短线条件下并不明显，但在高频或长线条件下将成为影响实际电路性能的重要因素。

在电路理论中，为了模拟电容器和其他实际部件的电容特性，引入了电容元件。实际电容器是由两块金属板及板间隔中不同的介质(如云母、绝缘纸、电解质等)所组成的。加上电源后，极板上分别聚集等量异性的电荷，在介质中建立起电场，并储存电场能量；电源移去后，电荷仍可以继续聚集在极板上，电场继续存在。

线性电容元件在电路中的图形符号如图 1.10(a)所示。图中，$+q$ 和 $-q$ 是该元件正、负极板上的电荷量。当电容元件上电压的参考方向规定为由正极板指向负极板时，则任

何时刻正极板上的电荷 q 与两极板间的电压 u 有如下关系：

$$q=Cu \tag{1.15}$$

式中，C 称为元件的电容，单位为法拉，简称法，用 F 表示，有时还采用 μF(10^{-6}F) 和 pF (10^{-12}F) 作为电容的单位。

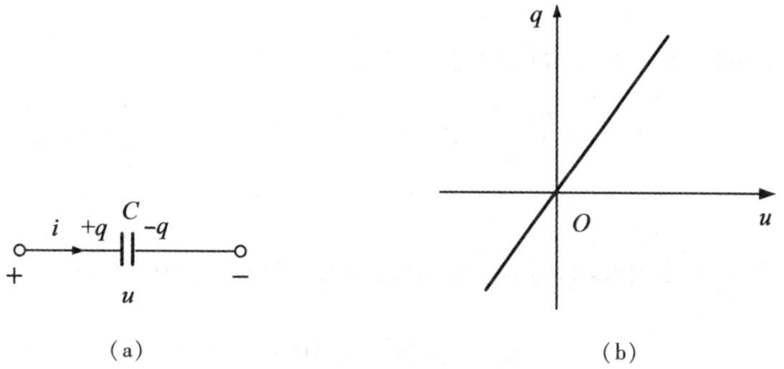

图 1.10　电容元件符号及库伏特性曲线

在直角坐标系中，以电容元件的电荷 q 为纵坐标(或横坐标)、电压 u 为横坐标(或纵坐标)，对应一系列的电荷和电压值后，就得到一条代表电荷与电压之间函数关系的曲线，这条曲线叫作电容的库伏特性曲线，简称库伏特性。线性电容的库伏特性是一条通过坐标原点的直线，如图 1.10(b)所示。其电容可由它的库伏特性的斜率来确定，是一个常数。

当极板间电压 u 变化时，极板上电荷也随之变化，于是电容器电路中出现电流。当电压与电流在关联参考方向[见图 1.10(a)]下时，电流为

$$i=\frac{\mathrm{d}q}{\mathrm{d}t} \tag{1.16}$$

把式(1.15)代入式(1.16)，得

$$i=C\frac{\mathrm{d}u}{\mathrm{d}t} \tag{1.17}$$

式(1.17)说明，在任何时刻，线性电容元件中的电流与其两端电压对时间的变化率成正比。当元件上电压发生剧变$\left(\text{即}\frac{\mathrm{d}u}{\mathrm{d}t}\text{很大}\right)$时，电流也很大；当电压不随时间变化时，电流为零。在直流情况下，由于电压恒定不变，电流为零，电容呈开路状态。

电压 $u(t)$ 也可表示成电流 $i(t)$ 的函数，对式(1.17)两边积分，可得

$$\begin{aligned} u(t) &= \frac{1}{C}\int_{-\infty}^{t} i(\xi)\,\mathrm{d}\xi \\ &= \frac{1}{C}\int_{-\infty}^{t_0} i(\xi) + \frac{1}{C}\int_{t_0}^{t} i(\xi)\,\mathrm{d}\xi \\ &= u(t_0) + \frac{1}{C}\int_{t_0}^{t} i(\xi)\,\mathrm{d}\xi \end{aligned} \tag{1.18}$$

式(1.18)表明，某时刻电容元件的电压 $u(t)$ 不仅取决于 $[t_0, t]$ 时间间隔内的所有电流值，而且与初始电压 $u(t_0)$ 有关。这说明电容也是一种记忆元件。

当电压、电流在关联参考方向[见图1.10(a)]下时，线性电容元件吸收的功率为

$$p = ui = Cu\frac{\mathrm{d}u}{\mathrm{d}t} \tag{1.19}$$

从 t_0 到 t 时间内，电容元件吸收的电能为

$$W_C = \int_{t_0}^{t} u(\xi)i(\xi)\mathrm{d}\xi = \int_{t_0}^{t} Cu(\xi)\frac{\mathrm{d}u(\xi)}{\mathrm{d}\xi}\mathrm{d}\xi = C\int_{u(t_0)}^{u(t)} u(\xi)\mathrm{d}u(\xi) = \frac{1}{2}Cu^2(t) - \frac{1}{2}Cu^2(t_0) \tag{1.20}$$

如果选取 t_0 为电压等于零的时刻，即 $u(t_0)=0$，则式(1.20)变为

$$W_C = \frac{1}{2}Cu^2(t) \geqslant 0 \tag{1.21}$$

式(1.21)说明，电容元件对外电路不提供能量，因而它是无源元件。

从式(1.19)和式(1.20)可推出：随 $\frac{\mathrm{d}u}{\mathrm{d}t}>0$ 或 $\frac{\mathrm{d}u}{\mathrm{d}t}<0$，瞬时功率可正可负。这意味着，$p>0$ 时，电容吸收能量，并全部转换成电场能量储存起来；$p<0$ 时，电容元件释放电场能量。可见，电容元件也不消耗能量，而与电感元件相似，起能量“吞吐”作用。因而，电容元件是另一种储能元件，它与电感元件的差别在于电容元件储存的是电场能量而不是磁场能量。

1.3.2 有源元件

凡发出电压或电流、向外界提供电能的元件，都是有源元件，如电源。常用的电源有各类电池、发电机和各种信号源。电源中，能够独立地向外电路提供电能的电源称为独立电源；不能独立地向外电路提供电能的电源称为非独立电源，又称受控源。本节主要介绍独立源，它包括理想电压源和理想电流源。

(1)理想电压源(恒压源)。

电压源是一个二端元件，其输出电压恒定不变，是指其输出电压为给定数值或为给定的时间函数，分别代表直流电压源和交流电压源。其端电压 U_S 由电源本身确定，而与流过电压源的电流无关，也与外接电路无关，但其输出电流 I 及输出功率由外电路决定。交流电压源在本书第2章详细讲解。理想电压源的图形符号如图1.11(a)所示。元件的 $U—I$ 关系称为伏安特性或外特性，表示 $U—I$ 关系的图形称为伏安特性曲线。直流电压源的伏安特性如图1.11(b)所示。例如，当电源设备对外电路提供电能时，若其本身的功率损耗可以忽略不计时，就可近似认为该电源为理想电源，它的特性可抽象为理想电源元件。

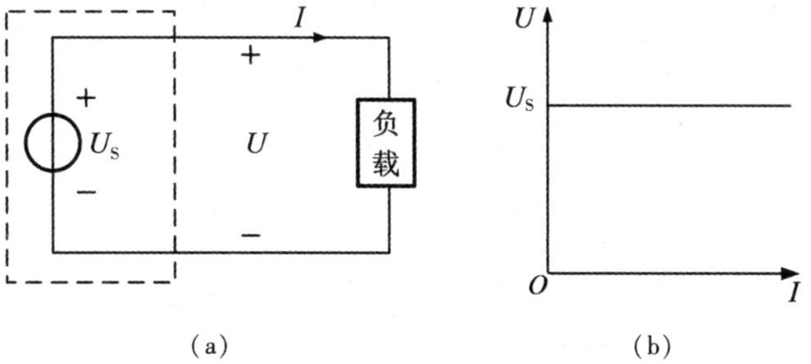

图 1.11　理想电压源及其伏安特性

(2)理想电流源(恒流源)。

电流源也是一个二端元件，其输出电流恒定不变，是指其输出电流为给定数值或为给定的时间函数，即分别代表直流电流源和交流电流源。其电流 I_S 由电源本身确定，而与电源两端的电压无关，也与外接电路无关，但它的端电压及功率由其所连接的外电路决定。直流电流源图形符号及其伏安特性曲线如图 1.12 所示。

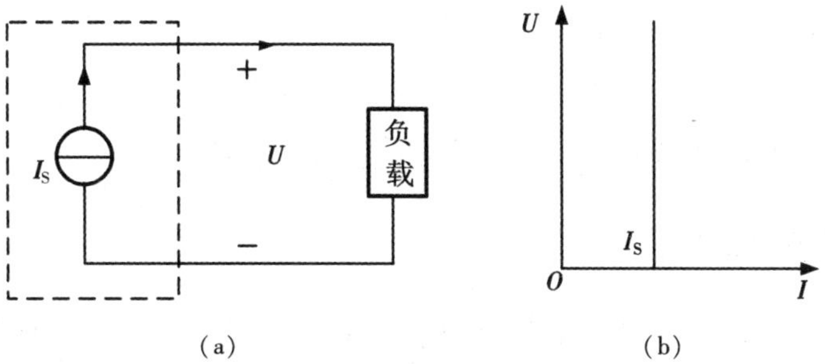

图 1.12　理想电流源及其伏安特性

1.4　基尔霍夫定律

基尔霍夫定律是电路中的基本定律，不仅适用于直流电路，也适用于交流电路。它包括基尔霍夫电流定律和基尔霍夫电压定律。

1.4.1　相关概念

基尔霍夫定律所阐明的是电路中电流和电压遵循的基本规律，是分析和计算电路问题的基础，具有十分重要的意义。在叙述基尔霍夫定律之前，以图 1.13 为例，先介绍四个基本概念。

(1)支路。

电路中一个或若干个元件串联而成的一段电路叫支路。如图 1.13 中有 5 条支路，其中有的支路含有电源，称为有源支路；有的支路不含电源，称为无源支路。

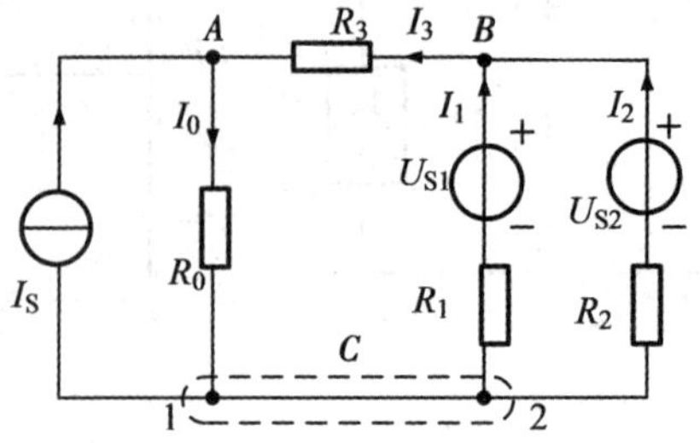

图 1.13　电路举例(KCL)

(2)节点。

电路中 3 条或 3 条以上支路的连接点称为节点。图 1.13 中的 A，B 都是节点，而 1，2 两点是等电位点，从电的性质上看，它们就是 1 个点，故在图中用虚线标出，表示 1 个节点。因此，图 1.13 所示电路中共有 3 个节点。

(3)回路。

由若干支路所组成的闭合路径称为回路。图 1.13 中共有 6 个回路。

(4)网孔。

内部不含有支路的回路称为网孔。图 1.13 中共有 3 个网孔。

1.4.2　基尔霍夫电流定律

基尔霍夫电流定律(KCL)，即任一时刻，对电路中的任一节点，所有支路电流的代数和恒等于零。其数学表达式为

$$\sum i(t) = 0 \tag{1.22}$$

式(1.22)称为节点的电流方程。下面以图 1.13 电路中的节点 B 为例，如果规定电流流入为正、流出为负，列出节点的电流方程：

$$I_1+I_2-I_3=0 \tag{1.23}$$

式(1.23)还可以写成

$$I_1+I_2=I_3 \tag{1.24}$$

由此可见，基尔霍夫电流定律的另一种说法是：任一时刻，流入任一节点的电流总和必定等于这个节点流出的电流总和。这叫作电流的连续性，用数学式表达为

$$\sum i_{出} = \sum i_{入} \tag{1.25}$$

在应用基尔霍夫电流定律时，需要做以下两点说明。

①在应用基尔霍夫电流定律进行计算时，首先应假设各支路电流的参考方向。

②基尔霍夫电流定律不仅适用于节点，也可以推广适用于电路中任一假设的封闭面。即在任一时刻，电路中任一封闭面上各支路电流的代数和恒等于零，这种假设的封

闭面所包围的区域叫作电路的广义节点。

如图 1.14(a)所示，封闭面 S 内有 3 个节点①②③。在这 3 个节点处，分别有

$$i_A=i_1-i_3 \tag{1.26}$$

$$i_B=i_2-i_1 \tag{1.27}$$

$$i_C=i_3-i_2 \tag{1.28}$$

将式(1.26)、式(1.27)和式(1.28)相加，可得

$$i_A+i_B+i_C=0 \tag{1.29}$$

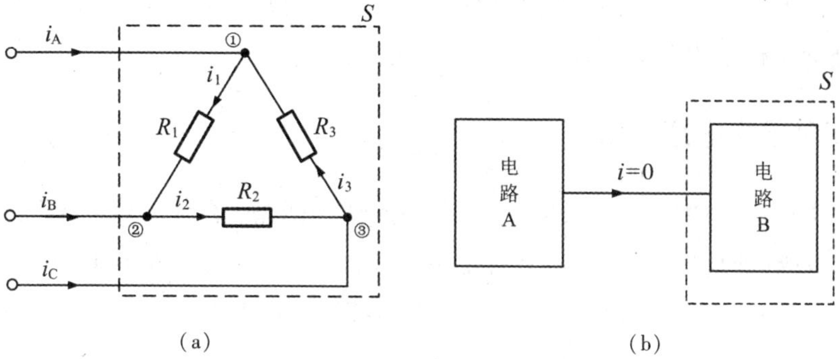

图 1.14　基尔霍夫电流定律的推广

如图 1.14(b)所示，电路 A 和电路 B 之间有一条导线相连，作一封闭面 S 包围电路 B，由基尔霍夫电流定律可得流过导线的电流必然为零。因此，得出一个重要结论：电流只能在闭合的电路内流通。

基尔霍夫电流定律与各支路元件的性质无关。因此，无论是线性电路还是非线性电路，该定律都有普遍的适用性。

【例 1.3】　计算如图 1.15(a)所示电路的电流 I。

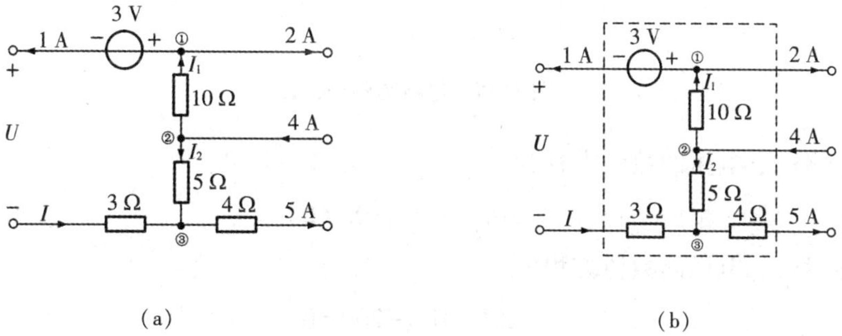

图 1.15　例 1.3 电路

解　方法 1：电路有 3 个节点①②③。

对节点①应用 KCL 得

$$I_1=1+2=3(\text{A})$$

对节点②应用 KCL 得

$$I_2=4-I_1=1(\text{A})$$

对节点③应用 KCL 得

$$I=5-I_2=4(\text{A})$$

方法 2：如图 1.15(b)所示，对于虚线包围的封闭面应用 KCL，有

$$I+4=1+2+5$$

$$I=4(\text{A})$$

由此可知，虽然将 KCL 应用于节点和包围部分电路(含几个节点)的任意封闭面的两种计算方法的计算结果一样，但是方法 2 更简便。因此，应用 KCL 分析电路时，应注意根据电路的结构采用合适的方法。

1.4.3 基尔霍夫电压定律

基尔霍夫电压定律(KVL)，即对于电路中的任一回路，在任一瞬间沿该回路任意绕行方向，则组成该回路的各段支路上的元件电压的代数和为零。可任意选择顺时针或逆时针作为回路绕行方向，各元件电压的正、负与绕行方向有关。一般规定当元件电压的方向与所选的回路绕行方向一致时为正，反之为负。其数学表达式为

$$\sum u(t)=0 \tag{1.30}$$

式(1.30)称为回路的电压方程。下面以图 1.16 电路为例，列出相应回路的电压方程。注意：当选择了某一个回路时，在回路内画一个环绕箭头，表示选择回路的绕行方向。在图 1.16 中，在两个网孔中分别选择了顺时针和逆时针的绕行方向。

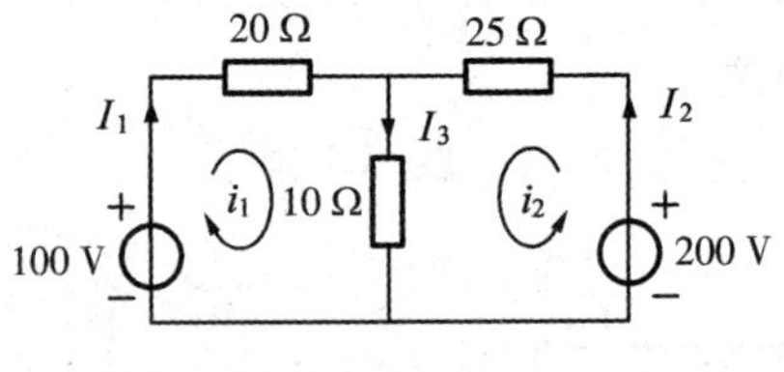

图 1.16 电路图例(KVL)

对于回路 1，电压的数值方程为

$$20I_1+10I_3-100=0 \tag{1.31}$$

对于回路 2，电压的数值方程为

$$25I_2+10I_3-200=0 \tag{1.32}$$

式(1.32)也可写为

$$25I_2+10I_3=200 \tag{1.33}$$

其意义为，在直流电路里，基尔霍夫电压定律又可以表述为回路中电阻的电压之和(代数和)等于回路中的电压源电压之和(代数和)，即

$$\sum RI=\sum U_S \tag{1.34}$$

注意：此时，式(1.34)等号右侧的 U_S 的方向与所选的回路绕行方向相反时为正，反之为负。

应用基尔霍夫电压定律时，首先要标出电路各元件电流、电压的参考方向。列电压方程时，一般约定电阻的电流方向和电压方向一致。

基尔霍夫电压定律不仅适用于闭合电路，也可推广到结构不闭合的回路。

1.5　电源的等效变换

如果构成电路的无源元件均为线性电阻，那么称该电路为线性电阻电路。本节讲解电阻电路的分析与计算，并着重介绍等效变换的概念。

在电路理论中广泛应用等效变换的概念。这里所说的等效变换，是指将电路中的某一部分用另一种电路结构与元件参数代替后，不影响原来电路中未做变换的任何一条支路中的电压和电流。这种方法的引入为线性电路的分析提供了方便。

1.5.1　电阻的等效变换

在电路中，最简单又最常见的是电路的串联和并联。对 n 个串联的电阻元件(如图 1.17 所示)，每个电阻中的电流为同一电流 i，可以运用等效变换的概念，用一个等效电阻来替代，即

$$u=u_1+u_2+\cdots+u_n=i(R_1+R_2+\cdots+R_n)=iR_{eq} \tag{1.35}$$

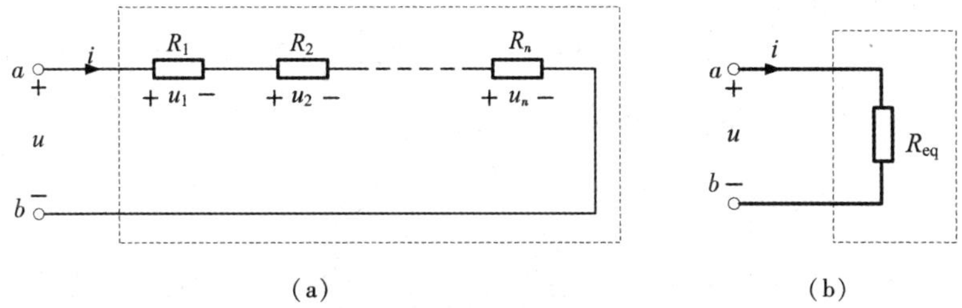

图 1.17　电阻的串联

等效电阻与串联的各电阻之间的关系为

$$R_{eq}=\sum_{i=1}^{n}R_i \tag{1.36}$$

也就是说，串联电路的等效电阻等于各串联电阻之和。而串联电阻中的每个电阻上的电压与该电阻的阻值成正比。或者说，总电压根据各个串联电阻的阻值进行分配，即

$$U_k=\frac{R_k}{R_{eq}}u\quad(k=1,2,\cdots,n) \tag{1.37}$$

式(1.37)称为电压分配公式，或称为分压公式。

对 n 个并联的电阻元件(如图 1.18 所示)，有

$$i=i_1+i_2+\cdots+i_n=u(G_1+G_2+\cdots+G_n)=uG_{eq} \tag{1.38}$$

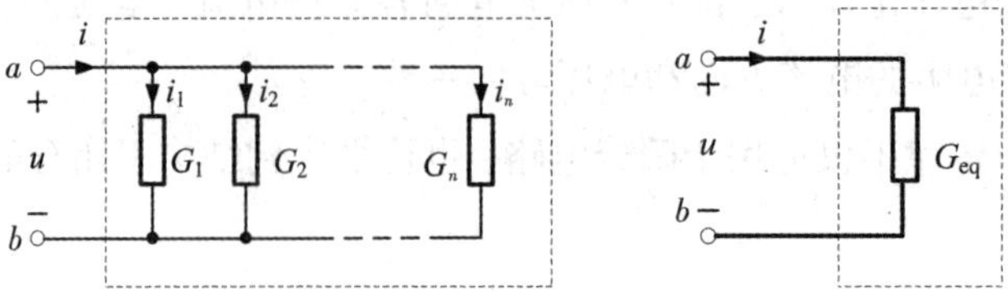

(a)　　　　(b)

图 1.18　电阻的并联

同样，可用等效电导来替代，即

$$G_{eq}=\frac{1}{R_{eq}}=\sum_{i=1}^{n}\frac{1}{R_i} \tag{1.39}$$

而各个并联电阻中的电流与它们各自的电导值成正比，即

$$i_k=\frac{G_k}{G_{eq}}i\quad(k=1,\ 2,\ \cdots,\ n) \tag{1.40}$$

式(1.40)称为电流分配公式，或称为分流公式。

若电路中既有电阻的串联，又有电阻的并联，可运用相同的方法把它简化成一个等效电阻，所以电阻混联电路虽然支路较多，但仍属于简单电路。

1.5.2　电源的等效变换

(1)电源的串联和并联。

当多个恒压源串联并向外电路提供电能时，可用一个恒压源等效代替，如图 1.19 所示。等效恒压源的电压 U_S 等于各串联恒压源电压的代数和，即

$$U_S=U_{S1}+U_{S2}+\cdots+U_{Sn} \tag{1.41}$$

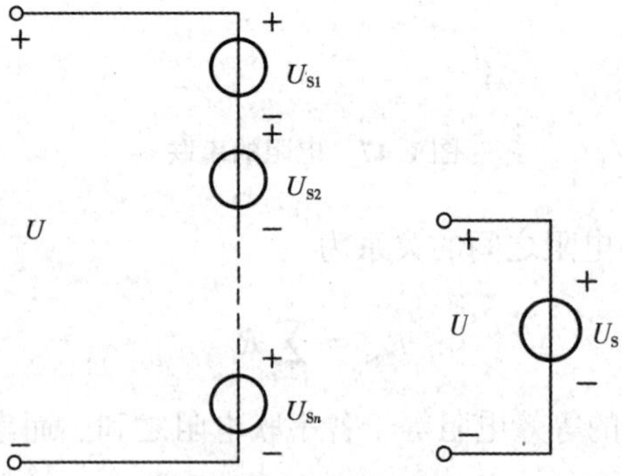

(a)　　　　(b)

图 1.19　恒压源的串联

与等效恒压源电压 U_S 的参考方向相反的各恒压源的电压应取负值。

当多个恒流源并联时，亦可用一个恒流源来等效替代，如图 1.20 所示。等效恒流源的电流 I_S等于各并联恒流源的代数和，即

$$I_S = I_{S1} + I_{S2} + \cdots + I_{Sn} \tag{1.42}$$

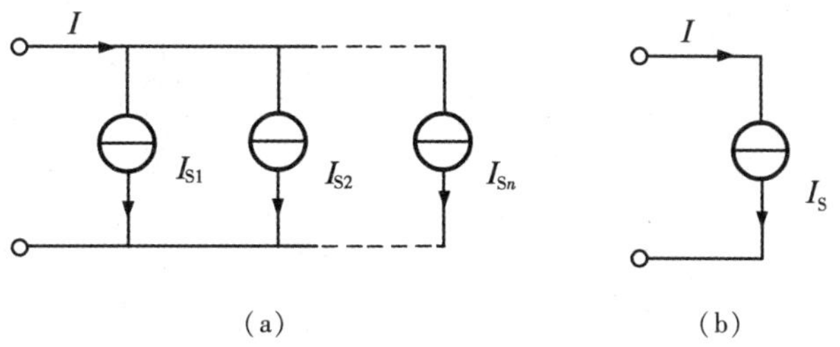

图 1.20　恒流源的并联

与等效恒流源电流 I_S的参考方向相反的各并联恒流源的电流应取负值。

以上两种等效是对电源以外的电路的等效变换，即电源向外电路提供的电压和电流不变，对电源的内部并不等效。在本书中，如不特别说明，则下文提到的电压源均为理想电压源(恒压源)、电流源均为理想电流源(恒流源)。

电源等效变换过程中，有几种特殊情况应该注意。

①只有电压相等的电压源才允许并联，只有电流相等的电流源才允许串联。

②一个电压源与若干电路元件并联，对外仍等效为一个电压源，即与电压源并联的元件在等效过程中视为开路。因为无论电压源外部并联多少元件，都不会影响其端电压的大小。如图 1.21(a)所示电路，对外电路而言可以等效成图 1.21(b)所示电路。

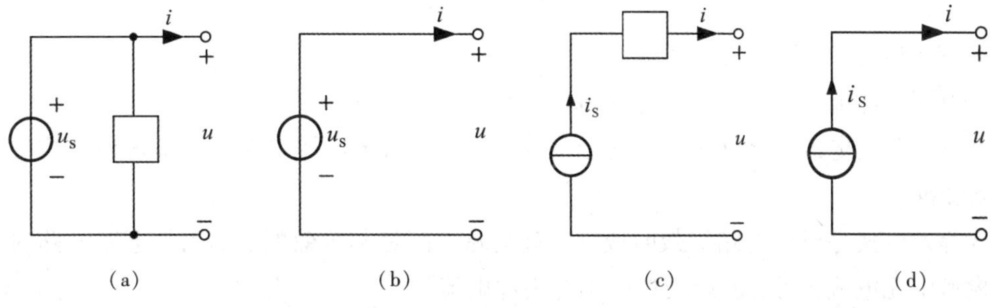

图 1.21　电压源并联元件和电流源串联元件

③一个电流源与若干电路元件串联，对外仍等效为一个电流源，即与电流源串联的元件在等效过程中视为短路。因为无论与电流源串联多少元件，都不会改变其输出电流的大小。如图 1.21(c)所示电路，对外电路而言可以等效成图 1.21(d)所示电路。

(2)电压源电路与电流源电路的等效变换。

任何一个电源设备(如电池或发电机)都能输出恒定电压，但如果其内部存在一定的损耗时，应用一个电压源和一个电阻串联的电路来表示这个电源，该电路称为电压源电路，如图 1.22(a)所示。图中，U 为电源端电压，I 为输出电流，U_S是电压源电压，R_0是

电源内阻。它们之间的关系可以根据基尔霍夫电压定律确定，其电路方程式为 $U=U_S-IR_0$，伏安特性曲线如图 1.22(b)所示。

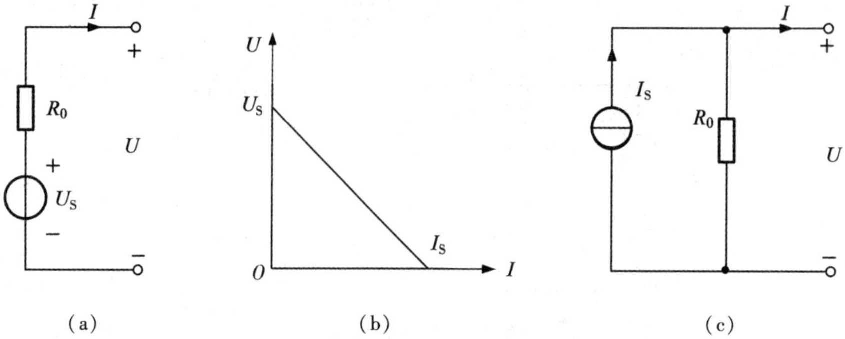

图 1.22　电压源电路与电流源电路的等效变换

如果一个电源(如光电池)能提供恒定电流，但其内损耗不能忽略时，可用一个电流源和一个电阻的并联电路来表示，这个电路称为电流源电路，如图 1.22(c)所示。图中，I_S为电流源。根据基尔霍夫电流定律，确定电路方程式为 $I=I_S-\dfrac{U}{R_0}$，其伏安特性曲线如图 1.22(b)所示。

实际电源既可以模拟为电压源 U_S和内阻 R_0串联的形式，也可以模拟为电流源 I_S和内阻 R_0并联的形式。如果是同一个实际电源，那么这两种形式所反映的外特性是相同的，所以这两种形式之间必然可以对外电路进行等效变换，等效条件为：$U_S=I_SR_0$，$I_S=\dfrac{U_S}{R_0}$，且两种电源模型的内阻相等，只是连接方式不同。

等效变换时，应注意以下问题：

①电流源的电流流出端应与电压源的正极端相对应；

②电压源与电流源之间不存在等效变换关系，只有电压源电路与电流源电路之间才能等效变换；

③等效变换是对外电路等效时成立，对电源内部是不等效的，如当外电路开路时电压源模型中无电流，而电流源模型中仍有内部电流。

【例 1.4】　求图 1.23(a)中的端电压 U_{ab}。

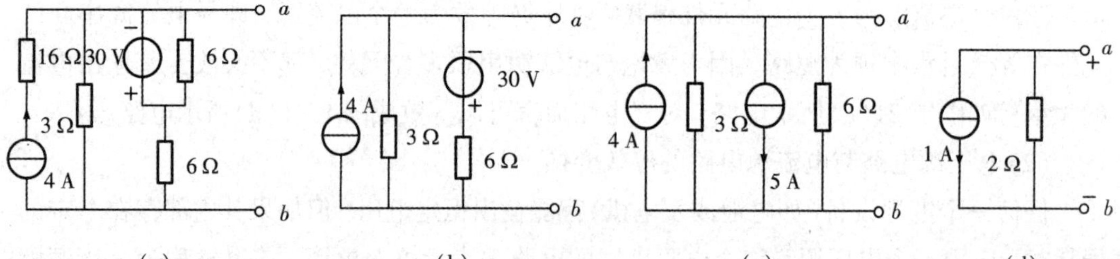

图 1.23　例 1.4 电路

解　从电源模型角度分析，与电压源串联的电阻及与电流源并联的电阻才相当于电源的内阻。在图 1.23(a)中，与 30 V 电压源并联的 6 Ω 电阻并非它的内阻。因为这个并联电阻的大小及存在与否，并不影响其本身的端电压，其值恒为 30 V，因此这个电阻可以去掉。

同样，图 1.23(a)中 16 Ω 这个电阻也可以去掉。这样，图 1.23(a)可以等效为图 1.23(b)。再将图 1.23(b)中 30 V 的电压源与 6 Ω 电阻的串联视作电压源并且等效变换成电流源，则得到图 1.23(c)，其中激励电流 $I_{S1}=\dfrac{30}{6}=5(\mathrm{A})$。合并图 1.23(c)中的电流源，并将并联电阻化为等效电阻，则得到图 1.23(d)，所以

$$U_{ab}=-(1\times2)=-2(\mathrm{V})$$

【例 1.5】　试用电压源电路与电流源电路等效变换的方法计算图 1.24(a)中电阻 1 Ω 两端的电压 U。

解　将 1.24(a)所示电路等效变换为图 1.24(b)，可得

$$I\times(1+2)+5-20=0$$

$$I=\frac{20-5}{3}=5(\mathrm{A})$$

$$U=I\times1=5(\mathrm{V})$$

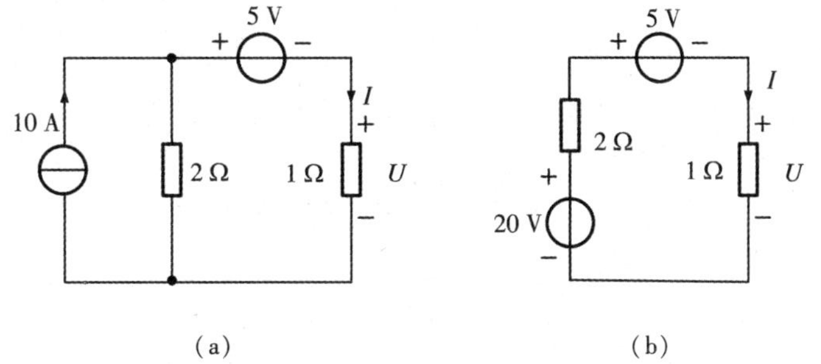

图 1.24　例 1.5 电路

【例 1.6】　求图 1.25(a)所示电路中的电流 I。

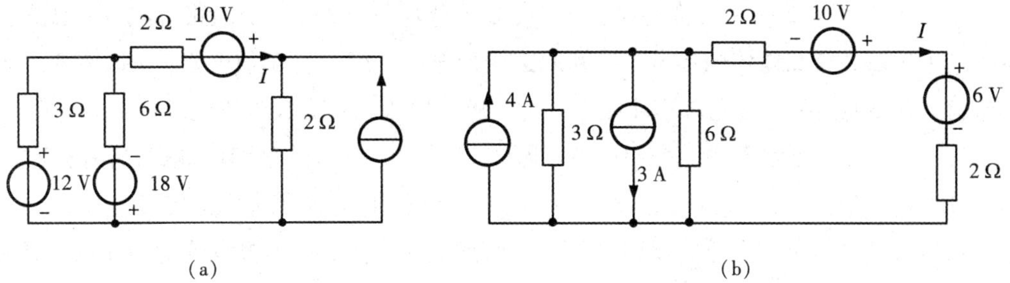

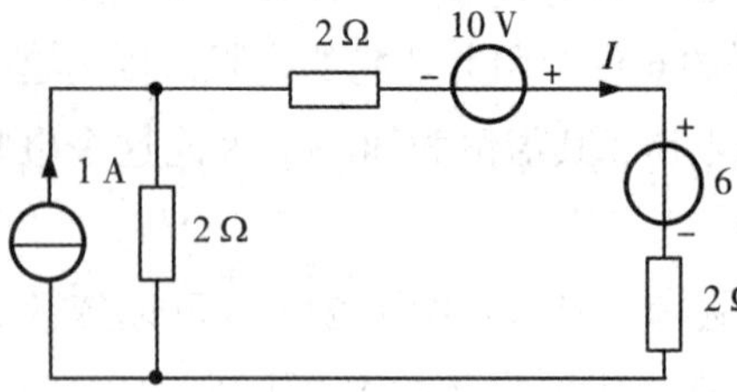

(c)

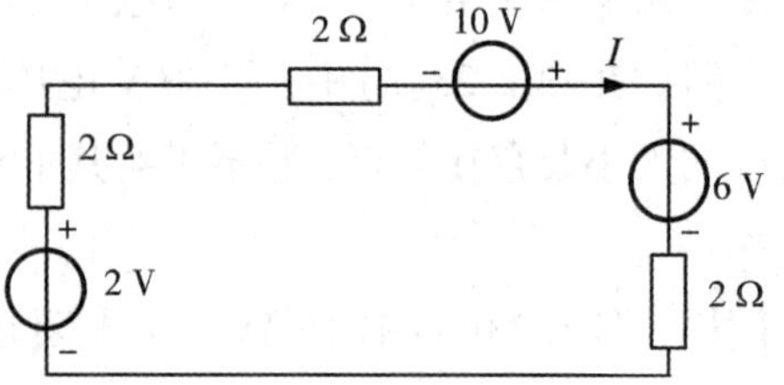

(d)

图 1.25　例 1.6 电路

解　图 1.25(a)所示电路经图 1.25(b)和图 1.25(c)的简化过程后，得到如图 1.25(d)所示的单回路电路，求得电流为

$$I=\frac{2+10-6}{2+2+2}=1(\mathrm{A})$$

1.6　支路电流法

支路电流法是求解电路最基本的方法。这种方法是以支路电流为未知量，直接应用基尔霍夫电流定律和基尔霍夫电压定律分别对各节点和各回路列出所需要的方程组，然后联立求解出各支路的未知电流。

下面以图 1.26 所示电路为例，说明支路电流法的求解过程。

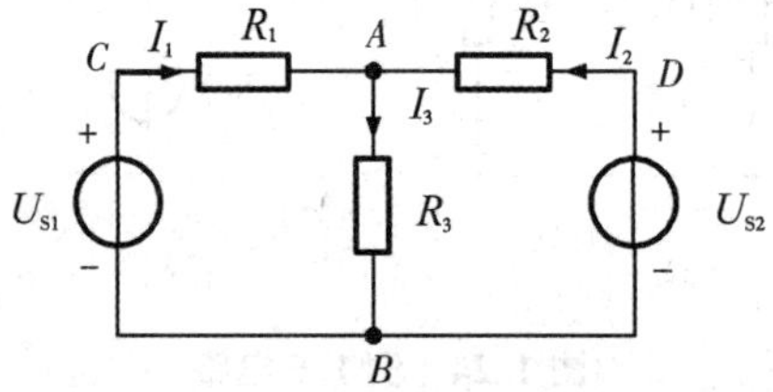

图 1.26　电路图例(支路电流法)

图 1.26 所示电路中有 3 条支路($b=3$)、2 个节点($n=2$)、3 个回路($l=3$)。首先在电路图中选取各支路电流的参考方向和回路绕行方向。因为有 3 条支路，所以有 3 个未知电流，需要列出 3 个独立方程才能得到唯一解。应用基尔霍夫电流定律分别对节点 A, B 列出的节点电流方程实际上是相同的，即 A, B 节点中只有 1 个节点电流方程是独立的，因此对具有 n 个节点的电路，只能列出 $n-1$ 个独立的基尔霍夫电流定律方程。

然后按照基尔霍夫电压定律列出独立的回路电压方程，每个方程式中至少要包含 1 条未曾使用的支路(即没有列过方程)，因为网孔是彼此独立的，一般选择网孔作为独立回路。在图 1.26 中只有 2 个独立回路电压方程式，因此一共可列出如下 3 个独立的方程式：

节点 B：

$$-I_1-I_2+I_3=0 \tag{1.43}$$

$ABCA$ 回路：

$$I_3R_3+I_1R_1-U_{S1}=0 \tag{1.44}$$

$ADBA$ 回路：

$$-I_2R_2-I_3R_3+U_{S2}=0 \tag{1.45}$$

式(1.43)~式(1.45)称为支路电流方程式，联立求解，便可求得支路电流 I_1、I_2 和 I_3，由支路电流就可求出相应元件的电压和功率。图 1.26 所示电路是比较简单的。

一般说来，对于具有 b 条支路 n 个节点的电路，应用基尔霍夫电压定律能列出独立的回路电压方程数为 $l=b-(n-1)$。因为在 b 个独立方程中，基尔霍夫电流定律已经提供了 $n-1$ 个独立回路，与此相对应还应有 $b-(n-1)$ 个独立回路为基尔霍夫电压定律所提供。所以其独立回路数恰好为

$$l=b-(n-1) \tag{1.46}$$

关于独立回路的选取，是一个比较复杂的问题，可按照下述方法来进行。即每选取一个回路，都要使这个回路至少具有一条新支路（也就是该支路的电压源或电阻在已选取过的回路方程里未出现过）。那么，按照选取的先后次序来看，后一个回路的方程必定具有前面回路方程所没有的电阻或电压源。这样，最后选出的那个回路方程也一定具有前面所有回路方程中所没有的电阻或电压源，因而它不能由前面那些回路方程导出。换句话说，用这样的方法所选取的回路，其回路方程一定是独立的。

较为有效而可靠的做法是，对于平面电路（画在平面上且不出现任何支路相互交叉的电路），选取回路时最好选取网孔作为回路。一个网孔就是一个独立回路，网孔数就是独立回路数，按照所有网孔列出回路方程，就可以方便地得到 l 个独立的回路方程。

总之，对于 b 条支路 n 个节点的电路，应用基尔霍夫电流定律可以列出 $n-1$ 个独立的电流方程，应用基尔霍夫电压定律可以列出 $l=b-(n-1)$ 个独立的电压方程。独立方程的数目共为 b 个，恰好等于未知支路电流的数目。所以，当电路中电压源和电阻均已给定时，用这两个定律列出 b 个独立方程，就可解得 b 个未知的支路电流。

综上所述，可得支路电流法的求解步骤如下：

①选取各支路电流的参考方向；

②按照基尔霍夫电流定律，对 $n-1$ 个独立节点列电流方程；

③选取独立回路（最好选网孔），并指定这些回路的绕行方向，按照基尔霍夫电压定律列出独立的回路方程；

④联立求解上述 b 个独立方程，便可得出待求的各支路电流。

支路电流法要求每条支路的电压可以通过支路电流表示，如果电路中具有电流源，在列含有电流源的回路电压方程时，要先设电流源的电压 u 为未知量。同时，在方程组

中要补充相应方程，即利用电流源所在支路的电流 $i=\pm i_s$（i_s 为该电流源的电流）是已知的条件，这样，独立方程的数目仍然与方程中未知量的数目相等。

【例 1.7】 在图 1.26 所示电路中，已知 $U_{S1}=250\ \text{V}$，$U_{S2}=239\ \text{V}$，$R_1=1\ \Omega$，$R_2=0.5\ \Omega$，$R_3=30\ \Omega$，试求各支路电流，并进行验算。

解 将已知数据代入前述方程组，得

$$I_1+I_2-I_3=0$$

$$I_1+30I_3=250$$

$$0.5I_2+30I_3=239$$

联立求解得

$$I_1=10\ \text{A},\ I_2=-2\ \text{A},\ I_3=8\ \text{A}$$

验算：对未选用的回路应用基尔霍夫电压定律验证，沿 $CADBC$ 回路

$$\sum U=U_1-U_2=250-239=11(\text{V})$$

$$\sum IR=I_1R_1-I_2R_2=10\times1-(-2)\times0.5=11(\text{V})$$

方程平衡，计算无误。也可以用功率平衡关系验证，请读者自行验证。

1.7 节点电压法

节点电压法，即以节点的电压作为求解对象，根据基尔霍夫电流定律建立方程组，解出各节点电压，再由支路电压、电流关系求解出各支路电流。

由于节点的电位是相对的，因此，要选择一个节点作为参考节点，并设该节点电位为零，则其余各节点相对于参考点的电压就是该点的电压。当求出电压后，由于电路的支路都在节点之间，则支路上的电压就是两节点间的电压差。

由于独立的节点电流方程有 $n-1$ 个，相对参考点而言，待求的节点电压也有 $n-1$ 个。因此，只要把节点电流方程中的 b 个电流用 $n-1$ 个节点电压表示，就得到 $n-1$ 个独立的节点电压方程。节点电压法使方程的求解个数减少，解决问题更方便。

下面通过一个实例讨论列写节点电压方程的一般规律。

在如图 1.27 所示的直流电路中，有 3 个节点，即 A，B，C。选 C 点作为参考点，并假设各支路电流的参考方向，则根据基尔霍夫电流定律列写方程如下。

节点 A：

$$I_1-I_2-I_3+I_S=0$$

节点 B：

$$I_3+I_5-I_6-I_S=0$$

各支路电压、电流关系的表达式：

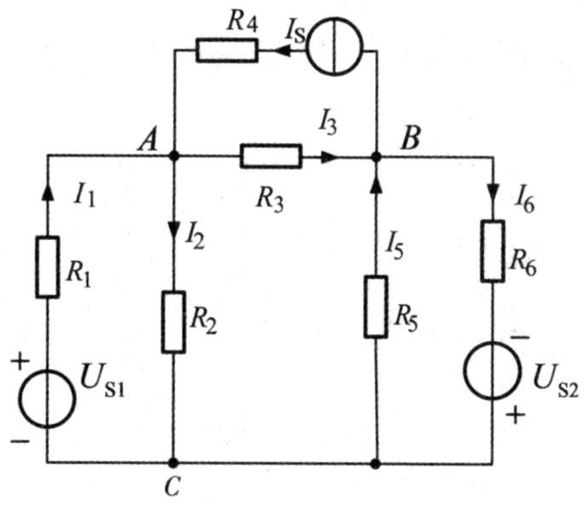

图 1.27　电路图例(节点电压法)

$$U_A=-I_1R_1+U_{S1},\ U_A=I_2R_2,\ U_A-U_B=I_3R_3,\ U_B=-I_5R_5,\ U_B=I_6R_6-U_{S2}$$

所以各支路电流分别为

$$I_1=\frac{U_{S1}-U_A}{R_1},\ I_2=\frac{U_A}{R_2},\ I_3=\frac{U_A-U_B}{R_3},\ I_5=-\frac{U_B}{R_5},\ I_6=\frac{U_B+U_{S2}}{R_6}$$

将各支路电流分别代入节点 A, B 的电流方程并整理, 得

节点 A:

$$\left(\frac{1}{R_1}+\frac{1}{R_2}+\frac{1}{R_3}\right)U_A-\frac{1}{R_3}U_B=I_S+\frac{U_{S1}}{R_1} \tag{1.47}$$

节点 B:

$$-\frac{1}{R_3}U_A+\left(\frac{1}{R_3}+\frac{1}{R_5}+\frac{1}{R_6}\right)U_B=-I_S-\frac{U_{S2}}{R_6} \tag{1.48}$$

为了方便, 式(1.47)和式(1.48)也可写成支路电导表达式:

$$(G_1+G_2+G_3)U_A-G_3U_B=I_S+G_1U_{S1} \tag{1.49}$$

$$-G_3U_A+(G_3+G_5+G_6)U_B=-I_S-G_6U_{S2} \tag{1.50}$$

从式(1.49)中可以看出, 对于节点 A 的方程, 节点电压 U_A 前的系数 $G_1+G_2+G_3$ 是节点 A 连接的各支路(不含电流源支路)电导之和, 称为节点 A 的自电导; 节点电压 U_B 前的系数 G_3 是节点 A 和相邻节点 B 之间的电导, 称为互电导。对于节点 B 的方程[式(1.50)]也有相似的结果。

根据上面分析, 总结出列写节点电压方程的一般规律: 某节点电压乘以自电导, 再减去所有相邻节点的电压乘以互电导, 等于与该节点相连的电流源电流的代数和, 再加上与该节点相连的电压源的电压乘以电压源支路电导的代数和。对于电流源, 流入节点的电流取正, 反之取负; 对于电压源, 电压“+”极靠近该节点取正, 反之取负。

在列写方程时, 应注意: ①各支路电流的参考方向与所列节点电压方程中各量的正、负号无关; ②与电流源串联的电阻在方程中不出现, 对结果无影响。

【例 1.8】 已知如图 1.28 所示的电路参数为 $U_{S1}=30$ V，$I_{S1}=2$ mA，$R_1=6$ kΩ，$R_2=1$ kΩ，$R_3=3$ kΩ，试用节点电压法求出各未知支路的电流 I_1，I_2，I_3。

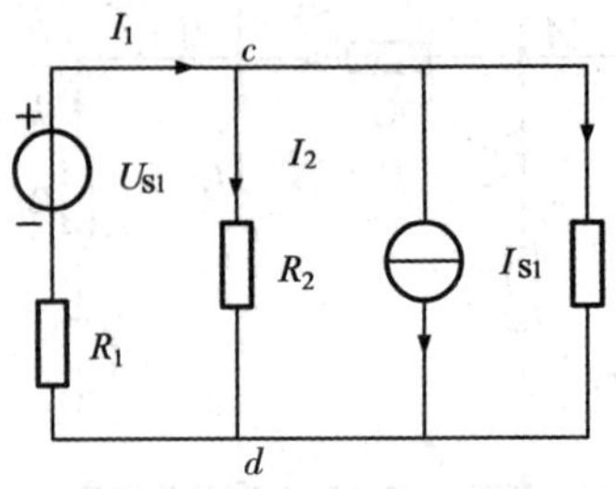

图 1.28 例 1.8 电路

解 选择节点 d 为参考节点，则

$$U_c\left(\frac{1}{R_1}+\frac{1}{R_2}+\frac{1}{R_3}\right)=\frac{U_{S1}}{R_1}-I_{S1}$$

$$U_c=\frac{\dfrac{U_{S1}}{R_1}-I_{S1}}{\dfrac{1}{R_1}+\dfrac{1}{R_2}+\dfrac{1}{R_3}}=\frac{\dfrac{30}{6}-2}{\dfrac{1}{6}+1+\dfrac{1}{3}}=2(\text{V})$$

求出 U_c 后，得各支路电流：

$$I_1=\frac{U_{S1}-U_c}{R_1}=\frac{30-2}{6}=4.67(\text{mA})$$

$$I_2=\frac{U_c}{R_2}=\frac{2}{1}=2(\text{mA})$$

$$I_3=\frac{U_c}{R_3}=\frac{2}{3}=0.67(\text{mA})$$

由例 1.8 可以看出，当电路节点少、回路多时，用节点电压法解题的优越性非常明显。如果支路中的电压源没有电阻与之串联，可以采用以下方法。

①当电路中只有一个或者虽有几个电压源，但它们具有公共端时，可以把电压源的一端(即公共端)假设为参考节点，则另一端的节点电压就是已知量，因而不必再对该节点列写节点电压方程，其余各节点电压仍按照一般形式列写。

②当电路中的电压源在两个独立节点之间时，可以把电压源中的电流也作为未知量列入节点电压方程，并将电压源电压与相关节点电压的关系作为补充方程，一并求解。

根据上面的讨论，可以总结出节点电压法的步骤及注意事项，具体如下。

①指定参考节点，其余节点与参考节点之间的电压就是节点电压，参考节点为节点电压“−”极性。

②列写节点电压方程时，注意自电导总是正的、互电导总是负的。由节点电压产生的电流写在方程式的左边，而由电源产生的电流写在方程式的右边，并注意流入各节点

的电流前取正号，否则取负号。与电流源串联的电阻在方程中不出现，因为对结果无影响。

③如果电路中含电压源与电阻的串联组合，先把它们等效变换为电流源与电阻的并联组合，再列写节点电压方程。如果电路中某一支路仅含电压源而无电阻与其串联时，须按照本书中介绍的方法进行求解。

1.8　叠加定理

叠加定理是线性电路中一个重要的定理，它反映出线性电路中各电源作用的独立性原理。下面以图 1.29 所示电路为例说明叠加定理的应用。

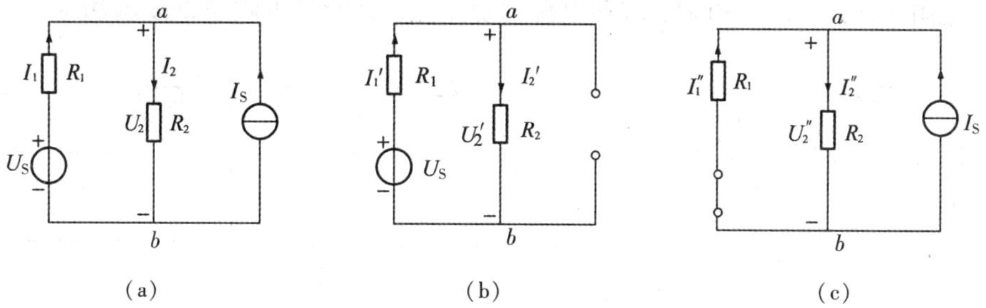

图 1.29　电路图例(叠加定理)

观察图 1.29(a)所示的电路，该电路含有 1 个电压源和 1 个电流源，现要求解出 I_2。根据基尔霍夫电流定律和电压定律，不难得出

$$I_1=I_2-I_S \tag{1.51}$$

$$U_S=I_1R_1+I_2R_2 \tag{1.52}$$

联立式(1.51)和式(1.52)求解可得

$$I_2=\frac{U_S}{R_1+R_2}+\frac{R_1}{R_1+R_2}I_S \tag{1.53}$$

从式(1.53)中可以看出，I_2含 2 个分量，即

$$I_2=I_2'+I_2'' \tag{1.54}$$

式中，$I_2'=\dfrac{U_S}{R_1+R_2}$为电压源 U_S单独作用于电路时(此时电流源不起作用，处于开路状态)在 R_2支路上产生的电流，如图 1.29(b)所示；而 $I_2''=\dfrac{R_1}{R_1+R_2}I_S$ 为电流源 I_S单独作用时(此时电压源不起作用，处于短路状态)在 R_2支路上产生的电流，如图 1.29(c)所示。也就是说，R_2支路中的电流为各电源单独作用时在该支路上产生的电流的代数和。

叠加定理，即在线性电路中，任一支路中的电流(或两点间的电压)等于各个电源单独作用时在该支路中所产生的电流(或两点间产生的电压)的代数和。

应用叠加定理时，应注意以下五点。

①叠加定理仅适合线性电路，不适合非线性电路。

②各电源单独作用时，电路的连接及电路中所有电阻和受控源都不予变动。所谓电压源不起作用，就是将其电压置零，即该电压源被短路。所谓电流源不起作用，就是将其电流置零，即该电流源开路。

③叠加时要注意电流和电压的参考方向，各分量的参考方向与原待求量方向一致时取正，反之取负。

④叠加时，电路的连接及电路中所有的电阻、受控源都不允许变动。

⑤由于电压或电流是功率的二次函数，所以不能用叠加定理来计算功率。

【例 1.9】 在图 1.30(a)所示电路中，已知电压源电压 $U_S=100$ V，电流源电流 $I_S=1$ A，各电阻 $R_2=R_3=R_4=50\ \Omega$，求两电源的功率，并判断是吸收还是发出功率。

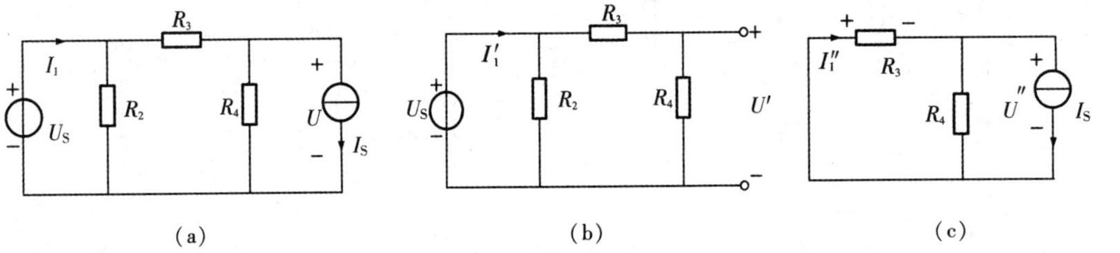

图 1.30 例 1.9 电路

解 要计算两电源各自发出的功率，必须求出电流 I_1 和端电压 U。这里用叠加定理来计算。

当 U_S 单独作用时，见图 1.30(b)，有

$$I_1'=\frac{U_S}{R_2}+\frac{U_S}{R_3+R_4}=3(\text{A})$$

$$U'=\frac{U_S}{R_3+R_4}R_4=50(\text{V})$$

当 I_S 单独作用时，见图 1.30(c)，有

$$I_1''=I_S\frac{R_4}{R_3+R_4}=0.5(\text{A})$$

$$U''=-I_1''R_3=-0.5\times50=-25(\text{V})$$

所以

$$I_1=I_1'+I_2''=3.5(\text{A})$$

$$U=U'+U''=25(\text{V})$$

$$P_{U_S}=-U_SI_1=-100\times3.5=-350(\text{W})(\text{发出功率})$$

$$P_{I_S}=UI_S=25\times1=25(\text{W})(\text{吸收功率})$$

【例1.10】 用叠加定理求图1.31(a)电路中的电压U。

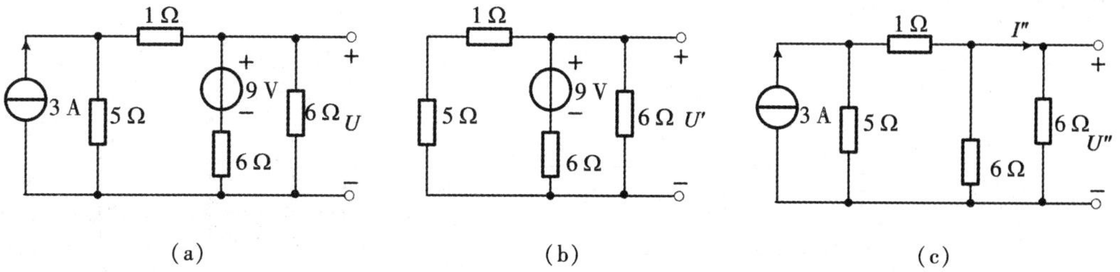

图1.31　例1.10电路

解　当电压源单独作用时，见图1.31(b)，由串联电路分压原理，可得

$$U'=9\times\frac{\frac{6\times(1+5)}{6+1+5}}{\frac{6\times(1+5)}{6+1+5}+6}=3(\mathrm{V})$$

当电流源单独作用时，见图1.31(c)，由并联电路分流原理，可得

$$I''=3\times\frac{1}{2}\times\frac{5}{5+\left(1+\frac{6\times6}{6+6}\right)}=\frac{5}{6}(\mathrm{A})$$

由欧姆定律，可得

$$U''=6\times I''=6\times\frac{5}{6}=5(\mathrm{V})$$

所以

$$U=U'+U''=3+5=8(\mathrm{V})$$

1.9　戴维南定理

对复杂电路进行分析和计算中，有时仅要求求出某一支路中的电压或电流，此时应用等效电源定理求解会更方便。在讨论这个定理之前，先介绍二端网络的概念。

1.9.1　二端网络

如果一个网络具有两个引出端子与外电路相连而不管其内部结构如何复杂，这样的网络称为二端网络，也称一端口网络。这里所说的“网络”，其实就是电路的别称，但通常网络指较为复杂的电路。若网络内含有电源，则称为有源二端网络；若网络内没有电源，则称为无源二端网络。若二端网络是由线性元件、电压源、电流源组成，则称为有源线性二端网络。本书仅讨论线性二端网络。

如图1.32(a)所示网络，左边点画线框内是一个有源二端网络，右边点画线框内是一个无源二端网络，二者分别用图 1.32(b)所示的方框来表示。其中，方框 N_s 表示有源二端网络，方框 N_0 表示无源二端网络。

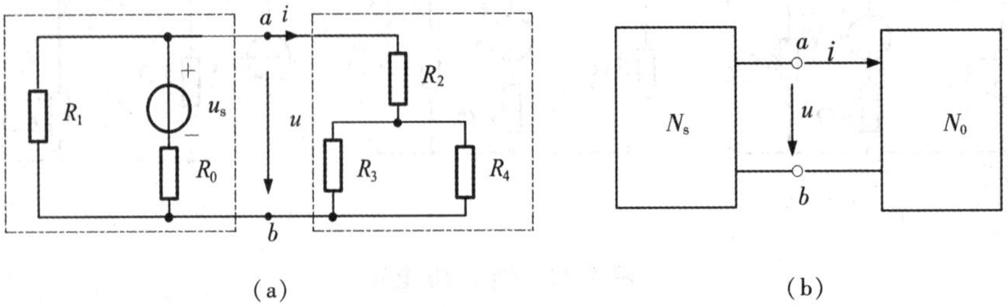

图 1.32　二端网络

对于图 1.32(a)所示的无源二端网络，由于端口的内部仅含电阻，因此可用串并联方法求出其等效电阻。

而任何一个无源线性二端网络也可在端口 a—b 处外施电压源 u_s 或电流源 i_s(如图 1.33 所示)，并求得端口电流 i 或端口电压 u，则此二端口网络的输入电阻 R_{in}定义为

$$R_{in}=\frac{u_s}{i}=\frac{u}{i_s} \tag{1.55}$$

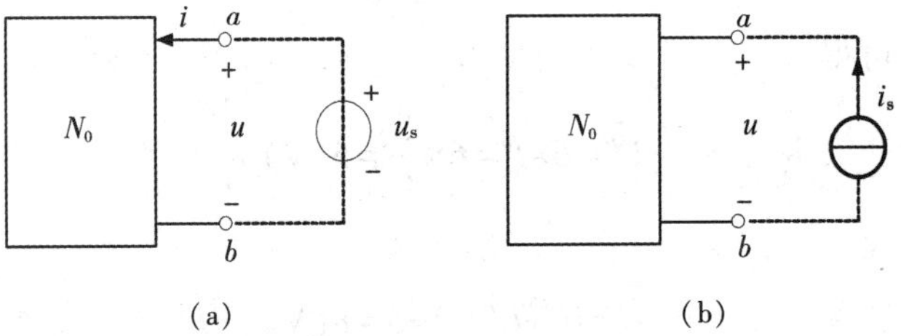

图 1.33　输入电阻求解方法

不难看出，输入电阻与等效电阻是相等的。从概念上说，输入电阻是不含独立电源的一端口电阻网络的端电压与端电流之比值，等效电阻则是用来等效替代此一端口的电阻。一端口的等效电阻可以通过计算输入电阻来求得。

1.9.2　戴维南定理概述

戴维南定理指出：任何一个有源线性二端网络，对于外电路来说，可以用一条含源支路来等效替代，该含源支路的电压源电压等于有源二端网络的开路电压 u_{oc}，其电阻等于有源二端口网络转化成无源网络后的输入电阻 R_i。上述电压源和电阻的串联组合称为戴维南等效电路，如图 1.34 所示。用戴维南等效电路把有源二端网络置换后，对外电路的求解没有任何影响，即外电路中的电压和电流仍然等于置换前的值。

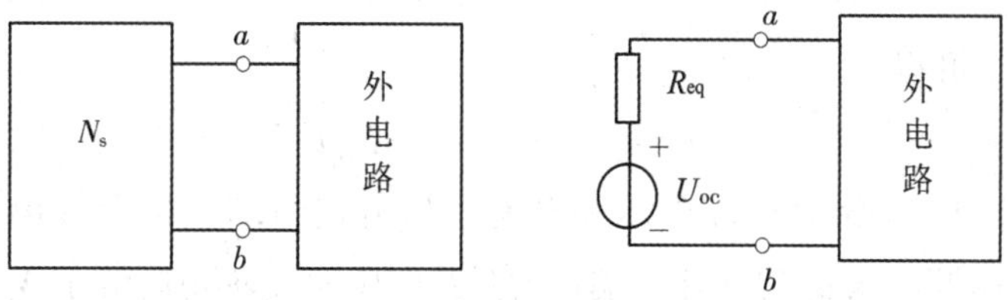

图 1.34　戴维南定理

戴维南定理可以证明如下。在图 1.35(a)所示电路中，N_s 为有源二端网络，外电路设为电阻 R_0(主要为了简化讨论)。根据替代定理，电阻支路有电流 i，所以可用一个电流源来替代，此电流源的电流为 i，端电压仍是 u，如图 1.35(b)所示。对图 1.35(b)所示电路应用叠加定理，可分成图 1.35(c)和(d)两个电路叠加。其中，图 1.35(c)是电流源 i_s 不作用，而有源二端网络 N_s 中全部电源作用(即电流源 i_s 在这里是开路状态)；图 1.35(d)是只有电流源 i_s 作用，而有源二端网络 N_s 里的电源全部不作用(即其中全部电压源用短路替代，电流源用开路替代)。这样，网络 N_s 就变成了无源二端网络 N_0。显然，图 1.35(c)所示电路中有

$$u^{(1)} = u_{oc} \tag{1.56}$$

式中，u_{oc}是有源二端网络 N_s 的开路电压。

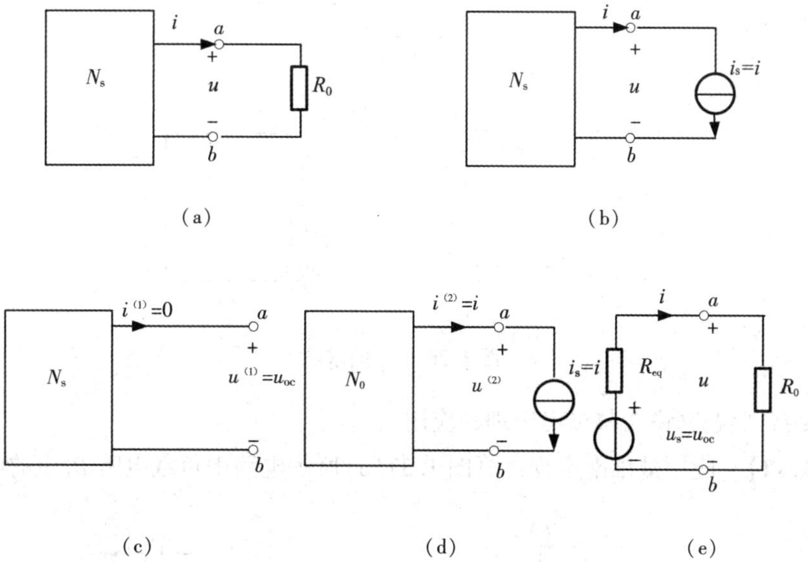

图 1.35　戴维南定理的证明过程

图 1.35(d)所示电路中有

$$i^{(2)} = i \tag{1.57}$$

$u^{(2)}$则为电流在无源二端网络上的电压降。此时，N_0 内部无非是一些电阻的连接，总体仍然呈电阻的性质，设无源二端网络 N_0 的等效电阻为 R_{eq}，于是

$$u^{(2)}=-R_{eq}i \tag{1.58}$$

由叠加定理，可得

$$u=u^{(1)}+u^{(2)}=u_{oc}-R_{eq}i \tag{1.59}$$

式中，u 和 i 是有源二端网络的端电压和电流。画出式(1.59)的等效电路图[如图 1.35(e)所示]，其电压源电压 u_s 等于原一端口的开路电压 u_{oc}，而电阻等于 N_0 的等效电阻 R_{eq}，所以图 1.35(a)中的 N_s 可以用图 1.35(e)中的等效串联组合替代，此即戴维南定理。

图 1.35(a)中的外接电阻 R_0 既可以是一个单独电阻，也可以是任意复杂的无源或有源的二端网络，以上证明仍然成立。

应用戴维南定理时，关键在于正确理解并求出有源二端网络的开路电压及等效电阻。所谓有源二端网络的开路电压，就是把外电路断开后在有源二端网络引出端的电压。等效电阻的求法是先把有源二端网络内部所有的电压源短接，令电流源开路，变为无源二端网络后，再求其等效电阻或输入电阻。输入电阻的求法除前面介绍的方法外，还可用下述方法求解。分别求出有源二端网络的开路电压 u_{oc} 和短路电流 i_{sc}，按照图 1.36，可以求出

$$i_{sc}=\frac{u_{oc}}{R_{eq}}$$

于是，等效电阻为

$$R_{eq}=\frac{u_{oc}}{i_{sc}}$$

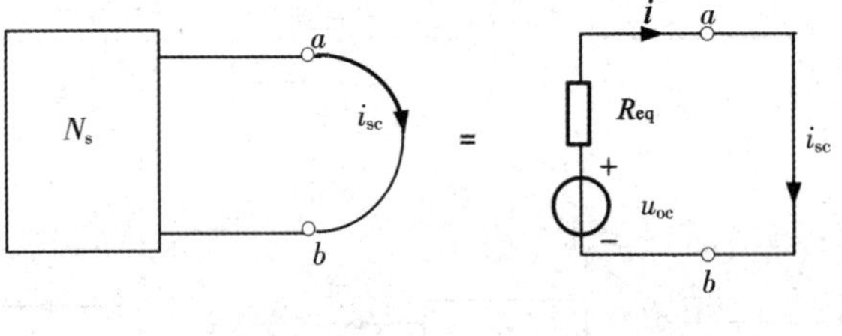

图 1.36　R_{eq} 的求法

下面结合例题来说明戴维南定理的应用。

【例 1.11】　应用戴维南定理计算图 1.37(a)所示电路中负载电阻 R_L 中的电流 I。

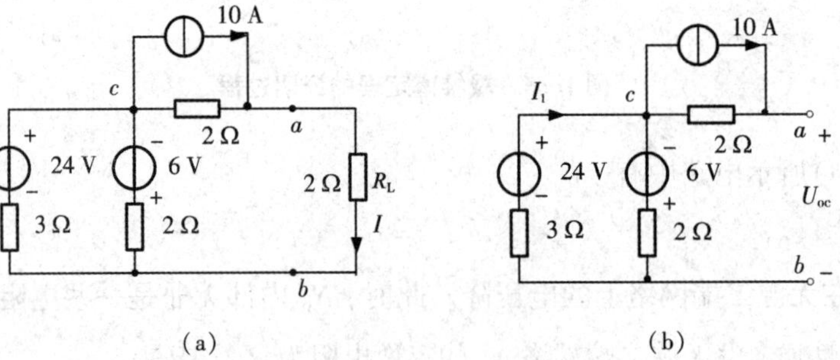

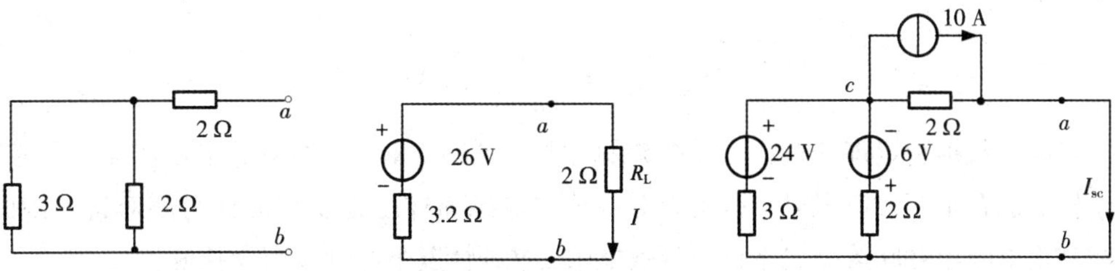

(c)　　　　(d)　　　　(e)

图 1.37　例 1.11 电路

解　(1)先求开路电压。把 $R_L=2\ \Omega$ 的支路断开，得到如图 1.37(b)所示电路。电路中 ab 两点间的电压即开路电压 U_{oc}。

在图 1.37(b)中，左边网孔中的电流为

$$I_1=\frac{24+6}{3+2}=6(\mathrm{A})$$

故

$$U_{oc}=U_{ac}+U_{cb}=2\times10+24-3\times6=26(\mathrm{V})$$

或

$$U_{oc}=2\times10+6-2\times6=26(\mathrm{V})$$

(2)求等效电阻 R_{eq}。将图 1.37(b)中的有源二端网络转化为无源二端网络，电路中的电压源短路、电流源开路，得到如图 1.37(c)所示电路。显然

$$R_{eq}=R_{ab}=2+\frac{2\times3}{2+3}=3.2(\Omega)$$

等效电阻的求法还可以用其他方法。如求 ab 两点间的短路电流 I_{sc}[如图 1.37(e)所示，注意，这时要保留原电路的一切有源元件]，可用节点电压法。设节点 b 为参考节点，则

$$\left(\frac{1}{3}+\frac{1}{2}+\frac{1}{2}\right)U_c=\frac{24}{3}-\frac{6}{2}-10$$

$$U_c=-3.75(\mathrm{V})$$

2 Ω 电阻中的电流为

$$\frac{U_c}{R}=\frac{-3.75}{2}=-1.875(\mathrm{A})$$

$$I_{sc}=10-1.875=8.125(\mathrm{A})$$

故

$$R_{eq}=\frac{U_{oc}}{I_{sc}}=\frac{26}{8.125}=3.2(\Omega)$$

(3)画出戴维南等效电路，如图 1.37(d)所示。注意：U_{oc} 的极性不要搞错。显然，

负载 R_L中的电流为

$$I=\frac{U_{oc}}{R_{eq}+R_L}=\frac{26}{3.2+2}=5(A)$$

当应用戴维南定理分析含有受控源的有源二端网络时，计算开路电压和没有受控源时一样。但在求等效电阻时，不能像对待独立电源那样也把受控源作为零对待。因此，不能利用电阻串并联等公式来计算等效电阻，这种情况下必须保留受控源。

用戴维南定理求解电路的步骤如下。

①把待求支路以外的部分作为有源二端网络，求出其开路电压 u_{oc}并作为等效电路中电压源的电压。

②求从二端网络看进去的戴维南等效电路的等效电阻，有三种方法：一是对于不含受控源的电路，去掉一切独立源(即电压源短路，电流源开路)，利用电阻串并联求 R_{eq}；二是保留一切独立源，求端口处的短路电流 i_{sc}，则 $R_{eq}=\frac{u_{oc}}{i_{sc}}$；三是保留受控源，去掉一切独立源，在端口处加一电压 u，则产生一电流 i，则 $R_{eq}=\frac{u}{i}$。

③画出戴维南等效电路图，即 u_{oc}与 R_{eq}的串联组合，再与外电路连接进行求解。

1.10 受控源

在电路理论中，除电压源、电流源这样的独立电源外，还会遇到受控源。受控电压源的电压和受控电流源的电流都不是给定值或给定的时间函数，而是受电路中某支路的电流或电压控制，因此受控源又称为非独立电源。

例如，电子管输出的交变电压受输入交变电压控制，晶体管集电极电流受基极电流控制，这类电路器件可以用受控电源来描述其工作性能。

根据控制量是电压还是电流、受控的是电压源还是电流源，受控源可分为四种：电压控制电压源(VCVS)、电流控制电压源(CCVS)、电压控制电流源(VCCS)、电流控制电流源(CCCS)。它们的图形符号分别如图 1.38 所示。图中的菱形符号表示受控电压源或受控电流源；参考方向的表示方法与独立电源相同；μ，γ，g，β 都是常数，其中μ 和β 为无量纲，g 和 γ 分别为具有电导和电阻的量纲。这种控制作用是线性的，即受控电源的电压或电流和控制它们的电压或电流之间具有正比关系。

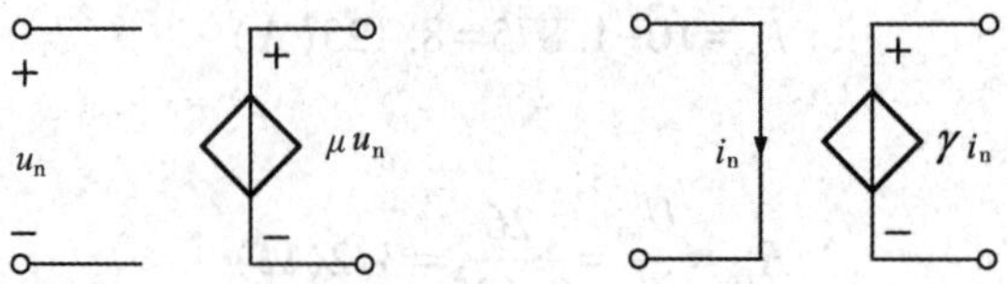

(a) VCVS　　(b) CCVS

(c) VCCS　　(d) CCCS

图 1.38　四种线性受控源

图 1.38 中，把受控源表示成具有两对端钮的电路模型，其中受控电压源或受控电流源接于一端，而另一对端钮之间或开路或短路，控制量即开路电压或短路电流。这样做有时会带来方便，所以可以把受控源看作一种具有两对端钮的元件；但在有些情况下，不一定要专门标出控制量所处的端钮。

必须指出，受控源与独立电源不同，独立电源在电路中起着“激励”的作用，因为有了它才能在电路中产生电流和电压；而受控源不同，它的电压或电流受电路中其他电压或电流控制，当这些控制电压或电流为零时，受控源的电压或电流也就为零。因此，它是用来反映电路中某处电压或电流能控制另一处的电压和电流这一现象的，它本身不能起“激励”作用。

在电路分析中，对受控源的处理与独立电源并无原则区别，即受控源也可像独立电源一样进行串联、并联化简及受控电压源和受控电流源之间的等效变换。但唯一要注意的是，对含有受控源的电路进行化简时，当受控源还被保留时，不能把受控源的控制量消除掉。

在分析具有电子管、晶体管或场效应管等电路时，受控源的概念会经常用到。

【例 1.12】　试计算图 1.39(a)所示电路中的电流 i。

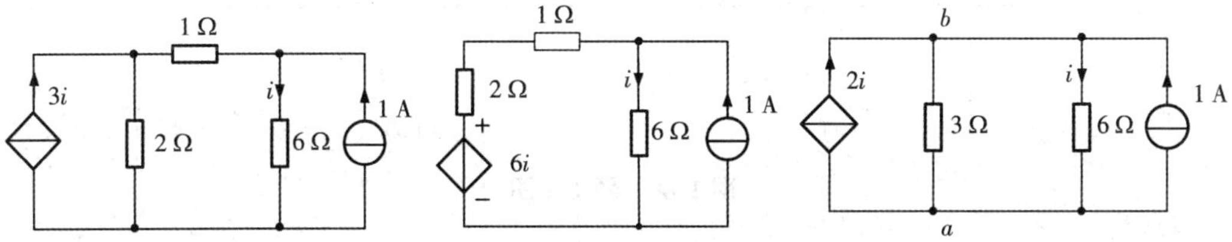

(a)　　(b)　　(c)

图 1.39　例 1.12 电路

解　受控电流源并联电阻可以等效变换为受控电压源串联电阻，受控电流源的控制量为 6 Ω 电阻中的电流 i，在等效变换过程中没有改变。具体变换过程如图 1.39(b)和图 1.39(c)所示，由分流公式可得如下方程：

$$i=\frac{3}{3+6}(2i+1)$$

解得 $i=1$ A。

1.11 本章小结

本章介绍了电工技术的理论基础及线性电路分析方法和两个重要的电路定理。

(1)掌握电路的基本概念，电压和电流参考方向，会判断元件两端电压和电流参考方向是关联还是非关联，进而判断元件是吸收还是发出功率。

(2)掌握常用二端元件——电阻、电感、电容元件的伏安特性。

(3)支路电流法是最基本的电路分析方法，以支路电流为求解变量，需要列写与支路个数相同的基尔霍夫电流定律和基尔霍夫电压定律方程。需要解出全部支路电流，当支路个数较多时，计算很烦琐。

(4)节点电压法以节点电压为求解变量，由于节点电压自动满足基尔霍夫电压定律的约束，所以只需列写出 $n-1$ 个基尔霍夫电流方程。

(5)叠加定理只适用于线性电路，使用时注意将不起作用的电压源做短路处理，将不起作用的电流源做开路处理；叠加时注意分量的参考方向；功率不允许叠加。

(6)戴维南定理是线性电阻电路中非常重要的定理，明确开路电压和等效电阻的求解方法。注意在含受控源电路中等效电阻的求法。

习　题

题 1.1　图 1.40(a)中，$u>0$，$i<0$；图 1.40(b)中，$u<0$，$i>0$。分别说明元件是发出功率还是吸收功率。

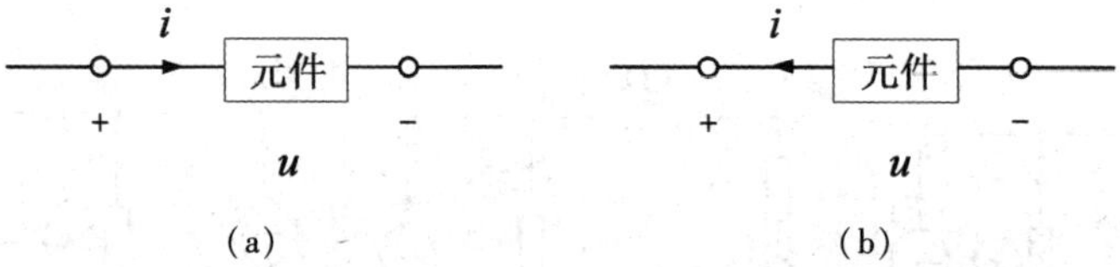

图 1.40　题 1.1 图

题 1.2　电路如图 1.41 所示，6 V 理想电压源与不同的外电路相接，求 6 V 电压源三种情况下的功率。

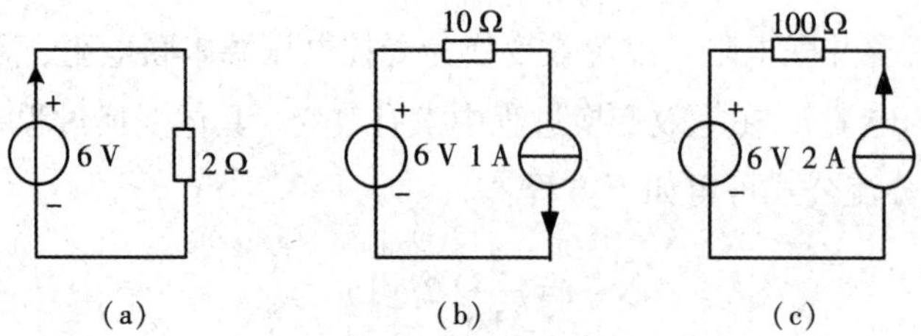

图 1.41　题 1.2 图

题 1.3　计算如图 1.42 所示电路中的电阻 R。

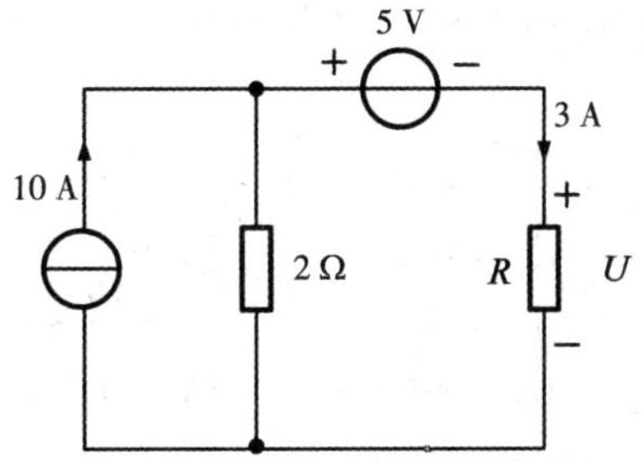

图 1.42　题 1.3 图

题 1.4　用电源等效变换的方法计算图 1.43 中的电压 U_{AB}。

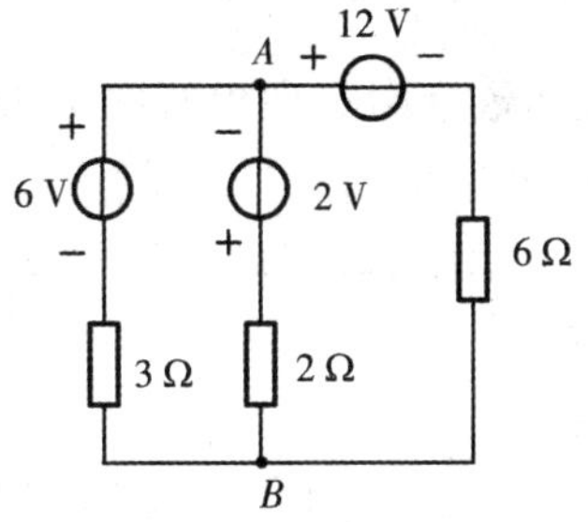

图 1.43　题 1.4 图

题 1.5　用电源等效变换方法计算图 1.44 中的电流 I。

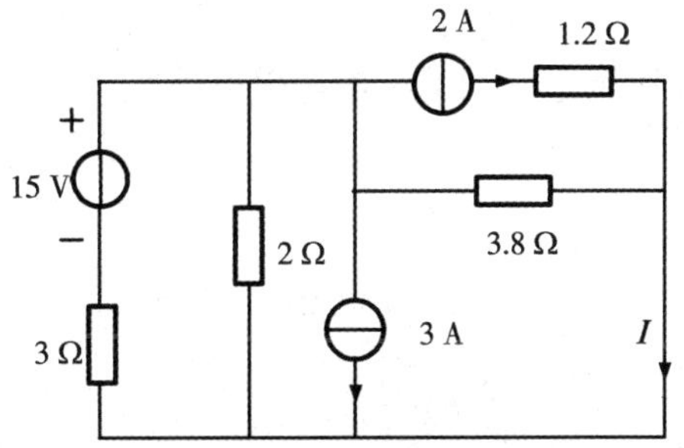

图 1.44　题 1.5 图

题 1.6　试用支路电流法和节点电压法求图 1.45 所示电路中的电流 i。

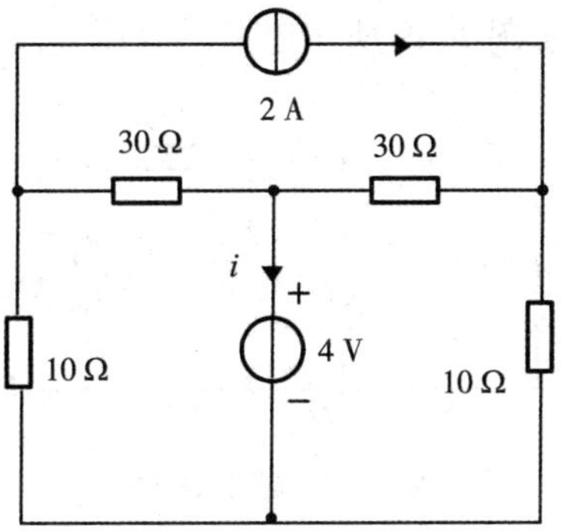

图 1.45　题 1.6 图

题 1.7　在图 1.46 电路中，已知 $U_{S1}=6$ V，$U_{S2}=24$ V，$R_1=R_3=1$ Ω，$R_2=4$ Ω，$R_4=R_5=3$ Ω，$R_6=6$ Ω，试用节点电压法求 U_{ab} 及电流 I_3。

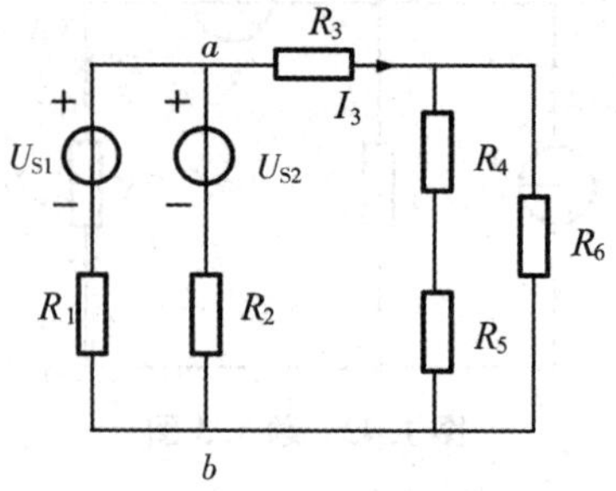

图 1.46　题 1.7 图

题 1.8　分别应用叠加定理和戴维南定理求解图 1.47 电路中的 I 和 U。已知：$I_S=3.125$ A，$U_S=120$ V，$R_1=10$ Ω，$R_2=40$ Ω，$R_3=36$ Ω，$R_4=R_5=60$ Ω。

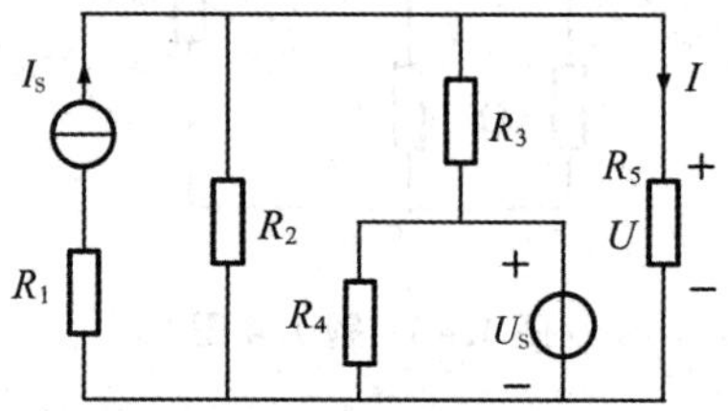

图 1.47　题 1.8 图

题 1.9　求如图 1.48 所示电路的戴维南等效电路。

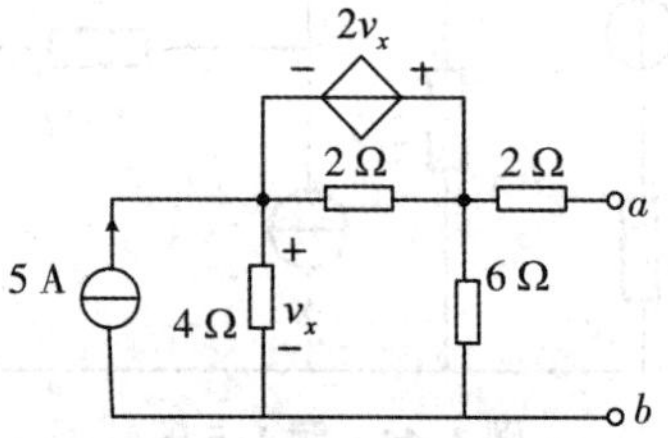

图 1.48　题 1.9 图

题 1.10　应用叠加定理求图 1.49 所示电路的电压 u_{ab}。

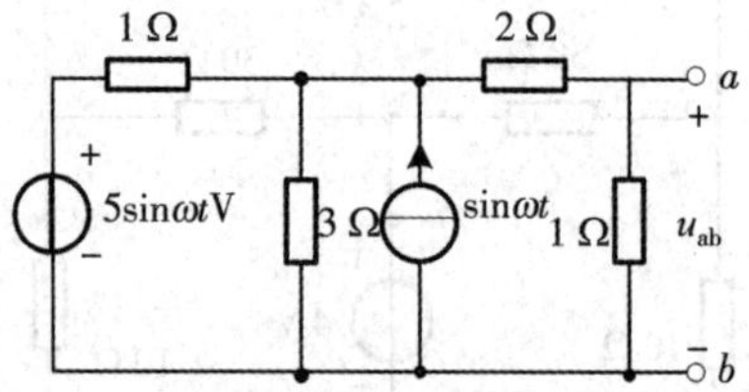

图 1.49　题 1.10 图

题 1.11　电路如图 1.50 所示。(1)用叠加定理计算电流 I。(2)预使 $I=0$，U_S 应该为何值？

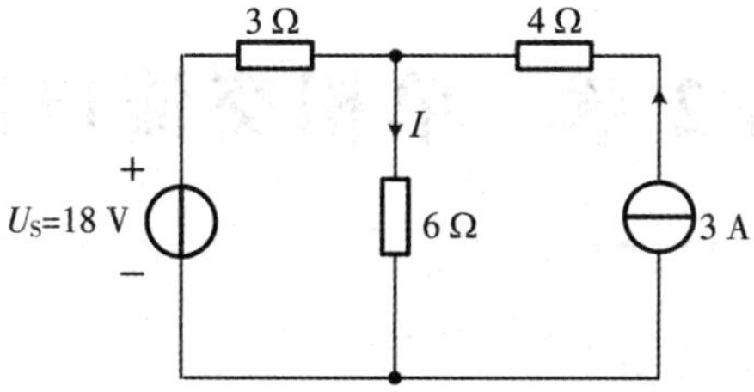

图 1.50　题 1.11 图

题 1.12　求图 1.51 所示电路中电阻 R_L 获得的最大功率。

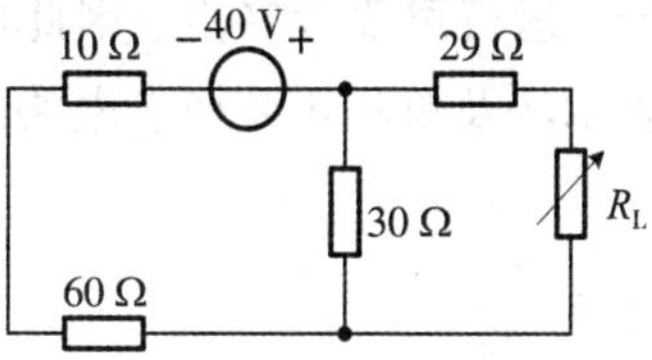

图 1.51　题 1.12 图

第 2 章 单相交流电路

第 1 章主要讨论了直流电路，直流电路中电压、电流的大小和方向都不随时间而变化。但在实际生产和生活中，使用更多的是正弦交流电路。所谓正弦交流电，是指交流电路电压、电流均按照正弦规律变化。由于正弦交流电便于变换大小和远距离传输，且交流电器具有结构简单、造价低、运行可靠等特点，因此应用广泛。本章重点讨论正弦量的基本概念、正弦量的相量表示法及单相正弦稳态电路的基本分析计算方法。

2.1 正弦量的基本概念

2.1.1 正弦量的三要素

正弦交流电，是指电路中的电压、电流、电动势等物理量的大小和方向均随时间按照正弦规律变化。这些物理量称为正弦量，其一般数学表达式(瞬时值)为

$$i=I_{\mathrm{m}}\sin(\omega t+\varphi_i) \tag{2.1}$$

$$u=U_{\mathrm{m}}\sin(\omega t+\varphi_u) \tag{2.2}$$

$$e=E_{\mathrm{m}}\sin(\omega t+\varphi_e) \tag{2.3}$$

根据式(2.1)~式(2.3)，可以做出相应正弦量的波形图。图 2.1 为某正弦交流电流的波形。因为正弦量的实际方向随时间的变化而变化，在这种情况下，规定它的正方向就更为必要，只有这样才能用一个具体的表达式来反映正弦量在任何时刻的大小和实际方向。通常的方法是，在电路图中假设一个正方向，并用箭头标出，如图 2.2 所示。该正方向代表电流正半周的方向，电流为正值；在电流负半周，由于正方向与实际方向相反，因此电流为负值。

从图 2.1 中可见，在规定的正方向下，正弦交流电流从“$0\to I_{\mathrm{m}}\to 0\to -I_{\mathrm{m}}\to 0$”，正负交替，往复不已。

式(2.1)中，I_{m}，ω，φ_i 均为常数。在整个变化过程中，正弦量可能到达的最大瞬时值称为正弦量的最大值(幅值)，又称振幅，规定用带下标 m 的大写字母 I_{m}，U_{m}，E_{m}来表示。

对于正弦量来说，最大值是一个确定的数值，它反映出正弦量可能变化的范围。例如，正弦电流将在$-I_{\mathrm{m}}\sim I_{\mathrm{m}}$按照正弦规律变化。

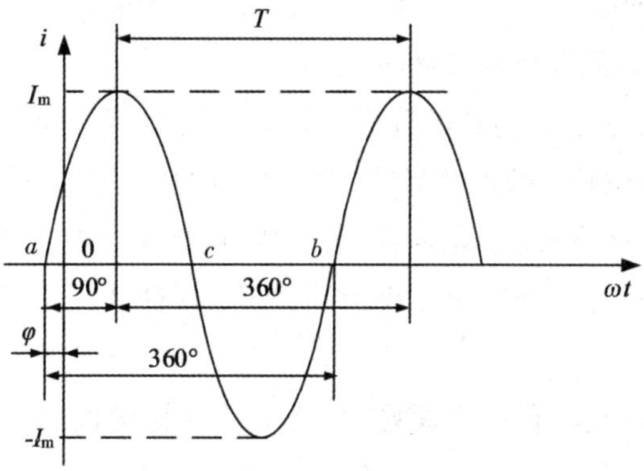

图 2.1　正弦交流电流的波形图

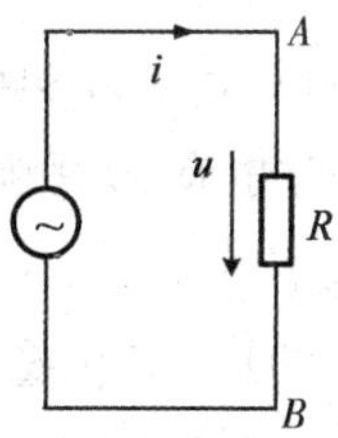

图 2.2　正弦交流电的正方向

为了符合数学中正弦函数的有关习惯，常以正弦量由负向正过零的点作为一周的起点(称正弦量的零点)。这个起点对应于 $\omega t+\varphi=0$ 的瞬间，见图 2.1 中的 a 点。而 $\omega t+\varphi=2\pi$，对应于正弦量变化一周而至另一周变化的起点。当 $\omega t+\varphi=\pi$ 时，则说明正弦电流处于半周的“位置”上。角度 $\omega t+\varphi$ 说明了在 t 时刻正弦量处于周期变化中的“位置”，或者说它表示出周期量的变化进程。因为随着 t 的增长，$\omega t+\varphi$ 发生连续变化，i 也要随之变化。称 $\omega t+\varphi$ 为相位角。

当相位角变化 2π 时，正好对应于正弦量变化一周，即图 2.1 的波形图从 a 点进展到 b 点，那么就有

$$[\omega(t+T)+\varphi]-(\omega t+\varphi)=2\pi \tag{2.4}$$

$$\omega=\frac{2\pi}{T} \tag{2.5}$$

式(2.4)中，T 为完成一个循环变化所需要的时间，称为周期。T 的法定计量单位为秒(s)。周期的倒数，即电流在单位时间内循环变化的次数，称为频率，用 f 来表示，即

$$f=\frac{1}{T} \tag{2.6}$$

频率的法定计量单位为赫兹(Hz)，简称赫。其单位换算如下：

$$1\ \text{MHz}=10^3\ \text{kHz}=10^6\ \text{Hz}$$

在各种不同的技术要求范围内使用各种不同的频率。通常以 200 kHz 为界划分高频和低频。语音信号的频率范围为 10~20 Hz，这个范围的频率称为音频。我国规定的工业用电频率为 50 Hz(周期为 0.02 s)，简称工频。

根据式(2.5)和式(2.6)，有

$$\omega=\frac{2\pi}{T}=2\pi f \tag{2.7}$$

又因为

$$\omega=\frac{\mathrm{d}(\omega t+\varphi)}{\mathrm{d}t} \tag{2.8}$$

所以，可知 ω 在大小上与频率 f 成确定的比例关系，它反映出相位角随时间变化的速率。称 ω 为正弦量的角频率，其单位为弧度/秒(rad/s)。

以 ωt 为横坐标的优点是不必考虑 ω 的具体数值，所画出的波形具有通用性。

正弦量中的 φ 是 $t=0$ 时的相位角，即正弦量在初始时刻的相位角，称为初相位角，简称初相。相位 $\omega t+\varphi$ 和初相 φ，严格来讲，都应该用弧度单位计量。在工程上，一般用角度表示，有时也有 ωt 用弧度表示、φ 却以角度表示的情况，这种情况在正弦电路分析中经常可见。

需要指出的是，正弦量的计时起点和正弦量的零点是两个不同的概念。

当 $t=0$ 时，取为计时起点，又称时间起点，如图 2.1 中的 0 点。时间起点的选择是任意的(但只能选择一点)。

正弦量的零点是指正弦量由负变正与横轴的交点，如图 2.1 中的 a 点和 b 点，而 c 点并非正弦量的零点。在一个周期内，只有一个正弦量的零点。正弦量的零点，不能任意选定。在图 2.1 中，正弦量的零点(a 点)与时间起点(0 点)是两个不同的点；而在图 2.3 中，二者恰好重合。

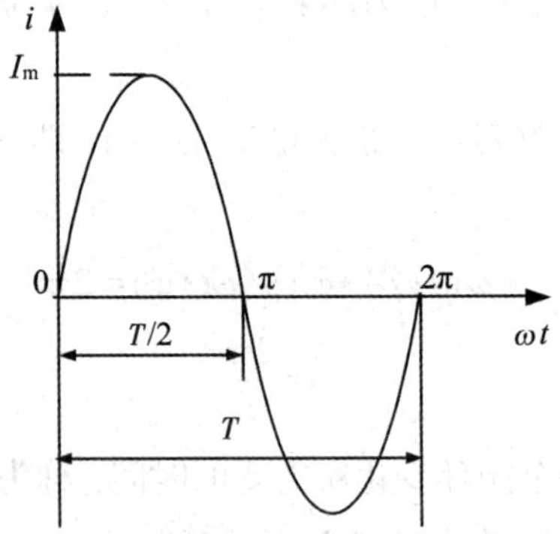

图 2.3　正弦量的计时起点与零点

明确了计时起点和正弦量的零点以后，再来理解初相 φ 的正负值就容易多了。

若正弦量的零点(指最靠近计时起点的)在计时起点左边，则初相为正，$\varphi>0$；反之，若正弦量的零点在计时起点右边，则初相为负，$\varphi<0$。(注：φ 的取值要小于 π。)

正弦交流电的幅值、频率和初相称为正弦量的三要素。由这三要素，可以唯一确定一个正弦量；反之，要完整地描述一个正弦量，必须知道其三要素。

【例 2.1】　已知 $f=50$ Hz，试求 T 和 ω。

解

$$T=\frac{1}{f}=\frac{1}{50}=0.02(\text{s})$$

$$\omega=2\pi f=2\times3.14\times50=314(\text{rad/s})$$

2.1.2　同频率正弦量的相位差

在正弦交流电路的分析中，常常会出现多个同频率的正弦量，为了正确区别它们，除了研究它们的数值关系外，还必须考虑它们之间的差别，这是一个十分有意义的问题。

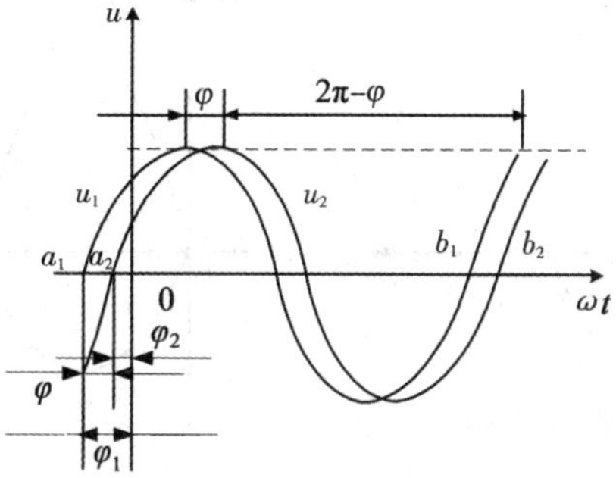

图 2.4　正弦量的相位差

图 2.4 所示为两个幅值和频率均相同的正弦电压，由于初相不同，可以很明显地看到，它们的状态在任何时刻都不一样，即

$$u_1 = U_m \sin(\omega t+\varphi_1) \tag{2.9}$$

$$u_2 = U_m \sin(\omega t+\varphi_2) \tag{2.10}$$

因为初相不同，相位就不一样，即 $\omega t+\varphi_1 \neq \omega t+\varphi_2$。也就是说，在同一时刻，这两个正弦量的变化进程是不同的。

对于两个同频率的正弦量，它们的相位之差称为相位差。

图 2.4 所示的两个正弦量的相位差为

$$(\omega t+\varphi_1)-(\omega t+\varphi_2) = \varphi_1-\varphi_2 \tag{2.11}$$

式(2.12)说明，它们的相位差与时间无关，与计时起点无关，恒等于两者的初相位差值。相位差角常用 φ 表示，则电压 u_1 与 u_2 之间的相位差为

$$\varphi_{12} = \varphi_1-\varphi_2 = -\varphi_{21} \tag{2.12}$$

需要指出的是，同频率的正弦量之间的相位差是一个常数，不同频率的正弦量之间的相位差是没有意义的(此时相位差是时间的函数)。这是因为在一周内变化速率不一样。

式(2.11)中的两个正弦量之间的相位差的关系不外乎以下五种情形。

①$\varphi_{12}>0$，即 $\varphi_1>\varphi_2$，称 u_1 超前于 u_2(或 u_2 滞后于 u_1)。在波形图上常用达到最大值的时间先后作为判断超前、滞后的依据。

②$\varphi_{12}<0$，即 $\varphi_1<\varphi_2$，称 u_1 滞后于 u_2(或 u_2 超前于 u_1)。

③$\varphi_{12}=0$，即两个正弦量同时达到最大值，同时过零，变化状态完全相同，称为同相。

④$\varphi=180°$，(严格说$|\varphi|=180°$)，即两个正弦量的瞬时值完全相反，称为反相。

⑤$\varphi=\frac{\pi}{2}$，称为正交。

正弦量的同相与反相分别如图 2.5 所示。

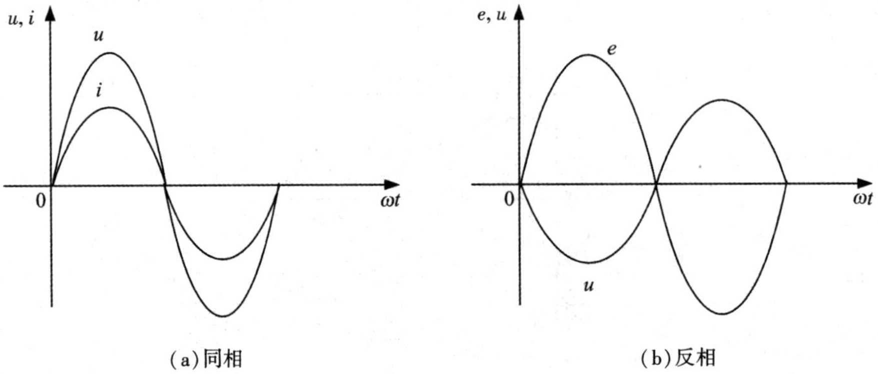

图 2.5　正弦量的同相和反相

【例 2.2】　两正弦交流电流的波形如图 2.6 所示，试写出各自的瞬时值表达式，并求出它们之间的相位差。

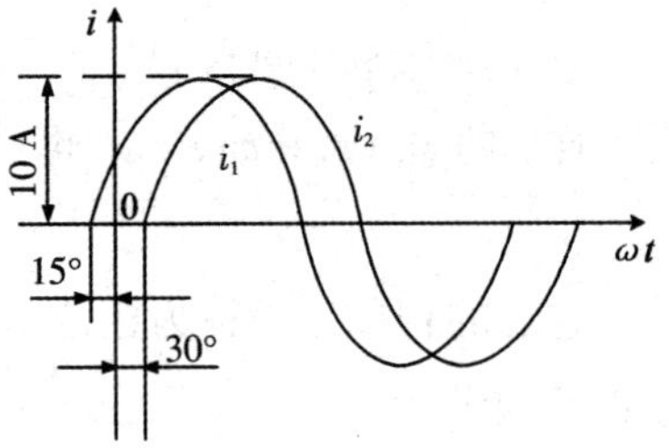

图 2.6　两正弦交流电流波形

解

$$I_{m1}=I_{m2}=10\ \text{A}$$

$$\varphi_1=15°,\ \varphi_2=-30°$$

若设电流 i_1及 i_2的角频率为 ω，则它们的瞬时值表达式分别为

$$i_1=10\sin(\omega t+15°)$$

$$i_2=10\sin(\omega t-30°)$$

相位差为

$$\varphi=\varphi_1-\varphi_2=15°-(-30°)=45°(i_1\ 超前于\ i_2\ 45°)$$

2.1.3　正弦量的有效值

正弦量的最大值在某种意义上虽然可以反映正弦交流电的大小，但只能说明其变化范围；而瞬时值只能作逐点的描述，从做功的观点来看，它不能反映交流电的整体效果

(平均效果)。因此，在电工技术中，常用交流电的有效值来计量交流电的大小。正弦量的有效值在数值上等于该交流电平均做功能力等效的直流电的数值。下面以电流为例，说明正弦量有效值的定义。

当直流电流 I 流过电阻 R 时，在时间 T 内消耗的电能为

$$W_I = I^2RT \tag{2.13}$$

而交流电流 i 流过电阻 R 时，该电流在时间 T 内所消耗的电能为

$$W_i = \int_0^T i^2R\mathrm{d}t = R\int_0^T i^2\mathrm{d}t \tag{2.14}$$

上述两电能值相等，就认为在时间 T 内，交流电流 i 与直流电流 I 的效果是相同的，即

$$I = \sqrt{\frac{1}{T}\int_0^T i^2\mathrm{d}t} \tag{2.15}$$

这个直流电流 I 的数值就称为交流电流的有效值，又称为均方根值。有关有效值的定义，也适用于非正弦周期性的电压、电流和电动势。

对于正弦交流电流来说，设其瞬时表达式为

$$i = I_{\mathrm{m}}\sin(\omega t + \varphi) \tag{2.16}$$

则其有效值为

$$I = \sqrt{\frac{1}{T}\int_0^T i^2\mathrm{d}t}$$

$$= \sqrt{\frac{1}{T}\int_0^T I_{\mathrm{m}}^2\sin^2(\omega t + \varphi)\mathrm{d}t} = \frac{I_{\mathrm{m}}}{\sqrt{2}} \tag{2.17}$$

同理可得

$$U = \frac{U_{\mathrm{m}}}{\sqrt{2}},\ E = \frac{E_{\mathrm{m}}}{\sqrt{2}} \tag{2.18}$$

在电工领域中，一般说到正弦量的数值及常用的仪表指示值，无特殊说明时都是指有效值。用不带下标 m 的字母来表示有效值，如 I，U，E 等。在形式上，它们与直流电的表示符号相同，但务必区分它们的意义，不要混淆。

【例 2.3】 已知正弦电流 $i = 31.1\sin\left(1570t + \frac{\pi}{3}\right)$，单位为 A。

试求：①频率、周期；②有效值；③当 $t = \frac{1}{10}$ s 时的瞬时值。

解 ①$\omega = 1570$ rad/s，则

$$f = \frac{\omega}{2\pi} = \frac{1570}{2\times 3.14} = 250(\mathrm{Hz})$$

$$T = \frac{1}{f} = \frac{1}{250} = 0.004 = 4(\mathrm{ms})$$

② $$I=\frac{I_m}{\sqrt{2}}=\frac{31.1}{\sqrt{2}}=22(\text{A})$$

③当 $t=\frac{1}{10}$ s，有

$$i=31.1\sin\left(1570\times\frac{1}{10}+\frac{\pi}{3}\right)=31.1\sin\left(50\pi+\frac{\pi}{3}\right)=27(\text{A})$$

【例 2.4】 已知 $u=U_m\sin\omega t$，$U_m=311$ V，$f=50$ Hz，试求有效值 U 和 $t=\frac{1}{10}$ s 时的瞬时值。

解 $$U=\frac{U_m}{\sqrt{2}}=\frac{311}{\sqrt{2}}=220(\text{V})$$

$$u=U_m\sin 2\pi ft=311\sin\frac{100\pi}{10}=0$$

2.2 正弦量的相量表示法

为了简化电路的分析运算，行之有效的方法是采用相量表示法。因为在同频率的正弦交流电路中，正弦量实际只有两个要素：一是最大值；二是初相角。这使人们自然会想到复数中有关模值和幅角的概念，正弦量相量表示法的基础，正是基于正弦函数与复数函数的映射关系。

2.2.1 复数的概念及运算

复数是由实数和虚数的代数和构成的。例如 $A=a+b\text{j}$，其中 a 为复数 A 的实部，记为 $\text{Re}[A]$；b 为复数 A 的虚部，记为 $\text{Im}[A]$；$\text{j}=\sqrt{-1}$是虚数单位(由于在电气工程中，字母 i 已代表电流，故改用 j)。

复数也可用几何方法来表示。在直角坐标系中，可按照一定的比例，用横坐标来表示复数的实部，用纵坐标来表示复数的虚部，而坐标系所在的平面称为复平面。因而复数 A 就可以用横坐标为 a、纵坐标为 b 的复平面上的点来表示，如图 2.7 所示。从图 2.7 中可见，任一复数对应着复平面上的唯一的一个点，而复平面上的任一点也唯一地确定一个复数，见图 2.8。

复数形式即 $A=a+b\text{j}$ 称为复数的代数式(或直角坐标式)。如将图 2.7 中有向线段$\overrightarrow{OA}$的长度记作$|A|$，称为复数 A 的模，模总为正值。模与实轴的正方向之间的夹角记作 φ，称为复数 A 的幅角。在复数的代数式中，有

$$a=|A|\cos\varphi \tag{2.19}$$

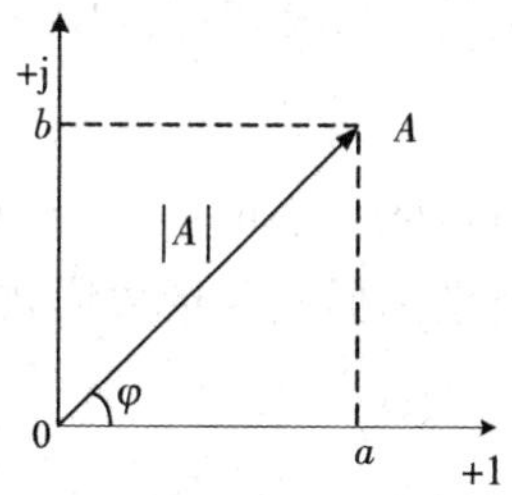

图 2.7　在复平面上有向线段的表示

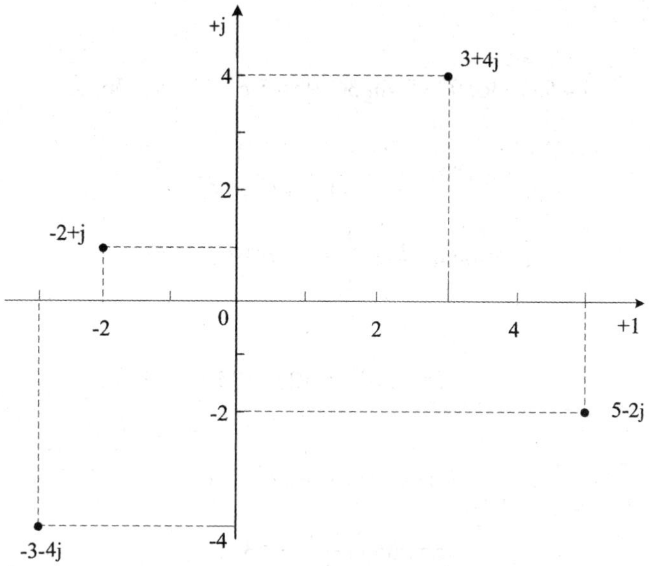

图 2.8　用复平面上的点表示复数

$$b=|A|\sin\varphi \tag{2.20}$$

则复数的代数式可用三角函数式表示为

$$A=a+b\mathrm{j}=|A|(\cos\varphi+\mathrm{j}\sin\varphi) \tag{2.21}$$

根据欧拉公式，有

$$\mathrm{e}^{\varphi\mathrm{j}}=\cos\varphi+\mathrm{j}\sin\varphi \tag{2.22}$$

则

$$A=|A|\mathrm{e}^{\varphi\mathrm{j}} \tag{2.23}$$

式(2.23)称为复数 A 的指数式，其中

$$|A|=\sqrt{a^2+b^2} \tag{2.24}$$

$$\varphi=\arctan\frac{b}{a} \tag{2.25}$$

依据复数的指数式［式(2.24)］和式(2.25)，复数又可表示为 $A=|A|\angle\varphi$，也就是用复平面上 A 点的极坐标表示，称为复数 A 的极坐标式。

复数的几种表达式是可以互换的，只要知道其中一种形式，就可根据需要变换为其他形式，即

$$A=a+bj=|A|(\cos\varphi+j\sin\varphi)=|A|e^{\varphi j}=|A|\angle\varphi \tag{2.26}$$

【例 2.5】 将下列复数化为极坐标形式和指数形式：①4+3j；②−1+j；③6−8j。

解 ①因为

$$|A|=\sqrt{4^2+3^2}=5$$

$$\varphi=\arctan\frac{3}{4}=36.9°$$

所以

$$A=5\cos 36.9°+5j\sin 36.9°=5\,e^{36.9°j}=5\angle 36.9°$$

②因为

$$|A|=\sqrt{(-1)^2+1^2}=\sqrt{2}$$

$$\varphi=\arctan\frac{1}{-1}=\frac{3}{4}\pi(\varphi\text{ 在第Ⅱ象限})$$

所以

$$A=\sqrt{2}\,e^{35°j}=\sqrt{2}\angle 135°$$

③因为

$$|A|=\sqrt{(-8)^2+6^2}=10$$

$$\varphi=\arctan\frac{-8}{6}=-53.1°$$

所以

$$A=10\,e^{-53.1°j}=10\angle(-53.1°)$$

【例 2.6】 将下列复数化成代数形式：①$A=18e^{45°j}$；②$A=22\sqrt{2}\angle(-150°)$。

解 ①

$$\begin{aligned}A&=18\cos 45°+18j\sin 45°\\&=18\times\frac{\sqrt{2}}{2}+18\times\frac{\sqrt{2}}{2}j\\&=9\sqrt{2}+9\sqrt{2}j\end{aligned}$$

②

$$\begin{aligned}A&=22\sqrt{2}\angle(-150°)\\&=22\sqrt{2}(\cos(-150°)+j\sin(-150°))\\&=22\sqrt{2}\left(-\frac{\sqrt{3}}{2}-\frac{1}{2}j\right)\\&=-11\sqrt{6}-11\sqrt{2}j\end{aligned}$$

复数的四则运算和实数的四则运算基本相同，需要注意以下一些法则和定义。

①复数的加减运算：需将其表达式写成代数式，运算时将实部与实部相加减、虚部

与虚部相加减。如

$$A_1=a_1+b_1\mathrm{j},\ A_2=a_2+b_2\mathrm{j} \tag{2.27}$$

$$\begin{aligned}A_1\pm A_2&=(a_1+b_1\mathrm{j})\pm(a_2+b_2\mathrm{j})\\&=(a_1\pm a_2)+(b_1\pm b_2)\mathrm{j}\end{aligned} \tag{2.28}$$

②复数的乘除运算：需将其表达式化成指数式或极坐标形式，相乘时，模值相乘、幅角相加；相除时，模值相除、幅角相减。如

$$A_1=|A_1|\mathrm{e}^{\varphi_1\mathrm{j}},\ A_2=|A_2|\mathrm{e}^{\varphi_2\mathrm{j}} \tag{2.29}$$

$$A_1A_2=|A_1||A_2|\mathrm{e}^{(\varphi_1+\varphi_2)\mathrm{j}}=|A_1||A_2|\angle(\varphi_1+\varphi_2) \tag{2.30}$$

$$\frac{A_1}{A_2}=\frac{|A_1|}{|A_2|}\mathrm{e}^{(\varphi_1-\varphi_2)\mathrm{j}}=\frac{A_1}{A_2}\angle(\varphi_1-\varphi_2) \tag{2.31}$$

下面考虑复数乘除时的特例。

❖在上面的讨论中，若$A_2=\mathrm{j}=1\angle 90°$，则

$$A_1A_2=A_1\mathrm{j}=|A_1|\mathrm{e}^{(\varphi_1+90°)\mathrm{j}}=|A_1|\angle(\varphi_1+90°) \tag{2.32}$$

$$\frac{A_1}{A_2}=\frac{A_1}{\mathrm{j}}=|A_1|\mathrm{e}^{(\varphi_1-90°)\mathrm{j}}=|A_1|\angle(\varphi_1-90°) \tag{2.33}$$

可见，某复数乘以j，等于把该复数在复平面上逆时针旋转$\frac{\pi}{2}$；而当某复数乘以-j，或者说除以j，等于把该复数顺时针旋转$\frac{\pi}{2}$。

❖当两个复数共轭时，即$A=a+b\mathrm{j}=|A|\mathrm{e}^{\varphi\mathrm{j}}$，其共轭复数为

$$A^*=a-b\mathrm{j}=|A|\mathrm{e}^{-\varphi\mathrm{j}} \tag{2.34}$$

两者的乘积为

$$AA^*=(a+b\mathrm{j})(a-b\mathrm{j})=a^2-(b\mathrm{j})^2=a^2+b^2 \tag{2.35}$$

可见，共轭复数的乘积为一实数。这是共轭复数的一个重要性质。

2.2.2 正弦量的相量表示

从上面的讨论可知，任何一个复数只要知道模和幅角即可被确定。在正弦交流电路中，各电物理量均是同频率的正弦量，而正弦量正是由它们的最大值(或有效值)和初相来确定的。从这个意义上，我们找到了正弦量与复数之间存在的一一对应的映射关系，即正弦量可以用复数表示，正弦量的运算可以借助于复数的运算进行。

为了与一般的复数区别开，把表示正弦量的复数称为相量。把以正弦量的幅值为模的复数称为最大值相量，如$\dot{I}_{\mathrm{m}}$，$\dot{U}_{\mathrm{m}}$，$\dot{E}_{\mathrm{m}}$。把以正弦量的有效值为模的复数称为有效值相量，简称相量，如$\dot{I}$，$\dot{U}$，$\dot{E}$。最大值相量等于有效值相量乘以$\sqrt{2}$。一般所说的相量即指有效值相量。

下面从两个方面来进一步理解正弦量相量表示的若干意义。

由欧拉公式可知

$$A=|A|e^{\varphi j}=|A|(\cos\varphi+j\sin\varphi) \tag{2.36}$$

则

$$\begin{aligned}U_m e^{(\omega t+\varphi_u)j}&=U_m\angle(\omega t+\varphi_u)\\&=\sqrt{2}U\angle(\omega t+\varphi_u)\\&=\sqrt{2}U\cos(\omega t+\varphi_u)+j\sqrt{2}U\sin(\omega t+\varphi_u)\end{aligned} \tag{2.37}$$

从式(2.37)可以看出，这个复数的虚部就是正弦交流电压的瞬时表达式，即

$$u=I_m[U_m e^{j(\omega t+\varphi_u)}] \tag{2.38}$$

复数能与正弦量相对应，所以复数就可以用于表示正弦量。

复数 A 可以用一条由坐标原点到该点的有向线段来表示，长度为 A，与实轴正方向之间的夹角为 φ；而 $e^{j\omega t}$ 是模值等于 1 且幅角随时间变化的复数，如图 2.9 所示。

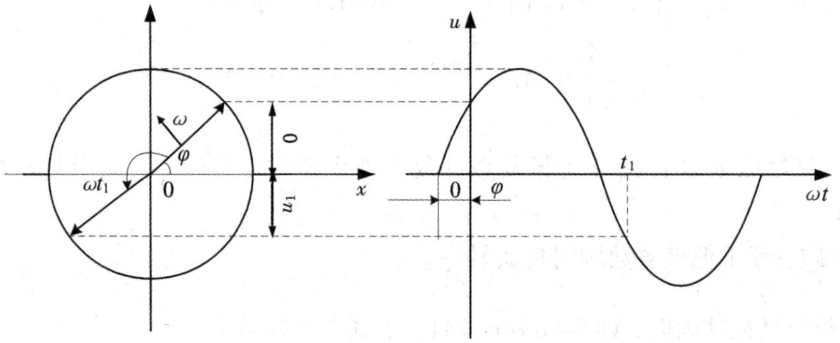

图 2.9　用旋转有向线段和正弦波形表示正弦量

综上所述，正弦量用复数表示就成为相量。正弦量的相量规定用大写字母上面加一圆点表示。需要注意的是，没有圆点，只写字母，仅表示有效值；加上圆点后，就成为相量，它既代表有效值，又含有初相角。因此，要考虑正弦量的相位关系时，务必使用带圆点的相量形式，这样交流电路中复杂的分析、运算关系，可以借助相量的运算(即复数的运算)进行。在以后的讨论中，一般采用相量形式。相量同正弦量仅有对应关系，有效值对应于模值，初相对应于幅角。

但相量并不等于正弦量，要注意两者间的根本区别。正弦量是时间的实函数，具有明确的物理意义，相量则是一种复数形式。正弦量的相量形式仅是分析交流电路中各电量关系的一种符号，或者说，正弦量与相量之间存在一种数学变换。在进行正弦量运算时，首先应把正弦量用复数表示成相量，然后根据复数运算(相量运算)所得的相量结果反过来求正弦量。

【例 2.7】　已知 $i_1(t)=10\sin(314t-30°)$ A，$i_2(t)=-8\sin(314t+60°)$ A，$i_3(t)=5\cos(314t+30°)$ A，试用相量表示法表示各正弦电流，并做出相量图。

解
$$\dot{I}_1=\frac{10}{\sqrt{2}}\angle(-30°)=5\sqrt{2}\angle(-30°)(\mathrm{A})$$

$$\dot{I}_2=\frac{8}{\sqrt{2}}\angle(60°+180°)=\frac{8}{\sqrt{2}}\angle(-120°)=4\sqrt{2}\angle(-120°)(\mathrm{A})$$

$$\dot{I}_3=\frac{5}{\sqrt{2}}\angle(30°+90°)=\frac{5}{\sqrt{2}}\angle 120°=\frac{5}{2}\sqrt{2}\angle 120°(\mathrm{A})$$

在复平面上做出其相量图，如图 2. 10 所示。规定：相量与实轴的正方向之间的夹角为初相角，该相量逆时针旋转时夹角为正，顺时针旋转时夹角为负。

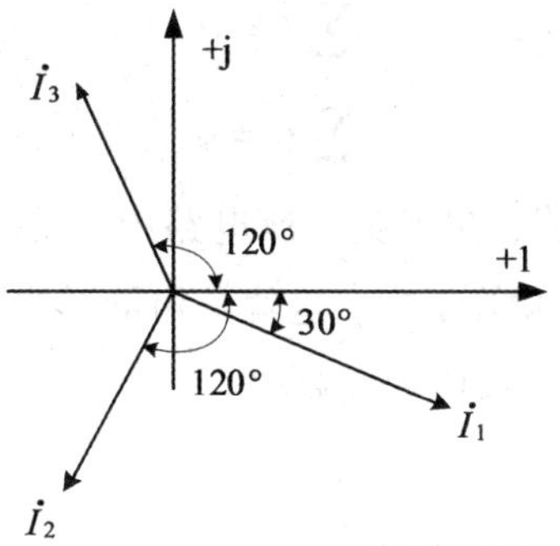

图 2. 10　例 2. 7 图

【例 2. 8】　已知$u_1=311\sin 314t$ V，$u_2=100\sqrt{2}\sin(314t+60°)$ V，试用相量法求两正弦量之和。

解
$$\dot{U}_1=\frac{311}{\sqrt{2}}\angle 0°=\frac{311}{2}\sqrt{2}\angle 0°$$

$$\dot{U}_2=\frac{100\sqrt{2}}{\sqrt{2}}\angle 60°=100\angle 60°$$

$$\begin{aligned}\dot{U}&=\dot{U}_1+\dot{U}_2\\&=220\angle 0°+100\angle 60°\\&=220+100(\cos 60°+\mathrm{j}\sin 60°)\\&=220+100\left(\frac{1}{2}+\frac{\sqrt{3}}{2}\mathrm{j}\right)\\&=270+50\sqrt{3}\mathrm{j}\\&=283.5\angle 17.8°\end{aligned}$$

则

$$u=u_1+u_2=283.5\sqrt{2}\sin(314t+17.8°)(\mathrm{V})$$

2.2.3 相量形式的基尔霍夫定律

直流电路中，元件连接方式的两种约束关系即基尔霍夫电流定律(KCL)和基尔霍夫电压定律(KVL)。这两个定律在正弦交流电路中的具体形式是

$$\sum i = 0 \tag{2.39}$$

$$\sum u = 0 \tag{2.40}$$

如果用相量形式来表示，可得

$$\sum \dot{I} = 0 \tag{2.41}$$

$$\sum \dot{U} = 0 \tag{2.42}$$

式(2.41)和式(2.42)说明，在正弦交流电路中，任一节点处各电流的相量和等于零，任一回路中各电压的相量和等于零。这就是相量形式的基尔霍夫定律。需要注意的是，这是相量的代数和，而不是数值的代数和。

2.3 单一参数的交流电路

通常实际器件中的电阻、电感和电容参数会不同程度地同时对电路产生影响，但这种影响往往有主次之分。当电路或元器件中仅有一个参数对电路起主要作用，而其他两个参数的影响可以忽略不计时，就可以把这种元件看作只具有一种参数的理想元件，与之相对应的电路称为单一参数的电路。

2.3.1 电阻电路

(1)电压、电流关系。

图2.11(a)所示为一电阻元件的交流电路图，由于元件为线性元件，故电路中电压和电流在图示正方向下服从欧姆定律，即 $u=iR$。

为了分析方便，假设电流 i 的初相等于零，则

$$i=I_m\sin\omega t \tag{2.43}$$

并以此为参考相量，故

$$u=iR=I_mR\sin\omega t=U_m\sin\omega t \tag{2.44}$$

式(2.44)说明，电阻元件上的电压也按照正弦规律变化，它的最大值与电流的最大值成正比，频率和初相角均与电流相同，其波形见图2.11(c)。

对于正弦交流电路中的电阻电路(又称纯电阻电路)，一般结论如下。

①电压、电流均为同频率的正弦量。

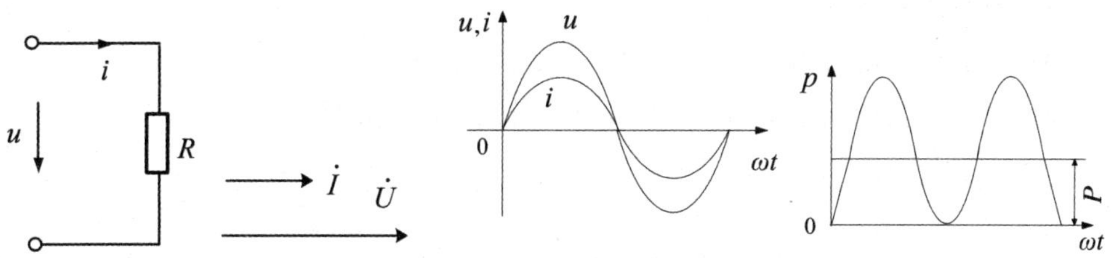

(a)电路图　(b)电压、电流的相量图　(c)电压、电流波形图　(d)功率波形图

图 2.11　交流电阻电路

②电压与电流初相相同，即两者同相。

③电压与电流的有效值成正比，即

$$U_m = I_m R,\ U = IR \tag{2.45}$$

上述结论，可用相量形式表示为

$$\dot{U} = \dot{I} R \tag{2.46}$$

式(2.46)实质上是电阻元件欧姆定律的相量形式，电压、电流的相量图见图 2.11(b)。

(2)功率关系。

在任一瞬间，电压的瞬时值 u 与电流的瞬时值 i 的乘积，称为瞬时功率，用小写字母 p 表示，即

$$p = p_R = ui = \sqrt{2}U\sqrt{2}I\sin^2\omega t = UI(1-\cos2\omega t) \tag{2.47}$$

由式(2.47)可知，瞬时功率由两部分组成：第一部分是常量 UI；第二部分是幅值为 UI，并以角频率为 2ω 随时间而变化的交变量 $UI\cos2\omega t$。p 随时间而变化的波形见图 2.11(d)。

在电阻交流电路中，由于 u 与 i 是同相位，所以瞬时功率总是正的，这表明具有电阻元件的交流电路总是从电源取用电能，它在一个周期内取用的电能为

$$W = \int_0^T p\mathrm{d}t \tag{2.48}$$

这相当于在图 2.11(d)中，功率波形与横轴所包围的那块面积。

通常衡量元件消耗的功率，可取瞬时功率在一个周期内的平均值，称为平均功率或有功功率，用大写字母 P 来表示。那么在电阻元件上消耗的平均功率为

$$P = \frac{1}{T}\int_0^T p\mathrm{d}t = \frac{1}{T}\int_0^T UI(1-\cos2\omega t)\mathrm{d}t = I^2R = \frac{U^2}{R} \tag{2.49}$$

由此可见，有功功率不随时间变化，这与直流电路中计算电阻元件的功率在形式上是一样的。但式(2.49)中的 U 和 I 均表示正弦电压、电流的有效值。

【例 2.9】　一个 220 V、1000 W 的电炉接在电源 $u = 311\sin\left(314t + \frac{\pi}{6}\right)$ 的电路中，求：

①电炉的电阻是多少?

②通过电炉中的电流为多少?写出瞬时表达式。

③设此电炉每天使用 2 h,问每月(按 30 d 计算)消耗电能多少?

解 ①电炉的电阻为

$$U=\frac{U_m}{\sqrt{2}}=\frac{311}{\sqrt{2}}=220(\text{V})$$

故

$$R=\frac{U^2}{P}=\frac{220^2}{1000}=48.4(\Omega)$$

②通过电炉的电流为

$$\dot{I}=\frac{220\angle\frac{\pi}{6}}{48.4}=4.55\angle\frac{\pi}{6}(\text{A})$$

故

$$i=6.43\sin\left(314t+\frac{\pi}{6}\right)(\text{A})$$

③
$$W=Pt=1000\times2\times30=60(\text{kW}\cdot\text{h})$$

2.3.2 电感电路

(1)电压、电流关系。

线性电感元件中的自感电动势为

$$e=-L\frac{\mathrm{d}i}{\mathrm{d}t} \tag{2.50}$$

在仅有电感元件(纯电感)的交流电路中,通入交流电流为

$$i=I_m\sin\omega t \tag{2.51}$$

电路中电压 u、电流 i 和电动势 e_L 的正方向如图 2.12(a)所示。

根据基尔霍夫电压定律,有

$$u=-e_L=L\frac{\mathrm{d}i}{\mathrm{d}t} \tag{2.52}$$

将 i 代入式(2.52),则

$$u=L\frac{\mathrm{d}I_m\sin\omega t}{\mathrm{d}t}=I_m\omega L\cos\omega t=I_m\omega L\sin(\omega t+\frac{\pi}{2}) \tag{2.53}$$

式(2.52)是在电压、电流为关联正方向下得出的,若为非关联正方向,则

$$u=-L\frac{\mathrm{d}i}{\mathrm{d}t} \tag{2.54}$$

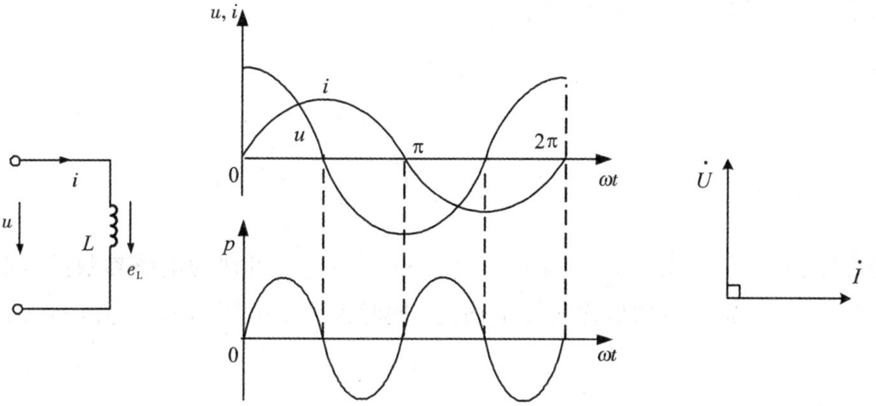

(a)电路图　　(b)波形图　　(c)相量图

图 2.12　交流电感电路

式(2.53)说明，电感电压也是正弦量，且与电流同频率，但在相位上电压超前于电流 90°，在大小关系上为

$$U_m = I_m \omega L,\ U = I\omega L \tag{2.55}$$

由式(2.55)可知，当 ω 一定时，电感两端的电压有效值正比于电流；当 $\omega=0$ 时，电感电压恒为零，即电感元件在直流电路中相当于短路；当 ω 趋近于∞时，电感元件的作用相当于开路元件。

由上述讨论可以得出关于电感元件的一般结论。

①电感元件中的电压和电流均为同频率的正弦量。

②电感元件中的电压在相位上超前于电流 90°，其波形见图 2.12(b)，相量图见图 2.12(c)。

③电压与电流的有效值关系为

$$I = \frac{U}{\omega L} \tag{2.56}$$

令

$$X_L = \omega L = 2\pi f L \tag{2.57}$$

则

$$I = \frac{U}{X_L} \tag{2.58}$$

从式(2.58)可知，电压一定时，X_L越大，电流越小。可见，X_L具有阻碍电流的性质，所以称 X_L为电感电抗，简称感抗。

当 ω 的单位用 rad/s，L 的单位用 H 时，X_L的单位为 Ω。

感抗 X_L与电感 L、频率 f 成正比，这是因为线圈的电感越大，或通过线圈的电流频率越高，则线圈中的自感电动势也越大。由于自感电动势对电流起阻碍作用，该作用通过

X_L来体现。若用相量形式来表示，则

$$\dot{U}=jX_L\dot{I} \tag{2.59}$$

或

$$\dot{I}=-j\frac{\dot{U}}{X_L} \tag{2.60}$$

电感电路的相量图见图 2.12(c)。式(2.59)中的 jX_L可视为电感参数的复数形式，该式说明了电压电流的有效值之比等于感抗，同时说明了电压超前于电流 90°的相位关系。

需要注意的是，$\frac{u}{i}\neq X_L$，因为 u 与 i 的瞬时值关系并非线性关系，而是导数关系；$\dot{U}\neq\dot{I}X_L$，因为$\dot{U}$与$\dot{I}$并非同相，而是电压超前电流 90°。

(2)功率关系。

电感交流电路中的瞬时功率关系为

$$\begin{aligned}p&=ui\\&=I_m\sin\omega t\ U_m\sin\left(\omega t+\frac{\pi}{2}\right)\\&=U_mI_m\cos\omega t\ \sin\omega t\\&=\frac{U_mI_m}{2}\sin2\omega t\\&=UI\sin2\omega t\end{aligned} \tag{2.61}$$

可见，在电感电路中，瞬时功率是一个幅值为 UI、频率为电流或电压频率 2 倍的正弦函数，其波形图见图 2.12(b)。电感电路中瞬时功率正负交替变化的原因如下：电感线圈是一个储能元件，当电流增大时，线圈中磁场能量增大(磁场能量的表达式为 $W_L=\frac{1}{2}Li^2$)，它从电源取用能量，其功率为正；当电流减小时，线圈中磁场能量也减小，由于电路中没有耗能元件，磁场释放的能量全部回送给电源，故其功率为负。也就是说，虽然电路中既有电压也有电流，但从一周的整体效果上来看，它既不消耗电能，也不输出电能。这一点可以从平均功率得到验证，即

$$P=\frac{1}{T}\int_0^T p\mathrm{d}t=\frac{1}{T}\int_0^T UI\sin2\omega t\mathrm{d}t \tag{2.62}$$

式(2.62)说明，在电感元件的交流电路中，没有任何能量消耗，只有电源与电感元件之间的能量交换，其能量交换的规模用无功功率 Q 来衡量，它的大小等于瞬时功率的幅值，即

$$Q=UI=I^2X_L \tag{2.63}$$

无功功率的计量单位为乏(var)或千乏(kvar)。

需要注意的是，无功功率并非无用功率。例如，本书第 4 章讨论的变压器、交流电机等电气设备需要依靠磁场传递能量，而其中电感性负载与电能之间的能量互换规模就得用无功功率来描述。

【例 2.10】 今有一电感量 $L=0.1$ H 的线圈，线圈电阻甚小，可以忽略不计。现将其接在 220 V、50 Hz 的正弦交流电源上，试求：

①通过线圈中的电流。

②线圈吸收的瞬时功率、有功功率、无功功率和最大磁场能量。

③若电源电压不变，将频率变成 1000 Hz，重新计算线圈中的电流。

解 ①

$$X_L=\omega L=2\pi fL=2\pi\times50\times0.1=31.4(\Omega)$$

$$I=\frac{U}{X_L}=\frac{220}{31.4}=7(\text{A})$$

设电源电压为参考相量，且电压电流为关联正方向，则

$$\dot{I}=7\angle(-90^\circ)$$

所以

$$i=7\sqrt{2}\sin(314t-90^\circ)(\text{A})$$

②电感线圈中的瞬时功率为

$$P_L=ui=UI\sin 2\omega t=220\times7\times\sin 628t=1540\sin 628t(\text{W})$$

$$P=\frac{1}{T}\int_0^{2\pi}UI\sin 2\omega t\text{d}t=0$$

$$Q=220\times7=1540(\text{var})$$

$$W_{Lm}=\frac{1}{2}\times L\times I_m^2=\frac{1}{2}\times0.1\times(7\sqrt{2})^2=0.1\times49=4.9(\text{J})$$

③当 $f=1000$ Hz 时，则

$$\omega L=2\pi fL=628(\Omega)$$

$$I=\frac{220}{628}=0.35(\text{A})$$

$$i=0.35\sqrt{2}\sin(6280t-90^\circ)(\text{A})$$

可见，同一个电感线圈，对低频限流作用较小，而对高频限流作用较大。

【例 2.11】 把一个 0.1 H 的电感元件接到频率为 50 Hz、电压有效值为 10 V 的正弦电源上，试求：

①电流是多少？

②如保持电压值不变，而电源频率改变为 5000 Hz，这时电流将为多少？

解 ①当 $f=50$ Hz 时，

$$X_L=2\pi fL=2\times3.14\times50\times0.1=31.4(\Omega)$$

$$I=\frac{U}{X_L}=\frac{10}{31.4}=0.318(\text{A})=318(\text{mA})$$

②当$f=5000$ Hz 时,

$$X_L=2\times3.14\times5000\times0.1=3140(\Omega)$$

$$I=\frac{10}{3140}=0.00318(\text{A})=3.18(\text{mA})$$

可见, 电压有效值一定时, 频率越高, 则通过电感元件的电流有效值越小。

2.3.3 电容电路

(1)电压、电流关系。

线性电容元件在图 2.13(a)所示关联正方向的条件下

$$i_C=C\frac{\mathrm{d}u_C}{\mathrm{d}t} \tag{2.64}$$

假定$u_C=U_m\sin\omega t$, 则

$$i=C\frac{\mathrm{d}u_C}{\mathrm{d}t}=C\frac{\mathrm{d}U_m\sin\omega t}{\mathrm{d}t}=U_m\omega C\cos\omega t$$

$$=U_m\omega C\sin\left(\omega t+\frac{\pi}{2}\right) \tag{2.65}$$

式(2.65)说明, 电容两端加上正弦交流电压后, 通过电容的电流也是同频率的正弦量, 但在相位上电流超前电压 90°, 或者说电压落后电流 90°。对应的电压、电流波形图见图 2.13(b)。

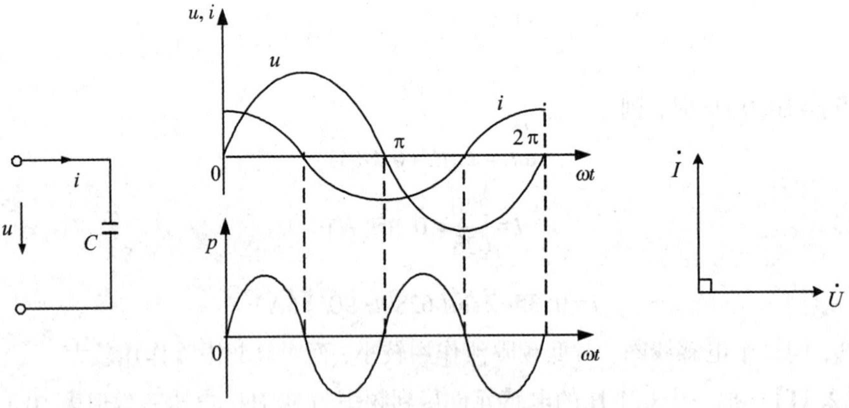

(a)电路图　　(b)波形图　　(c)相量图

图 2.13　交流电容电路

根据式(2.65), 令

$$I_m=U_m\omega C \tag{2.66}$$

或

$$I=U\omega C \tag{2.67}$$

当电容元件加上直流电压时($\omega=0$)，电容电流恒为零，相当于开路元件，也就是说，电容元件有隔断直流电的作用。当电容元件上施加一定频率的交流电压时，由于电压的变化，电容极板上的电荷也发生增减，电荷的增减使电容中有交变的电流通过。ω 越高，电容极板上的电荷变化也就越快，电流也就越大；当 ω 趋近于∞时，电容元件可以用短路元件来替代。

据此可得出以下关于电容元件上电压、电流关系的一般结论。

①电容元件两端的电压及流过电容中的电流均为同频率的正弦量。

②电容元件中的电压在相位上滞后电流 90°，波形见图 2. 13(b)，相量图见图 2. 13(c)。

③电压与电流的有效值关系为

$$I=\frac{U}{X_C},\ X_C=\frac{1}{\omega C} \tag{2.68}$$

式中，X_C称为容抗，它反比于通过电容元件的电流的频率和电容元件的电容量。当 ω 的单位用 rad/s，电容 C 的单位用 F 时，X_C的单位用 Ω。

电容元件上的电压与电流关系的相量形式为

$$\dot{I}=\mathrm{j}\frac{1}{X_C}\dot{U} \tag{2.69}$$

或

$$\dot{U}=-\mathrm{j}X_C\dot{I} \tag{2.70}$$

相量图如图 2. 13(c)所示。

式(2. 70)中，$-\mathrm{j}X_C$ 可以看作电容参数的复数形式。

(2)功率关系。

电容元件交流电路的瞬时功率为

$$p=ui=U_m\sin\omega t\, I_m\sin\left(\omega t+\frac{\pi}{2}\right)=U_mI_m\sin\omega t\cos\omega t=UI\sin2\omega t \tag{2.71}$$

可见，电容元件中的瞬时功率是幅值为 UI、以 2ω 为角频率随时间而变化的交变量。这是因为电容是一个储能元件，当电容电压增高时，电容中的电场能量$\left(W_C=\frac{1}{2}Cu^2\right)$将增加，它将从电源取用电能，则 $p>0$；当电容电压降低时，电容中的电场能量减小，而将剩余的能量回送给电源，则 $p<0$。其能量变化的波形图见图 2. 13(b)。

电容元件在交流电路中的平均功率为

$$P=\frac{1}{T}\int_0^T p\mathrm{d}t=\frac{1}{T}\int_0^T UI\sin2\omega t\mathrm{d}t \tag{2.72}$$

与电感元件一样，电容元件也不消耗任何能量，在电容元件与电源之间只有能量变

换，其互换的规模与电感电路一样，用无功功率 Q 来表示，该值等于瞬时功率的幅值，即

$$Q=UI=I^2X_C \tag{2.73}$$

【例 2.12】 一只容量为 15 μF 的电容器，将其接在有效值为 220 V、50 Hz 的正弦电压上，试求：

①电容中流过的电流。

②电容吸收的瞬时功率、有功功率、无功功率和最大电场能量。

③当电源电压不变，将频率变为 1000 Hz 时，重求电容中的电流。

解 ①

$$X_C=\frac{1}{\omega C}=\frac{1}{314\times15\times10^{-6}}=212(\Omega)$$

$$I=\frac{U}{X_C}=\frac{220}{212}=1.03(\text{A})$$

以电压为参考相量

$$i=1.03\sqrt{2}\sin(314t+90°)(\text{A})$$

②

$$p=ui=UI\sin2\omega t=220\times1.03\sin628t=226.6\sin628t(\text{W})$$

$$P=0$$

$$Q_C=UI=220\times1.03=226.6(\text{var})$$

$$W_{Cm}=\frac{1}{2}CU_m^2=CU^2=15\times10^{-6}\times220^2=0.726(\text{J})$$

③当 $f=1000$ Hz 时，

$$X_C=\frac{1}{\omega C}=\frac{1}{2\pi\times1000\times15\times10^{-6}}=10.6(\Omega)$$

$$I=\frac{220}{10.6}=20.75(\text{A})$$

所以

$$i=20.75\sqrt{2}\sin(6280t+90°)(\text{A})$$

可见，当电压一定时，频率升高，容抗就变小，电流增大。

【例 2.13】 把一个 25 μF 的电容元件接到频率为 50 Hz、电压有效值为 10 V 的正弦电源上，试求：

①电流是多少？

②如保持电压值不变，而电源频率改为 5000 Hz，这时电流将为多少？

解 ①当 $f=50$ Hz 时，

$$X_C=\frac{1}{2\pi fC}=\frac{1}{2\times3.14\times50\times(25\times10^{-6})}=127.4(\Omega)$$

$$I=\frac{U}{X_C}=\frac{10}{127.4}=0.078(\text{A})=78(\text{mA})$$

②当 f=5000 Hz 时，

$$X_C=\frac{1}{2\times3.14\times5000\times(25\times10^{-6})}=1.274(\Omega)$$

$$I=\frac{10}{1.274}=7.8(\mathrm{A})$$

可见，电压有效值一定时，频率越高，则通过电容元件的电流有效值越大。

电阻、电感、电容元件在正弦交流电路中的作用和性质见表 2.1。

表 2.1　电阻、电感、电容元件在正弦交流电路中的作用和性质

电路元件		电阻(R)	电感(L)	电容(C)
物理性质		由电能转变成热能的特征	表明磁场存在的特征	表明电场存在的特征
特征方程		$u_R=iR$	$u_L=L\frac{\mathrm{d}i}{\mathrm{d}t}$	$i_C=C\frac{\mathrm{d}u_C}{\mathrm{d}t}$
电压电流关系	数量关系	$U_R=IR$	$U_L=IX_L$，$X_L=\omega L$	$U_C=IX_C$，$X_C=\frac{1}{\omega C}$
	相位关系	$\dot{U}_R$ 与 $\dot{I}$ 同相	$\dot{U}_L$ 超前 $\dot{I}$ $\frac{\pi}{2}$	$\dot{U}_C$ 滞后 $\dot{I}$ $\frac{\pi}{2}$
	相量图	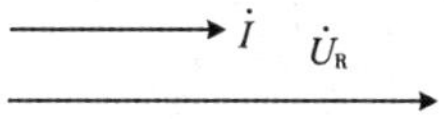	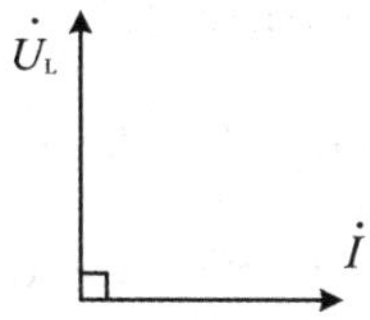	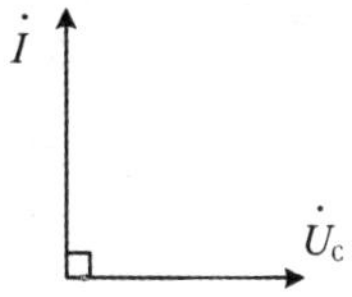
功率关系	有功功率	$P=IU_R=I^2R$	0	0
	无功功率	0	$Q_L=I^2X_L$	$Q_C=I^2X_C$
能量转换特点		R 为耗能元件，将消耗的电能转换为热能	L 为储能(磁场)元件，对电源只有能量交换，不消耗功率	C 为储能(电场)元件，对电源只有能量交换，不消耗功率
在不同电源频率作用下的特点		一般可以说 R 与频率无关	$X_L=\omega L$ 与频率成正比，有"直流无阻、高频难通"的特性	$X_C=\frac{1}{\omega C}$ 与频率成反比，有"隔断直流、传递交流"的特性

2.4　RLC 串联的交流电路

在实际电路中，经常需要将几个理想元件相互串联作为电路模型。本节将在单一参数交流电路的基础上，进一步讨论 RLC 串联交流电路中各电量之间的相量关系及分析方法。

2.4.1 复阻抗及等效变换

在图 2.14 中，由 2.3 节所述可知

$$\dot{U}_R = \dot{I}R \tag{2.74}$$

$$\dot{U}_L = \dot{I}jX_L \tag{2.75}$$

$$\dot{U}_C = \dot{I}(-jX_C) \tag{2.76}$$

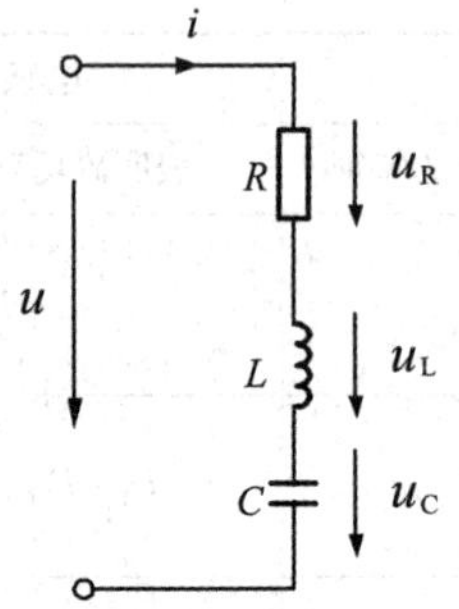

图 2.14 RLC 串联电路

根据基尔霍夫电压定律的相量形式，得

$$\begin{aligned}\dot{U} &= \dot{U}_R+\dot{U}_L+\dot{U}_C = \dot{I}R+\dot{I}jX_L+\dot{I}(-jX_C)\\ &= \dot{I}[R+j(X_L-X_C)] = \dot{I}(R+jX) = \dot{I}Z\end{aligned} \tag{2.77}$$

式中，$X=X_L-X_C=\omega L-\dfrac{1}{\omega C}$，称为电抗，单位为 Ω；$Z=R+(X_L-X_C)j=R+Xj$，称为电路的复阻抗，单位为 Ω，它的实部为所研究电路的电阻，虚部为电路的电抗。

从式(2.77)中可见，复阻抗 Z 只是联系电压相量和电流相量的复参数，而其本身并不是正弦量，也不是相量，所以采用不加点的符号以示区别。

式(2.77)中，$\dot{U}=\dot{I}Z$ 的形式与欧姆定律的形式很像，它反映了交流电路中电压相量与电流相量之间的关系，故称为广义的欧姆定律。

图 2.14 所示电路中的 R，L，C 可以看作三个阻抗元件相互串联。$Z_1=R$，$Z_2=jX_L$，$Z_3=-jX_C$，而 Z 可以看作串联电路的等效复阻抗

$$Z = Z_1 + Z_2 + Z_3 = \sum R + j\sum X$$

式中，R 为等效电阻；X 为等效电抗，若感抗取正号，则容抗取负号。

2.4.2 各电物理量之间的关系

在 RLC 串联电路中，如果以电流为参考相量($\dot{I}=I\angle 0°$)，那么各电物理量之间的相

量关系如图 2.15(a)所示。图中，$\dot{U}_R$、$\dot{U}_L+\dot{U}_C$和$\dot{U}$正好组成一个直角三角形。该三角形称为电压三角形，如图 2.15(b)所示。根据几何关系，可得

$$U=\sqrt{U_R^2+(U_L-U_C)^2}=\sqrt{U_R^2+U_X^2}=\sqrt{(IR)^2+(IX_L-IX_C)^2}=I|Z| \tag{2.78}$$

式中，$|Z|$为复阻抗 Z 的模值，称为阻抗模，$Z=|Z|\angle\varphi$ 即电路的阻抗，单位为 Ω。若将电压三角形各边同除以电流 I，可得阻抗三角形，见图 2.15(b)。若进一步分析 RLC 串联交流电路中的功率关系，可知因耗能元件只有电阻，$P=IU_R=I^2R$，根据电压三角形，可得

$$P=I^2R=UI\cos\varphi \tag{2.79}$$

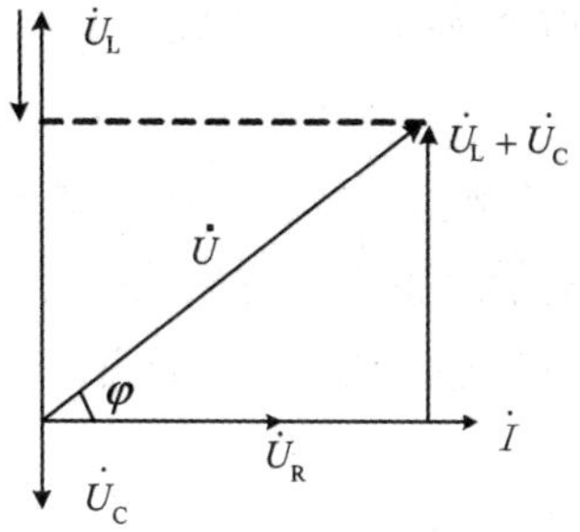

(a)RLC 串联电路相量图

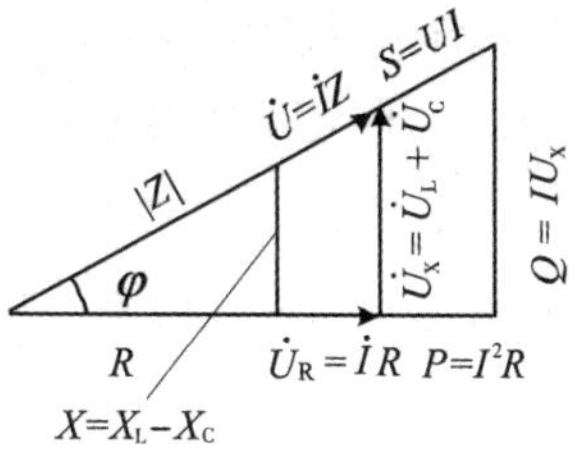

(b)阻抗、电压、功率三角形

图 2.15　RLC 串联电路中各量的关系

电感元件与电容元件只存在无功功率 Q，其中 $Q_L=I^2X_L$，$Q_C=I^2X_C$，考虑到$\dot{U}_L$与$\dot{U}_C$方向相反，得到

$$Q=(U_L-U_C)I=I^2(X_L-X_C)=UI\sin\varphi \tag{2.80}$$

若将电压三角形每条边长扩大 I 倍，则得

$$P=UI\cos\varphi,\ Q=UI\sin\varphi \tag{2.81}$$

根据直角三角形勾、股、弦关系，斜边反映的是 UI，那么它到底代表什么意义呢？

在交流电路中，UI 在一般情况下并非有功功率，而是视在功率 S，即

$$S=UI=I^2|Z| \tag{2.82}$$

许多交流电气设备(如交流发电机、变压器)的容量就是以额定电压和额定电流的乘积，即用所谓额定视在功率来表示的，记作

$$S_N=U_NI_N \tag{2.83}$$

视在功率的单位是伏安(V · A)或千伏安(kV · A)。

这样 S，P，Q 也组成一个三角形，称为功率三角形，如图 2.15(b)所示。

在串联交流电路的分析和计算中，借助电压、阻抗和功率三角形，可以十分直观地看出各电压、阻抗及功率之间的关系。

从这三个三角形中，不难得出电源电压$\dot{U}$与电流$\dot{I}$之间的相位差角，即

$$\varphi=\arctan\frac{U_L-U_C}{U_R}=\arctan\frac{X_L-X_C}{R}=\arctan\frac{Q}{P} \tag{2.84}$$

式中，φ 称为复阻抗的幅角或电路的阻抗角，它仅取决于电路参数和频率，与电压、电流无关。同时，从三角形中还可以看到

$$U_R=U\cos\varphi,\ U_X=U\sin\varphi \tag{2.85}$$

$$R=|Z|\cos\varphi,\ X=|Z|\sin\varphi \tag{2.86}$$

$$P=S\cos\varphi,\ Q=S\sin\varphi \tag{2.87}$$

$$S=\sqrt{P^2+Q^2} \tag{2.88}$$

式(2.85)~式(2.88)经常会用到。

分析式(2.87)，电压与电流有效值的乘积还需乘上一个系数 $\cos\varphi$ 后才是电路中的有功功率，这个系数称为功率因数。

需要注意的是，电压三角形、阻抗三角形、功率三角形虽然是相似三角形，但是各自代表的意义有着原则上的区别。电压三角形各边代表相量，它实质上是以相量图的形式来表示正弦量。而阻抗三角形、功率三角形各边只是线段，不带箭头，它们不是相量，而是反映出电路中的数值关系。

上述讨论都是在假定 $X_L>X_C$ 的前提条件下得出的。在式(2.77)中，

$$Z=R+(X_L-X_C)\mathrm{j}=R+X\mathrm{j} \tag{2.89}$$

当 $X_L>X_C$，$X>0$，$\varphi>0$ 时，即电路中的电压始终超前电流 $\varphi(0<\varphi<90°)$ 角度，电抗呈电感性，这类电路称为电感性电路。同样，当 $X_L<X_C$，$X<0$，$\varphi<0$ 时，则称为电容性电路。当 $X_L=X_C$，$X=0$，$\varphi=0$ 时，电路呈电阻性，这是 RLC 串联电路中的特殊情况。

【例 2.14】 一个电容器与线圈串联组成的电路中，外接电源电压为 $u=100\sin 5000t$ V。电容器的电容量 $C=10\ \mu\text{F}$，线圈的电阻 $R=30\ \Omega$，电感 $L=12$ mH。求电路中电流及各元件两端电压的瞬时表达式，并做出相量图。

解 由给出的条件，首先建立相量模型，如图 2.16(a)所示。

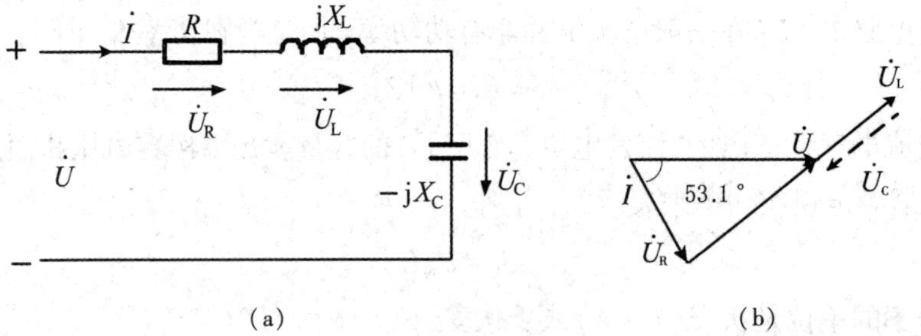

图 2.16 例 2.14 电路

①已知

$$\dot{U}=\frac{100\angle 0°}{\sqrt{2}}(\mathrm{V})$$

$$X_L = \omega L = 5000\times12\times10^{-3} = 60(\Omega)$$

$$X_C = \frac{1}{\omega C} = \frac{1}{5000\times10\times10^{-6}} = 20(\Omega)$$

②由相量模型得

$$Z = R+(X_L - X_C)\mathrm{j} = 30+(60-20)\mathrm{j} = 30+40\mathrm{j} = 50\angle53.1°(\Omega)$$

$$\dot{I} = \frac{\dot{U}}{Z} = \frac{100\angle0°}{50\sqrt{2}\angle53.1°} = \sqrt{2}\angle(-53.1°)(\mathrm{A})$$

$$\dot{U}_R = \dot{I}R = 30\sqrt{2}\angle(-53.1°)(\mathrm{V})$$

$$\dot{U}_L = \dot{I}\,\mathrm{j}\omega L = \sqrt{2}\angle(-53.1°)\times60\mathrm{j} = 60\sqrt{2}\angle36.9°(\mathrm{V})$$

$$U_C = \dot{I}\left(-\mathrm{j}\frac{1}{\omega C}\right) = 20\sqrt{2}\angle(-143.1°)(\mathrm{V})$$

③
$$i = 2\sin(5000t-53.1°)(\mathrm{A})$$

$$u_R = 60\sin(5000t-53.1°)(\mathrm{V})$$

$$u_L = 120\sin(5000t+36.9°)(\mathrm{V})$$

$$u_C = 40\sin(5000t-143.1°)(\mathrm{V})$$

从计算结果可以知道

$$U \neq U_L + U_R + U_C$$

④做出相量图，如图 2.16(b)所示。

【例 2.15】 图 2.17(a)是一个移相电路。若输入电压 $u=\sqrt{2}\sin\omega t$ V，$C=0.01$ μF，$\omega=2\pi\times600$ rad/s。欲使输出电压$\dot{U}_C$ 较输入电压 $\dot{U}$ 的相位滞后 60°，试求右端无负载时的电阻 R 及输出电压有效值。

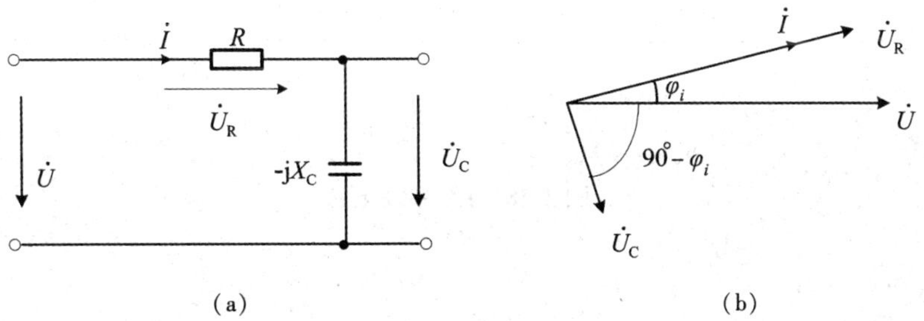

图 2.17　例 2.15 图

解　先画出相量图。依题意，$\dot{U}$ 为参考正弦量，由于是容性电路，电流 $\dot{I}$ 应超前于电压 $\dot{U}$，即 $\varphi_i>0$，如图 2.17(b)所示，$\dot{U}_R$与$\dot{I}$ 同相位，$\dot{U}_C$滞后$\dot{U}_R$90°，根据题意有 $90°-\varphi_i=60°$，故 $\varphi_i=30°$。

容抗为

$$X_C=\frac{1}{\omega C}=\frac{1}{2\pi\times600\times0.01\times10^{-6}}=26.5(\text{k}\Omega)$$

由相量图可知

$$\tan\varphi_i=\frac{U_C}{U_R}=\frac{X_C}{R}$$

电阻为

$$R=\frac{X_C}{\tan30^\circ}=45.9(\text{k}\Omega)$$

复阻抗的模为

$$|Z|=\sqrt{R^2+X_C^2}=53(\text{k}\Omega)$$

输出电压有效值为

$$U_C=X_CI=X_C\frac{U}{|Z|}=0.5(\text{V})$$

【例 2.16】 在日光灯电路中，日光灯管相当于一个电阻，镇流器相当于电阻与电感的串联电路，灯管与镇流器串联。测得电路所加电源电压 $U=220$ V，电路中电流 $I=0.4$ A，灯管电压为 $U_1=96$ V，镇流器电压 $U_2=192$ V，如图 2.18(a)所示。试求灯管电阻 R_1、镇流器电阻 R_2及电抗 X_L。

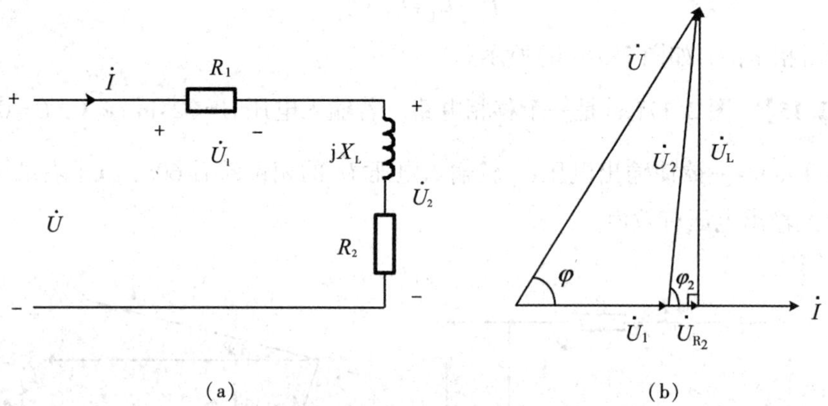

图 2.18　RL 串联电路

解　方法一：

灯管电阻

$$R_1=\frac{U_1}{I}=\frac{96}{0.4}=240(\Omega)$$

对于镇流器有

$$\sqrt{R_2^2+X_L^2}=\frac{U_2}{I}=\frac{192}{0.4}=480(\Omega)$$

整个电路阻抗的模

$$|Z|=\sqrt{(R_1+R_2)^2+X_L^2}=\frac{U}{I}=\frac{220}{0.4}=550(\Omega)$$

则得方程组

$$\begin{cases}R_2^2+X_L^2=480^2\\(R_1+R_2)^2+X_L^2=550^2\end{cases}$$

解得

$$R_2=30(\Omega),\ X_L=479(\Omega)$$

方法二：以 $\dot{I}$ 为参考相量，定性画出电路的相量图，如图 2.18(b) 所示。应用余弦定理得

$$U^2=U_1^2+U_2^2-2U_1U_2\cos(180°-\varphi_2)$$

则

$$\cos\varphi_2=\frac{U^2-U_1^2-U_2^2}{2U_1U_2}=\frac{220^2-96^2-192^2}{2\times96\times192}=0.0629$$

由图 2.18(b) 可知

$$U_{R_2}=IR_2=U_2\cos\varphi_2=192\times0.0629=12(\mathrm{V})$$

$$U_L=IX_L=U_2\sin\varphi_2=192\times0.998=191.6(\mathrm{V})$$

所以

$$R_2=\frac{U_{R2}}{I}=\frac{12}{0.4}=30(\Omega)$$

$$X_L=\frac{U_L}{I}=\frac{191.6}{0.4}=479(\Omega)$$

◆◇ 2.5　RLC 并联的交流电路

2.5.1　RLC 并联交流电路的相量分析

图 2.19 中，R，L，C 组成并联电路，由于输入电压同时加在三个元件组成的三条支路上，所以选电压为参考相量，即 $\dot{U}=U\angle 90°$。

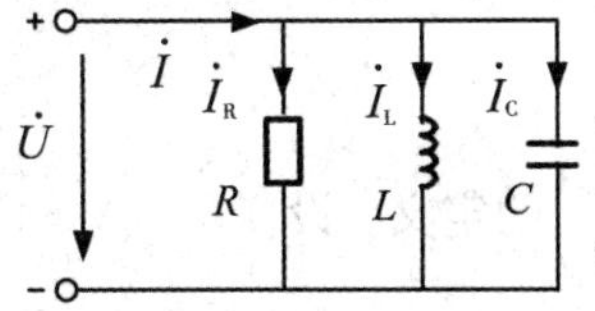

图 2.19　RLC 并联电路

各支路电流为

$$\dot{I}_R=\frac{\dot{U}}{R},\ \dot{I}_L=\frac{\dot{U}}{jX_L}=-j\frac{\dot{U}}{X_L} \tag{2.90}$$

$$\dot{I}_C=\frac{\dot{U}}{-jX_C}=j\frac{\dot{U}}{X_C} \tag{2.91}$$

根据基尔霍夫电流定律，有

$$\dot{I}=\dot{I}_R+\dot{I}_L+\dot{I}_C=\frac{\dot{U}}{R}-j\frac{\dot{U}}{X_L}+j\frac{\dot{U}}{X_C}=\dot{U}\left[\frac{1}{R}-j\left(\frac{1}{X_L}-\frac{1}{X_C}\right)\right] \tag{2.92}$$

若用有效值的形式来表示，则

$$I=\sqrt{I_R^2+(I_L-I_C)^2}=U\sqrt{\left(\frac{1}{R}\right)^2+\left(\frac{1}{X_L}-\frac{1}{X_C}\right)^2} \tag{2.93}$$

电压、电流的相位差角为

$$\varphi=\arctan\frac{I_L-I_C}{I_R}=\arctan\frac{\frac{1}{X_L}-\frac{1}{X_C}}{\frac{1}{R}} \tag{2.94}$$

从式(2.94)可知，当$\frac{1}{X_L}>\frac{1}{X_C}$，$\varphi>0$时，电压超前于电流，电路呈电感性；当$\frac{1}{X_L}<\frac{1}{X_C}$，$\varphi<0$时，电压滞后于电流，电路呈电容性；当$\frac{1}{X_L}=\frac{1}{X_C}$，$\varphi=0$时，总电压与总电流同相。这一问题将在本书2.6节讨论。RLC并联电路的相量图如图2.20所示。

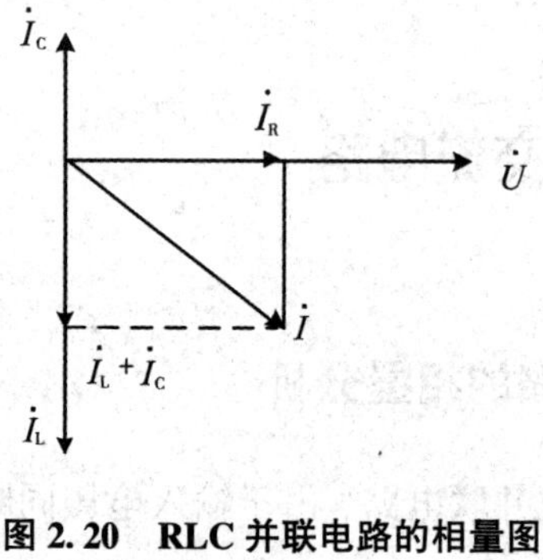

图2.20　RLC并联电路的相量图

2.5.2　复导纳

仿照直流电路中电导$\left(G=\frac{1}{R}\right)$的定义，设

$$G=\frac{1}{R} \tag{2.95}$$

$$B_L = \frac{1}{X_L} = \frac{1}{\omega L} \tag{2.96}$$

$$B_C = \frac{1}{X_C} = \omega C \tag{2.97}$$

$$B = B_L - B_C \tag{2.98}$$

则式(2.92)可写为

$$\dot{I} = \dot{U}[G - \mathrm{j}(B_L - B_C)] \tag{2.99}$$

对照式(2.93)，令

$$Y = G - \mathrm{j}(B_L - B_C) \tag{2.100}$$

则有

$$\dot{I} = Y\dot{U} \tag{2.101}$$

$$|Y| = \sqrt{G^2 + B^2} = \sqrt{\left(\frac{1}{R}\right)^2 + \left(\frac{1}{X_L} - \frac{1}{X_C}\right)^2} = \sqrt{G^2 + (B_L - B_C)^2} \tag{2.102}$$

$$\varphi = \arctan\frac{B_L - B_C}{G} = \arctan\frac{B}{G} \tag{2.103}$$

式(2.101)也称广义的欧姆定律，Y 称为复导纳，$|Y|$ 称为导纳模，G 称为电导，B_L 称为感纳，B_C 称为容纳，B 称为电纳。它们的单位为 S。

2.6　功率因数的提高

在本书 2.4 节中，曾指出在交流电路中的有功功率并非视在功率，而是视在功率乘上一个系数(即功率因数)，即

$$P = UI\cos\varphi \tag{2.104}$$

功率因数仅取决于电路(负载)的参数。对电阻性负载来说，由于电压、电流同相，其功率因数为 1，除此之外，功率因数 $\cos\varphi < 1$。

在生产实际中，用电设备大多属于电感性负载，其电路模型见图 2.21。电阻 R 表示耗能负载(有功负载)，电感 L 表示有能量转换的无功负载，它不耗能，仅是建立磁场。

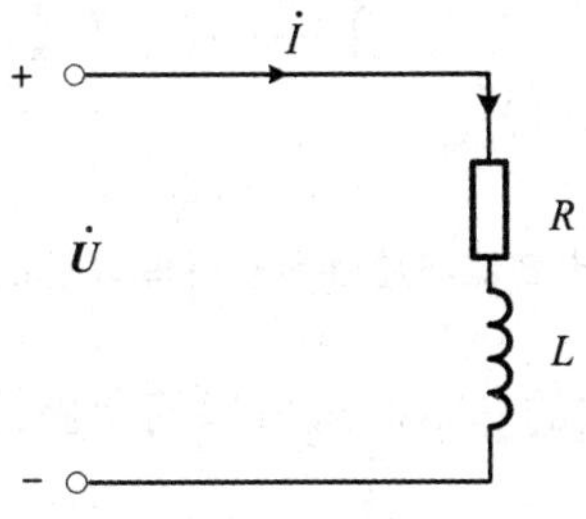

图 2.21　用电设备的电路模型

在这类电感性负载（如电动机、电磁开关、感应炉、日光灯等）中，它们的功率因数比较低：如交流异步电动机在轻载运行时，功率因数为0.2~0.3；在额定负载运行时，功率因数也只有0.8左右。负载的功率因数太低，会出现两个方面的问题：一是使发电设备的容量不能充分利用；二是输电线路效率降低。

发电机（或变压器）有一定的额定容量（如 $S_N=U_N I_N$），可提供的有功功率为 $P=UI\cos\varphi$，负载的功率因数 $\cos\varphi$ 越高，发电机可提供的有功功率越大，容量就可以得到充分利用。如果 $\cos\varphi$ 很低，发电机发出的有功功率很小，其容量就不能充分发挥。对于1000 kV·A的发电机，当 $\cos\varphi=0.9$ 时，能发出900 kW的有功功率；而当 $\cos\varphi=0.6$ 时，则只能发出600 kW的有功功率。

从式（2.104）可见，当发电机的输出电压和有功功率一定时，$I=\dfrac{P}{U\cos\varphi}$，即发电机通过输电线路向负载提供的电流 I 与功率因数 $\cos\varphi$ 成反比，而发电机绕组和线路上的功率损耗为

$$\Delta P=I^2R_L=\left(\frac{P}{U\cos\varphi}\right)^2R_L=\left(\frac{P^2}{U^2}R_L\right)\frac{1}{\cos^2\varphi} \tag{2.105}$$

式中，R_L为线路电阻和发电机绕组电阻的等效电阻。

显然，功率因数 $\cos\varphi$ 越大，所损耗的功率也就越小，输电效率也就越高。

从上述讨论可见，提高线路的功率因数既能提高发电设备的利用率，又能减少电能在输送过程中的损耗。它是一项节约能源和提高电能质量的重要措施，对国民经济的发展有着极为重要的作用。

提高功率因数的常用办法是在电感性负载的两端并联电容器，其电路图如图2.22（a）所示。这种电容器称为补偿电容。并联电容 C 以后，电路就构成RLC并联电路，其有关相量关系不再重述。

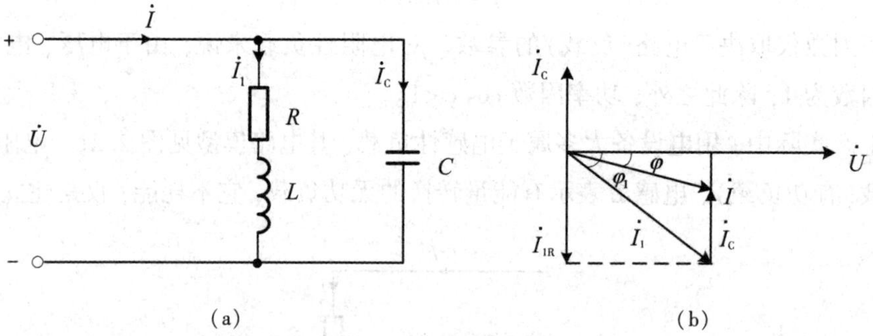

图2.22　电容器与感性负载并联以提高功率因数

用并联电容器提高功率因数的基本原理可以简单叙述如下。并联电路的相量图如图2.22（b）所示。并联电容器之前，感性网络中的电流 $\dot{I}_1$（也是线路上的电流）落后电压 $\dot{U}$

一个角度 φ_1。如果将电容器并入感性网络后，线路上的电流不再是$\dot{I}_1$，而是感性网络电流$\dot{I}_1$与电容器电流$\dot{I}_C$的相量和，即$\dot{I}=\dot{I}_1+\dot{I}_C$。从相量图可以看出，线路电流减小了，电源电压与线路电流间的相位差减小到 φ，从而使功率因数得到提高。

如果电容器的值选择适当，可使 $\varphi=0$，则 $\cos\varphi=1$。但这里也要注意另外一种情况，当因电容器的值选择不合适，而使$X_C=\dfrac{1}{\omega C}$过小时，就可能使电容器支路电流 I_C较大，此时线路电流会超前于电压。

同时，要注意以下三点。

①并联电容器后，原来感性负载端电压不变，功率因数不变。因此，不影响它的正常工作。

②电容器本身不消耗功率。

③并联电容器提高功率因数，是指提高电源或电网的功率因数，不是指提高某感性负载的功率因数。由相量图 2.22(b)可见

$$\begin{aligned}I_C&=I_1\sin\varphi_1-I\sin\varphi\\&=\left(\frac{P}{U\cos\varphi_1}\right)\sin\varphi_1-\left(\frac{P}{U\cos\varphi}\right)\sin\varphi\\&=\frac{P}{U}(\tan\varphi_1-\tan\varphi)=\frac{Q_C}{U}\end{aligned}\tag{2.106}$$

式中，Q_C为电容无功功率。

由于

$$I_C=\frac{U}{X_C}=U\omega C\tag{2.107}$$

故有

$$U\omega C=\frac{P}{U}(\tan\varphi_1-\tan\varphi)\tag{2.108}$$

$$C=\frac{P}{\omega U^2}(\tan\varphi_1-\tan\varphi_2)=\frac{Q_C}{\omega U^2}\tag{2.109}$$

【例 2.17】　有一电感性负载，其功率为 $P=20$ kW，功率因数为 $\cos\varphi_1=0.6$，接在电压 $U=380$ V 的电源上，电源频率为 $f=50$ Hz。若要将功率因数提高到 0.95，试求与负载并联的电容器的值及电容器并联前后线路的总电流值。

解　该电路的等效电路及相量图如图 2.22 所示。

已知 $\cos\varphi_1=0.6$，即 $\varphi_1=53°$，$\cos\varphi=0.95$，即 $\varphi=18°$，则 $P=2\times10^4$ W，$U=380$ V，$\omega=2\pi f=2\times3.14\times50=314$ rad/s，因此所需电容值为

$$C=\frac{P}{\omega U^2}(\tan\varphi_1-\tan\varphi)=\frac{2\times10^4}{314\times380^2}\times(\tan 53°-\tan 18°)=442(\mu\text{F})$$

电容器并联前的线路电流为

$$I_1=\frac{P}{U\cos\varphi_1}=\frac{2\times10^4}{380\times0.6}=87.72(\mathrm{A})$$

电容器并联后的线路电流为

$$I=\frac{P}{U\cos\varphi}=\frac{2\times10^4}{380\times0.95}=55.40(\mathrm{A})$$

2.7 串联电路的谐振

谐振电路在无线电和电工技术中有着广泛的应用。在电力系统中，由于发生谐振时有可能损坏设备，因此必须设法避免这一现象的发生。因此，分析研究谐振现象有着十分重要的实际意义。

通常采用的谐振电路有三种，即串联谐振电路、并联谐振电路及耦合谐振电路。本节着重介绍前面两种谐振电路。无论哪种谐振电路，当$\dot{U}$，$\dot{I}$同相，即网络在某一频率下呈纯电阻性时，电路的这种工作状态称为谐振。图 2.23 为 RLC 串联谐振电路，在正弦交流电压作用下，该电路的复阻抗为

$$Z(\mathrm{j}\omega)=R+\mathrm{j}\omega L+\frac{1}{\mathrm{j}\omega C}=R+\mathrm{j}(X_\mathrm{L}-X_\mathrm{C})=|Z|\angle\varphi \tag{2.110}$$

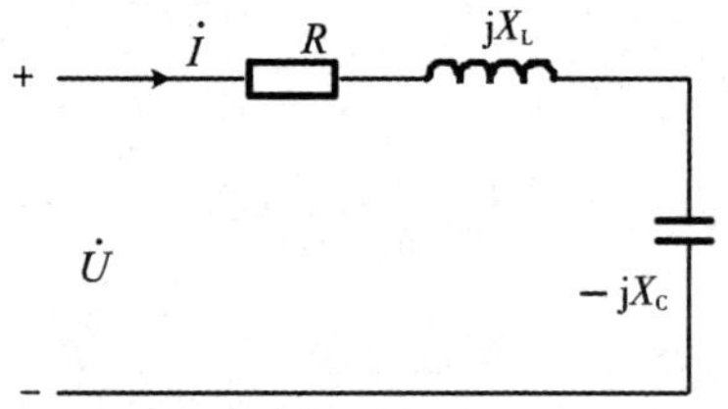

图 2.23 RLC 串联谐振电路

当$X_\mathrm{L}=X_\mathrm{C}$，即等效电抗 $X=0$ 时，整个电路呈纯电阻性，此时电压$\dot{U}$与$\dot{I}$同相，发生串联谐振。电路发生谐振的角频率及频率称为谐振角频率和谐振频率，分别用ω_0和f_0表示。由于谐振时$X_\mathrm{L}=X_\mathrm{C}$，即$\omega_0 L=\frac{1}{\omega_0 C}$，所以谐振角频率为

$$\omega_0=\frac{1}{\sqrt{LC}} \tag{2.111}$$

由于$\omega_0=2\pi f_0$，所以谐振频率$f_0=\frac{1}{2\pi\sqrt{LC}}$。其中，$L$ 的单位为 H；C 的单位为 F；f_0的单位为 Hz；ω_0的单位为 rad/s。

由式(2.111)可知，谐振时的角频率和频率仅由电路的 L，C 参数决定，而与电阻 R 无关，它反映了串联电路的一种固有的性质，所以f_0和ω_0常称为电路的固有频率和固有角频率。

由于谐振时 $X=0$，整个电路呈纯电阻性，此时阻抗的模为最小值，电流$I_0=\dfrac{U}{|Z|}=\dfrac{U}{R}$为最大值，而电路总电压$\dot{U}$与电流$\dot{I}$同相位。且各元件电压分别为

$$\dot{U}_{R0}=R\dot{I}_0=R\frac{\dot{U}}{R}=\dot{U} \tag{2.112}$$

$$\dot{U}_{L0}=\mathrm{j}\,\omega_0L\dot{I}_0=\mathrm{j}\,\omega_0L\frac{\dot{U}}{R}=\mathrm{j}\frac{\omega_0L}{R}\dot{U}=\mathrm{j}Q\dot{U} \tag{2.113}$$

$$\dot{U}_{C0}=-\mathrm{j}\frac{1}{\omega_0C}\dot{I}_0=-\mathrm{j}\frac{1}{\omega_0C}\frac{\dot{U}}{R}=-\mathrm{j}\frac{1}{\omega_0CR}\dot{U}=-\mathrm{j}Q\dot{U} \tag{2.114}$$

$$Q=\frac{X_L}{R}=\frac{\omega_0L}{R}=\frac{X_C}{R}=\frac{1}{\omega_0CR}=\frac{1}{R}\sqrt{\frac{L}{C}} \tag{2.115}$$

谐振时，串联电路的相量图如图 2.24 所示。Q 称为谐振回路的品质因数，它是一个无量纲的量。虽然谐振时$U_X=0$但是$U_{L0}=U_{C0}=QU$，通常电路的 Q 值在 40~200。因此，谐振时电感元件上的电压U_{L0}和电容元件U_{C0}都大于电源电压 U，甚至是 U 的几十至几百倍，故串联谐振又称为电压谐振。在无线电通信方面，正是利用这一特点，使微弱信号输入到串联谐振回路后，在 L 和 C 上可以获得一个比输入信号大许多倍的输出电压，从而达到选择所需通信信号的目的。但在电力系统中，由于电源本身电压较高，而元件的耐压有限，在设计某些电路时，一定要适当选择其参数，避免产生谐振，以保证某些电气设备的安全运行。

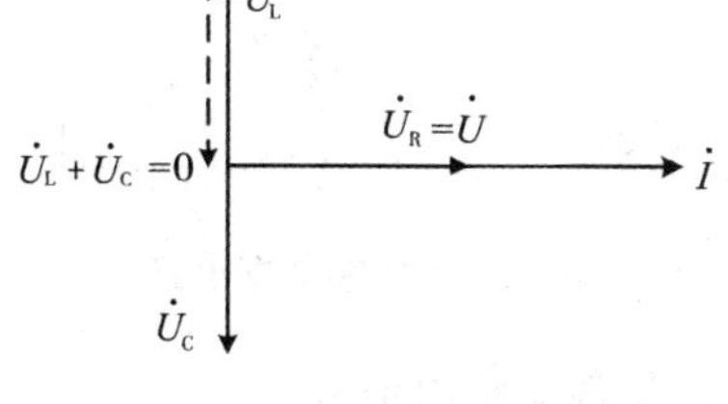

图 2.24　串联谐振相量图

使 RLC 电路实现串联谐振的方法有两种：一是当电源信号的频率一定时，调整电路中电容 C 或电感 L 的参数；二是当电感 L 和电容 C 的参数一定时，调节电源信号的频率 f，使其等于电路的谐振频率f_0。

【例 2.18】　已知 RLC 串联电路中的 $L=30\ \mu\mathrm{H}$，$C=211\ \mathrm{pF}$，$R=9.4\ \Omega$，输入端接有效值为 100 μV 的等幅变频正弦交流电压源。改变电源的频率使电路中的电流最大。试

求：

①电源的频率f_0；

②回路的品质因数 Q；

③谐振时电感和电容两端的电压 U_{L0}和 U_{C0}。

解 ①电路中电流最大时，发生谐振，谐振频率为

$$f_0=\frac{1}{2\pi\sqrt{LC}}=\frac{1}{2\times3.14\times\sqrt{30\times10^{-6}\times211\times10^{-12}}}=2\times10^6(\text{Hz})$$

②品质因数为

$$Q=\frac{1}{R}\sqrt{\frac{L}{C}}=\frac{1}{9.4}\times\sqrt{\frac{30\times10^{-6}}{211\times10^{-12}}}=40$$

③谐振时电感和电容两端的电压为

$$U_{L0}=U_{C0}=QU=40\times100\times10^{-6}=4(\text{mV})$$

2.8 并联电路的谐振

在 RLC 并联电路中，当电路总电压$\dot{U}$与电流$\dot{I}$同相位，即端口 $\cos\varphi=1$ 时，称为并联谐振。

并联谐振的结构形式有很多，我们只选择比较典型的常用电路为例，对并联谐振的条件、特征和用途做简要说明。

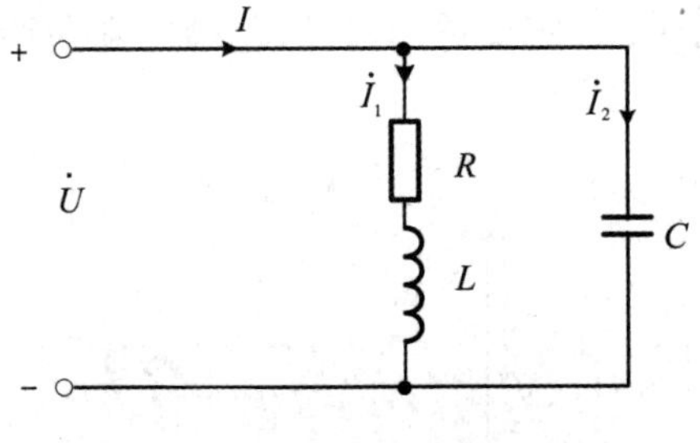

图 2.25 并联谐振电路

图 2.25 为并联谐振电路。其各支路电流为

$$\dot{I}_1=\frac{\dot{U}}{R+\text{j}X_L}=\dot{U}\left(\frac{R}{R^2+X_L^2}-\text{j}\frac{X_L}{R^2+X_L^2}\right) \tag{2.116}$$

$$\dot{I}_2=\frac{\dot{U}}{-\text{j}X_C}=\text{j}\frac{\dot{U}}{X_C} \tag{2.117}$$

总电流

$$\dot{I}=\dot{I}_1+\dot{I}_2=\dot{U}\left[\frac{R}{R^2+X_L^2}-j\left(\frac{X_L}{R^2+X_L^2}-\frac{1}{X_C}\right)\right] \tag{2.118}$$

当电路发生谐振时，总电压和总电流应同相位的条件是$\dot{I}$的无功分量电流必须等于零，即

$$\frac{X_L}{R^2+X_L^2}-\frac{1}{X_C}=0 \tag{2.119}$$

把$X_L=\omega_0 L$，$X_C=\dfrac{1}{\omega_0 C}$代入式(2.119)，并整理，得

$$\frac{\omega_0 L}{R^2+(\omega_0 L)^2}=\omega_0 C \tag{2.120}$$

解出并联谐振的角频率为

$$\omega_0=\frac{1}{\sqrt{LC}}\sqrt{1-\frac{CR^2}{L}} \tag{2.121}$$

实际应用中，往往采用损耗较小的谐振回路，以及电感线圈的电阻 R 很小，故可近似认为

$$\omega_0\approx\frac{1}{\sqrt{LC}} \tag{2.122}$$

并联谐振时，端口总电流与总电压同相，且总电流只有有功电流分量，故电流值最小，电路阻抗很大且呈电阻性。虽然总电流$\dot{I}_0$很小，但是谐振电路中存在的电流$\dot{I}_{L0}$和$\dot{I}_{C0}$却远远大于总电流，因此并联谐振又称为电流谐振。

在电子技术和无线电技术中，常利用并联谐振具有高阻抗的特点来实现选频作用或消除干扰。

2.9　本章小结

(1)正弦交流电的三要素：幅值、频率、初相位。三要素可以唯一地确定一个正弦量；反之，要描述一个正弦量，必须知道三要素。

(2)在 R，L，C 中通入正弦交流电，电阻的特性是电压、电流同频同相；电感的特性是电压、电流同频，但电压超前电流 90°；电容的特性是电压、电流同频，但电流超前电压 90°。三者需要区别应用。

(3)掌握 RLC 串联和并联电路的计算分析方法，特别是通过并联电容提高电感电路的功率因数。

(4)当电路中的感抗和容抗相等时，电路发生谐振。这时电路呈纯阻性，电路中总

电压和总电流同相位。

思政课堂

特高压是我国独步于世界的一张名片

这张名片的重要作用并不亚于我们津津乐道的高铁，也不亚于我们津津乐道的“基建狂魔”，它的重要作用甚至可以和“两弹一星”相提并论。

特高压(UHV)指1000 kV及以上的电压，这个定义是指交流电压。还有特高压直流输电(UHVDC)，±800 kV及以上的电压称为特高压直流输电。在这两个领域内，我国都具备世界先进水平，并且在实际应用中大大领先于全球。

同学们可能会有这样的疑问，原来的输电系统挺好的，为什么还要发展特高压？需要投入那么多人力物力，会不会得不偿失呢？

当然不会。特高压电网首先满足了远距离传输的要求。现代的电网，容量越来越大，尤其是在我国，国土面积广袤，电网的传输距离动辄数千公里，而且我国有一个特点，能源富集区和能源消费区不在一起，水电主要在西南地区，火电、风电、太阳能发电主要在山西、内蒙古、陕西、新疆等西部地区，用电主要集中在环渤海、长三角和珠三角地区，对特高压的需求非常迫切。根据权威部门数据，1000 kV特高压的传输效率比500 kV超高压的输电效率高2.4~5.0倍。

特高压传输电力还具有低损耗和高安全性的特点。同时，特高压可以大大促进清洁能源的发展，降低温室气体的排放，为我国和全球达到温室气体排放目标做出极大的贡献。

我国的特高压发展之路并不平坦。关于特高压这一技术，我国曾经落后西方国家40年，现在不仅反超成为全球第一，而且成为该领域中世界标准的制定者。我国的特高压从立项到2009年成功建设并投运了世界上第一条特高压直流输电示范工程，历时23年，中间经历过的各种困难超乎想象。

随着特高压技术的成熟，我国已经积累了丰富的实践经验和技术优势，开始将特高压技术“走出去”，并成功实现了全球布局。

总的来说，我国在特高压技术方面已经取得了卓越的成就，建成了世界上最长距离、最高电压等级的特高压输电线路，并且在技术创新、设备制造等方面达到了世界领先水平。这些成就的取得，不仅展示了我国在电力科技领域的强大实力，也为全球能源互联网的建设和发展提供了重要的经验和技术支持。特高压技术的发展，对于优化我国能源结构、促进清洁能源利用、提高电网效率和可靠性等方面，都具有重要意义。

习　题

题 2.1　求正弦电流 $i=20\sin\left(1750t+\frac{\pi}{3}\right)$ A 的初相、周期、频率、有效值，并做出其波形图。

题 2.2　设 $i=100\sin\left(\omega t-\frac{\pi}{4}\right)$ mA，试求在下列情况下电流的瞬时值：①$f=1000$ Hz，$t=0.375$ ms；②$\omega t=1.25\pi$ rad；③$\omega t=90°$；④$t=\frac{7}{8}T$。

题 2.3　对于如图 2.26(a)所示的纯电感电路，以下各式是否正确？如有错误，请改正。

①$\frac{u}{i}=X_L$；②$\dot{U}_L=L\frac{\mathrm{d}i}{\mathrm{d}t}$；③$i=\frac{U}{\omega L}$；④$I=\mathrm{j}\frac{\dot{U}}{X_L}$；⑤$P=I^2X_L$。

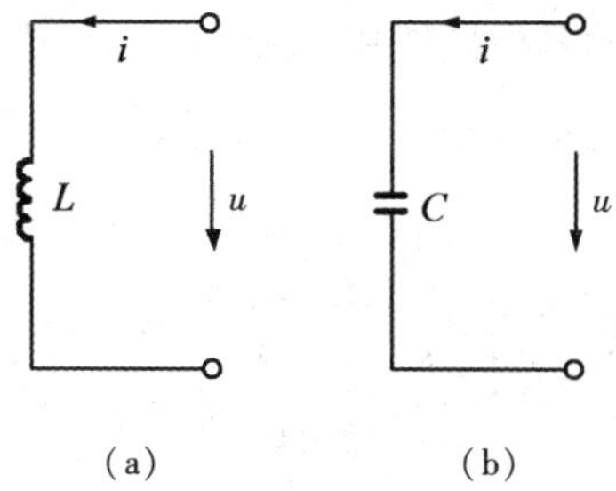

图 2.26　电感电容电路

题 2.4　对于如图 2.26(b)所示的纯电容电路，以下各式是否正确？如有错误，请改正。

①$u=iX_C$；②$\frac{\dot{U}}{i}=-\mathrm{j}X_C$；③$\dot{I}=\dot{U}\omega C$；④$\dot{I}=\mathrm{j}\frac{U}{\omega C}$；⑤$P=I^2\omega C$。

题 2.5　已知两个正弦电压函数式为$u_1=U_{1m}\cos(1000t-60°)$ V，$u_2=U_{2m}\sin(1000t+150°)$ V，当 $t=0$ 时，有$u_1(0)=5$ V 和$u_2(0)=8$ V，求 U_1和 U_2，以及它们的相位差 φ。

题 2.6　图 2.27 是测定电感线圈参数的实验方法之一。若已知$f=50$ Hz，并由实验测得 $U=120$ V，$I=0.8$ A，$P=20$ W，试求线圈的电阻 R 和电感 L。

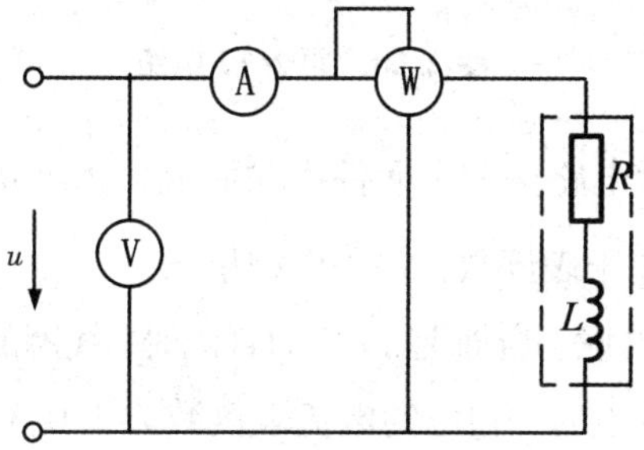

图 2.27　RL 电路

题 2.7　一个线圈接在 $U=120$ V 的直流电源上，$I=20$ A；若接在 $f=50$ Hz，$U=220$ V 的交流电源上，则 $I=28.2$ A，试求线圈的电阻 R 和电感 L。

题 2.8　已知日光灯线路在 50 Hz、220 V 正弦电压下的电流为 0.43 A，有功功率为 40 W，求它的等效电阻、电感值和电路的功率因数(镇流器假定为纯电感)。

题 2.9　有 40 W 的日光灯一支，使用时灯管与镇流器(可将镇流器看作纯电感)串联在电压为 220 V、频率为 50 Hz 的电源上。已知灯管工作时属于纯电阻负载，灯管两端的电压等于 110 V，试求镇流器的感抗与电感。这时电路的功率因数等于多少？若将功率因数提高到 0.8，应并联多大电容？

题 2.10　RL 串联电路的阻抗 $Z=(4+3\mathrm{j})\ \Omega$，试问该电路的电阻和感抗各为多少？并求电路的功率因数和电压与电流间的相位差。

题 2.11　有一 RC 串联电路，已知 $R=4\ \Omega$，$X_C=3\ \Omega$，电源电压 $\dot{U}=100\angle 0°$，试求电流 $\dot{I}$。

题 2.12　在图 2.28 所示的各电路图中，除 A_0 和 V_0 外，其余安培计和伏特计的读数在图上都已标出(均为正弦量的有效值)，试求安培计 A_0 或伏特计 V_0 的读数。

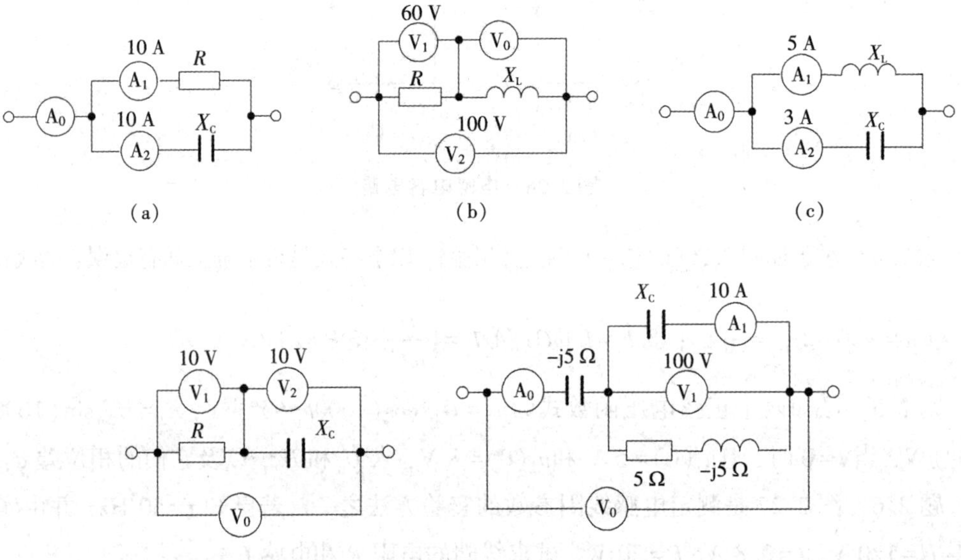

图 2.28　题 2.12 电路

题 2.13　图 2.29 所示电路由三个元件串联而成，已知 $R=X_L=X_C=20\ \Omega$，电源电压 $u=100\sqrt{2}\sin 628t$ V，求各电压表读数，并做出相量图。

题 2.14　两只线圈相并联，当加上 30 V 的直流时，线圈的电流是 2 A 和 3 A，用 50 V (有效值)、35 Hz 的电源供电时，相应的电流表读数为 1.0 A 和 1.6 A，当线圈串联跨接在 240 V、50 Hz 电源时，计算总电流、功率和功率因数。

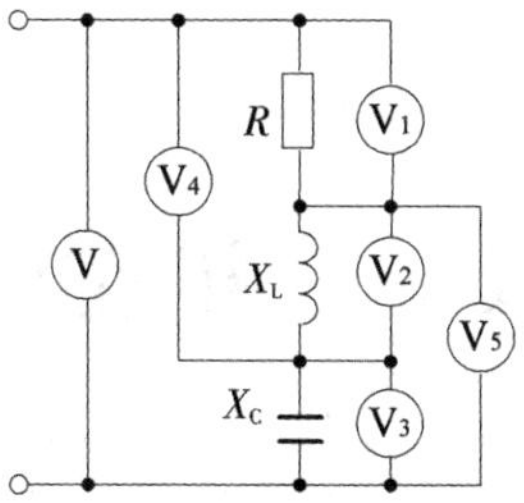

图 2.29　题 2.13 电路

题 2.15　图 2.30 所示的无源二端网络，输入的电压和电流为 $u=220\sqrt{2}\sin(314t+20°)$ V，$i=44\sqrt{2}\sin(314t-33°)$ A。试求此无源二端网络的串联等效电路、功率因数、有功功率和无功功率。

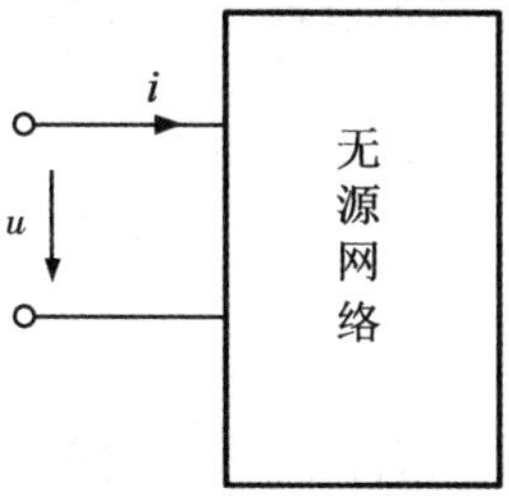

图 2.30　题 2.15 电路

题 2.16　接于 220 V 工频电源的单相交流异步电机，其功率 $P=20$ kW，功率因数 $\cos\varphi=0.7$。现欲将功率因数提高到 0.85，应并联多大的电容？能否用串联的办法来提高功率因数？为什么？

第 3 章　三相交流电路

由于三相交流电的产生、输送、分配和使用都比较经济且能满足人们生产的需要，因此当今世界上绝大多数国家电能的产生、输送和分配都采用三相制，可以说，整个电力系统是一个庞大的三相正弦交流电路。

本章主要介绍三相电源的特征和连接方法，对称三相电路中相电压与线电压、相电流与线电流的关系，对称三相电路与不对称三相电路及三相电路功率的计算方法。

3.1　三相电源

所谓三相制，就是三个频率相同而相位不同的电压源(或电动势)作为电源供电的体系。前面章节讨论的是由单相电源供电的体系，称为单相制。可以说，单相制是三相制的一部分。

3.1.1　对称三相电源

对称三相电源是由三个频率相同、幅值相等、初相位依次相差 120°的正弦电压源连结成星形(Y)或三角形(△)的电源。这三个电源依次称为 A 相、B 相和 C 相，若以 u_A 为参考正弦量，则它们的电压瞬时表达式为

$$\begin{cases} u_A=\sqrt{2}U\sin\omega t \\ u_B=\sqrt{2}U\sin(\omega t-120°) \\ u_C=\sqrt{2}U\sin(\omega t-240°)=\sqrt{2}U\sin(\omega t+120°) \end{cases} \tag{3.1}$$

式中，U 为正弦电压的有效值；ω 为正弦电压的角频率。

对应的相量式为

$$\begin{cases} \dot{U}_A=U\angle 0° \\ \dot{U}_B=U\angle(-120°)=a^2\dot{U}_A \\ \dot{U}_C=U\angle 120°=a\dot{U}_A \end{cases} \tag{3.2}$$

式中，$a=1\angle120°$，是工程中为了方便而引入的单位相量算子。

它们的波形图和相量图如图 3.1 所示。

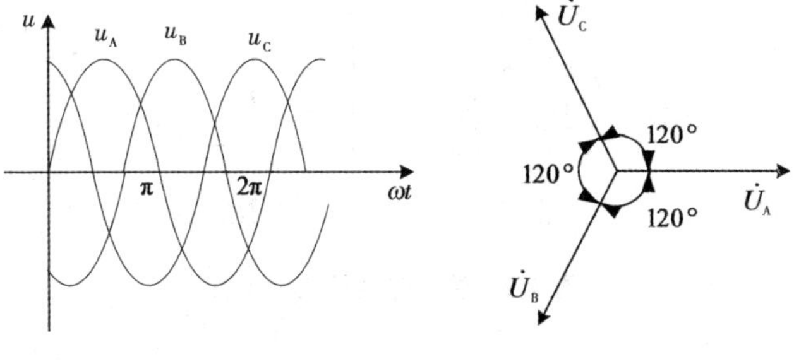

(a)波形图　　(b)相量图

图 3.1　对称三相电源的电压波形图和相量图

无论是从数学表达式还是从相量图角度分析，对称三相电压瞬时值的代数和及相量和均等于零，即 $u_A+u_B+u_C=0$ 或 $\dot{U}_A+\dot{U}_B+\dot{U}_C=0$。

对称三相正弦电压这一特点可通过在电压波形图上对任一瞬时求和的方式来证明，或通过求其相量和的方式来证明。

三相电压 u_A，u_B，u_C 的相位从超前到滞后的次序称相序。式(3.1)中相电压相位的次序为 A→B→C(或 B→C→A 或 C→A→B)，称为正序或顺序。与此相反，如 B 相超前 A 相 120°，C 相超前 B 相 120°，这种相序称为负序或逆序。相位差为零的相序称为零序。电力系统一般采用正序。

在实际电路中，分别用黄、绿、红三种颜色表示 A，B，C 三相。对称三相电压是由三相交流发电机提供的(我国三相系统电源频率为 $f=50$ Hz，入户电压为 220 V，而日本、美国和欧洲等国为 60 Hz、110 V)。

3.1.2　三相电源的连结方式

在三相电路中，对称三相电源一般有星形连结(Y 连结)和三角形连结(△连结)两种方式。

(1)三相电源的星形连结。

三相电源的星形连结是应用较多的三相电源连结方式。图 3.2 画出的是星形连结的三相电源。将三相发电机三个定子绕组的末端连在一起，作为公共端点 N 点(称为电源的中性点)，从中性点引出的线为中性线(旧称零线，常涂以白色或黑色)。从三个相的首端 A，B，C 引出的三根线，称为端线，俗称火线。端线与中性线之间的电压为相电压，参考方向从端线指向中性线(从始端指向末端)，分别为 $\dot{U}_A$，$\dot{U}_B$，$\dot{U}_C$(或 $\dot{U}_{AN}$，$\dot{U}_{BN}$，$\dot{U}_{CN}$)，其有效值用 U_p 表示。两端线之间的电压称为线电压，分别记为 $\dot{U}_{AB}$，$\dot{U}_{BC}$，$\dot{U}_{CA}$，其有效值

用 U_l 表示。

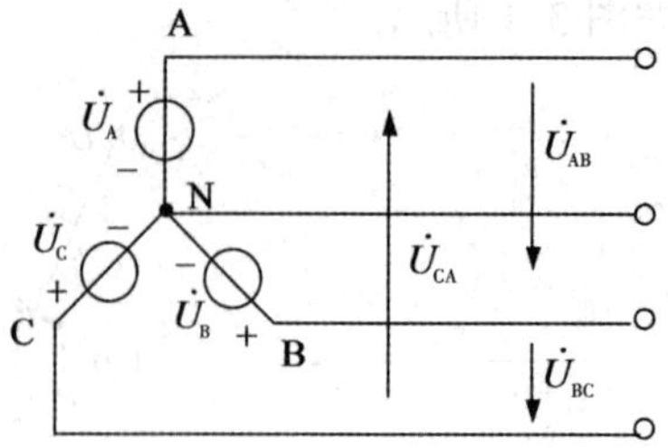

图 3.2　星形连结的三相电源

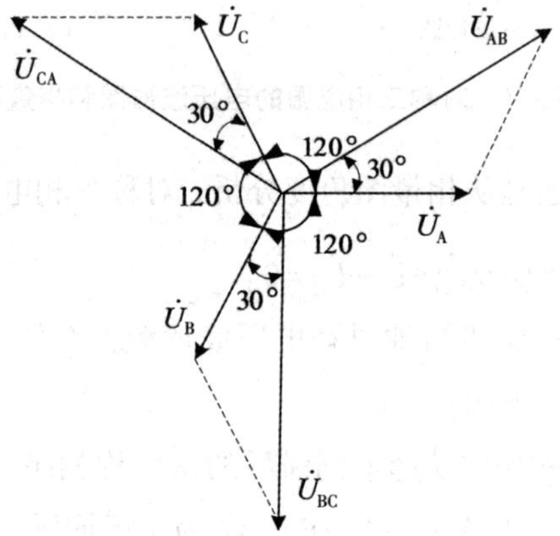

图 3.3　三相电源星形连结时线电压与相电压的相量图

三相电源星形连结时，相电压与线电压是不相等的。应用基尔霍夫电压定律，可以得出相电压与线电压的关系，即

$$\begin{cases}\dot{U}_{AB}=\dot{U}_A-\dot{U}_B\\ \dot{U}_{BC}=\dot{U}_B-\dot{U}_C\\ \dot{U}_{CA}=\dot{U}_C-\dot{U}_A\end{cases}\tag{3.3}$$

若取 $\dot{U}_A$ 为参考相量，可由图 3.3 画出相电压 $\dot{U}_A$，$\dot{U}_B$，$\dot{U}_C$（或 $\dot{U}_{AN}$，$\dot{U}_{BN}$，$\dot{U}_{CN}$）和线电压 $\dot{U}_{AB}$，$\dot{U}_{BC}$，$\dot{U}_{CA}$ 的相量图。由相量图可以看出，当相电压对称时，线电压也是对称的，线电压和相电压的关系可由相量图求出，即

$$\begin{cases}\dot{U}_{AB}=\sqrt{3}\,\dot{U}_A\angle 30°\\ \dot{U}_{BC}=\sqrt{3}\,\dot{U}_B\angle 30°=\dot{U}_{AB}\angle(-120°)\\ \dot{U}_{CA}=\sqrt{3}\,\dot{U}_C\angle 30°=\dot{U}_{AB}\angle 120°\end{cases}\tag{3.4}$$

式(3.4)表明，在数值上，线电压等于相电压的$\sqrt{3}$倍，用有效值表示为 $U_l=\sqrt{3}U_p$，在相位上，线电压超前相应的相电压 30°。

我国低压供电系统大多采用星形连结，由三条端线和一条中性线组成的供电系统称为三相四线制供电系统。三相四线制电源可向用户提供两种不同电压等级的选择：380 V 的线电压可以向三相异步电动机和大功率的三相电热器等额定电压为 380 V 的负载供电；日常生活用的单相电源(一火一零)220 V 的相电压可向白炽灯、日光灯这种额定电压为 220 V 的负载供电。

(2)三相电源的三角形连结。

在生产实际中，发电机的三相绕组很少采用三角形连结，通常为星形连结。对三相变压器来讲，两种接法都有。

三角形连结的三相电源如图 3.4 所示。

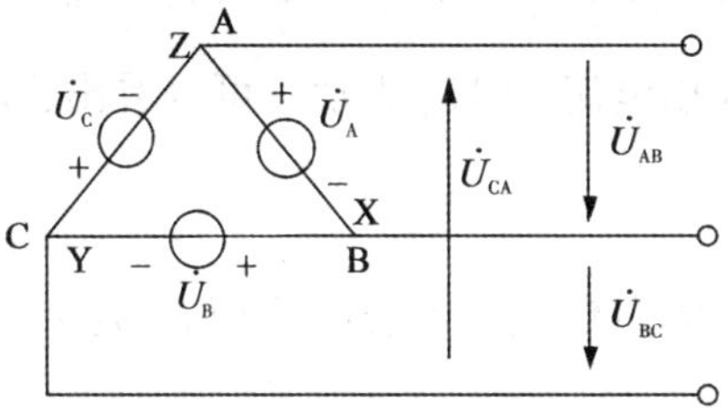

图 3.4　三角形连结的三相电源

把三相电压源依次首尾相接连成一个闭合回路，如 A 与 Z 连接、B 与 X 连接、C 与 Y 连接，再从端子 A，B，C 引出三根端线。从概念上讲，三角形连结的电源，其线电压、相电压、线电流的概念与星形连结的电源相同，但三角形电源没有中线，故只能构成三相三线制供电系统。三角形连结的电源线电压等于相电压，即 $U_l=U_p$。

本书后面例题所采用的电源都是星形连结的对称三相电源。

3.2　负载对称三相电路

应用交流电源的电气设备有很多，其中一些设备需要三相电源才能工作。例如，三相电机或大功率的三相电炉等，这些设备都属于三相对称负载。还有一些设备只需单相电源，如白炽灯、电风扇等，它们可以接在三相电源的任一相线与中性线之间，实际工作中应尽量均匀分布在各相上，所以将这些单相负载的总体也可看成三相不对称负载。

下面讨论负载对称三相电路。

3.2.1　对称负载星形连结的三相电路

负载星形连结的三相电路如图 3.5 所示。从图 3.5 中可以看出，三相负载的星形连结与三相电源的星形连结类似。因此，负载星形连结三相对称电路的线电压 $\dot{U}_{AB}$ 是相电压 $\dot{U}_{AN}$ 的$\sqrt{3}$倍并超前 30°，其他两相也是如此。

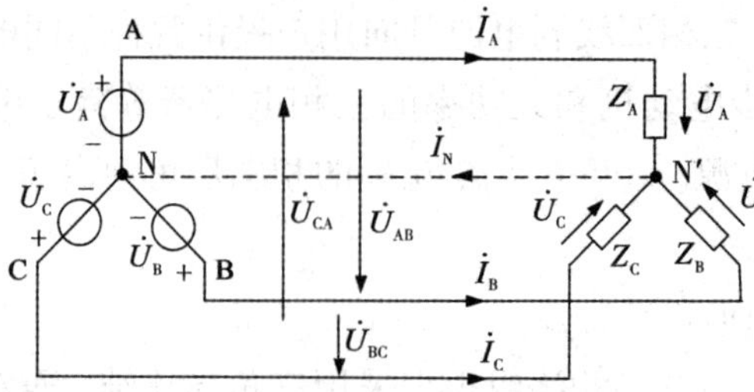

图 3.5　负载星形连结的三相电路

三相负载连接于三相电源中，三条端线的电流 $\dot{I}_A$，$\dot{I}_B$，$\dot{I}_C$ 称为线电流，用 $\dot{I}_1$ 表示。每相负载上流过的电流称为相电流，用 $\dot{I}_p$ 表示。可以看出，负载星形连接时相电流就是相应各相的线电流，即 $\dot{I}_1=\dot{I}_p$。

其参考方向规定从电源流向负载。中线电流用 $\dot{I}_N$ 表示，其参考方向从负载中心 N′流向电源中点 N。

现在，以对称三相四线制电路(如图 3.6 所示)为例进行分析，其中 N，N′为中性点。

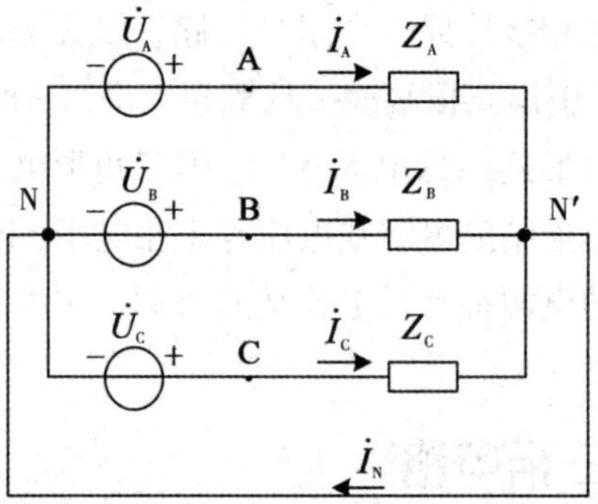

图 3.6　对称三相四线制 Y-Y 系统

根据基尔霍夫电流定律，可以求出中线电流：

$$\dot{I}_N=\dot{I}_A+\dot{I}_B+\dot{I}_C$$

因为三相电压对称，三相负载对称，则三相电流也对称，即

$$\begin{cases} \dot{I}_{A}=\dfrac{\dot{U}_{A}}{Z}=\dfrac{U_{p}}{Z}\angle 0° \\ \dot{I}_{B}=\dfrac{\dot{U}_{B}}{Z}=\dfrac{U_{p}\angle(-120°)}{Z}=\dot{I}_{A}\angle(-120°) \\ \dot{I}_{C}=\dfrac{\dot{U}_{C}}{Z}=\dfrac{U_{p}\angle 120°}{Z}=\dot{I}_{A}\angle 120° \end{cases} \tag{3.5}$$

则对中线电流求相量和必为零：

$$\dot{I}_{N}=\dot{I}_{A}+\dot{I}_{B}+\dot{I}_{C}=\dot{I}_{A}+\dot{I}_{A}\angle(-120°)+\dot{I}_{A}\angle 120°=0 \tag{3.6}$$

由于中性线电流为零，因此 $\dot{U}_{N'N}=0$，即 N，N′电位相等。这说明 Y-Y 连结的对称三相电路中，中线不起作用，可以省去。因此，对于负载星形连结的三相对称电路，只要求出任意一相，其他两相按照对称性就能写出，这就是将对称三相电路归结为一相的计算方法。

以 A 相为例，可画出等效电路，如图 3.7 所示。

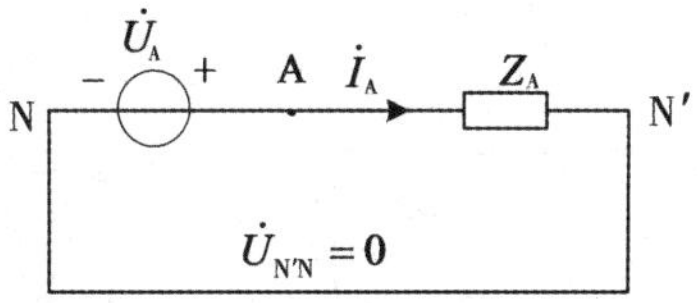

图 3.7　一相计算电路

3.2.2　对称负载三角形连结的三相电路

有时根据工作需要，负载需要进行三角形连结，如图 3.8 所示。图中，Z 为对称三相负载；$\dot{I}_{AB}$，$\dot{I}_{BC}$，$\dot{I}_{CA}$为相电流；$\dot{I}_{A}$，$\dot{I}_{B}$，$\dot{I}_{C}$ 为线电流。可以看出，各相负载两端的相电压等于线电压，因此相电流可由式(3.7)计算。由于电源对称、负载对称，则 $\dot{I}_{AB}$，$\dot{I}_{BC}$，$\dot{I}_{CA}$ 也对称，因此也可通过计算一相来推出另外两相。

$$\begin{cases} \dot{I}_{AB}=\dfrac{\dot{U}_{AB}}{Z} \\ \dot{I}_{BC}=\dfrac{\dot{U}_{BC}}{Z}=\dot{I}_{AB}\angle(-120°) \\ \dot{I}_{CA}=\dfrac{\dot{U}_{CA}}{Z}=\dot{I}_{AB}\angle 120° \end{cases} \tag{3.7}$$

根据基尔霍夫电流定律，由图 3.8 可建立相电流和线电流的关系，即

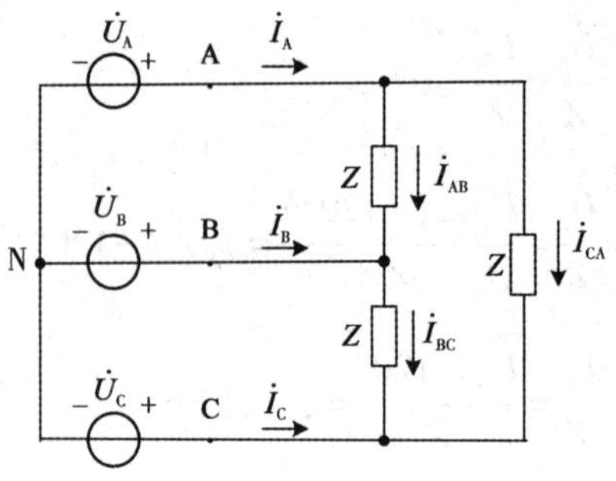

图 3.8　电源星形连结负载三角形连接电路

$$\begin{cases}\dot{I}_A=\dot{I}_{AB}-\dot{I}_{CA}\\ \dot{I}_B=\dot{I}_{BC}-\dot{I}_{AB}\\ \dot{I}_C=\dot{I}_{CA}-\dot{I}_{BC}\end{cases}\tag{3.8}$$

三相对称电路，相电流$\dot{I}_{AB}$，$\dot{I}_{BC}$，$\dot{I}_{CA}$对称，那么线电流也对称。以$\dot{I}_{AB}$为参考相量画相量图，如图 3.9 所示。

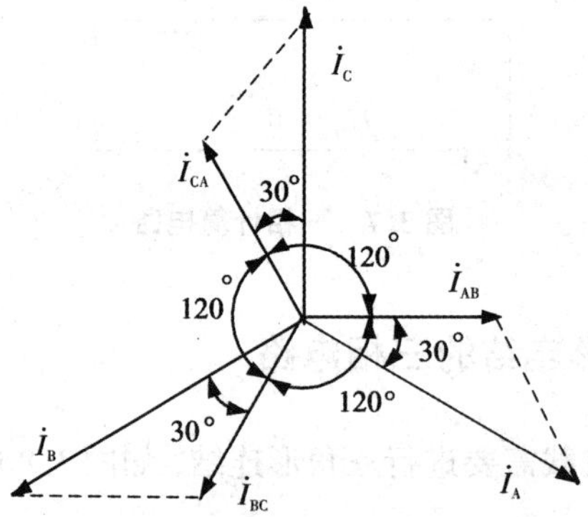

图 3.9　负载三角形连结线电流

从相电流的相量关系分析相量图，可得

$$\begin{cases}\dot{I}_A=\sqrt{3}\,\dot{I}_{AB}\angle(-30°)\\ \dot{I}_B=\sqrt{3}\,\dot{I}_{BC}\angle(-30°)=\dot{I}_A\angle(-120°)\\ \dot{I}_C=\sqrt{3}\,\dot{I}_{CA}\angle(-30°)=\dot{I}_A\angle 120°\end{cases}\tag{3.9}$$

由式(3.9)可知，对称负载三角形连结的电路，线电流是相电流的$\sqrt{3}$倍，相位上线电流滞后相电流 30°。

从以上分析可知，对称三相电路的星形连结和三角形连结中电压与电流的相值与线值之间有如下关系。

①星形连结：线电压是相电压的$\sqrt{3}$倍，并且线电压超前所对应的相电压 30°，而线电流等于相电流。

②三角形连结：线电压等于相电压，而线电流是相电流的$\sqrt{3}$倍，并且线电流滞后所对应的相电流 30°。

写出表达式如下：

星形连结

$$I_l=I_p,\ U_l=\sqrt{3}U_p$$

三角形连结

$$U_l=U_p,\ I_l=\sqrt{3}I_p$$

【例 3.1】　对称负载星形连结三相电路如图 3.10 所示，已知$u_{AB}=380\sqrt{2}\sin(\omega t+30°)$ V，$Z=(6+8j)$ Ω，求各负载相电流和中性线电流。

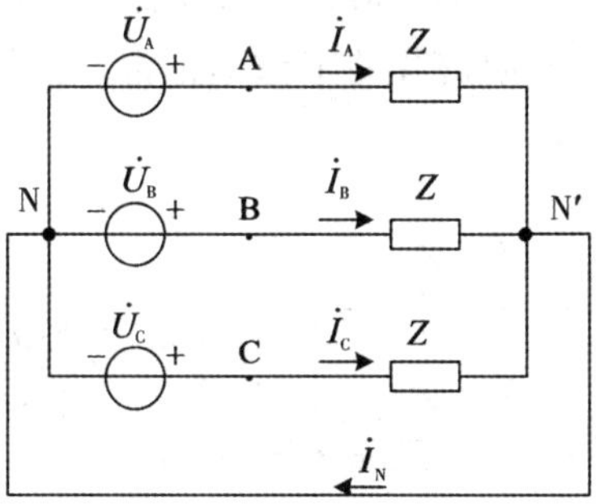

图 3.10　例 3.1 图

解

$$\dot{U}_A=\frac{\dot{U}_{AB}}{\sqrt{3}}\angle(-30°)=220\angle 0°(\text{V})$$

$$\dot{I}_A=\frac{\dot{U}_A}{Z}=\frac{220\angle 0°}{6+8j}=\frac{220\angle 0°}{10\angle 53.1°}=22\angle(-53.1°)(\text{A})$$

$$\dot{I}_B=\dot{I}_A\angle(-120°)=22\angle(-173.1°)(\text{A})$$

$$\dot{I}_C=\dot{I}_A\angle 120°=22\angle 66.9°(\text{A})$$

$$\dot{I}_N=\dot{I}_A+\dot{I}_B+\dot{I}_C=0(\text{A})$$

3.3　负载不对称三相电路

对称负载只是电路中一种特殊情况，而不对称负载则是电网的一般情况。例如照明电路，在设计时是按照对称负载布线入户的，可是每户的用电量和用电时间都有很大的随机性，甚至当电路的某相发生断路故障时都会造成三相负载的不对称。

不对称三相电路中各相负载电流、电压之间一般不存在幅值相等和相位差 120°的关系，所以不能直接用 3.2 节的方法分析计算，而应作为一般正弦电流电路分析。

图 3.11(a)所示的三相四线制系统，三相电源是对称的，但负载不对称。先讨论开关 S 打开(即不接中性线)时的情况。用节点电压法，可以求得节点电压$\dot{U}_{N'N}$为

$$\dot{U}_{N'N}=\frac{\dfrac{\dot{U}_A}{Z_A}+\dfrac{\dot{U}_B}{Z_B}+\dfrac{\dot{U}_C}{Z_C}}{\dfrac{1}{Z_A}+\dfrac{1}{Z_B}+\dfrac{1}{Z_C}}\neq 0(\text{因 } Z_A\neq Z_B\neq Z_C)$$

由于负载不对称，$\dot{U}_{N'N}\neq 0$，则 N′点和 N 点电位不同。从图 3.11(b)的相量关系可以清楚看出，N′点和 N 点不重合，这一现象称为中性点位移。在电源对称的情况下，可以根据中性点位移的情况判断负载端不对称的程度。当中性点位移较大时，会造成负载端的电压严重不对称，从而可能使负载的工作不正常。另外，如果负载变动，由于各相的工作相互关联，因此彼此互相影响。

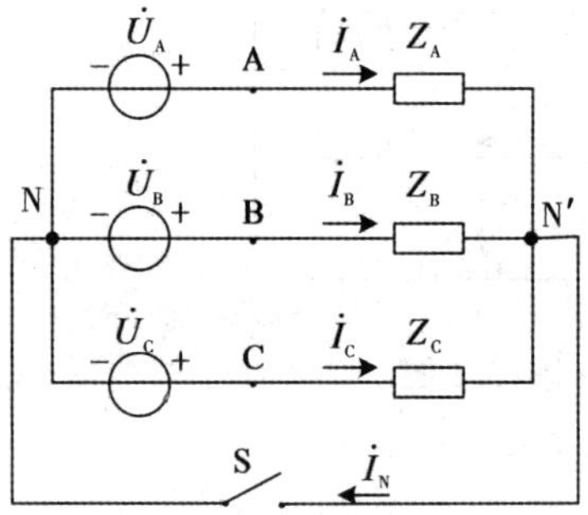

(a)电路图

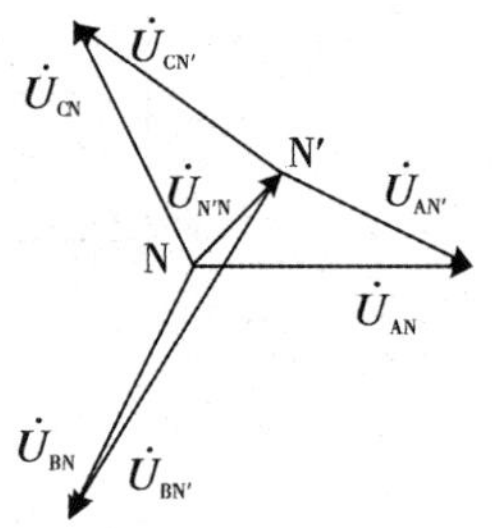

(b)相量图

图 3.11　不对称三相电路

合上开关 S(接上中性线)，若 $Z_N\approx 0$，则可强制使 $\dot{U}_{N'N}=0$，尽管电路不对称，中线可使各相保持独立，各相状态互不影响，各相可以分别计算。

由于线(相)电流的不对称，中性线电流一般不为零，即 $\dot{I}_N=\dot{I}_A+\dot{I}_B+\dot{I}_C\neq 0$。

【例 3.2】　三相四线制 220/380 V 的电网接入星形连结负载，如图 3.12(a)所示。已知$Z_A=(4+3j)\ \Omega$，$Z_B=5\ \Omega$，$Z_C=(6-8j)\ \Omega$，求各线电流及中线电流，并画出相量图。

解

$$Z_A=4+3j=5\angle 36.9°(\Omega)$$

$$Z_B=5\angle 0°(\Omega)$$

$$Z_C=6-8j=10\angle(-53.1°)(\Omega)$$

负载星形连结 $I_l=I_p$，设$\dot{U}_A=220\angle 0°$ V，则

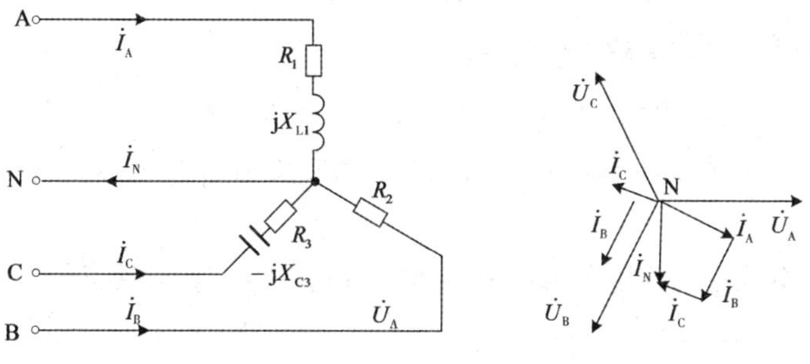

(a)电路图　　(b)相量图

图 3.12　例 3.2 图

$$\dot{I}_A=\frac{\dot{U}_A}{Z_A}=\frac{220\angle 0°}{5\angle 36.9°}=44\angle(-36.9°)\,(A)$$

$$\dot{I}_B=\frac{\dot{U}_B}{Z_B}=\frac{220\angle(-120°)}{5\angle 0°}=44\angle(-120°)\,(A)$$

$$\dot{I}_C=\frac{\dot{U}_C}{Z_C}=\frac{220\angle 120°}{10\angle(-53.1°)}=22\angle(173.1°)\,(A)$$

中性线电流：

$$\begin{aligned}\dot{I}_N&=\dot{I}_A+\dot{I}_B+\dot{I}_C\\&=44\angle(-36.9°)+44\angle(-120°)+22\angle 173.1°\\&=35.2-26.4j-22-38.1j-21.84+2.64j\\&=-8.64-61.86j\\&=62.48\angle(-98°)\,(A)\end{aligned}$$

相量图见图 3.12(b)。

三相四线制中，中性线的作用就在于能保持负载中性点和电源中性点电位一致，从而在三相负载不对称时，负载的相电压依然是对称的，从而保持各负载相互独立工作。当三相负载不对称又没有中性线时，势必使得有的相电压高于负载的额定电压，有的低于负载的额定电压，致使负载不能正常工作，甚至损坏。因此，在三相四线制电路中，中性线既不允许断开，也不允许安装熔断器等短路或过流保护装置。

3.4　三相电路的功率

3.4.1　有功功率

三相电路中负载消耗的功率，无论负载怎样连接，等于各相负载功率之和，即

$$P=P_A+P_B+P_C$$

负载星形连结的三相电路，总功率为

$$P=U_AI_A\cos\varphi_A+U_BI_B\cos\varphi_B+U_CI_C\cos\varphi_C$$

式中，U_A，U_B，U_C 为相电压有效值；I_A，I_B，I_C 为相电流有效值；φ_A，φ_B，φ_C 为负载的阻抗角。

在对称三相电路中，各相有功功率相等，因此三相有功功率等于一相有功功率的 3 倍，即

$$P=3U_pI_p\cos\varphi \tag{3.10}$$

有功功率 P 有时还用线电压、线电流来计算。由于星形连结时，$U_p=\frac{U_1}{\sqrt{3}}$，$I_p=I_1$；三角形连结时，$U_p=U_1$，$I_p=\frac{I_1}{\sqrt{3}}$，所以有

$$P=\sqrt{3}U_1I_1\cos\varphi \tag{3.11}$$

式(3.11)对三相对称负载星形连结和三角形连结都适用，其中，U_1，I_1 分别为线电压和线电流有效值，而 φ 为每相的功率因数角。有功功率的单位是 W。

3.4.2 无功功率

由于每相负载中都可能呈电感性或电容性，其无功功率可正可负，所以总的无功功率为各相无功功率的代数和，即

$$Q=Q_A+Q_B+Q_C=U_AI_A\sin\varphi_A+U_BI_B\sin\varphi_B+U_CI_C\sin\varphi_C$$

在对称三相电路中，无论是星形连结还是三角形连结，均有

$$Q=3U_pI_p\sin\varphi=\sqrt{3}U_1I_1\sin\varphi$$

无功功率的单位是 var。

3.4.3 视在功率

三相电路总的视在功率一般不等于每相视在功率之和，而应按照式(3.12)计算：

$$S=\sqrt{P^2+Q^2} \tag{3.12}$$

式中，$P=P_A+P_B+P_C$，$Q=Q_A+Q_B+Q_C$。

对于对称三相电路，视在功率为

$$S=\sqrt{P^2+Q^2}=\sqrt{(3U_pI_p\cos\varphi)^2+(3U_pI_p\sin\varphi)^2}=3U_pI_p=\sqrt{3}U_1I_1$$

视在功率的单位是 V · A。

3.4.4 功率因数

在对称时，三相电路的功率因数是

$$\cos\varphi=\frac{P}{\sqrt{3}U_lI_l}=\frac{P}{3U_pI_p}$$

【例 3.3】 有一对称负载，复阻抗为 $Z=(6+8j)\ \Omega$，接在线电压为 380 V 的三相对称电源上。试分别计算负载为三角形连结和星形连结时的有功功率、无功功率和视在功率。

解 ① 负载为三角形连结时，

各相复阻抗：

$$|Z|=\sqrt{6^2+8^2}=10(\Omega)$$

相电压：

$$U_p=U_l=380(\mathrm{V})$$

相电流：

$$I_p=\frac{U_p}{|Z|}=\frac{380}{10}=38(\mathrm{A})$$

线电流：

$$I_l=\sqrt{3}I_p=\sqrt{3}\times38=66(\mathrm{A})$$

功率因数：

$$\cos\varphi=\frac{R}{|Z|}=\frac{6}{10}=0.6$$

有功功率：

$$P=\sqrt{3}U_lI_l\cos\varphi=\sqrt{3}\times380\times66\times0.6=26063(\mathrm{W})$$

无功功率：

$$Q=\sqrt{3}U_lI_l\sin\varphi=\sqrt{3}\times380\times66\times0.8=34751(\mathrm{var})$$

视在功率：

$$S=\sqrt{3}U_lI_l=\sqrt{3}\times380\times66=43439(\mathrm{VA})$$

②负载为星形连结时，

负载相电压：

$$U_p=\frac{U_l}{\sqrt{3}}=\frac{380}{\sqrt{3}}=220(\mathrm{V})$$

负载相电流：

$$I_p=I_l=\frac{U_p}{|Z|}=\frac{220}{10}=22(\mathrm{A})$$

有功功率：

$$P=3U_pI_p\cos\varphi=3\times220\times22\times0.6=8712(\mathrm{W})$$

无功功率：

$$Q=3U_pI_p\sin\varphi=3\times220\times22\times0.8=11616(\text{var})$$

视在功率：

$$S=3U_pI_p=3\times220\times22=14520(\text{VA})$$

可见，在相同的电源线电压下，同一个三相负载三角形连结时的功率是星形连结时的3倍。

3.5 本章小结

(1)对称三相交流电源由三个频率相同、幅值相等、初次相位依次相差120°的正弦电压源构成，三相电源有两种连接方式，要求掌握三相电源线电压与相电压、线电流与相电流之间的关系。

(2)负载也有星形连结和三角形连结两种连接方式，掌握对称三相电路星形连结和三角形连结的特点及各相电流、线电流的计算。

(3)掌握中性线在三相四线制电路的作用。

(4)掌握三相电路有功功率、无功功率和视在功率的计算。

习　题

题3.1　什么叫对称三相电压？

题3.2　三相对称电源星形连结，已知线电压$u_{AB}=380\sqrt{2}\sin\omega t$ V，试写出各相线电压、相电压的相量式。

题3.3　若三相负载阻抗值相等，即$|Z_A|=|Z_B|=|Z_C|$，能否说明这三相负载一定是对称的？为什么？

题3.4　有一个三相四线制电源，试画出其对称负载星形连结和三角形连结，以及照明供电电路示意图。

题3.5　请说明三相四线制供电系统，中性线有什么作用。为什么中性线不准接熔断器和开关？

题3.6　三相四线制供电系统，已知电压线电压为380 V，阻抗$Z_A=Z_B=Z_C=(12+9\text{j})$ Ω，忽略端线和中线阻抗，求：

①负载星形连结时的线电流和中线电流，以及有功功率、无功功率和视在功率。

②负载三角形连结时的线电流，以及有功功率、无功功率和视在功率。

题3.7　三相四线制供电系统如图3.13所示，已知线电压$U_{AB}=380\sqrt{2}\sin(\omega t+30°)$ V，负载星形连结，阻抗为$Z_A=5$ Ω，$Z_B=10$ Ω，$Z_C=20$ Ω，求：

①有中线时的各相电流和中线电流，并画出电流、电压的相量图。

②无中线时的 $U_{N'N}$ 和各相电压，并画出电压的相量图。

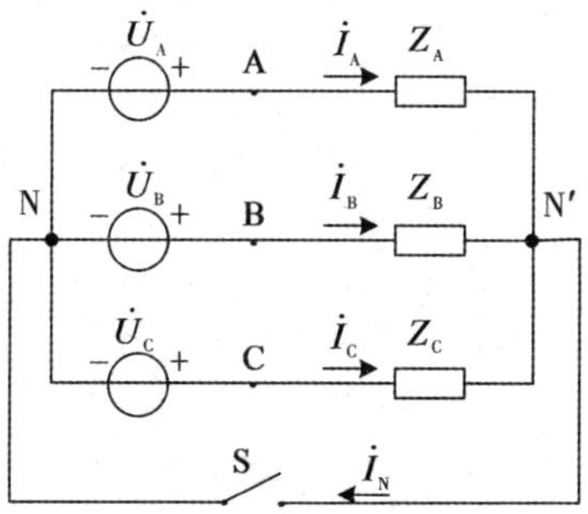

图 3.13　题 3.7 图

题 3.8　有一台三相交流电动机，其绕组为星形连结，接在线电压为 380 V 的电源上，已测得线电流 $I_L = 6.01$ A，三相总功率 $P = 3.3$ kW，试确定电动机每相绕组的参数。

题 3.9　有一台三相交流电动机，其绕组为三角形连结，接在线电压为 380 V 的电源上，从电源所取用的功率为 10 kW，功率因数 $\cos\varphi = 0.86$，试求电动机的线电流和相电流。

模块 2

变压器和电动机

第 4 章　变压器

4.1　变压器的基本结构和工作原理

变压器是一种静止的电气设备，它利用电磁感应原理将一种电压等级的交流电能转变成另一种电压等级的交流电能。变压器按照用途一般分为电力变压器、特种变压器及仪用互感器(电压互感器和电流互感器)。电力变压器按照冷却介质不同，可分为油浸式和干式两种。

在电力系统中，电力变压器(以下简称变压器)是一种重要的设备。发电厂发电机输出的电压由于受发电机绝缘水平限制，通常为 10.5，15.75，20 kV，最高不超过 22 kV。在远距离输送电能时，须将发电机的输出电压通过升压变压器升高到几万伏或几十万伏，以降低输电线电流，从而减少输电线路上的能量损耗。输电线路将几万伏或几十万伏的高压电能输送到用电负荷区域后，须经降压变压器将高电压降低，以供用电设备使用。故在供电系统中，需要大量的降压变压器，将输电线路输送的高压变换成不同等级的电压，以满足各类负荷的需要。

变压器虽然大小悬殊、用途各异，但其基本结构和工作原理是相同的。下面以中小型油浸式变压器为例，介绍其基本结构和工作原理。

4.1.1　变压器的基本结构

变压器主要由铁芯和绕组两个基本部分组成。图 4.1 所示是单相变压器的结构图，一般功率较大的变压器采用图 4.1(a)所示的芯式变压器结构，绕组包围着铁芯，以减少用铁量；功率较小的变压器采用壳式结构，铁芯包围着绕组，如图 4.1(b)所示。

变压器铁芯的作用是构成磁路，其有多种形式，如图 4.2 所示。一般口字形铁芯用于功率较大的单相变压器；EI 形、F 形铁芯用于功率较小的变压器；目前，采用 C 形铁芯的变压器逐渐增多，C 形铁芯用长条冷轧硅钢片沿辗轧方向卷压而成，其优点是磁导率高、铁损小。为减小涡流损耗，铁芯采用 0.35～0.50 mm 厚的硅钢片，在硅钢片表面涂有绝缘漆并经氧化处理形成绝缘层。

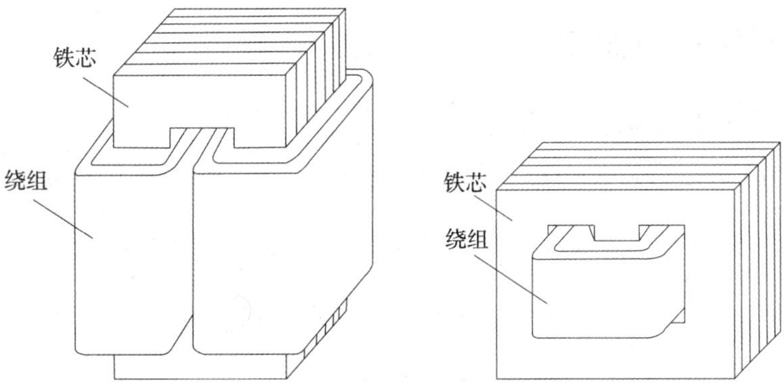

(a)芯式变压器　　(b)壳式变压器

图 4.1　单相变压器的结构

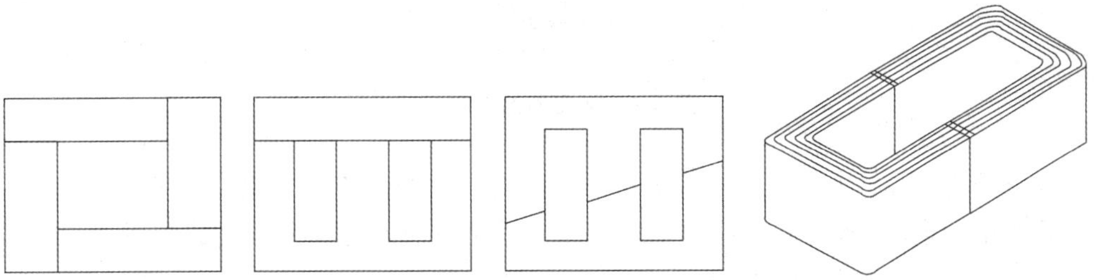

(a)口字形　　(b)EI 形　　(c)F 形　　(d)C 形

图 4.2　几种小型变压器铁芯的形式

绕在变压器铁芯上的线圈称为绕组，其作用是构成交流电的通路，通以励磁电流后建立磁场。绕组的形状多为圆筒形。低压绕组靠近铁芯，高压绕组同心地套在低压绕组的外面。变压器接电源一边的绕组称为一次绕组，接负载一边的绕组称为二次绕组。单相小功率变压器的绕组多用高强度漆包线绕制，大功率变压器的绕组可用扁铜线或铝线绕制。变压器的铁芯、一次绕组和二次绕组之间是彼此绝缘的。

变压器的电路图形符号如图 4.3 所示。

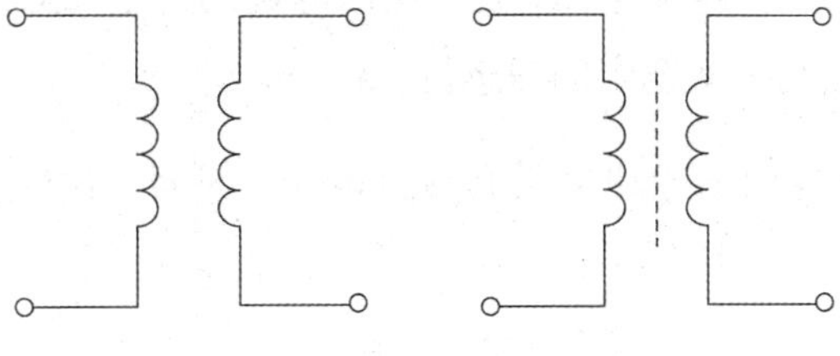

(a)铁芯变压器　　(b)有屏蔽的变压器

图 4.3　变压器的图形符号

4.1.2 变压器的工作原理

(1)变压器的空载运行和电压变换。

变压器的空载运行是指一次绕组接交流电源、二次绕组未接负载的工作状态，如图4.4所示。

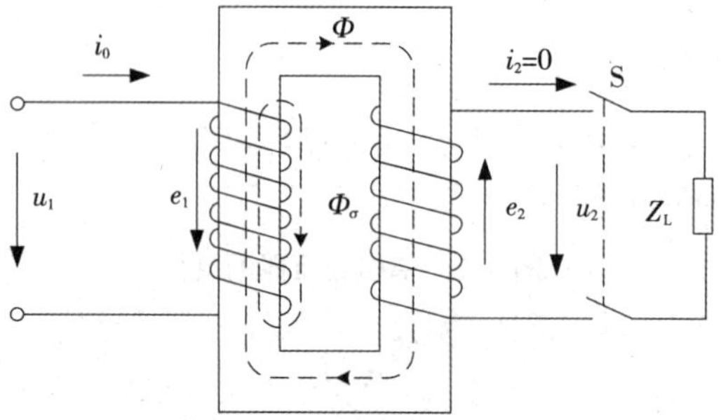

图4.4 变压器的空载运行

空载运行时，变压器二次绕组开路，即$i_2=0$，其工作情况与交流铁芯绕组相似，此时一次绕组中的电流i_0称为变压器的空载电流或励磁电流。在励磁电流的作用下，铁芯中产生磁通，此磁通的绝大部分通过铁芯与一次绕组和二次绕组交链，称为主磁通 Φ。此外，还有少部分磁通只环链一次绕组并经空气隙闭合，这部分磁通称为漏磁通Φ_σ，一般变压器的漏磁通很小。在图4.4所示的各量参考方向下，根据基尔霍夫电压定律，一次绕组的电压平衡方程为

$$u_1=i_0R_1+L_{\sigma1}\frac{\mathrm{d}i_0}{\mathrm{d}t}-e_1 \tag{4.1}$$

其相量形式为

$$\dot{U}_1=\dot{I}_0R_1+\mathrm{j}\dot{I}_0X_{\sigma1}-\dot{E}_1 \tag{4.2}$$

式(4.1)和式(4.2)中，$\dot{U}_1$为电源电压；$\dot{I}_0$为励磁电流；R_1为一次绕组的等效电阻；$L_{\sigma1}$为一次绕组的漏电感；$X_{\sigma1}$为一次绕组的漏感抗，$X_{\sigma1}=\omega L_{\sigma1}$。

一般变压器的一次绕组的导线电阻和漏抗较小，因而一次阻抗压降($\dot{I}_0R_1+\mathrm{j}\dot{I}_0X_{\sigma1}$)较小，可忽略。则

$$\dot{U}_1\approx-\dot{E}_1$$

从而

$$\dot{U}_1\approx-\dot{E}_1=4.44fN_1\Phi_m \tag{4.3}$$

式中，N_1为一次绕组的匝数。

由于主磁通 Φ 同时穿过一次绕组和二次绕组，因此在二次绕组产生的感应电动势为

$$e_2=-N_2\frac{\mathrm{d}\Phi}{\mathrm{d}t} \tag{4.4}$$

其有效值为

$$E_2=4.44fN_2\Phi_m \tag{4.5}$$

式中，N_2为二次绕组的匝数。

变压器的二次绕组开路时，其二次绕组的开路电压等于二次绕组的感应电动势，即$\dot{U}_{20}=\dot{E}_2$或$U_{20}=E_2$，所以空载运行时，

$$\frac{U_1}{U_{20}}\approx\frac{E_1}{E_2}=\frac{N_1}{N_2}=K \tag{4.6}$$

式中，K称为变压器的电压比，简称变比，它近似等于一、二次绕组的匝数之比。变比$K>1$时，即$U_1>U_{20}$，为降压变压器；$K<1$时，即$U_1<U_{20}$，为升压变压器。可见，当电源电压U_1一定时，只要改变变压器一、二次绕组的匝数比，就可得到不同的输出电压。因此，变压器具有变换电压的作用。

（2）变压器的负载运行和电流变换。

变压器一次绕组加上电源电压u_1、二次绕组接上负载Z_L的工作状态，称为变压器的负载运行，如图 4.5 所示。

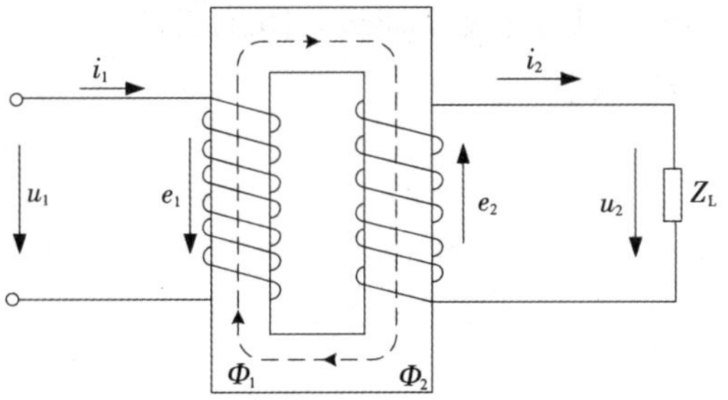

图 4.5　变压器的负载运行

二次绕组接上负载后，在二次电动势e_2的作用下，二次绕组中就有电流i_2通过，二次绕组的磁势i_2N_2也产生磁通，其中大部分也通过铁芯而闭合。此时，铁芯中的主磁通是由一次电流i_1和二次电流i_2共同产生的，即由一、二次绕组的磁势共同产生的合成磁通。在忽略一次绕组导线电阻的电压和漏磁引起的电压时，$u_1\approx e_1$。由此可知，在电源电压u_1和频率f不变的情况下，铁芯中主磁通的幅值在变压器空载或有负载时是近似恒定的。也就是说，负载运行时，一、二次绕组的合成磁势$(i_1N_1+i_2N_2)$应该和空载时一次绕组单独作用的磁势i_0N_1近似相等，在图 4.5 所示的参考方向下，应有

$$i_1N_1+i_2N_2=i_0N_1$$

相量式为

$$\dot{I}_1N_1+\dot{I}_2N_2=\dot{I}_0N_1 \tag{4.7}$$

为降低变压器损耗，一般将变压器的磁通选取一个合理的数值，以减小励磁电流。通常，励磁电流I_0仅为一次绕组额定电流I_{1N}的 2%~10%，因此，I_0N_1与I_1N_1相比，可以忽略。于是式(4.7)可写成

$$\dot{I}_1N_1 \approx -\dot{I}_2N_2 \tag{4.8}$$

式(4.8)表明：

①一、二次绕组的磁势在相位上近似相反，即二次绕组的磁势对一次绕组的磁势有去磁作用。当二次侧向负载输出功率时，变压器的二次侧电流对磁通的影响使一次侧电流从I_0增大到I_1，以抵偿二次绕组磁势对一次绕组磁势的去磁作用，从而维持主磁通恒定不变，使电源供给变压器的功率增加。

②一次、二次绕组的电流关系为

$$\frac{I_1}{I_2} \approx \frac{N_2}{N_1} = \frac{1}{K} \tag{4.9}$$

即一、二次绕组中电流之比等于其变比 K 的倒数，这就是变压器变换电流的功能。变压器在运行时，其一、二次电流是由负载大小决定的，但它们变化的比率几乎不变。

(3)变压器的阻抗变换。

在某些电路中，常对负载阻抗的大小有要求，以便使负载获得较大的功率。当负载阻抗难以达到所需匹配值时，可以用变压器进行阻抗变换。如图 4.6 所示，把阻抗为Z_L的负载接到变压器的二次绕组时，则

$$|Z_L| = \frac{U_2}{I_2}$$

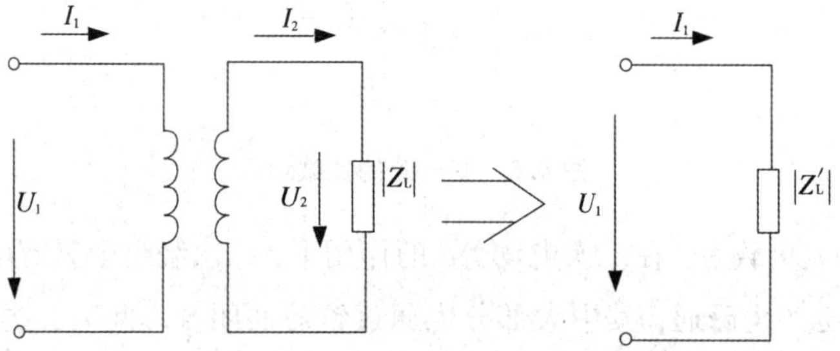

图 4.6　变压器的阻抗变换

而对电源来讲，变压器一次侧输入端子的右侧部分可以等效成一个二端网络(如图 4.6 所示)，它的等效阻抗为

$$|Z_L'| = \frac{U_1}{I_1} = \frac{U_2K}{\frac{I_2}{K}} = K^2\frac{U_2}{I_2}$$

即

$$|Z_L'| = K^2|Z_L| \tag{4.10}$$

式(4.10)表明，若变压器二次负载为Z_L时，一次侧的等效阻抗等于实际负载阻抗的K^2倍。Z_L'叫作负载阻抗 Z_L 折算到一次侧的等效阻抗。因此，只要改变变压器的变比就可获得所需的阻抗匹配值，这就是变压器的阻抗变换功能。

【例 4.1】　有一台额定容量为 10 kV · A、额定电压为 3300/220 V 的单相变压器，试计算：

①一、二次的额定电流；

②接入 220 V，40 W 的灯泡，满载时可接几盏灯？

③接入 220 V，40 W，cos φ=0.5 的荧光灯(每盏荧光灯配一个耗电 8 W 的镇流器)，满载时可接几盏？

解　①一次额定电流：

$$I_{1N}=\frac{S_N}{U_{1N}}=\frac{10\times10^3}{3300}\approx3.03(\text{A})$$

二次额定电流可根据$S_N=U_{1N}I_{1N}\approx U_{2N}I_{2N}$求得，即

$$I_{2N}=\frac{S_N}{U_{2N}}=\frac{10\times10^3}{220}\approx45.45(\text{A})$$

②灯泡额定电流：

$$I_N=\frac{P_N}{U_N}=\frac{40}{220}\approx0.182(\text{A})$$

满载时可接灯泡：

$$\frac{45.45}{0.182}\approx250(\text{盏})$$

③每盏荧光灯管额定电流：

$$I_R=\frac{P_N}{U_N\cos\varphi}=\frac{48}{220\times0.5}\approx0.436(\text{A})$$

满载时可接荧光灯的数量：

$$\frac{45.45}{0.436}\approx104(\text{盏})$$

【例 4.2】　变压器工作的电路如图 4.7 所示。已知信号源的电压$U_S=10$ V、内阻$R_0=1$ Ω，负载电阻$R_L=50$ Ω，一、二次绕组的匝数比$\frac{N_1}{N_2}=\frac{1}{10}$。求负载上的电压$U_2$。

解　已知

$$K=\frac{N_1}{N_2}=\frac{1}{10},\ R_L=50\ \Omega$$

因此，负载折算到一次侧的等效电阻为

$$R_L'=K^2R_L=\left(\frac{1}{10}\right)^2\times50=0.5(\Omega)$$

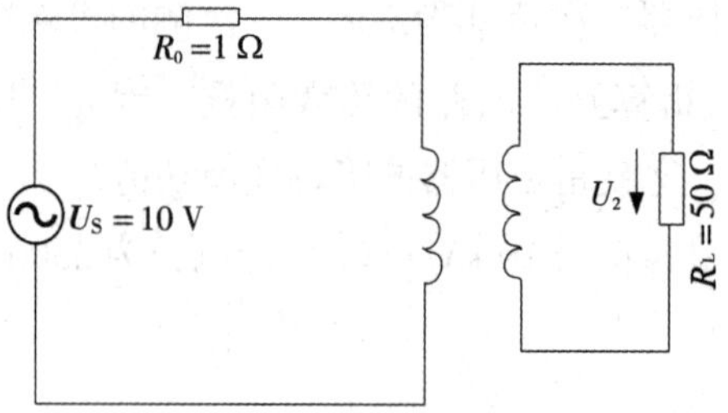

图 4.7　例 4.2 电路图

故

$$I_1=\frac{U_S}{R_0+R_L'}=\frac{10}{1+0.5}=6.67(\text{A})$$

又

$$\frac{I_1}{I_2}=\frac{1}{K}$$

则

$$I_2=K\,I_1=\frac{1}{10}\times\frac{20}{3}=0.67(\text{A})$$

所以

$$U_2=I_2R_L=\frac{2}{3}\times 50=33.3(\text{V})$$

由于变压器具有变换电压、变换电流和变换阻抗三种功能，因而它在电力工程和电子技术中得到广泛应用。

4.2　变压器的参数与运行特性

4.2.1　变压器的参数

变压器的技术参数一般都标在铭牌上。按照国家标准，铭牌上除标出变压器名称、型号、产品代号、标准代号、制造厂名、出厂序号、制造年月以外，还须标出变压器的技术参数数据。

(1)额定电压。

一次绕组的额定电压U_{1N}是根据绝缘强度和允许发热所规定的应加在一次绕组上的正常工作电压的有效值。二次绕组额定电压U_{2N}一般是指变压器一次绕组施加额定电压时的二次绕组空载电压的有效值。

(2)额定电流。

变压器的一、二次绕组的额定电流是指变压器连续运行时，一、二次绕组允许通过的最大电流有效值，是通过绕组线端的电流，即线电流的有效值。

(3)额定容量。

额定容量是指在变压器铭牌所规定的额定状态下，变压器二次侧的输出能力，单位为 kV·A。对于三相变压器，其额定容量是三相容量之和。

变压器额定容量与绕组额定容量有所区别：双绕组变压器的额定容量即绕组的额定容量；多绕组变压器应对每个绕组的额定容量加以规定，其额定容量为最大的绕组额定容量。当变压器容量由冷却方式而变更时，则额定容量是指最大的容量。

(4)额定频率。

变压器的额定频率即所设计的运行频率。我国电力系统的标准频率为 50 Hz，有些国家(如美国、日本)的工业频率为 60 Hz。

(5)相数。

变压器分单相和三相两种，一般均制成三相变压器，以直接满足输配电的要求。小型变压器有制成单相的，特大型变压器制成单相后组成三相变压器组，以满足运输要求。

(6)绕组连接组标号。

三相变压器或组成三相变压器组的单相变压器可以为星形连结、三角形连结等。星形连结是各相线圈的一端接成一个公共点(中性点)，其余端子接到相应的线端上；三角形连结是三个相线圈互相串联形成闭合回路，由串联处接至相应的线端。

星形连结、三角形连结、曲折形连结等，现在对于高压绕组分别用符号 Y，D，Z 表示；对于中压和低压绕组，分别用符号 y，d，z 表示。有中性点引出时，则分别用符号 YN,ZN 和 yn，zn 表示。

变压器按照高压、中压和低压绕组连接的顺序组合起来就是绕组的连接组。例如，变压器按照高压为 D、低压为 yn 连接，则绕组连接组为 Dyn(Dyn11)。

(7)调压范围。

变压器接在电网上运行时，变压器二次侧电压将由于种种原因发生变化，影响用电设备的正常运行。因此，变压器应具备一定的调压能力。根据变压器的工作原理，当高、低压绕组的匝数比变化时，变压器二次侧电压也随之变动，改变变压器匝数比即可达到调压的目的。变压器调压方式通常分为无励磁调压和有载调压两种。二次侧不带负载、一次侧与电网断开时的调压为无励磁调压，二次侧带负载下的调压为有载调压。

(8)空载电流。

当变压器二次绕组开路、一次绕组施加额定频率的额定电压时，一次绕组中所流过的电流称为空载电流I_0，变压器空载合闸时有较大的冲击电流。

(9)阻抗电压和短路损耗。

当变压器二次侧短路、一次侧施加电压使其电流达到额定值时，所施加的电压称为阻抗电压U_Z，变压器从电源吸取的功率即短路损耗。短路损耗以阻抗电压与额定电压U_N之比的百分数表示。

(10)温升和冷却方式。

①温升。变压器的温升，对于空气冷却变压器是指测量部位的温度与冷却空气温度之差；对于水冷却变压器是指测量部位的温度与冷却器入口处水温之差。

油浸式变压器绕组和顶层油温升限值：因为A级绝缘在98 ℃时产生的绝缘损坏为正常损坏，而保证变压器正常寿命的年平均气温是20 ℃，绕组最热点与其平均温度之差为13 ℃，所以绕组温升限值为98 ℃-20 ℃-13 ℃=65 ℃。

油正常运行的最高温度为95 ℃，最高气温为40 ℃，所以顶层油温升限值为95 ℃-40 ℃=55 ℃。

②冷却方式。变压器有多种冷却方式，如干式自冷、油浸风冷等。不同的冷却方式适用于不同种类的变压器。

4.2.2 变压器的外特性和电压变化率

(1)变压器的外特性。

当变压器一次侧加额定电压，负载的功率因数$\cos\varphi_2$一定时，二次侧端电压随负载电流的变化规律，即$U_2=f(I_2)$曲线，称为变压器的外特性。不同负载性质下的外特性曲线如图4.7所示，对其说明如下。

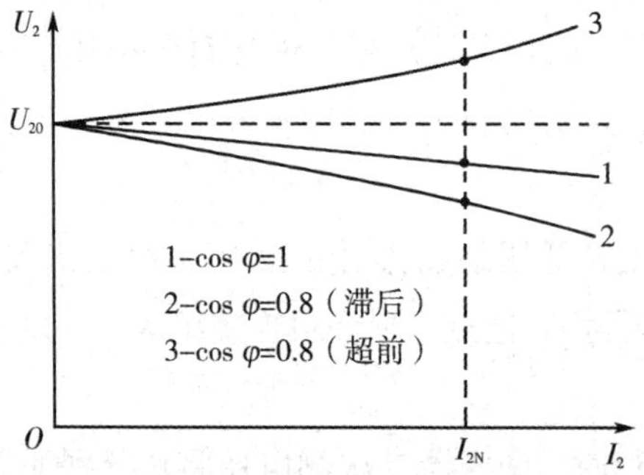

图4.8 变压器的外特性

①接电阻负载时，$\varphi_2=0$，$\sin\varphi_2=0$，$U_2<U_{20}$，即端电压随负载的增加而下降，如图4.8中的曲线1所示。

②接感性负载时，$\varphi_2>0$，$\sin\varphi_2>0$，$U_2<U_{20}$，即端电压随负载的增加而下降，而且比电阻负载时要下降得多，如图4.8中的曲线2所示。

③接容性负载时，$\varphi_2<0$，$\sin\varphi_2<0$，此时ΔU既可能为正，也可能为负。

(2)电压变化率。

变压器的外特性变化的程度可以用电压变化率ΔU来表示。电压变化率是指当变压

器一次侧加额定电压，负载功率因数一定时，从空载到负载时二次侧电压变化的百分值，即

$$\Delta U=\frac{U_{20}-U_2}{U_{20}}\times 100\% \tag{4.11}$$

负载为额定负载($\beta=1$)、功率因数为定值(通常为0.8滞后)时的电压变化率称为额定电压变化率。额定电压变化率是表征变压器运行性能的重要指标之一，它的大小反映了变压器供电电压的稳定性。通常，电力变压器的额定电压变化率在5%左右，如果电压变化太大，应采用变压器的分接开关进行调整。

4.2.3　变压器的损耗和效率

(1)变压器的损耗。

变压器的损耗有铜损和铁损两种。铜损是一、二次绕组中流过电流时，在绕组电阻上产生的损耗，其值为

$$\Delta P_{Cu}=I_1^2R_1+I_2^2R_2 \tag{4.12}$$

由于负载变化时一、二次电流也变化，铜损也要发生相应变化，因此铜损又称为可变损耗。

铁损由铁芯中涡流损耗 ΔP_e 和磁滞损耗 ΔP_h 两部分构成，即

$$\Delta P_{Fe}=\Delta P_e+\Delta P_h \tag{4.13}$$

对某一固定变压器，当电源电压及其频率不变时，变压器主磁通及其交变的速率在空载和负载时也基本不变，从而铁损也基本不变，所以铁损又称不变损耗。

(2)变压器的效率。

变压器在运行时有损耗，因此变压器的输出功率总小于输入功率。变压器的效率是指输出功率 P_2 与输入功率 P_1 比值的百分数，即

$$\eta=\frac{P_2}{P_1}\times 100\%=\frac{P_2}{P_2+\Delta P_{Cu}+\Delta P_{Fe}}\times 100\% \tag{4.14}$$

一般在满载的80%左右时，变压器的效率最高，大型电力变压器的效率可高达98%~99%。

4.3　三相变压器及特殊用途变压器

大型变压器除铁芯和绕组外，还有一些其他部件，如油箱、冷却装置、保护装置和出线装置等，如图4.9所示。

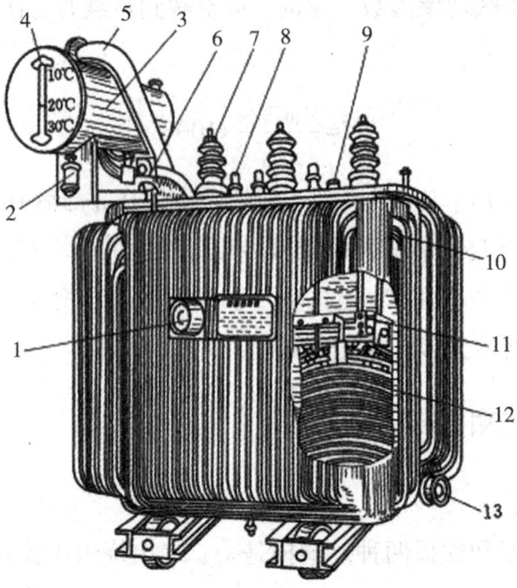

图 4.9　油浸式变压器

1—温度计；2—吸湿器；3—储油柜；4—油表；5—安全气道；6—气体继电器；7—高压套管；8—低压套管；9—分接开关；10—油箱；11—铁芯；12—线圈；13—放油阀门

4.3.1　三相变压器

(1)三相变压器绕组的连接及电压关系。

三相变压器的铁芯多采用三铁芯柱式结构，如图 4.10(a)所示。它的三根铁芯柱上分别套装有完全一样的高、低压绕组，相当于三台单相变压器。三相高压绕组的首端和末端分别用 A，B，C 和 X，Y，Z 标记；三相低压绕组的首端和末端分别用 a，b，c 和 x，y，z 标记。三相高、低压绕组都是对称的，因此电压的变换也是对称的。

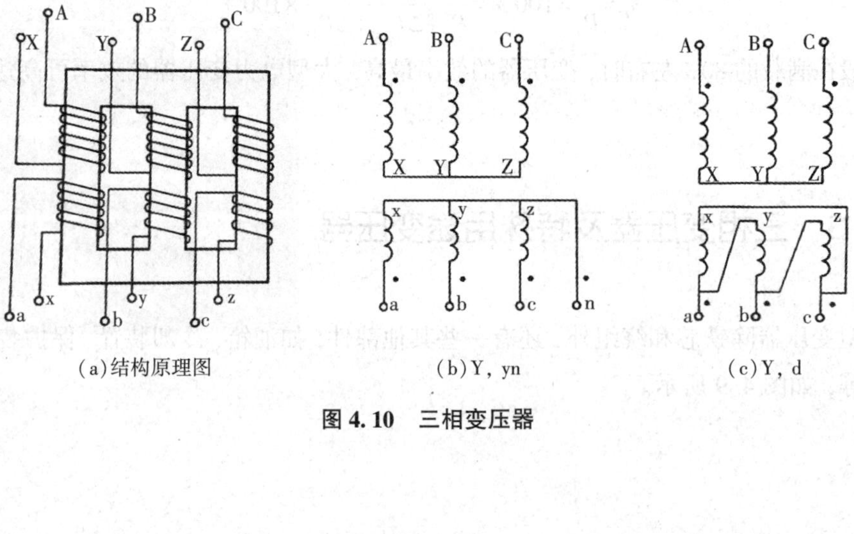

图 4.10　三相变压器

由于在三相变压器中，每相的一、二次绕组绕在同一铁芯柱上，因此一、二次绕组相电压之比U_{p1}/U_{p2}等于一、二次绕组的匝数比N_1/N_2。

三相变压器的一、二次都有三个绕组，绕组的连接方法有多种，为使用方便，《电力变压器 第1部分：总则》(GB 1094.1—2013)规定有五种常用的“标准连接组别”。不同的连接组有不同的一、二次线电压的比值和相位关系。现以Y，yn0(曾用Y/Y_0-12)和Y，d11(曾用Y/Δ-11)两种连接组为例来说明。

Y，yn0连接组如图4.10(b)所示，高压、低压绕组都为星形连结，且低压绕组中有中性线(记作yn)。由于高、低侧绕组接法相同，因此两侧线电压之比等于两侧相电压之比：

$$\frac{U_{l1}}{U_{l2}}=\frac{\sqrt{3}U_{p1}}{\sqrt{3}U_{p2}}=\frac{N_1}{N_2}=K \tag{4.15}$$

Y，yn0中的0连接组的标号。因为标志三相变压器高、低压绕组线电压之间的相位关系采用时钟表示法，即规定高压侧线电压为时钟的长针，永远指向时钟盘面上的“12”；低压侧线电压为时钟的短针，它指向时钟盘面上的哪个数字，则该数字为三相变压器绕组连接组别的标号。因为Y，yn0(0点钟)连接的三相变压器，高、低压侧线电压同相，相当于时钟长、短针都指向“12”，即12点钟的位置，所以记Y，yn0(Y/Y0-12)连接组。

Y，d11连接组如图4.10(c)所示，高压绕组为星形连结，而低压绕组为三角形连结。这种绕组连接方式，高、低压侧线电压之比等于高、低压侧相电压之比的$\sqrt{3}$倍，即

$$\frac{U_{l1}}{U_{l2}}=\frac{\sqrt{3}U_{p1}}{U_{p2}}=\sqrt{3}\frac{N_1}{N_2}=\sqrt{3}K \tag{4.16}$$

由于绕组Y，d连接时，低压侧线电压在相位上滞后于高压侧线电压330°，长、短针相当于时钟“11”点的位置，因此这种Y，d连接的连接组别为“11”，记作Y，d11(Y/Δ-11)。

4.3.2 特殊用途的变压器

(1)自耦变压器。

自耦变压器分为可调式和固定抽头两种形式。图4.11所示是可调式自耦变压器的外形图和原理电路图。这种变压器只有一个绕组，二次绕组N_2是一次绕组N_1的一部分。因此，它的工作特点是一、二次绕组不仅有磁的联系，而且有电的联系。

尽管自耦变压器只有一个绕组，但它的工作原理与双绕组变压器相同。在如图4.11(b)所示的原理电路上，接触臂S可借助手柄操纵自由滑动，从而可以平滑地调节二次电压，所以这种变压器又称为自耦调压器。如果一次侧加上电压U_1，那么可得二次电压U_2，且一、二次侧的电压和它们的匝数成正比，即

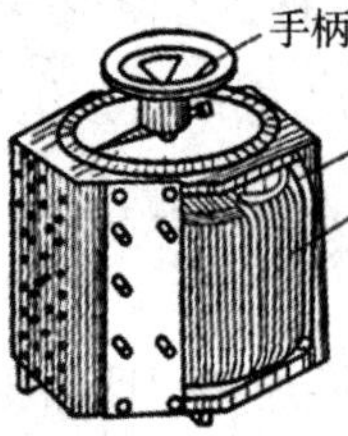

(a)外形图

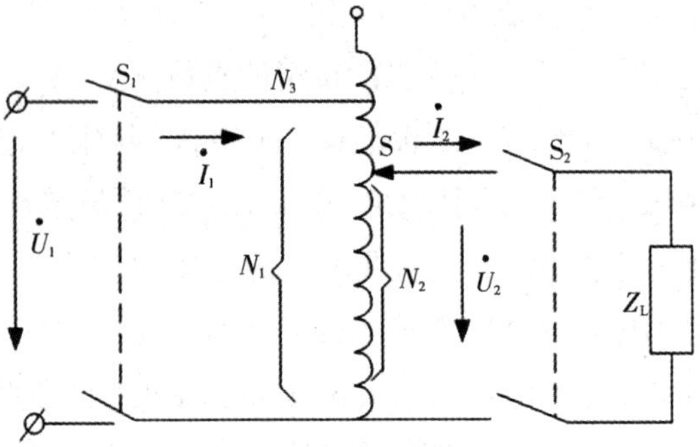

(b)原理电路图

图 4.11 自耦变压器

$$\frac{U_1}{U_2}=\frac{N_1}{N_2}=K \tag{4.17}$$

有载时，一、二次电流和它们的匝数成反比，即

$$\frac{I_1}{I_2}=\frac{N_2}{N_1}=\frac{1}{K} \tag{4.18}$$

(2)仪用互感器。

仪用互感器的工作原理完全与变压器相同，它分为电流互感器和电压互感器两大类。

①电流互感器。其作用是将电路中的交流大电流转换成小电流，用于测量或保护电路。它的结构与普通变压器相似，图 4.12 是电流互感器的接线图和符号图。它的特点：一次绕组的导线较粗、匝数少(只有一匝或几匝)，使用时一次绕组与被测电路串联，由于阻抗很小，因此对被测电路的电流几乎不发生影响；二次绕组的导线较细、匝数多，使用中规定与专用的 5 A 或 1 A 的电流表相接。

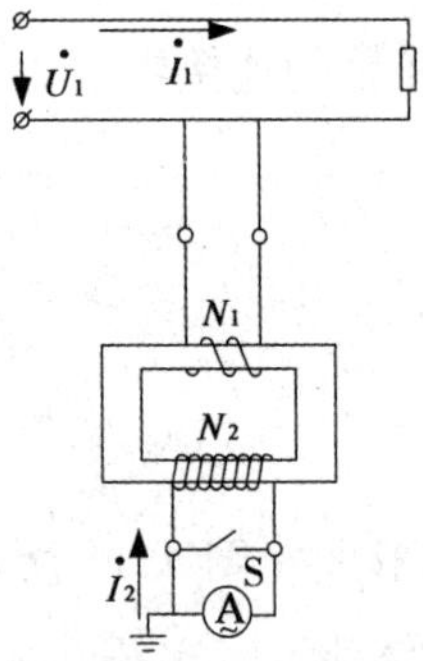

(a)接线图

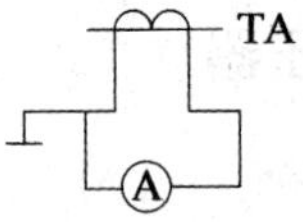

(b)符号

图 4.12 电流互感器

电流互感器是根据变压器的变流原理制成的，见式(4.18)。

如令$K_i=\frac{1}{K}$，则

$$I_1 = K_i I_2 \tag{4.19}$$

式中，K_i为变流比。这样，由测得的电流I_2乘以变流比就可算出被测电流I_1。只要配以专用互感器(变流比已知)，就可以把二次侧的电流表刻度按照一次侧电流标出，从电流表上便可以直接读出一次侧所在线路中的电流数值。

使用电流互感器需要注意：二次绕组不得开路，否则二次绕组将产生过高的危险电压；为了保证安全，电流互感器的铁芯和二次绕组应牢靠接地。

②电压互感器。将交流高压转换成一定数值的低压(一般为 100 V)，用于测量、继电保护及电路指示。图 4.13 是电压互感器的接线图和符号图。

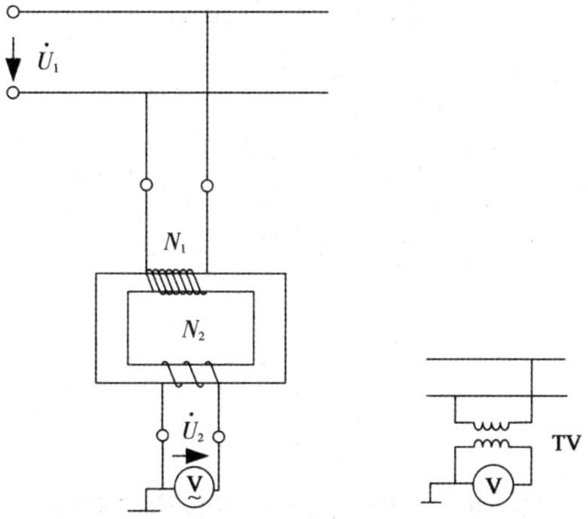

(a)接线图　　(b)符号

图 4.13　电压互感器

电压互感器的基本结构和工作原理与普通单相变压器相似。它的一次绕组匝数较多、导线较细，与被测电路并联；二次绕组匝数较少，与测量仪表或控制电路连接。

根据变压器的变压原理[见式(4.17)]，有

$$U_1 = K U_2 \tag{4.20}$$

只要适当选择电压比，就能从二次侧的电压表上间接读出高压边的电压值。

使用电压互感器应注意：二次绕组绝不能短路，因为运行中的电压互感器是工作在空载状态的，如果二次绕组短路，由于电流很大，将使绕组过热而烧毁；二次侧必须可靠接地，以防当高压侧绕组绝缘损坏时在低压侧引起高压而造成危险。

4.4　本章小结

变压器是一种利用电磁感应原理实现电能传递的静止设备。

(1)空载运行时，原副边电压关系：

$$\frac{U_1}{U_{20}}\approx\frac{E_1}{E_2}=\frac{N_1}{N_2}=K$$

(2)一次、二次绕组的电流关系：

$$\frac{I_1}{I_2}\approx\frac{N_2}{N_1}=\frac{1}{K}$$

(3)变压器可实现阻抗变换：

$$|Z_L'|=K^2|Z_L|$$

(4)电压变化率：

$$\Delta U=\frac{U_{20}-U_2}{U_{20}}\times100\%$$

(5)变压器的效率：

$$\eta=\frac{P_2}{P_1}\times100\%=\frac{P_2}{P_2+\Delta P_{Cu}+\Delta P_{Fe}}\times100\%$$

(6)自耦变压器和互感器的原理与一般变压器相同，但在使用中要注意其特殊性。

思政课堂

新中国首台330千伏超高压变压器

1958年9月，甘肃刘家峡水电站正式动工，这是新中国规划的规模最大的水电站。建成后，其一年的发电量可达50多亿度，比新中国成立初期全国一年的发电总量还要多。但是，对于建设者来说，如何将这么多的电力输送出去，成为横亘在大家面前的一个难题。此时，一台变压器的诞生开启了新中国配电产业走上独立自主化道路的序幕。

新中国成立以后，百废待兴，电力的发展被毛泽东同志称为“国民经济的先行官”。当时陕西缺电严重，通常每周“停三供四”，严重制约了工业发展。为此，国家决定将刘家峡水电站的电力送到陕西，形成陕甘青一体的电力网络。经过专家论证，要将刘家峡的电力送到500千米外的陕西腹地，需要一条至少330千伏的超高压输电线路。但在当时，我国输配电事业刚刚起步，最高只能达到220千伏。在国外技术封锁的情况下，中央提出了“自力更生，发奋图强，艰苦奋斗，勤俭建国”的方针，“没有条件创造条件也要上”。

1964年，国家正式规划了刘天关330千伏超高压输变电工程。这条线路西起甘肃刘家峡，途经天水，东至关中八百里秦川，总长超过500千米，是当时中国输电距离最长、电压等级最高、输电容量最大的工程。整个刘天关工程面临着重重挑战，其中，以超高压变压器为代表的输配电装备研制被视为整个工程成败的关键。当时，研发制造主要任务落在了西电人的身上。面对着严苛的环境和紧迫的时间，要完成这个任务可谓困难重重。

1966 年，上海电机厂数百名职工，一起携家带口坐上了开往西安的列车。为了支援大西北的建设，国家决定将上海电炉厂和上海电机厂部分职工和设备改迁至西安。他们到达西安后不久就加入到这场前所未有的输变电装备大会战中。由于没有任何资料可以借鉴，研发团队只能总结规律，从头摸索。

线圈，是变压器的心脏，需要承载超高压的巨大冲击。之前的 220 千伏变压器采用的是单根纠结式线圈结构，而技术人员张正普提出了耐冲击力翻倍的插花纠结式线圈的设计。但是这种设计，制造工艺非常困难，他也只在资料上看到过。设计图纸画好后，还需要和车间里的工人师傅商量。线圈的绕制是一个非常精细的工作，数万米的扁铜线要经手工一寸寸绕制成几吨重的线圈。每一处正负公差不得超过 1 毫米，否则就可能被高压电击穿。为了实现插花纠结式线圈的设计，线圈车间集结了一批 40 多岁有着十几年绕线经验的老师傅，每天三班倒，边做边钻研。

1970 年 9 月，组装完毕的 330 千伏变压器被送进了实验大厅，在这里它要经历高温、严寒、风雨、雷电等 20 多项极端严苛的测试。其中，最难的要数模拟雷电环境的打高压实验，变压器需要通过 1175 千伏超高电压的冲击。当变压器终于安然通过全部测试时，所有人高兴得像过年一样。西电人完全依靠自己的力量，为我国第一条 330 千伏超高压输变电工程研制了成套关键装备，多项指标均达到当时先进水平，也为后来中国输变电技术的发展奠定了基础。

在此后半个世纪的拼搏发展中，中国西电集团先后为我国全部电压等级的第一条输变电线路，以及“西电东送”等国家重点工程提供了成套装备和服务。2019 年，由中国西电集团提供成套关键装备的世界上电压等级最高、输送容量最大、输送距离最远、技术水平最先进的昌吉至古泉正负 1100 千伏特高压直流输电工程建成投运，开启了世界特高压输电技术发展新纪元。

如今 50 多年过去了，刘天关工程还在源源不断地输送电力。中国也建立起了星罗棋布、四通八达的电力网络。与此同时，“西迁”也收获了累累硕果，使中国输配电装备走向国际，成为中国装备的世界名片。

（资料来源：中央广播电视总台财经节目中心，国务院国有资产监督管理委员会新闻中心.信物百年：红色财经：上卷[M].北京：中国科学技术出版社，2021：309-310.）

习 题

题 4.1　变压器的一次绕组、二次绕组的额定电压是如何定义的?

题 4.2　变压器的阻抗电压u_k对变压器的运行性能有哪些影响?

题 4.3　变压器的电压变化率的大小与哪些因素有关?

题 4.4　为什么三相变压器组不能采用 Y, y 连结, 而三相心式变压器又可以采用 Y, y 连结?

题 4.5　为什么变压器一次、二次绕组电流与匝数成反比, 只有在满载或接近满载时才成立, 空载时不成立?

题 4.6　变压器运行时产生最大效率应满足什么条件?

题 4.7　为什么采用自耦变压器时希望它的变比不要太大?

题 4.8　电流互感器二次绕组为什么不允许开路? 电压互感器二次绕组为什么不允许短路?

题 4.9　三相变压器额定容量为 500 kV · A, 额定电压为 10/0.4 kV, 额定频率为 50 Hz, Y, d 连结, 为 $\cos\varphi_2 = 0.9$ 的感性负载供电, 满载时二次绕组的电压为 380 V。求: ①满载时一次、二次绕组的额定电流; ②输出的有功功率。

题 4.10　三相变压器额定容量为 20 kV · A, 额定电压为 10/0.4 kV, 额定频率为 50 Hz, Y, y0 连结, 高压绕组匝数为 3300。试求: ①变压器高压侧和低压侧的额定电流; ②低压绕组的匝数。

第 5 章　三相异步电动机

◆◇ 5.1　三相异步电动机的结构和工作原理

5.1.1　三相异步电动机的结构

三相异步电动机的两个基本组成部分为定子(固定部分)和转子(旋转部分)。此外，还有端盖、风扇等附属部分。图 5.1 为三相异步电动机的结构示意图。

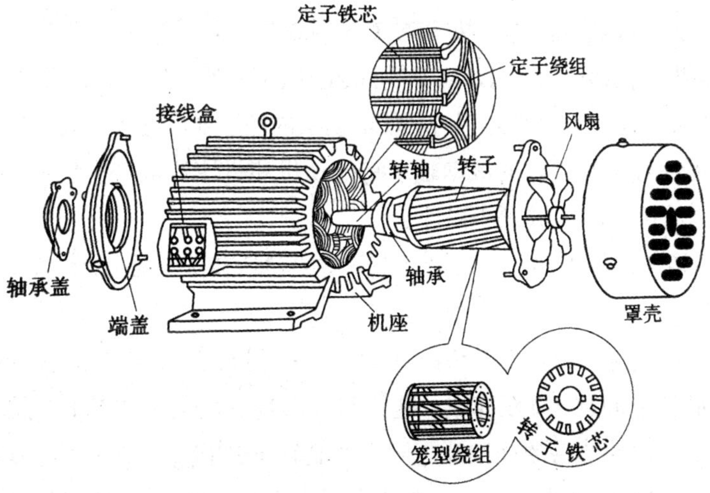

图 5.1　三相异步电动机的结构示意图

(1)定子。

定子是指电动机中静止不动的部分，主要包括定子铁芯、定子绕组、机座、端盖和罩壳等。

①定子铁芯。它是三相异步电动机的磁路部分，对铁芯材料的要求是既要有良好的导磁性能，剩磁小，又要尽量降低涡流损耗，一般由 0.35~0.50 mm 厚的表面具有绝缘层的硅钢片冲制、叠压而成，在铁芯的内圆冲有均匀分布的槽，用以嵌放定子绕组。

定子铁芯槽型有半闭口型、半开口型、开口型三种。其中，半闭口型槽电动机的效率和功率因数较高，但绕组嵌线和绝缘都较困难，一般用于小型低压电机。半开口型槽可嵌放成型绕组，一般用于大型、中型低压电机。所谓成型绕组，即绕组可先经过绝缘处理后再放入槽内。开口型槽用于嵌放成型绕组，绝缘方法方便，主要用于高压电机。

②定子绕组。它是电动机的电路部分，通入三相交流电，产生旋转磁场。它由嵌放在定子铁芯槽中的三个在空间上互隔 120°电角度、对称排列的结构完全相同的绕组连接而成，这些绕组的各个线圈按照一定规律分别嵌放在定子各槽内。三相异步电动机的三相定子绕组根据其在铁芯槽内布置方式的不同可分为单层绕组和双层绕组。单层绕组用于功率较小的三相异步电动机，而功率稍大的三相异步电动机采用双层绕组。三相定子绕组之间及绕组与定子铁芯槽间均垫以绝缘材料，定子绕组在槽内嵌放。

定子绕组的主要绝缘有以下三种(保证绕组的各导电部分与铁芯间的可靠绝缘及绕组本身的可靠绝缘)：

❖对地绝缘，定子绕组整体与定子铁芯间的绝缘；

❖相间绝缘，各相定子绕组间的绝缘；

❖匝间绝缘，每相定子绕组各线匝间的绝缘。

③机座。其作用是固定定子铁芯和定子绕组，并通过两侧的端盖和轴承来支撑电动机转子，并起防护、散热等作用。机座通常为铸铁件，大型异步电动机机座一般用钢板焊成，微型电动机的机座采用铸铝件。封闭式电机的机座外面有散热筋以增加散热面积，防护式电机的机座两端端盖开有通风孔，使电动机内外空气可直接对流，以利于散热。

④端盖。借助置于端盖内的滚动轴承将电动机和机座连成一个整体，端盖一般均为铸钢件，微型电动机则用钢板或铸铝件。

(2)转子。转子是指电动机的旋转部分，主要包括转子铁芯、转子绕组、风扇和转轴等。

①转子铁芯。它作为电机磁路的一部分，所用材料与定子铁芯一样，由 0.35～0.50 mm 厚的硅钢片冲制、叠压而成，硅钢片外圆冲有均匀分布的孔，用来安置转子绕组。通常用定子铁芯冲落后的硅钢片内圆来冲制转子铁芯。一般小型异步电动机的转子铁芯直接压装在转轴上，大、中型异步电动机(转子直径在 300～400 mm 以上)的转子铁芯则借助于转子支架压装在转轴上。为了改善电动机的启动性能及运行性能，笼型异步电动机转子铁芯一般都采用斜槽结构，即转子槽并不与电动机转轴的轴线在同一平面上，而是扭斜了一个角度。

②转子绕组。它用来切割定子旋转磁场，产生感应电动势及电流，并形成电磁转矩而使电动机旋转。根据转子绕组结构形式的不同，分为笼型转子和绕线式转子两类。

❖笼型转子。转子式绕组由插入转子槽中的多根导条和两个环形的端环组成。若去掉转子铁芯，整个绕组的外形像一个笼子，故称笼型绕组。小型笼型电动机采用铸铝转子绕组，对于 100 kW 以上的电动机，采用铜条和铜端环焊接而成。

❖绕线式转子。绕线式转子绕组与定子绕组相似，也是一个对称的三相绕组，一般接成星形，三个出线头接到转轴的三个集流环上，再通过电刷与外电路连接。绕线式转子结构较复杂，故绕线式电动机的应用不如笼型电动机广泛。但通过集流环和电刷在转子绕组回路中串入附加电阻等元件，用以改善异步电动机的启动、制动及调速性能，故用于需要在一定范围内进行平滑调速的设备，如吊车、电梯、空气压缩机等。

(3)其他附件。

①轴承。它用来连接转动部分与固定部分，目前都采用滚动轴承，以减少摩擦阻力。

②轴承端盖。它用来保护轴承，使轴承内的润滑脂不致溢出，并防止灰、沙、脏物等浸入润滑脂内。

③风扇。它用于冷却电动机。

5.1.2　三相异步电动机的工作原理

当定子三相对称绕组加上对称的三相交流电压后，定子三相绕组中便有对称的三相电流流过，它们共同形成定子旋转磁场。旋转磁场的磁力线将切割转子导体而产生感应电动势，在该电动势的作用下，转子导体内便有电流通过，转子导体内电流与旋转磁场相互作用，使转子导体受到电磁力的作用。在该电磁力作用下，电动机转子转动起来，其转向与旋转磁场的方向相同。这就是三相异步电动机的工作原理。

下面主要介绍三相异步电动机的旋转磁场。

(1)定子旋转磁场的产生。

三相异步电动机的三相定子绕组(A—X，B—Y，C—Z)是结构相同并在空间方位上互差 120°的对称绕组。若将定子绕组结成 Y 形连结，接在三相电源上，其参考方向如图 5.2(a)所示。取绕组首端到末端的方向作为电流的正方向，则绕组中通入对称三相电流：

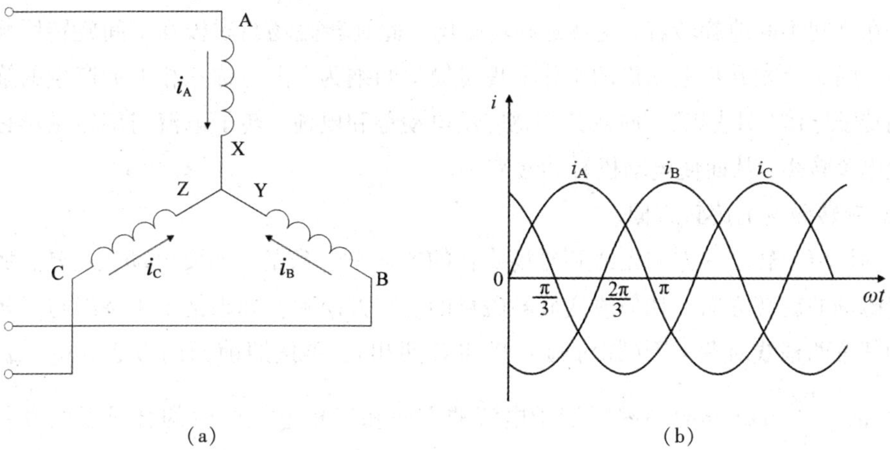

图 5.2　三相对称电流

$$i_A = I_m \sin \omega t$$
$$i_B = I_m \sin(\omega t - 120°)$$
$$i_C = I_m \sin(\omega t + 120°)$$

其波形如图5.2(b)所示。

在电流的正半周时，其值为正，其实际方向与正方向一致；在电流的负半周时，其值为负，其实际方向与正方向相反。下面结合图5.3，观察几个不同时刻的合成磁场。$\omega t=0$时，定子绕组中的电流方向如图5.3(a)所示，这时$i_A=0$，$i_B<0$，其方向与正方向相反，即由Y到B；$i_C>0$，其方向与正方向相同，即由C到Z。将每相电流产生的磁场相加，便得出三相电流的合成磁场。从图5.3(a)看到，合成磁场轴线的方向是自上而下的，并且为两极磁场。

图5.3(b)所示为$\omega t=\frac{\pi}{3}=60°$时的定子电流方向和三相电流形成的两极合成磁场方向。这时的合成磁场已在空间转过了60°。

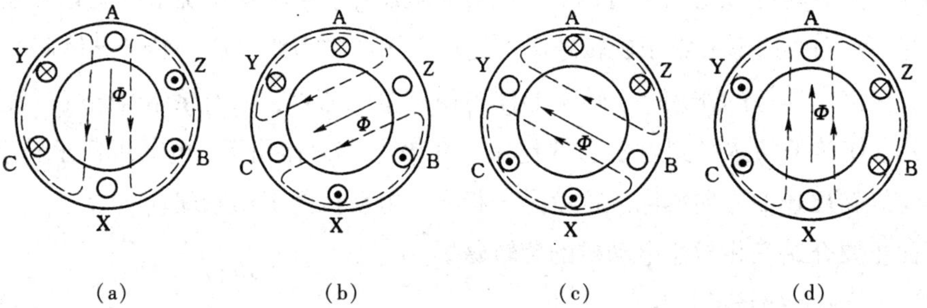

图5.3　旋转磁场的产生

同理，可得$\omega t=\frac{2\pi}{3}=120°$，$\omega t=\pi=180°$时的三相电流的合成磁场，它们都相对上一瞬间在空间转过了60°，如图5.3(c)和(d)所示。

由上可知，当定子绕组通入对称三相电流后，它们共同产生的合成磁场是随电流的交变而在空间不断地旋转着，这就是旋转磁场。此旋转磁场与磁极在空间旋转所起的作用是一样的。三相异步电动机的工作原理可简单归纳为：由对称三相电流产生的旋转磁场切割转子导体(铜或铝)，便在其中感应出电动势和电流，转子电流与旋转磁场相互作用产生电磁转矩，从而使电动机转动起来。

(2)旋转磁场的旋转方向。

电动机转子转动的方向始终和磁场旋转的方向是一致的，如要电动机反转，那么必须改变磁场的旋转方向。如何改变旋转磁场的旋转方向呢？如果把定子绕组与三相电源连接的任意两根线对调一下(如对调了B和C两相)，再按照前面的方法分析，$\omega t=0°$，$\omega t=\frac{\pi}{3}$，$\omega t=\frac{2\pi}{3}$，$\omega t=\pi$时各瞬时定子电流的方向和三相电流产生的合成磁场方向如图5.4所示。与图5.3相比，不难看出，磁场的旋转方向相反。

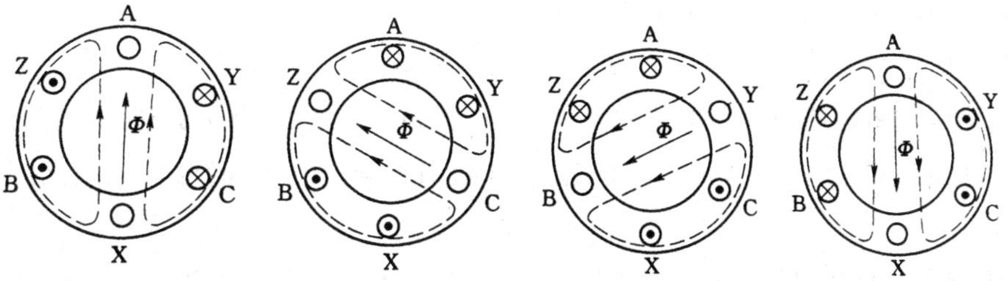

图 5.4　旋转磁场的反转

由此可以得出，旋转磁场的旋转方向同引入定子绕组的三相电流的相序有关。图 5.3 中引入的电流相序为 A—B—C，磁场是顺时针转向；图 5.4 中引入的相序为 A—C—B，磁场是逆时针转向。这样，将定子绕组同三相电源连接的三根导线中的任意两根对调位置，使旋转磁场反转，电动机也就跟着改变转动方向(注意：电源三相端子的相序未变)。

(3)同步转速。

当电流变化一周时，一对磁极的旋转磁场在空间正好转过一周。对 50 Hz 的工频交流电来说，旋转磁场每秒将在空间旋转 50 周，其转速为 $n_1=60f_1=60\times50=3000$ r/min。若旋转磁场有两对磁极，则电流变化一周，旋转磁场只转过半周，比一对磁极情况下的转速慢了一半，即 $n_1=\frac{60f_1}{2}=1500$ r/min；同理，在三对磁极的情况下，电流变化一周，旋转磁场仅旋转了$\frac{1}{3}$周，即 $n_1=60f_1/3=1000$ r/min；以此类推，当旋转磁场具有 p 对磁极时，旋转磁场的转速(单位为 r/min)为

$$n_1=\frac{60f_1}{p} \tag{5.1}$$

由式(5.1)可以计算出对应于不同磁极对数 p 的旋转磁场转速 n_1，见表 5.1。

表 5.1　磁极对数 p 的同步转速 n_1 对照表

p/对	1	2	3	4	5	6
$n_1/(\mathrm{r\cdot min^{-1}})$	3000	1500	1000	750	600	500

(4)旋转磁场的大小。

定子三相电流产生旋转磁场，其定子每相绕组的磁通穿过气隙并通过定子和转子铁芯同时与定子绕组和转子绕组相交链，与变压器的电磁关系相似，可把定子绕组看作一次绕组，转子绕组为二次绕组。

当定子绕组接上相电压为 U_0的三相电源时，旋转磁场在转子和定子绕组中都将感应出电动势。由于旋转磁场的磁感应强度沿气隙是接近正弦规律分布的，故穿过定子每相绕组的磁通也是随时间按照正弦规律变化的，即 $\Phi=\Phi_m\sin\omega t$。因此，定子每相绕组中产生的感应电动势为

$$e_1=-N_1\frac{\mathrm{d}\Phi}{\mathrm{d}t}$$

感应电动势也是正弦量，其有效值为

$$E_1 = 4.44 k_1 f_1 N_1 \Phi \tag{5.2}$$

式中，k_1为考虑每相绕组分布关系的绕组系数，其值小于1；f_1为e_1的频率；N_1为定子每相绕组的匝数；Φ为旋转磁场的每极磁通，在数值上与定子每相绕组的磁通最大值Φ_m相等。

由于定子每相绕组的电阻R_1和漏磁感抗X_1均较小，其上电压降与电动势E_1比较常可忽略，于是

$$\dot{U}_1 \approx -\dot{E}_1$$

而

$$U_1 \approx E_1 = 4.44 k_1 f_1 N_1 \Phi$$

则

$$\Phi \approx \frac{U_1}{4.44 k_1 f_1 N_1 \Phi} \tag{5.3}$$

式(5.3)中的k_1和N_1对某固定电动机是定值，只要U_1和f_1一定，旋转磁场的每极磁通Φ几乎不变。因此，在三相电源的频率f_1和每相电压U_1恒定不变的条件下，异步电动机的旋转磁场是稳定的磁场，应注意这是异步电动机的一个特点。

5.2 三相异步电动机的电磁转矩与机械特性

5.2.1 三相异步电动机的电磁转矩

如上所述，异步电动机之所以能转动，是因为转子绕组中产生了感应电动势，从而产生转子电流，而此电流同旋转磁场的磁通作用产生电磁转矩的缘故。因而，在讨论电磁转矩之前，必须搞清楚与电磁转矩有关的转子电路(图5.5)中各物理量及其相互关系。

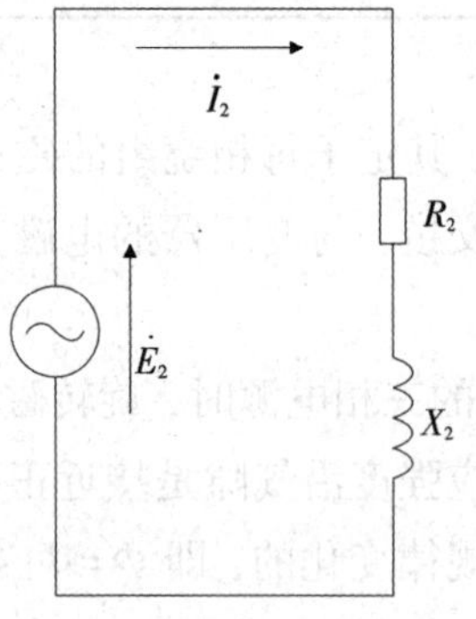

图5.5 转子等效电路

(1)转子电路的基本公式。

①转子电动势 e_2。旋转磁场在转子每相绕组中感应出的电动势，为

$$e_2=-N_2\frac{\mathrm{d}\Phi}{\mathrm{d}t}$$

e_2 为正弦量，其有效值为

$$E_2=4.44k_2f_2N_2\Phi=4.44k_2f_1sN_2\Phi \tag{5.4}$$

式中，k_2 为转子绕组系数；N_2 为转子每相绕组匝数；E_2 为任意转速时的转子电动势；s 为转差率。

$n=0$，即 $s=1$ 时，转子电动势为

$$E_{20}=4.44k_2f_1N_2\Phi \tag{5.5}$$

这时，$f_2=f_1$，转子电动势最大。

比较式(5.4)和式(5.5)可得

$$E_2=sE_{20} \tag{5.6}$$

可见，任意转速时转子电动势 E_2 是启动初始瞬间转子电动势 E_{20}的 s 倍。

②转子电动势(或转子电流)的频率 f_2。因为旋转磁场与转子的相对转速为 n_1-n，所以转子电流频率为

$$f_2=\frac{p(n_1-n)}{60}$$

或

$$f_2=\frac{(n_1-n)}{n_1}\frac{pn_1}{60}=sf_1 \tag{5.7}$$

可见，转子电流频率 f_2是定子电流频率的 s 倍，即也与转差率 s 有关。

在 $n=0$，即 $s=1$ 时(电动机启动初始瞬间)，$f_2=f_1$。此刻，转子与旋转磁场的相对转速最大，转子导体被旋转磁力线切割得最快，f_2最大。

③转子转速 n。由转差率 $s=\frac{n_0-n}{n_0}$，得

$$n=n_0(1-s)=\frac{60f_1}{p}(1-s) \tag{5.8}$$

可见，当电源频率 f_1和电机磁极对数 p 一定时，转子转速 n 与转差率 s 有关。

④转子感抗(漏磁感抗)X_2。同定子电流一样，转子电流也产生漏磁通，在任意转速下，转子每相绕组的感抗为

$$X_2=\omega_2L=2\pi f_2L=2\pi sf_1L \tag{5.9}$$

式中，L 为转子电路的电感。

在 $n=0$，即 $s=1$ 时，转子感抗为

$$X_{20}=2\pi f_1L \tag{5.10}$$

比较式(5.9)和式(5.10)可得

$$X_2=sX_{20}$$

可见，任意转速时转子感抗 X_2 是启动初始瞬间转子感抗 X_{20}的 s 倍。

⑤转子电流 I_2。如果转子每相绕组的电阻为 R_2，那么转子每相绕组电流为

$$I_2=\frac{E_2}{\sqrt{R_2^2+X_2^2}}=\frac{sE_{20}}{\sqrt{R_2^2+(sX_{20})^2}} \tag{5.11}$$

式中，E_{20}、R_2 和 X_{20}都是恒定值，因此转子电流 I_2 也是转差率 s 的函数。当 $s=0$ 时，即在理想空载下，相对转速为零，$I_2=0$；当 s 较小时，$R_2>>sX_{20}$，$I_2\approx\frac{sE_{20}}{R_2}$，即与 s 近似地成正比；当 s 较大且接近于 1 时，$sX_{20}>>R_2$，$I_2\approx\frac{E_{20}}{X_{20}}=$常数。$I_2$ 与 s 的关系如图 5.6 所示。

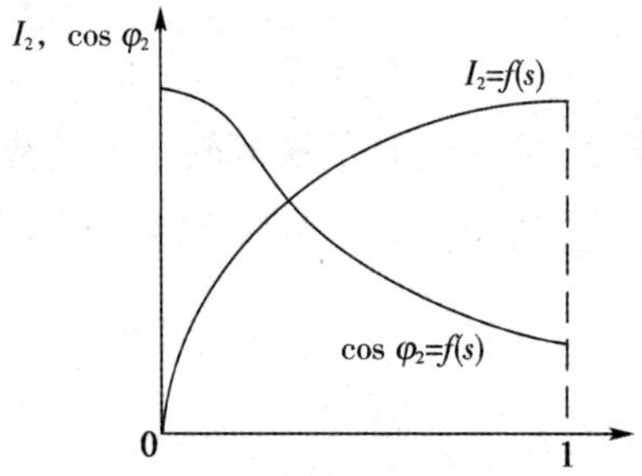

图 5.6　I_2、cos φ_2 与 s 的关系

⑥转子电路的功率因数。由于转子有漏磁通，相应的感抗为 X_2，如果 $\dot{I}_2$ 滞后于 $\dot{E}_2\varphi_2$ 角，转子的功率因数为

$$\cos\varphi_2=\frac{R_2}{\sqrt{R_2^2+X_2^2}}=\frac{R_2}{\sqrt{R_2^2+(sX_{20}^2)}} \tag{5.12}$$

cos φ_2 也是转差率 s 的函数。当 s 增大时，X_2 也增大，cos φ_2 减小。cos φ_2 随 s 的变化关系也表示在图 5.6 中。当 s 很小时，$R_2>>sX_{20}$，$\cos\varphi_2\approx1$；当 s 接近 1 时，$sX_{20}>>R_2$，$\cos\varphi_2\approx\frac{R_2}{sX_{20}}$，即二者近似地成双曲线关系。

综上所述，转子电路的各个物理量，包括频率、电动势、感抗、电流及功率因数等都与转差率有关，即与转速有关。

【例 5.1】　有一台 50 Hz、三相四极的感应电动机，若转子的转差率 $s=0.05$，试求：①转子电流的频率；②转子磁动势相对于转子的转速；③转子磁动势在空间的转速。

解　①转子电流的频率：

$$f_2=sf_1=0.05\times50=2.5(\text{Hz})$$

②转子磁动势相对于转子的转速：

$$n_2=\frac{60f_2}{p}=\frac{60\times2.5}{2}=75(\text{r/min})$$

③转子转速：

$$n=n_1(1-s)=\frac{60f_1}{p}(1-s)=\frac{60\times50}{2}\times(1-0.05)=1425(\text{r/min})$$

转子磁动势在空间的转速：

$$n+n_2=1425+75=1500(\text{r/min})$$

可见，转子磁动势在空间的转速为同步转速。

(2)电磁转矩的表达式。

异步电动机的电磁转矩是由旋转磁场的每极磁通 Φ 与转子电流$\dot{I}_2$相互作用而产生的。由于异步电动机的转子电路中有电感存在，所以转子电流$\dot{I}_2$在相位上滞后于转子电动势 $\dot{E}_2$ 一个 φ_2 角。电磁转矩是反映电动机做功能力的一个物理量，只有转子电流的有功分量与旋转磁场的每极磁通相互作用才能产生电磁转矩，因此电磁转矩的公式应表示为

$$T=K_{\mathrm{T}}\Phi I_2\cos\varphi_2 \tag{5.13}$$

式中，K_{T} 为电动机结构的一个常数；$I_2\cos\varphi_2$ 为转子电流 $\dot{I}_2$的有功分量。

将式(5.2)、式(5.11)和式(5.12)代入式(5.13)，得

$$T=KU_1^2\frac{sR_2}{R_2^2+(sX_{20})^2} \tag{5.14}$$

式中，K 为 f_1 一定时的比例常数，$K=\frac{K_{\mathrm{T}}k_2N_2}{4.44{k_1}^2{N_1}^2f_1}$；$U_1$ 为电源相电压。

(3)转矩特性。

在电源电压 U_1、频率 f_1和转子电阻 R_2一定时，电磁转矩 T 与转差率 s 之间的函数关系 $T=f(s)$称为异步电动机的转矩特性。$T=f(s)$曲线称为转矩特性曲线，如图 5.7 所示。

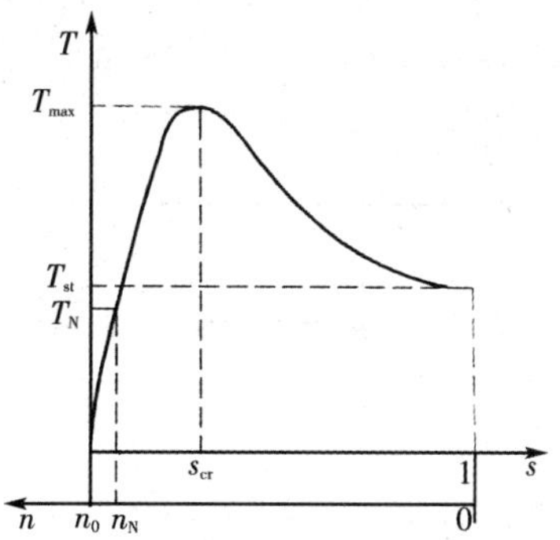

图 5.7　转矩特性曲线

图 5.7 中，s_{cr}称为临界转差率，是异步电动机出现最大转矩 T_{max}时对应的转差率。当 $0<s<s_{cr}$时，T 随 s 的增大而增加；当 $s_{cr}<s<1$ 时，T 随 s 的增大而减小。

s_{cr}可通过式(5.14)对 s 求导，并令$\frac{dT}{ds}=0$，求得

$$s_{cr}=\frac{R_2}{X_{20}} \tag{5.15}$$

将 s_{cr}值代入式(5.14)中，可求得最大转矩为

$$T_{max}=K\frac{U_1^2}{2X_{20}} \tag{5.16}$$

由此可得出以下两点结论。

①电磁转矩 T、最大转矩 T_{max}均与定子电压的平方成正比，表明电源电压的变化对异步电动机电磁转矩数值有很明显的影响。

定子电压降低为原电压的80%时，转矩则减小为原转矩的$(80\%)^2$，即64%。当电动机运行时，若电压偏低太多，以至负载转矩超过最大转矩时，电动机则无法拖动负载，即出现所谓堵转现象。一旦堵转，电动机的电流随即升高 6~7 倍，导致电机严重过热，甚至烧坏。

②最大转矩 T_{max}与转子电阻 R_2无关，但对应最大转矩的临界转差率 s_{cr}则与 R_2成正比，R_2越大，s_{cr}也越大。图 5.8 是电源电压 U_1一定时，不同转子电阻下的转矩特性曲线。在同一负载下，R_2越大，对应的转差率 s 也越大，因此转速越低；同时，对应 $s=1$ 的转矩 T_{st}启动转矩）也随 R_2增加而增大。上述情况表明，适当调节异步电动机转子电路的电阻，可以实现小范围内调速和达到改善启动性能的目的，但只有绕线转子电动机才有这种特性。

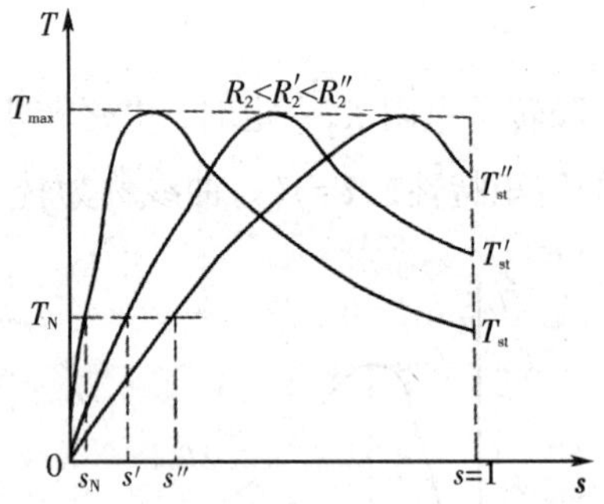

图 5.8　R_2对 $T=f(s)$ 的影响

5.2.2　三相异步电动机的机械特性

在电源电压 U_1、频率 f_1 和转子电阻 R_2 不变的条件下，电动机的转速 n 与电磁转矩 T 之间的函数关系称为机械特性，即 $n=f(T)$。根据 $n=n_0(1-s)$，可以把 $T=f(s)$ 曲线转换成 $n=f(T)$ 曲线，如图 5.9 所示。

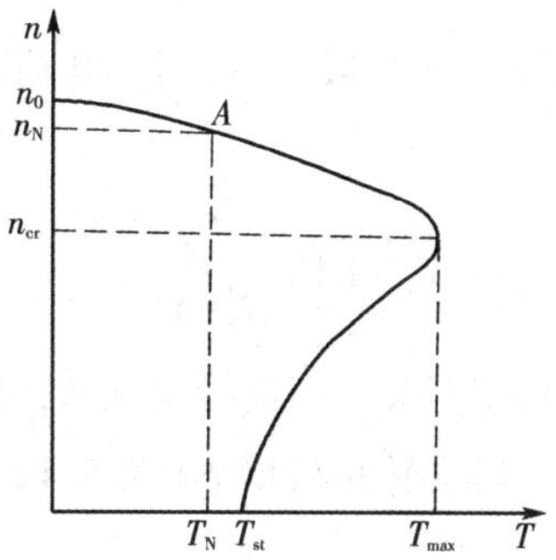

图 5.9　机械特性曲线

研究机械特性的目的是分析异步电动机的外部特性，尤其分析特性曲线上三个特殊工作点所对应的转矩。

(1) 额定转矩 T_N。

额定转矩是电动机在额定负载时的转矩。在 $n=f(T)$ 曲线上，与额定转速 $n_N(s=s_N)$ 对应的转矩是额定转矩 T_N。若电动机的额定转矩 T_N 的单位是 N · m，额定功率 P_N 的单位是 kW，额定转速 n_N 的单位是 r/min，由式(5.17)可求得 T_N：

$$T_N=9550\frac{P_N}{n_N} \tag{5.17}$$

例如，Y160L-4 型异步电动机的铭牌上标出 $P_N=15$ kW，$n_N=1460$ r/min，则额定转矩为

$$T_N=9550\times\frac{15}{1460}=98.1(\text{N}\cdot\text{m})$$

图 5.9 中，$n=f(T)$ 曲线上的 A 点是额定转矩 T_N 和额定转速 n_N 的对应点，称为额定工作点。异步电动机运行在额定工作点及其附近时，其效率和功率因数都比较高。

(2) 最大转矩 T_{max}。

从 $n=f(T)$ 曲线上来看，转矩有个最大值称为最大转矩或临界转矩。与最大转矩对应的转速称为临界转速 n_{cr}。最大转矩反映了异步电动机短时的过载能力，它与额定转矩的比值称为过载系数或过载能力，用 λ 来表示，即

$$\lambda=\frac{T_{max}}{T_N} \tag{5.18}$$

一般电动机的 $\lambda=1.8\sim2.5$，特殊用途电动机的 λ 值可到 3 或更大。

异步电动机不允许长期过载运行，否则电动机将过热而烧毁。但只要负载转矩不大于最大转矩 T_{max}，并且电动机的发热不超过允许温升，短时间内过载运行是允许的。在电动机的选择计算中，若根据生产机械的转矩负荷曲线确定电动机容量，则必须验算其转矩过载能力。

(3)启动转矩 T_{st}。

电动机与电源接通的瞬间，即 $n=0$(或 $s=1$)时，电动机产生的转矩为启动转矩 T_{st}。将 $s=1$ 代入式(5.14)，得

$$T_{st}=KU_1^2\frac{R_2}{R_2^2+X_{20}^2} \tag{5.19}$$

式(5.19)表明，T_{st} 与 U_1^2 和 R_2 有关。当电源电压 U_1 降低时，启动转矩随之减小(图 5.10)；当转子电阻适当增大时，启动转矩可增大(图 5.11)。

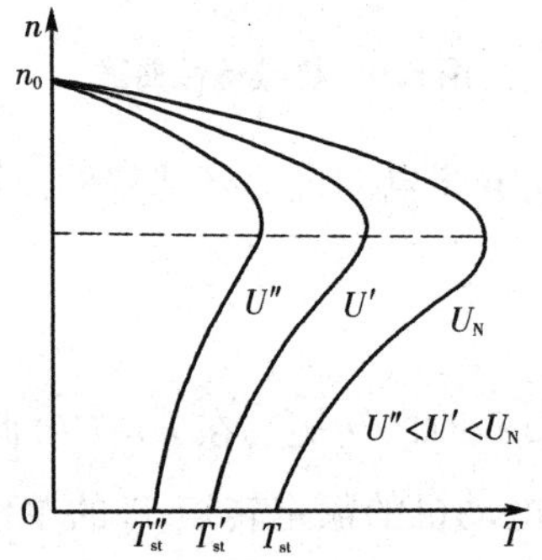

图 5.10　对应不同 U_1 的 $n=f(T)$ 曲线(R_2=常数)

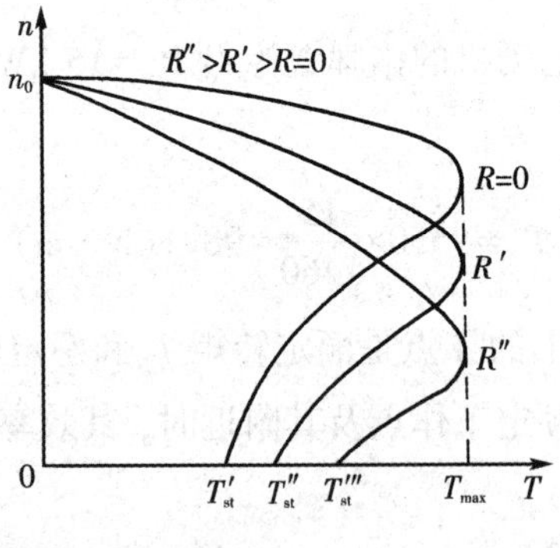

图 5.11　对应不同转子电阻的 $n=f(T)$ 曲线(U_1=常数)

启动转矩的大小反映了电动机的启动性能。T_{st} 大，电动机启动能力强；T_{st} 小，电动机启动能力差。通常用启动转矩与额定转矩的比值 K_{st} 表示异步电动机的启动能力，即

$$K_{st}=\frac{T_{st}}{T_N} \tag{5.20}$$

一般笼型电动机的启动能力较差，K_{st}为 0.8~2.0，所以有时需在轻载或空载下才能启动。

（4）三相异步电动机的稳定运行。

如果异步电动机拖动一个恒转矩负载，其机械特性曲线见图 5.12 中的曲线①，在曲线①与电动机的 $n=f(T)$ 曲线相交的 A 点上，$T_N=T_L$，电动机可在额定转速 n_N 下稳定运行，则称点 A 为稳定运行点。由于某种原因（电源或负载方面）使拖动系统的运行转速发生变化，若转速 n 升高，则电动机的转矩 T 便随之减小，到 A_1点，此时 $T=T_1<T_L$，迫使 n 下降；若 n 降低，则 T 增大，到 A_2点，此时 $T=T_2>T_L$，电动机加速，n 上升。不难看出，无论系统运行转速变高或变低，电动机都有恢复到 A 点运行的趋势（$n\to n_N$ 或 $T\to T_N=T_L$），使系统稳定运行。如果被拖动的生产机械的机械特性为图 5.12 中的曲线②，那么电动机工作在 B 点，情况就完全不同了，系统将不能稳定运行。但异步电动机拖动鼓风机负载（机械特性见图 5.12 中的曲线③）时，也工作在 B 点，却能获得稳定运行。这两种情况，请读者自行分析。

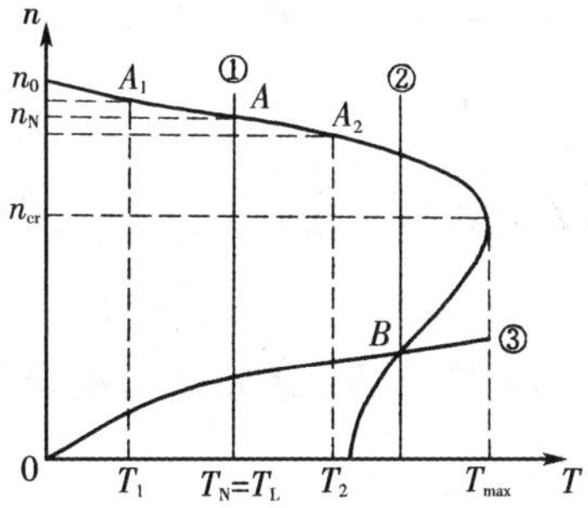

图 5.12　稳定运行分析

在一定范围内，当外部条件变化时，异步电动机本身具有自动调整作用，以适应外部条件，体现其自动适应能力。异步电动机拖动恒转矩负载，在异步电动机 $n=f(T)$ 曲线的 $n_0>n>n_{cr}$（$s=s_{cr}$时，与 T_{max}对应的临界转速）区段，拖动恒转矩负载，可获得稳定运行。

5.3　三相异步电动机的使用

5.3.1　铭牌

电动机铭牌上的数据是正确使用电动机的依据。下面以 Y160M-4 型电动机为例，说明铭牌上各数据的意义。Y160M-4 铭牌上的数据如下：

××××电机厂	三相异步电动机	编号××××
型号 Y160M-4	功率 11 kW	频率 50 Hz
电压 380 V	电流 22.6 A	接法△
转速 1460 r/min	温升 75 ℃	绝缘等级 E
功率因数 0.84	重量 150 kg	工作方式 S1
防护等级 IP144	出厂日期××××年××月	

(1)型号。

每种电机系列用一种型号，以示其适应不同的用途和工作环境。Y 系列是通用的封闭式笼型三相异步电动机，是我国 1980 年设计的统一系列产品，本系列电机的效率较 J02 型(老产品)有所提高，采用了国际通用标准。型号具体说明如下：

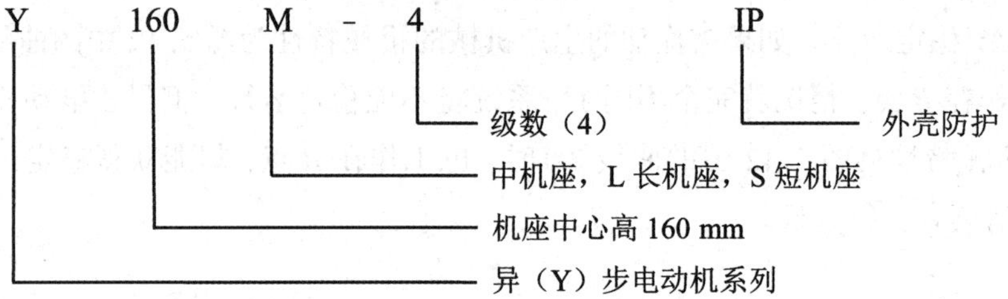

(2)功率。

铭牌上的功率是指电动机在额定运行情况下电动机轴上输出的机械功率。

(3)电压。

铭牌上的电压是指电动机的额定电压，表示电动机定子绕组对应某种接法(△连结或 Y 连结)时应加的电源线电压。

(4)电流。

铭牌上的电流是指电动机的额定电流，表示电动机在额定电压下，轴上输出额定功率时的定子线电流。

(5)接法。

铭牌上的接法是指电动机定子三相绕组的接法。笼型三相异步电动机接线盒中的六根引出线，用 D_1，D_2，D_3，D_4，D_5，D_6标示。其中，D_1，D_4表示第一相绕组始末端；D_2，D_5表示第二相绕组始末端；D_3，D_6表示第三相绕组始末端。

在接电源以前，这六个引出线端必须正确连接。连接方法有 Y 连结和△连结两种，如图 5.13 所示。

(6)转速。

铭牌上的转速是指电动机在额定运行情况下的转速。

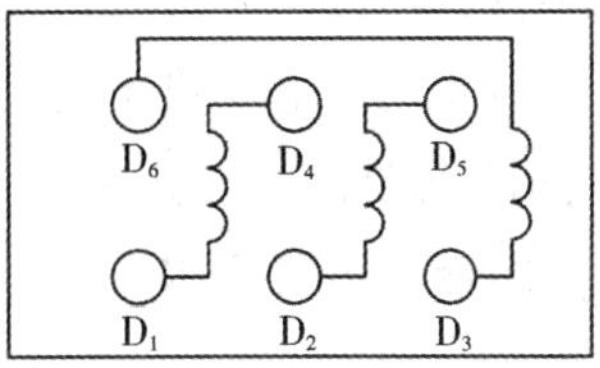

(a)绕组与出线端

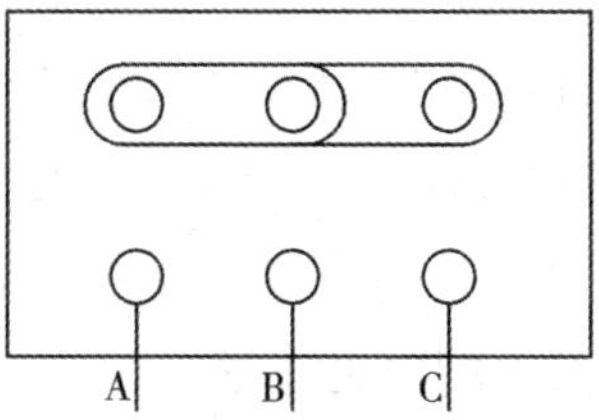

(b)Y 形连结

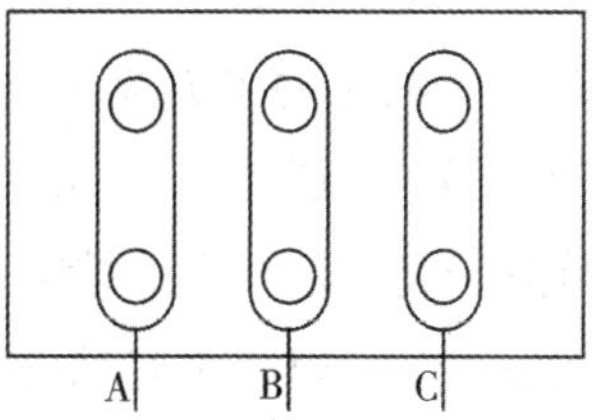

(c)△形连结

图 5.13　异步电动机定子绕组出线端的连接

(7)功率因数。

铭牌上的功率因数是指电动机在额定运行下定子电路的功率因数。三相异步电动机的功率因数较低，额定负载时为 0.7～0.9，而在轻载和空载时更低，空载时只有 0.2～0.3。因此，必须正确选择电动机的容量，以防止“大马拉小车”，并力求缩短空载运行时间。

(8)温升。

铭牌上的温升是指环境温度为 40 ℃时，电动机在运行中定子绕组发热而升高的温度。电动机发热，影响绝缘材料，而各种材料的耐热性能不同，所以电机的容许温升与绝缘等级有关，见表 5.2。

表 5.2　绝缘等级和温升

绝缘等级	A	E	B	F	H
允许最热点温度/℃	105	120	130	155	180
最高允许温升/℃ (环境温度为 40 ℃)	60	75	80	100	125

5.3.2　三相异步电动机的启动

电动机的启动就是把电动机的定子绕组与电源接通，使电动机的转子由静止加速到以一定转速稳定运行的过程。

异步电动机在启动的最初瞬间，其转速 $n=0$，转差率 $s=1$，转子电流达到最大值，这时定子电流也达到最大值，为额定电流的 4～7 倍。但启动时，转子电路的功率因数很低，笼型异步电动机的启动电流虽大，但启动转矩并不大(一般启动系数只有 1.0～2.2)，所以笼型异步电动机的启动性能较差。

异步电动机启动电流虽大，但启动电流随着转速的上升很快下降，一般问题不大，但如果多次频繁启动，则由于热量的积累，会引起电动机过热。因此，在实际操作时，应注意不让电动机频繁启动。

对于容量较大的电动机，在启动这段时间内，由于电流很大，在输电线路上造成的电压降也大，会使电网电压降低，这样反过来又影响了电动机本身，并且由于启动转矩跟电源电压的平方成正比，导致启动转矩下降更多，甚至当负载较重时，电动机不能启动。另外，还会影响到同一电网中其他负载的正常工作，如使其他电动机的转矩减小，转速降低，甚至造成堵转，或者使某些照明灯具变暗或熄灭等。因而，必须采用恰当的启动方法，以减小启动电流，保证电网供电质量。

异步电动机常见的启动方法如下。

(1)直接启动。

用开关将额定电压直接加到定子绕组上使电动机启动，就是直接启动，又称全压启动。直接启动的优点是所需设备少，启动方式简单，成本低。电动机直接启动的电流是正常运行的5倍左右，从理论上来说，只要向电动机提供电源的线路和变压器容量大于电动机容量5倍以上的，都可以直接启动。这一要求对于小容量的电动机容易实现，所以小容量的电动机绝大部分都是直接启动的。对于大容量的电动机来说，一方面是提供电源的线路和变压器容量很难满足电动机直接启动的条件；另一方面，强大的启动电流冲击电网和电动机，影响电动机的使用寿命，对电网不利。所以大容量的电动机不能直接启动。

(2)降压启动。

对于不能采用直接启动的笼型异步电动机，则要采用降压启动。所谓降压启动，就是借助于启动设备，将电源电压适当降低后再加在定子上进行启动，待转速升高到接近稳定时，将全部电压加上，此时，由于转差率不大，故电流也不大，电动机转入正常运行。

降压启动时，由于电压降低，电动机每极磁通量减小，故转子电动势、电流及定子电流均减小，避免了电网电压的显著下降。但由于电磁转矩与定子电压的平方成正比，因此，降压启动时的启动转矩也将减小，一般只能在电动机空载或轻载的情况下启动，启动完毕后再加上机械负载。

① 用自耦变压器降压启动。自耦降压启动是利用三相自耦变压器将电动机在启动过程中的端电压降低。采用自耦变压器降压启动，电动机的启动电流及启动转矩与其端电压的平方成比例降低，在相同的启动电流的情况下能获得较大的启动转矩。例如，启动电压降至额定电压的65%，其启动电流为全压启动电流的42%，启动转矩为全压启动转矩的42%。

自耦变压器降压启动的优点是既可以直接人工操作控制，也可以用交流接触器自动控制，经久耐用，维护成本低，适合所有的空载、轻载启动异步电动机使用，在生产实践中得到广泛应用。自耦变压器降压启动的缺点是人工操作要配置比较贵的自耦变压器箱(自耦补偿器箱)，自动控制要配置自耦变压器、交流接触器等启动设备和元件。

② Y-△降压启动。这种启动方法是把正常工作时定子绕组为△连结的电动机，在启动时接成Y连结，待电动机转速上升到接近额定转速时，再转为△连结运行。这样，在启动时就把定子每相绕组上的电压降到正常工作电压的$1/\sqrt{3}$。采用这种方式启动时，

每相定子绕组降低到电源电压的 58%，启动电流为直接启动时的 33%，启动转矩为直接启动时的 33%，即启动电流小，启动转矩小。Y-△降压启动的优点是不需要添置启动设备，有启动开关或交流接触器等控制设备就可以实现；缺点是只能用于△连结的电动机，大型异步电机不能重载启动。

【例 5.2】 Y200L-4 型三相异步电动机的额定数据如下：

功率/kW	电流/A	电压/V	转速/$(r\cdot min^{-1})$	效率	功率因数	I_{st}/I_N	T_{st}/T_N	T_{max}/T_N
30	56.8	380	1470	92.2%	0.87	7	2.2	2.2

试求：①启动电流 I_{st}；②额定转差率 s_N；③额定转矩 T_N、最大转矩 T_{max}、启动转矩 T_{st}；④若负载转矩为 408 N·m，当电压在 $U=U_N$ 和 $U=0.9U_N$ 两种情况下，电动机能否启动？⑤采用 Y-△启动时，启动电流和启动转矩各有多大？当负载转矩为额定转矩的 80%和 70%时，电动机能否启动？

解　①因为 $I_N=56.8$ A，$I_{st}/I_N=7$，所以

$$I_{st}=\left(\frac{I_{st}}{I_N}\right)I_N=7\times56.8=397.6(\mathrm{A})$$

②因电动机为 Y200L-4 型，其磁极数是 4，即 $p=2$，则 $n_0=1500$ r/min（也可以从 $n=1470$ r/min 判断出 $n_0=1500$ r/min），所以

$$s_N=\frac{n_0-n}{n_0}=\frac{1500-1470}{1500}=0.02$$

③

$$T_N=9550\frac{P_N}{n_N}=9550\times\frac{30}{1470}=194.9(\mathrm{N\cdot m})$$

$$T_{max}=\left(\frac{T_{max}}{T_N}\right)T_N=2.2\times194.9=428.8(\mathrm{N\cdot m})$$

$$T_{st}=\left(\frac{T_{st}}{T_N}\right)T_N=2.2\times194.9=428.8(\mathrm{N\cdot m})$$

④在 $U=U_N$ 时，

$$T_{st}=428.8\ \mathrm{N\cdot m}>408\ \mathrm{N\cdot m}$$

在 $U=0.9U_N$ 时，

$$T_{st}=(0.9)^2\times428.8=347.3\ \mathrm{N\cdot m}<408\ \mathrm{N\cdot m}$$

所以不能启动。

⑤

$$I_{st-\triangle}=I_{st}=397.6(\mathrm{A})$$

$$I_{st-Y}=\frac{1}{3}I_{st-\triangle}=\left(\frac{1}{3}\right)\times397.6=132.5(\mathrm{A})$$

$$T_{st-Y}=\frac{1}{3}T_{st-\triangle}=\frac{1}{3}\times428.8=142.9(\mathrm{N\cdot m})$$

在 80%额定负载时，$T_N \times 80\% = 194.9 \times 0.8 = 155.9\ \mathrm{N \cdot m} > T_{st-Y} = 142.9\ \mathrm{N \cdot m}$，不能启动。

在 70%额定负载时，$T_N \times 70\% = 194.9 \times 0.7 = 136.4\ \mathrm{N \cdot m} < T_{st-Y} = 142.9\ \mathrm{N \cdot m}$，可以启动。

5.3.3 三相异步电动机的反转

三相异步电动机的转子转向取决于旋转磁场的转向。因此，要使电动机反转，只要将接在定子绕组上的三根电源线中的任意两根对调，改变电动机电流的相序，即可使旋转磁场反向。

5.3.4 三相异步电动机的制动

当电动机的定子绕组断电后，转子及拖动系统因惯性作用，总要经过一段时间才能停转。但某些生产机械要求能迅速停机，以提高生产率和安全度，为此需要对电动机进行制动，也就是在转子上加上与其旋转方向相反的制动转矩。

制动方法有机械制动和电气制动两类。

机械制动通常是靠摩擦产生制动转矩，一般利用电磁体制成的电磁抱闸来实现。

电气制动是使异步电动机产生与转动方向相反的电磁转矩，使电力拖动系统迅速停转或限制转速，常用的方法有以下三种。

①反接制动。其制动原理与电动机反转的原理一样，改变正在转动的电动机定子绕组中任意两相的接线，使磁场反转，从而使转子导体中产生与转向相反的电磁转矩，使转速很快下降到零。注意：应即时切断电源，以避免电动机反转。

②再生制动。又称回馈制动、发电制动，是指由于外力的作用使电动机的转速 n 超过了同步转速 n_1，转子导体切割磁场的方向与电动机运行状态相反，转子电流与产生的电磁转矩改变了方向，驱动力矩变为制动力矩，电动机在制动状态下运行，即电动机将机械能转化为电能，向电网反送电。

③能耗制动。切断电动机电源后，把转子及拖动系统的动能转化为电能，在转子电路中以热能形式迅速消耗掉的制动方法，称为能耗制动。实现的方法是在断开定子绕组交流电源的同时，立即给两相定子绕组通入直流电，定子产生恒定磁场。由于惯性的作用，此时转子仍沿运行方向旋转，切割定子磁场产生感应电动势和电流，从而起到制动作用。

5.3.5 三相异步电动机的调速

调速是指在电动机负载不变的情况下，人为地改变电动机的转速。电动机的转速公式为

$$n=n_1(1-s)=\frac{60f_1}{p}(1-s) \tag{5.21}$$

从式(5.21)中可以看出，三相异步电动机有以下三种调速方法。

(1)变极调速。

通过改变定子旋转磁场的极数来改变电动机的转速，通过两个线圈的不同连接，可得到不同的磁极对数，从而改变电动机的转速。为了得到更多的转速，可以在定子上安装两套三相绕组，每套都可以改变磁极对数，采用适当的连接方式，就有多种不同的转速。这种可以改变磁极对数的异步电动机称为多速电机。其优点是设备简单、操作方便、效率高，缺点是调速级数少。

(2)变频调速。

通过改变电源的频率，平滑地调节异步电动机的转速。目前，广泛使用的是交-直-交变频装置，它由整流器和逆变器组成。整流器先将 50 Hz 的三相交流电变换为直流电，再由逆变器将直流电变换为频率可调、电压有效值也可调的三相交流电，供给异步电动机。连续改变电源频率可以实现大范围的无级调速，在负载变化较大的情况下，采用变频调速还有明显的节能效果，而且机械特性的硬度基本不变，因此是一种比较理想的调速方法，是目前应用最广的调速方法。

(3)变转差率调速。

变转差率调速是在不改变同步转速的条件下，通过改变机械特性而实现的调速，通常用变阻调速和变压调速来实现。

① 变阻调速。此调速是通过改变电动机转子电路的外接电阻实现的，因此只适用于绕线转子电动机。对应一定的负载转矩，在转子电阻不同时，就有不同的转速，且电动机的转速随转子电阻的增加而下降。

② 变压调速。此调速是通过改变电动机定子绕组上的电压实现的，适用于笼型异步电动机的调速。当加在定子绕组上的电压改变时，电动机的临界转速不变，但最大转矩随电压的平方而下降。对于风机型负载，其负载转矩与转速的平方成正比，因此，此调速范围较宽，调速作用明显，大多数电扇都采用串电抗器或晶闸管调压调速。通常采用带转速负载反馈的控制系统来解决速度稳定性问题。

5.4　本章小结

(1)三相异步电动机的定子绕组通入对称电流后，其合成磁场是一旋转磁场。旋转磁场是三相异步电动机的转动依据。转差率表明磁场转速与电机转速之间的关系。

(2)三相异步电动机的电磁转矩是主要运行参数，特别是电磁转矩与电源电压的平方成正比。应掌握额定转矩的计算公式及电机的稳定运行区。

(3)三相异步电动机的各种启动方法有不同的适用范围，特别是要掌握 Y-△换接启动时的启动电流和启动转矩是直接启动时的 1/3，并了解各种调速方法及其适用范围。

(4)掌握单相异步电动机旋转磁场的产生和工作原理，并了解其不能自启动这一特点。

思政课堂

中国电机之父——钟兆琳

钟兆琳，号琅书，1901 年 8 月 23 日生于浙江德清县新市镇，1990 年 4 月 4 日卒于上海。

钟兆琳先生是我国著名电机工程专家、教育家，1960 年在西安加入九三学社，全国政协委员，中国电机工程学会创始人之一，中国电机工程学会终身荣誉会员，中国电工技术学会荣誉会员，陕西省科学技术协会荣誉证书和陕西省电工技术学会荣誉证书获得者。

钟兆琳先生是最早讲授当时世界上最先进、概念性最强并最难理解的《电机学》的中国教授，又是中国第一台交流发电机与电动机的研制者。他为中国的电机事业服务 60 余年。无论是在上海交大，还是在西迁后的西安交大，钟兆琳先生始终将教书育人视为自己的天职，培养了一代又一代杰出的电机学、电机工程和信息工程方面的人才。由于钟兆琳先生学术、实践双出众，因而被誉为“中国电机之父”。

1908 年，钟兆琳在新市镇仙潭小学读书。此时，正是辛亥革命的酝酿和爆发时期。由于家庭和社会的影响，钟兆琳在小学时就对科学产生了浓厚的兴趣。小学时期的钟兆琳，在国语、算术方面都是学校的佼佼者。1914 年，年仅 13 岁的钟兆琳便进入上海著名的南洋公学附属中学读书。那时，南洋公学附属中学和南洋公学(交通大学前身)一样，搬用了西方的教育方法，所以钟兆琳在 4 年的中学阶段，受到了近乎现代的教育，这为他日后的事业发展奠定了基础。1918 年，钟兆琳由附中升入南洋公学电机科，中间因病休学 1 年。在校期间，他学业优良，也热心参加学生活动，被学生会刊物《南洋周刊》社选为干事。1923 年，钟兆琳大学毕业，获学士学位。大学毕业后，他到上海沪江大学当了 1 年数学教师，便于 1924 年到美国康奈尔大学电机工程研究生院留学深造。1926 年春，钟兆琳获得康奈尔大学“电机工程硕士”学位。经导师卡拉比托夫推荐，他到美国西屋电气制造公司当了工程师。1927 年，交通大学电机科科长张廷玺向钟兆琳发出邀请，热切希望他回国到交通大学电机科任教。当时正值钟兆琳在美国春风得意、事业鹏举、生活优裕，激荡的爱国之心使他毅然扔下在美国的一切，立即决定回国。钟兆琳很尊敬他的导师，将回国从教一事写信告诉了导师。导师理解他，支持他的正确选择，并在复信中说："You are a teacher by nature(你是一位天生的教师)。"这句话一直被钟兆琳先生视为至宝。

钟兆琳是中国电机工业的开拓者和奠基者。他始终奉行理论与实践并举的理念，除主持交大电机系教学外，还担任中国许多民族工业的技术顾问，将毕生所学与民族电机工业发展紧密结合。20 世纪 30 年代，他主持设计了中国第一个分列芯式互感器，并同其助教及学生成功设计了中国第一台交流发电机、电动机，为中国发电机和电动机制造工业的起步、发展立下不朽之功。

钟兆琳爱国爱校之情殷切。抗日战争爆发后，在日军行将践踏交大校园之际，他不顾个人安危，抢运出教学实验设备，最后一个离开学校，险遭不测。1955 年，国务院决定交大内迁西安，支援大西北工业国防建设，他极力拥护迁校，认为迁校西北，交大大有可为。他陪同彭康校长亲临西安勘定校址，直面兴庆宫南交大新址广袤麦田，他情不自禁地欢呼雀跃了起来。1957 年，妻子卧病在床，他只身一人来到西安，天天吃食堂，在一片空地上建起了电机实验室，为西迁后交大电机系的建设发展做出了突出贡献。自 20 世纪 30 年代起，钟兆琳长期担任电机系主任，前后任教交大 60 余年，为学校电机学科的发展及中国电机教育、电机工业的发展贡献终生，培养出的人才不计其数，江泽民、钱学森、王安等皆视钟先生为"学子楷模"。

习　题

题 5.1　为什么异步电动机的转速一定低于同步转速，而异步发电机的转速一定要高于同步转速？如果没有外力，转子转速能够达到同步转速吗？

题 5.2　转差率 s 是如何定义的？异步电动机在三种运行状况下转差率的范围分别是多少？

题 5.3　异步电动机的结构由哪些部分组成？各有何功能？鼠笼式转子与统线式转子有什么区别？

题 5.4　异步电动机的额定电压、额定电流和额定功率的含义是什么？

题 5.5　异步电动机转速变化时，转子磁动势相对定子的转速是否改变？相对转子的转速是否改变？

题 5.6　异步电动机运行时，定子电流的频率是多少？由定子电流产生的旋转磁动势以什么速度切割定子和转子？由转子电流产生的旋转磁动势以什么速度切割定子和转子？两个旋转磁动势的相对运动速度有多大？

题 5.7　普通鼠笼式异步电动机在额定电压下启动时，为什么启动电流很大，而启动转矩并不大？

题 5.8　异步电动机带负载运行，如果电源电压下降 20%，对最大转矩、启动转矩、转子电流、气隙磁通、转差率有何影响？(设负载转矩不变)

题 5.9　漏抗大小对异步电动机的启动电流、启动转矩、最大转矩、功率因数等有何影响？

题 5.10　为什么单相绕组异步电动机启动时不会产生电磁转矩，一旦在外力作用下运转后电磁转矩却不再为零？

题 5.11　一台三相异步电动机，$P_N=75$ kW，$n_N=975$ r/min，$U_N=3$ kV，$I_N=18.5$ A，$\cos\varphi_N=0.87$，$f_N=50$ Hz。试求电动机极数、额定转差率和额定效率。

题 5.12　一台 50 Hz、8 极的三相感应电动机，额定转差率 $s_N=0.043$，问该电动机的同步转速和额定转速为多少？当该电动机在 700 r/min 运行时，转差率是多少？当该电动机在 800 r/min 运行时，转差率是多少？当该电动机启动时，转差率是多少？

题 5.13　一台三相异步电动机，$P_N=10$ kW，$n_N=1450$ r/min，$U_N=380$ V，△连结，$\cos\varphi_N=0.88$，$\eta_N=88\%$。试求电动机极数、额定电流和额定转矩。

模块 3

模拟电子技术

第6章　常用半导体器件

半导体二极管和三极管是电子技术中最基本的半导体器件。它们的基本结构、工作原理和特性是人们学习电子技术和分析电子电路的基础。而半导体的导电特性和PN结的基本原理，又是人们了解半导体二极管和三极管的基础。因此，本章首先简要介绍半导体的导电特性和PN结的基本原理，然后介绍半导体二极管和三极管的结构、工作原理、特性曲线和主要参数。

6.1　半导体的基本知识

自然界中的物质，根据它们导电能力的强弱，分为导体、绝缘体和半导体三类。半导体的导电能力介于导体和绝缘体之间，并且在不同条件下有很大的差别。硅和锗是最常见的半导体材料，也是制作电子器件的最基本材料。

6.1.1　本征半导体

纯净的半导体称为本征半导体，它具有典型的共价结构，在热力学零度时，不具有导电能力。

在本征半导体中，每形成一个自由电子，同时出现一个空穴，它们成对出现，这种现象称为本征激发，热激发属于本征激发，如图6.1所示。

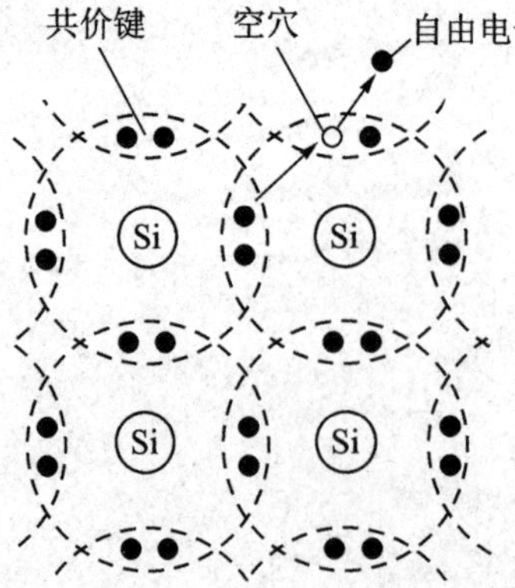

图6.1　热运动产生的电子空穴对

自由电子在运动过程中与空穴相遇时，如果它以一定的方式释放出原来吸收的能量，就能填补这个空穴，一对自由电子空穴就消失了，这种现象称为复合。在一定温度下，单位时间内激发的载流子数和复合的载流子数处于相对平衡状态，载流子保持一定的浓度。实验指出，温度升高时，载流子浓度将呈指数增加，因此半导体导电能力相应增强。

自由电子和空穴是半导体中的两种载流子。这些载流子都是“自由”的，可以在外电场的作用下定向运动。如果从本征半导体引出两个电极并接上电源，此时带负电的自由电子向电源正极做定向运动，形成电子电流；带正电的空穴将向电源负极做定向运动，形成空穴电流，而在外电路中的电流为电子电流和空穴电流之和。

6.1.2　杂质半导体

在纯净的半导体中，虽然有自由电子和空穴两种载流子，但在常温下数量都极少，因此导电性能极差。如果在纯净的半导体中掺入某些微量杂质，就可使半导体的导电性能显著增强，由于所掺的杂质不同，杂质半导体可分为两类。

(1)P 型半导体。

图 6.2 是在硅晶体中掺入硼原子后，由硼原子和硅原子组成的共价键结构示意图。由于硼原子数目比硅原子数目少得多，因此整个晶体不变。硼是三价元素，外层只有三个电子，所以当它与硅原子组成共价键时，因缺少电子会形成空穴。在室温下这些空穴能吸引邻近的价电子来补充，使杂质电子变成带负电的离子，每插入一个硼原子都能提供一个空穴，从而使硅晶体中空穴的数目大大增加，而自由电子却很少，这种半导体的导电主要靠空穴，因此称为空穴半导体，简称 P 型半导体。P 型半导体的空穴是多数载流子(以下简称多子)，电子是少数载流子(以下简称少子)。

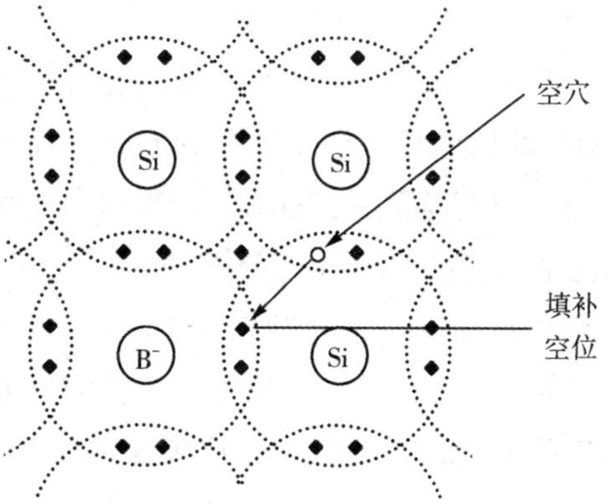

图 6.2　硅晶体中掺硼出现空穴

(2)N 型半导体。

图 6.3 是在硅晶体中掺入五价元素磷以后，硅原子和磷原子组成的共价键示意图。磷原子的五个价电子中，四个电子组成共价键，多出的一个电子很容易摆脱原子核的束缚成为自由电子，同时杂质原子变成带正电的离子，而且自由电子数目很多，这种半导体导电主要靠电子，所以称为电子半导体，简称 N 型半导体。在 N 型半导体中，自由电子是多子，空穴则为少子。多子取决于掺杂，少子取决于温度。

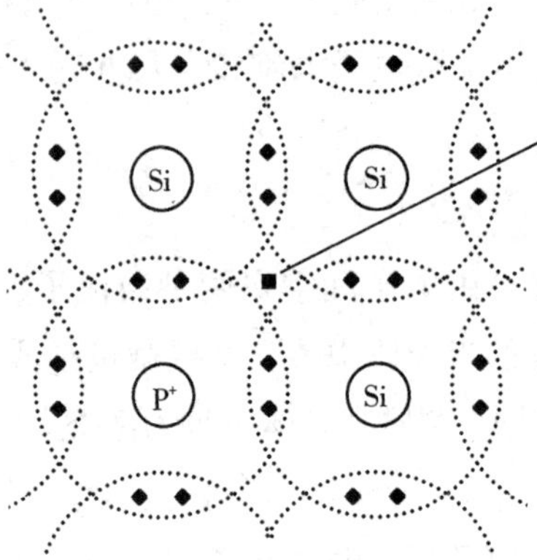

图 6.3　硅晶体中掺磷出现自由电子

6.1.3　PN 结及其单向导电性

(1)PN 结的形成。

在一块半导体中，通过“掺杂”这一特殊的工艺，使其一边成为 N 型半导体，另一边成为 P 型半导体。由于 P 型半导体的多子是空穴，N 型半导体中的多子是自由电子，这样自由电子和空穴都要从浓度高的地方向浓度低的地方扩散。于是在两种半导体交界面附近，P 区的空穴扩散到 N 区，且与 N 区的自由电子复合，在 P 区一侧留下不能移动的负离子空间电荷区；同样，N 区的自由电子扩散到 P 区，且与 P 区的空穴复合，在 N 区一侧留下不能移动的正离子空间电荷区，如图 6.4 所示。空间电荷区形成了一个方向由 N 区指向 P 区的内电场，内电场的作用是阻碍多子的扩散，故也称此空间电荷区为阻挡层。同时，它促使 P 区和 N 区中的少子向对方漂移。当扩散与漂移处于动态平衡时，空间电荷区相对稳定，即形成了 PN 结。由于总的多子扩散电流等于少子漂移电流，且二者方向相反，故 PN 结中的电流为零。PN 结是构成各种半导体器件的基础。

综上所述，在无外电场或其他因素激发时，PN 结处于平衡状态，没有电流通过，空间电荷区是恒定的，由于空间电荷区内没有载流子，所以又叫耗尽层，其宽度一般为数微米。

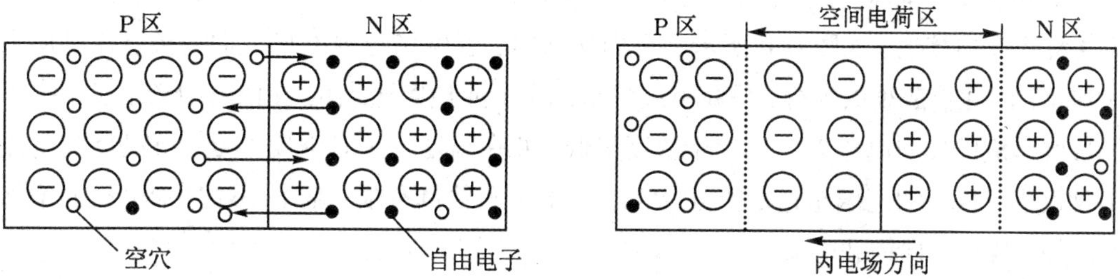

图 6.4　PN 结载流子的运动

(2)PN 结单向导电性。

①外加正向电压。PN 结外加正向电压——电源正极接 P 区、负极接 N 区，这种连接方式称为正向接法，如图 6.5 所示。正向接法时，外电场与内电场方向相反，因而削弱了内电场，使耗尽层宽度减小，N 区的电子和 P 区的空穴都能顺利地通过 PN 结，形成较大的扩散电流 I。至于漂移电流，本来就是少子运动形成的，少子数量又很少，对总电流的影响可忽略，所以正向接法使 PN 结转化为导通状态，这时电阻很小。

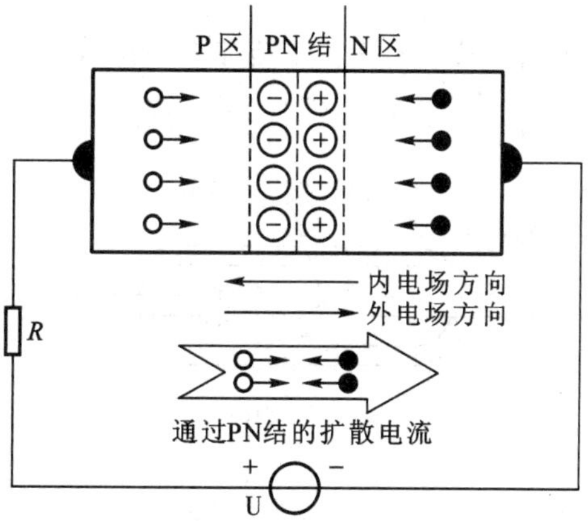

图 6.5　外加正向电压

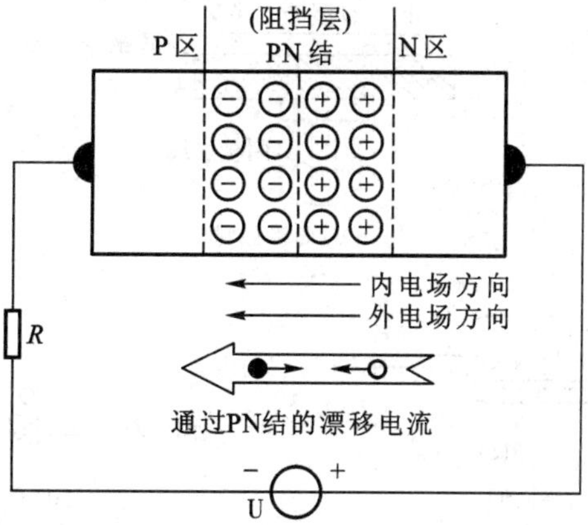

图 6.6　外加反向电压

②外加反向电压。PN 结加反向电压——电源正极接 N 区、负极接 P 区，这种连接方法称为反向接法，如图 6.6 所示。反向接法时，外电场与内电场方向一致，耗尽层大大加宽，因此扩散难以进行，呈高阻抗状态，但有利于少子漂移，在回路中产生了由少子漂移所形成的反向电流 I_R。因少子浓度很低，并在温度一定时浓度不变，所以反向电流不仅很小，且外加电压超过零点几伏后，由于少子数量有限，基本不随外加电压的增加而增加，故称反向饱和电流。

总之，当外加正向电压时，PN 结导通，呈低电阻状态，流过较大的正向电流 I；外加反向电压时，PN 结呈高电阻状态，流过一个很小的反向电流 I_R，可认为 PN 结是截止的，所以 PN 结具有单向导电性。

6.2 半导体二极管

6.2.1 基本结构

半导体二极管简称二极管，其结构是 PN 结加上引出线和管壳。图 6.7 是几种常见类型的二极管结构示意图。

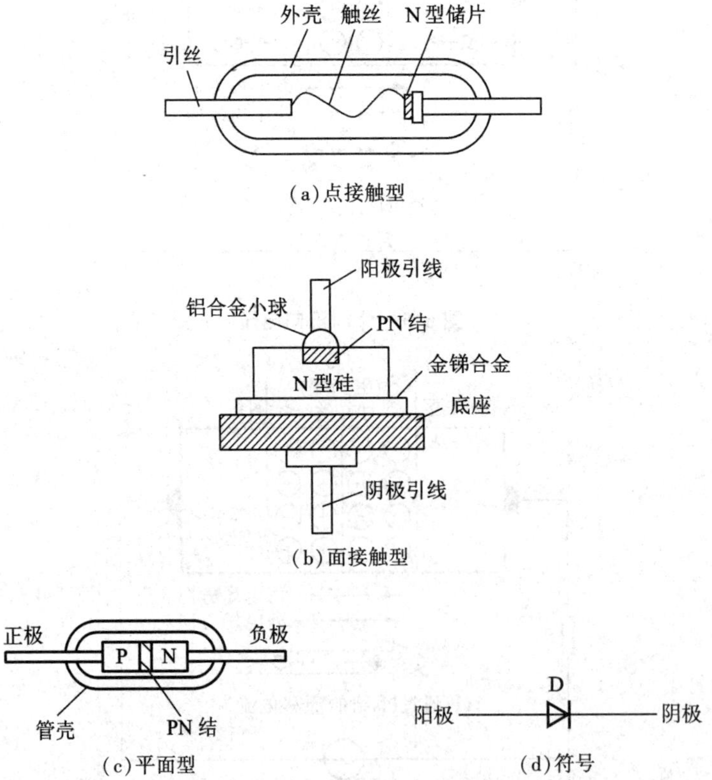

图 6.7 半导体二极管结构及符号

点接触型二极管[见图6.7(a)]的特点是PN结面积小，因而结电容小，故而常用于在检波或脉冲电路中。面接触型二极管[见图6.7(b)]由于结面积大，因而结电容也大，只能在较低的频率下工作，常用作整流。硅平面二极管[见图6.7(c)]，结面积较大时，可以通过较大的电流，适用于大功率整流；结面积较小时，PN结电容小，常用在脉冲电路中作开关管。二极管的符号如图6.7(d)所示。

6.2.2 二极管的伏安特性

二极管的性能常用伏安特性来表示，它是指二极管两端的电压U和流过管子的电流I之间的关系。二极管的伏安特性如图6.8所示。下面对二极管的伏安特性加以说明。

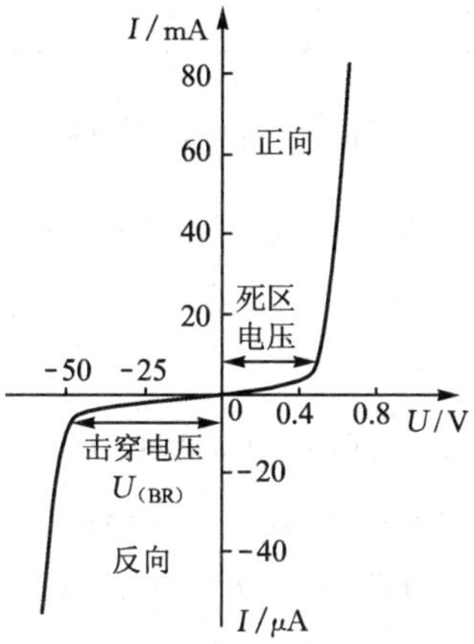

图6.8 二极管伏安特性

(1)正向特性。

从图6.8可见，在二极管正向特性起始部分，由于外加正向电压较小，外电场还不足以克服PN结内电场对多子所造成的阻力，因此这时的正向电流几乎为零，二极管呈现很大的电阻。这个范围称为“死区”，相应的电压称为死区电压。锗管死区电压为0.1 V，硅管死区电压约为0.5 V。当正向电压大过死区电压后，内电场被削弱，因而电流增加很快。一般在正常工作情况下，锗管的正向导通压降为0.2~0.3 V，硅管的正向导通压降为0.6~0.7 V。

(2)反向特性。

二极管的PN结在反向电压作用下，少子很容易通过PN结形成反向电流。由于少子是有限的，因此在反向电压不超过某一范围时，反向电流的大小基本恒定，故通常称为反向饱和电流。

(3)反向击穿特性。

当反向电压高到一定数值时，因外加电场过强，破坏共价健而把价电子拉出，引起载流子的数目剧增，反向电流就会突然增大，这种现象称为电击穿，发生电击穿时的反向电压叫反向击穿电压 U_R。如果二极管的反向电压接近或超过这个数值，而没有适当的限流措施，将会因电流过大使管子过热，从而造成永久性的损坏。

【例 6.1】 在图 6.9 所示电路中，已知输入电压 $U_i=5\sin \omega t$ V，忽略二极管的导通压降（即认为导通时压降为零），求输出 U_o。

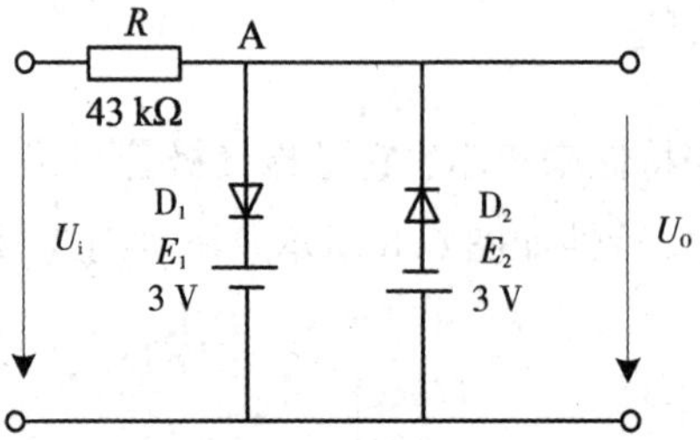

图 6.9 例 6.1 电路图

解 二极管承受正向电压时导通，承受反向电压时截止。当忽略二极管导通压降时，二极管的导通、截止情况可用开关的接通、断开来等效代替。下面分三种情况来讨论。

①$U_i>3$ V 时，二极管 D_1 承受正向电压而导通，$U_A=3$ V，则二极管 D_2 承受电压为

$$U_{D2}=-E_2+(-E_1)=-3-3=-6(\mathrm{V})$$

故 D_2 承受反压，处于截止状态。电路可等效为图 6.10(a)所示，由图可见

$$U_o=U_A=3(\mathrm{V})$$

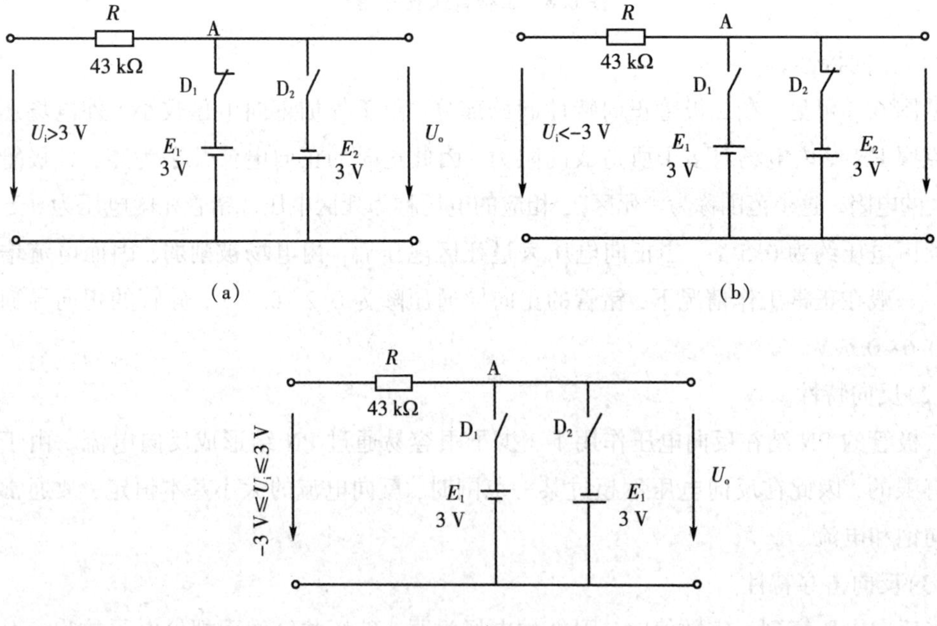

图 6.10 图 6.9 的等效电路

②$U_i<-3$ V 时，二极管 D_2 承受正向电压而导通，$U_A=-3$ V，二极管 D_1 承受反向电压处于截止状态。电路可等效为图 6.10(b)所示，由图可见

$$U_o=U_A=-3(V)$$

③$-3\ V\leqslant U_i\leqslant 3$ V 时，二极管 D_1，D_2 均承受反向电压而截止。电路可等效为图 6.10(c)所示，由图可见

$$U_o=U_i$$

综上所述

$$U_o=\begin{cases}3\ V, & U_i>3\ V\\ U_i, & -3\ V\leqslant U_i\leqslant 3\ V\\ -3\ V, & U_i<-3\ V\end{cases}$$

由此可绘出图 6.9 所示电路的输入电压 U_i 和输出电压 U_o 的波形，如图 6.11 所示。

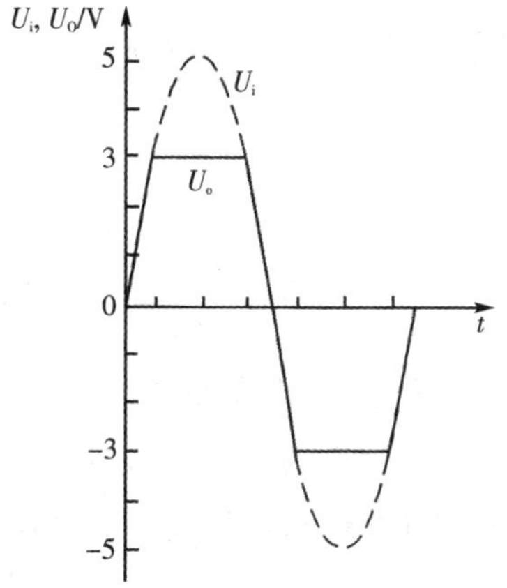

图 6.11　U_i 和 U_o 的波形图

此种电路是利用二极管的单向导电特性，将输出电压的幅值限制在±3 V 之间，这种电路称为限幅电路或削波电路，它的应用很广泛。

6.2.3　主要参数

(1)最大整流电流 I_{FM}。

二极管长期使用时，允许通过的最大正向平均电流为最大整流电流，它由 PN 结的面积和散热条件决定。使用时，应注意通过二极管的电流不能大于这个数值，否则二极管会因过热而损坏。

(2)最大反向工作电压 U_{RM}。

最大反向工作电压是保证二极管不被击穿而给出的最高反向电压，一般手册上给出的最大反向工作电压约为击穿电压的一半，其目的是确保二极管安全工作。

(3)最大反向电流 I_{RM}。

最大反向电流是最大反向电压下的反向电流。由于温度对反向电流影响很大，因此 I_{RM}越大，二极管单向导电性能越差。

(4)最高工作频率 f_M。

二极管具有一定的电容效应，在 PN 结内有不能移动的正负离子，各具有一定的电荷量。当外加电压使耗尽层变宽时，电荷量增加，相当于电容充电；当外加电压使耗尽层变薄时，电荷量减少，相当于电容放电。这种电容效应称为结电容，其大小与 PN 结的结面积成正比，与耗尽层的宽度成反比，当外加电压改变时，耗尽层宽度改变，结电容大小也相应改变。

结电容的存在限制了二极管的工作频率，因加高频电压时，结电容将通过高频电流，破坏 PN 结的单向导电性，故不同型号的二极管都有最高工作频率 f_M 的限制。结电容大的工作频率低，结电容小的工作频率高。

二极管根据其外型、结构、材料、功率和用途分成各种类型，这些不同类型的管子都按国家标准来命名。

6.2.4　特殊二极管

(1)稳压二极管。

稳压二极管是一种特殊的面接触型半导体硅二极管，由于它在电路中与适当数值的电阻配合后能起稳定电压的作用，故称为稳压二极管。它的符号和伏安特性曲线如图 6.12 所示。稳压二极管的伏安特性曲线与普通二极管的类似，其差异是稳压二极管的反向特性曲线比较陡。

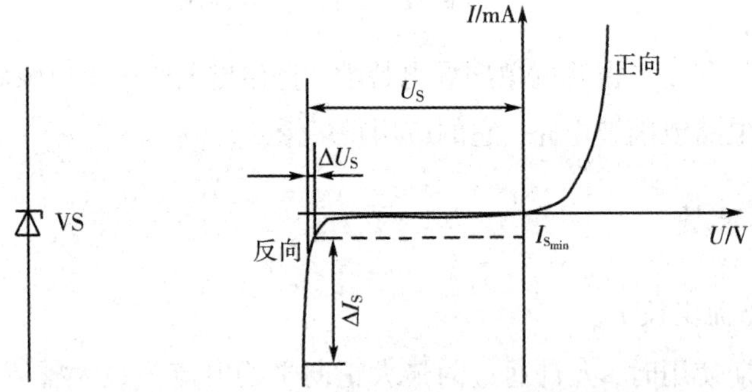

(a)符号　　(b)伏安特性曲线

图 6.12　稳压二极管符号和特性曲线

稳压二极管正常工作在反向击穿区，由于在制造工艺上采取了适当措施，使得接触面上各点的电流比较均匀，保证在一定的反向电流数值内，其结温不会超过允许值，因而不致损坏。它的反向击穿具有可逆性，切断外加电压后，PN 结仍能恢复原状。

当稳压管的反向电压增高到击穿电压时，反向电流突然剧增，此后电流虽然在很大范围内变化，但是稳压管两端电压变化很小。利用这一特性，稳压二极管能在电路中起到稳定电压的作用。

稳压二极管的主要参数有以下五个。

①稳定电压 U_S：稳压二极管在正常工作时管子两端的电压。手册中所列的都是在一定条件(工作电流、温度)下的数值，即使同一型号的管子，其稳压值也有一定的分散性。例如，稳压管 2DW7C 的稳定电压为 6.1~6.5 V，是指对这种型号的某个管子，它的稳定电压是在这个范围内的一个确定数值。

②稳定电流 I_S：稳压管正常工作时的参考电流值。电流低于此值时，稳压效果略差，故也常将 I_S 记作 I_{Smin}；高于此值时，只要不超过额定功率都可以正常工作；电流越大，稳压效果越好，但管子功耗要增加；工作时，不能超过最大稳定电流 I_{SM}。

③动态电阻 r_S：稳压二极管在正常工作时，其电压的变化量与相应电流变化量之比，即 $r_S=\Delta U_S/\Delta I_S$。显然，反向伏安特性曲线越陡，$r_S$越小，稳压性能也就越好，稳压二极管的电阻，随工作电流的增加而减小。因此，为了使稳压效果好一些，在允许的电流范围内，工作电流不宜选得太小。

④耗散功率 P_S：稳压二极管不会因 PN 结温度过高而损坏的最大功率，它等于最大稳定电流 I_{SM}与相应的稳定电压的乘积，即 $P_S=I_{SM}U_S$。

⑤电压温度系数 α：稳压管的稳定电压值随工作温度的不同而有所变化，通常用温度系数来表示稳压管的温度稳定性。例如，2CW7 型稳压管的 α 为 9×10^{-4}℃，相当于温度每升高 1 ℃其稳压值将增加 0.09%。硅稳压管 $U_S<4$ V 时，具有负温度系数，$U_S>7$ V 时具有正温度系数，而 U_S 在 4~7 V 时，温度系数很小。

由于稳压二极管的反向电流小于 I_S时不稳压，大于 I_{SM}时会因超过额定功耗而损坏，所以在稳压管电路中必须串联一个电阻来限制电流，从而保证稳压二极管正常工作，故称这个电阻为限流电阻。只有在电阻取值合适时，稳压二极管才能安全地工作在稳压状态。

【例 6.2】 在图 6.13 所示的稳压管稳压电路中，已知稳压管的稳定电压 $U_S=6$ V，最小稳定电流 $I_{Smin}=5$ mA，最大稳定电流 $I_{SM}=25$ mA，负载电阻 $R_L=600\ \Omega$。求解限流电阻 R 的取值范围。

解　从图 6.13 所示电路可知，R 上电流 I_R 等于稳压管中电流 I_S+I_L。其中 $I_{D_Z}=5\sim25$ mA，$I_L=\dfrac{U_Z}{R_L}=\dfrac{6}{600}$ A $=10$ mA，所以 $I_R=15\sim35$ mA。

R 上电压 $U_R=U_I-U_Z=10-6=4$ V，因此

$$R_{max}=\frac{U_R}{I_{Rmin}}=\frac{4}{15\times10^{-3}}\approx227(\Omega)$$

$$R_{\min}=\frac{U_R}{I_{\text{Rmax}}}=\frac{4}{35\times10^{-3}}\approx114(\Omega)$$

限流电阻 R 的取值范围为 114~227 Ω。

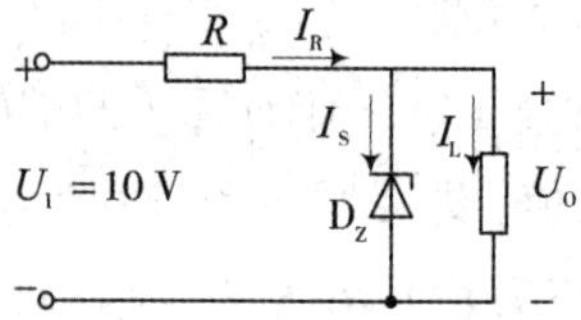

图 6.13　稳压二极管稳压电路

稳压原理：当 R_L 不变，输入电压 U_i 升高引起输出电压 U_o 增大时，由稳压管的特性可知 U_o(即 U_S)少量增加，将使 I_S 增加较大，于是引起 R 上的压降增加，致使 U_i 的增加量大多降在 R 上，从而保持 U_o 基本不变。同理，当 U_i 下降引起 U_o 减小时，I_S 变小，R 上的压降减小，保持 U_o 基本不变。

当电源电压保持不变而负载变化引起输出电压 U_o 改变时，上述稳压电路仍能起稳压作用。当 I_o 增加即 R_L 减小时，U_o 减小，引起 I_S 减小，因 I_S 的减小补偿了 I_o 的增加，使通过 R 的电流及 R 上的压降保持近似不变，所以 U_o 也近似不变。当 I_o 减小时，稳压过程相反。

应用稳压二极管的稳压电路具有元件少、电路简单、调试方便等优点；其缺点是输出电压是由稳压二极管的稳定电压决定的，故不能任意调节，负载电流变化靠稳压二极管的电流来调节，因此输出电流受二极管工作电流的限制而不能很大。稳压二极管的稳压电路只适用于输出电流要求不大、稳压精度要求不高的场合。

(2)光电二极管。

光电二极管的特点是，当光线照射于 PN 结的时候，像热激发一样，产生电子空穴对，在半导体中增加了少子的浓度。这些空穴载流子在反向电压作用下可产生漂移电流，使反向电流增加，因此，它的反向电流随光照的强度增加而增加，光电二极管的管壳上备有一个玻璃窗口，以便接受光照。图 6.14 是光电二极管的符号。

图 6.14　光电二极管符号

图 6.15　发光二极管符号

光电二极管可以用作光控元件，当制成大面积的光电二极管时，可当作一种能源而成为光电池，此时它不需外加电源，就能直接把光能变成电能。

(3) 发光二极管。

发光二极管的原理与光电二极管相反，当这种管子正向偏置通过电流时会发光，这是由于电子与空穴直接复合时放出能量。它的光谱范围是比较窄的，其波长由所使用的基本材料而定。发光二极管用砷化镓、磷化镓等制成。图 6.15 为发光二极管的符号。发光二极管常用来作为显示器件，除了单个使用外，也常做成七段式，工作电流一般在几毫安至几十毫安之间。

6.3 晶体三极管

晶体三极管简称晶体管，是组成放大电路的核心器件。

6.3.1 基本结构

晶体管是具有三个电极的半导体器件，其内部结构比二极管多一层 P 型半导体或 N 型半导体，形成 P-N-P 或 N-P-N 三层结构。因此，从结构形式上来分，晶体管就有 PNP 型和 NPN 型两种，其结构示意图及图形符号如图 6.16 所示。每个晶体管都有三个不同的导电区域，中间的是基区，两侧分别是发射区和集电区。每个导电区上引出一个电极，基区引出的极称为基极，用符号 B 表示；发射区引出的极称为发射极，用符号 E 表示；集电区引出的极称为集电极，用符号 C 表示。三层半导体在交界面形成了两个 PN 结。基区与发射区之间的 PN 结称为发射结，基区与集电区之间的 PN 结称为集电结。

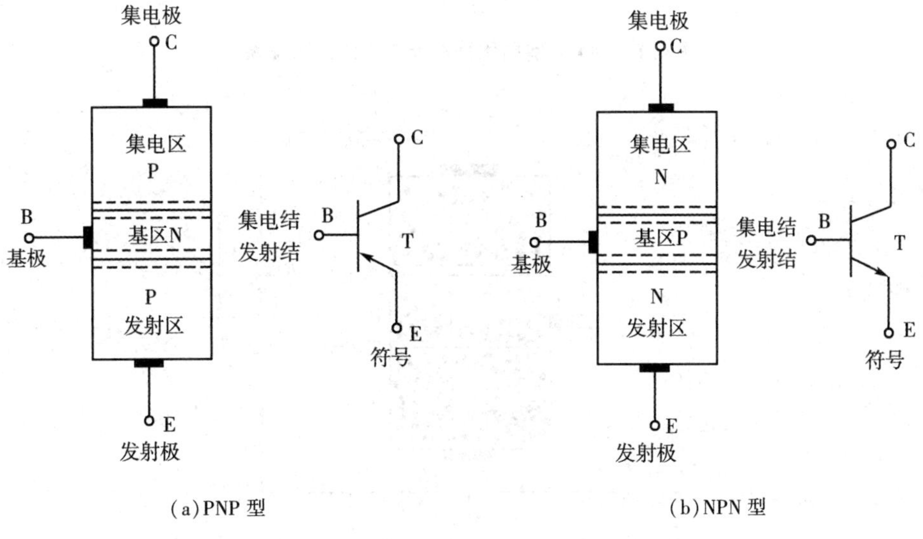

图 6.16　晶体管结构示意图及图形符号

晶体管三个区的结构并不对称，杂质浓度有所不同，其中发射区浓度最高，基区浓度最低。以 NPN 型为例，发射区的自由电子浓度比基区空穴浓度大 100 倍以上，此外基区很薄，集电区的几何尺寸比发射区要大，这些都是晶体管能够起放大作用的内部条件。

PNP 型和 NPN 型晶体管符号的区别是发射极的箭头指向不同，如图 6.16(a)和(b)所示，发射极箭头表示发射结在正向接法时的电流真实方向，PNP 型与 NPN 型晶体管的工作原理相似，只是使用时电源连接极性不同。

6.3.2 晶体管的电流放大作用

晶体管内部结构的特点是具有放大作用的内部条件，而放大的外部条件是发射结要正向偏置，集电结要反向偏置，现以 NPN 型晶体管为例简述如下[见图 6.17]。晶体管接成两个回路，即基极回路和集电极回路。发射极是公共端，这种接法称为晶体管的共发射极接法。电源 E_B 的正极接基区(P 区)，负极接发射区(N 区)，$U_B>U_E$ 使发射结加上正向电压，称为正偏。电源 E_C 接在集电极与发射极之间，$U_C>U_B$，它使集电结得到反向电压，称为反偏。

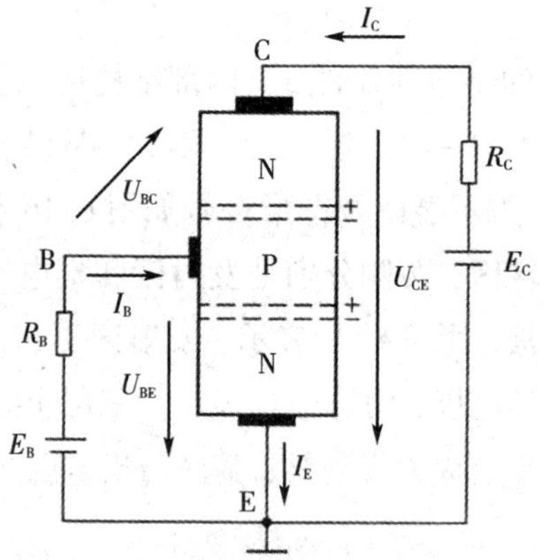

图 6.17 NPN 型晶体管放大电路的电源接法

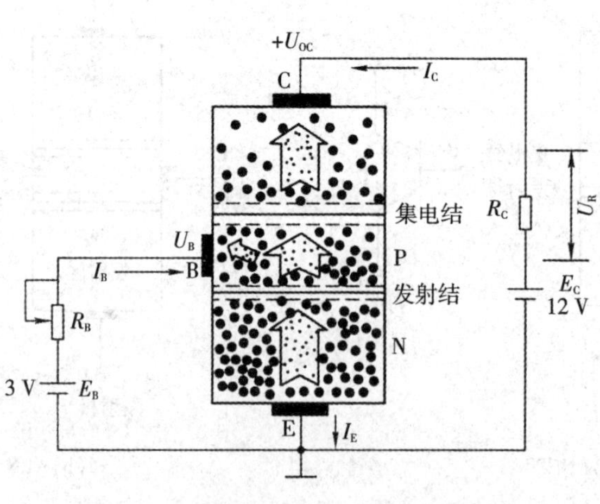

图 6.18 晶体管内部多子运动示意图

晶体管内部多子运动的过程如图 6.18 所示。

(1)发射区向基区发射电子形成发射极电流 I_E。

发射区的多子(电子)，在发射结正向电压作用下，源源不断地越过 PN 结进入基区，形成发射极电流 I_E，此时基区的多子(空穴)，在发射结正向电压作用下，也会扩散到发射区，由于基区的杂质浓度低，这部分所形成的电流可以略去不计，因此发射极电流主要是电子流。

(2)电子在基区扩散与复合形成基极电流 I_B。

电子到达基区后，使基区中靠近发射结的电子增多，靠近集电结的电子少，形成浓度上的差异而继续向集电结扩散，在扩散过程中有少量电子与基区的空穴复合，基极电源 E_B 给基区补充空穴，形成电流 I_B，由于基区很薄，且空穴浓度很低，所以 I_B 很小。

(3)电子被集电极收集形成集电极电流 I_C。

绝大部分电子扩散到集电结的边缘，由于集电结是反向偏置，所以扩散到集电结边缘的电子在电场的作用下，很容易被集电极所收集，形成集电极电流 I_C。

从以上分析中可以看出，$I_E=I_B+I_C$，且 $I_C>>I_B$，这就是晶体管的电流放大作用。把 I_C 与 I_B 之比称为直流电流放大系数 $\bar{\beta}$，即

$$\bar{\beta}=\frac{I_C}{I_B}$$

当 I_B 有一增量 ΔI_B 时，I_C 也就相应地变化 ΔI_C，且 $\Delta I_C>>\Delta I_B$。集电极电流变化量与基极电流变化量之比称为交流电流放大系数 β，即

$$\beta=\frac{\Delta I_C}{\Delta I_B}$$

综上所述：①晶体管之所以具有电流放大作用，其内部条件是基区必须做得很薄，掺杂浓度较低；而外部条件是发射结正偏，集电结反偏。②电流放大作用的实质是用一个微小的 ΔI_B 去控制一个较大的 ΔI_C；放大所需能量的来源是外加直流电源。

6.3.3　晶体管的特性曲线

晶体管的特性曲线表示基极电流 I_B 与基极—发射极间电压 U_{BE}，以及集电极电流 I_C 与集电极—发射极间电压 U_{CE} 之间的关系。利用这些特性曲线可以较全面地、确切地了解晶体管的工作性能。特性曲线是晶体管内部微观现象的外部表现，从使用角度来说，了解表达晶体管外部性能的特性曲线比了解其内部物理过程更为重要，图 6.19 是测试晶体管特性曲线的电路，它分为输入回路和输出回路。

(1)输入特性。

输入特性是指当 U_{CE} 为某一固定值时，输入回路中基极电流 I_B 与 U_{BE} 间的关系，即

$$I_B=f(U_{BE})\mid_{U_{CE}=\text{常数}}$$

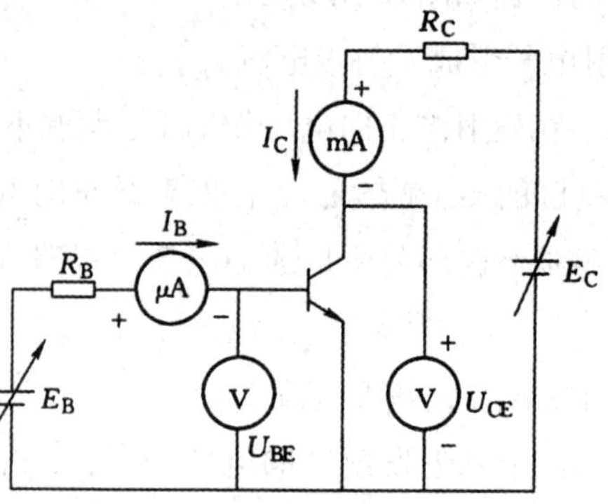

图 6.19　晶体管特性实验电路图

当 $U_{CE}=0$ 时，相当于集电极与发射极之间短路，I_B 与 U_{BE} 间的关系就是发射结和集电结两个正向偏置二极管并联的伏安特性。

当 $U_{CE}\geqslant 1$ V 时，集电结已反向偏置，且内电场已足够大，可以把从发射区进入基区的电子绝大部分拉入集电区形成 I_C。与 $U_{CE}=0$ 时相比，即使在相同的 U_{BE} 下，流向基极的电流 I_B 减小，即特性曲线右移。

图 6.20 为晶体管 3DG4C 的输入特性曲线。严格地讲，U_{CE} 不同，所得的输入特性也略有不同。实际上，当 U_{CE} 超过一定数值（如 1 V）以后，只要 U_{BE} 不变，则注入基区电子数一定，而集电结所加的反向电压已能把注入基区的电子中绝大部分拉到集电极，以致 U_{CE} 再增加，而 I_B 也不再明显地减小，所以通常只需绘出 $U_{CE}=1$ V 的一条输入特性曲线，就可以代表 $U_{CE}>1$ V 的输入特性。

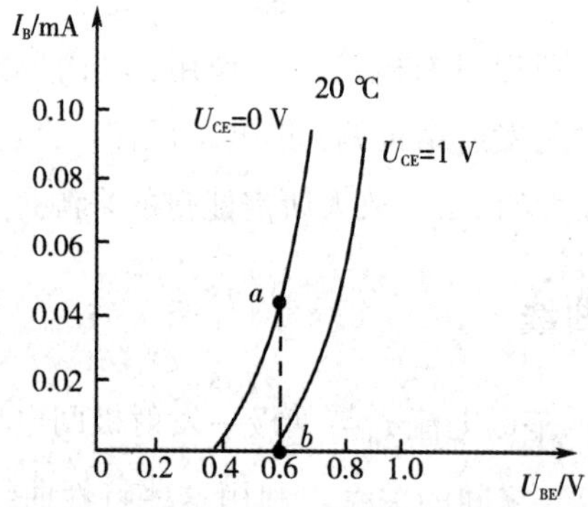

图 6.20　3DG4C 晶体管输入特性曲线

（2）输出特性。

输出特性是指当 I_B 为某一固定值时，输出电路中集电极电流 I_C 与集电极—发射极之间电压 U_{CE} 的关系，即

$$I_C=f(U_{CE})\mid_{I_B=\text{常数}}$$

图 6.21 为晶体管 3DG4C 的输出特性曲线，它可以划分为以下三个区域，对应于晶体管三种工作状态。

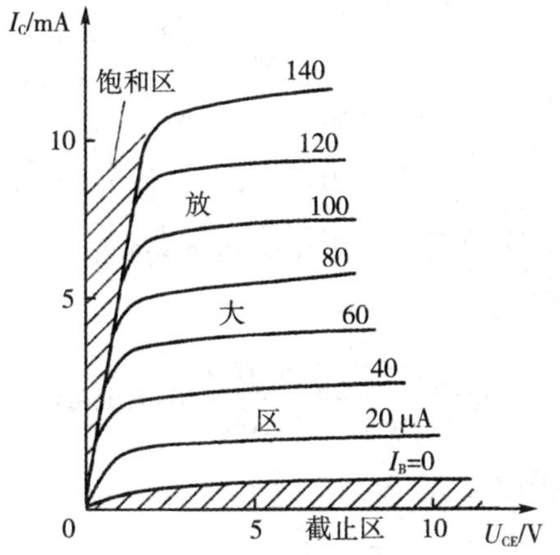

图 6.21 3DG4C 晶体管输出特性曲线

①截止区。一般习惯把 $I_B=0$ 的曲线以下的区域称为截止区。对 NPN 型硅管来说，当 $U_B<U_E$($U_{BE}<0$)时，管子就截止了。由 PN 结的正向特性可知，$U_{BE}<0.5$ V(0.5 V 是 PN 结的死区电压值)时，发射区基本上就没有电子注入基区，对应集电极电流也接近于零($I_B=0$，$I_C=0$)，这时集电极与发射极之间相当于断路。

②放大区。当发射结正向偏置，集电结反向偏置时，输出特性曲线近于水平的部分是放大区。对硅管来说，当 $U_{BE}>0.5$ V，而集电结加有一定的反向电压时，发射区扩散到基区的电子大部分被集电极所收集，$I_C\approx I_E$，I_B很小。I_B改变时，I_C也随着改变，而与 U_{CE} 的大小基本无关，$\Delta I_C=\beta\Delta I_B$，具有很强的电流放大作用，放大区通常也称为线性区。

③饱和区。放大电路中常在集电极接有一定的电阻 R_C，如图 6.19 所示，此时集电极电路中的电压与电流间存在下述关系，即 $E_C=U_{CE}+I_CR_C$。如果 E_C和 R_C一定，那么当 I_C增大时，U_{CE}相应减小，小到一定程度后，必然会削弱集电极收集电子的能力，这时如果 I_B再增大，I_C也很少增大，晶体管失去放大作用，这种情况称为饱和。饱和程度因 I_B 和 I_C数值的不同而不同。$U_{CE}=U_{BE}$时，则 $U_{CB}=0$，即集电结未加反向电压的状态称为临界饱和。而 $U_{CE}<U_{BE}$的状态称为过饱和，饱和时的 U_{CE}用 U_{CES}表示，称为饱和压降，小功率硅管约为 0.3 V，锗管约为 0.1 V。饱和时的电流用 I_{CS}表示，$I_{CS}<\beta I_B$，这时的 I_C不再受 I_B的控制而取决于 E_C和 R_C，即

$$I_{CS}=\frac{E_C-U_{CES}}{R_C}\approx\frac{E_C}{R_C}$$

晶体管饱和时具有两个特点：①发射结和集电结均处于正偏；②U_{CES}很小，可以认为集电极与发射极之间相当一个开关被接通。

【例 6.3】 在图 6.19 中，已知 $E_C=10$ V，$E_B=5$ V，$R_C=100$ kΩ，$\beta=100$，求 I_B，I_C，

并验算其是否处于放大状态。如果将 R_B减小到 100 kΩ，是否处于放大区(U_{BE}=0.7 V)?

解 发射结正偏，则可能工作区在放大区或饱和区，若工作在放大区，则有

$$I_B=\frac{E_B-U_{BE}}{R_B}=\frac{5-0.7}{200}=21.5(\mu A)$$

$$I_C=\beta I_B=2.15(mA)$$

$$U_{CE}=E_C-I_CR_C=10-2.15\times3=3.55(V)>U_{BE}$$

这说明，集电结反偏，故晶体管工作在放大状态。

如果将 R_B减到 100 kΩ，则

$$I_B=\frac{E_B-U_{BE}}{R_B}=\frac{5-0.7}{100}=43(\mu A)$$

晶体管饱和时，集电极电流 I_{CS}为

$$I_{CS}=\frac{E_C}{R_C}=\frac{10}{3}=3.33(mA)$$

临界饱和时，基极电流 I_{BS}为

$$I_{BS}=\frac{I_{CS}}{\beta}=\frac{3.33}{100}=33(\mu A)$$

可见，$I_B>I_{BS}$，因此管子处于饱和状态。

晶体三极管和二极管一样，也根据外形、结构材料、功率和用途等来分类命名。

6.3.4 主要参数

晶体三极管主要参数除了前面讲到的电流放大系数 β 和 $\bar{\beta}$ 外，还有以下参数。

(1)集电极—基极反向饱和电流 I_{CBO}。

集电极—基极反向饱和电流 I_{CBO}是指发射极开路时，集电结反偏时的电流，它本质上就是 PN 结的反向饱和电流。良好的晶体管 I_{CBO}应该是很小的。一般小功率硅管在 1 μA 以下，锗管为几微安至几十微安。它是由少子漂移形成的，因此受温度影响较大，是造成管子工作不稳定的主要因素。图 6.22 所示电路是测试 I_{CBO}的电路。

(2)穿透电流 I_{CEO}。

穿透电流 I_{CEO}是指基极开路时，流过集电极与发射极之间的电流，如图 6.23 所示。由于它好像是从集电极直接穿透管子而到达发射极的，故称为穿透电流。可以证明，其值为 $I_{CEO}=(1+\beta)I_{CBO}$。

晶体管工作在放大区时，集电极电流为 $I_C=\beta I_B+I_{CEO}$，当温度升高时，I_{CBO}增加很快，I_{CEO}增加更快，使 I_C也相应增加，造成晶体管工作稳定性差。

(3)极限参数。

①集电极最大电流 I_{CM}。当 I_C过大时，β 下降，通常取 β 值下降到正常值的 2/3 时，

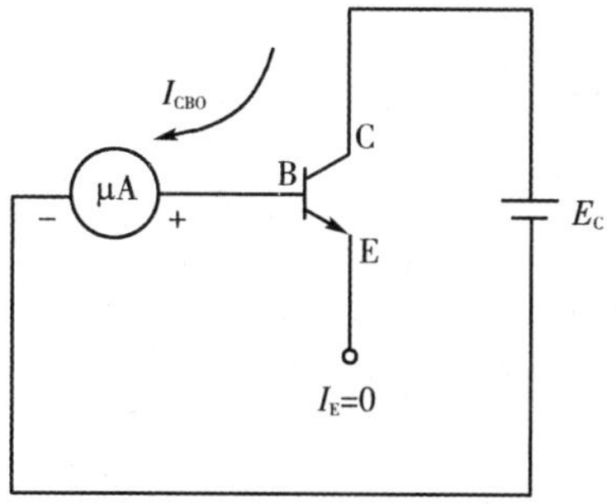

图 6.22　测试 I_{CBO} 的电路

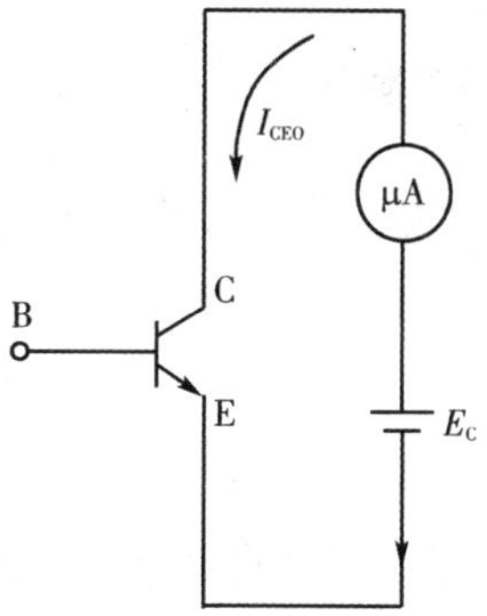

图 6.23　测试 I_{CEO} 的电路

所对应的集电极电流为 I_{CM}。一般小功率管 I_{CM} 为几十毫安，大功率管在几安以上。

②集—射极反向击穿电压 BU_{CEO}。它是指当基极开路时，加在集电极和发射极间的最大的允许工作电压，在使用时集电极电源电压应低于这个电压值。当 U_{CE} 超过 BU_{CEO} 时就会引起 I_C 急剧增加，从而造成管子集电结反向击穿。因此，管子工作时 $U_{CE}<BU_{CEO}$ 才安全。晶体管在高温下，BU_{CEO} 还会降低。

③集电极最大允许耗散功率 P_{CM}。由于 I_C 流过集电结时会消耗功率而产生热量，使晶体管温度升高。所以根据管子允许的最高温度规定了最大允许耗散功率。使用时，加在管子上的 U_{CE} 和 I_C 的乘积不能超过 P_{CM} 值，必须注意 $P_{CM} \neq BU_{CEO}I_{CM}$。

晶体管工作时，不允许同时达到 I_{CM} 和 BU_{CEO}，否则集电极损耗功率将因大大超过 P_{CM} 而使晶体管损坏。

P_{CM} 可能发生在 U_{CE} 较大、I_C 较小的情况，也可能发生在 U_{CE} 较小、I_C 较大的情况。因此，根据 P_{CM} 可以定出安全工作区，如图 6.24 所示。图中的曲线称为 P_{CM} 曲线或称功耗曲线，在功耗线右侧为过损耗区，左侧为安全工作区。

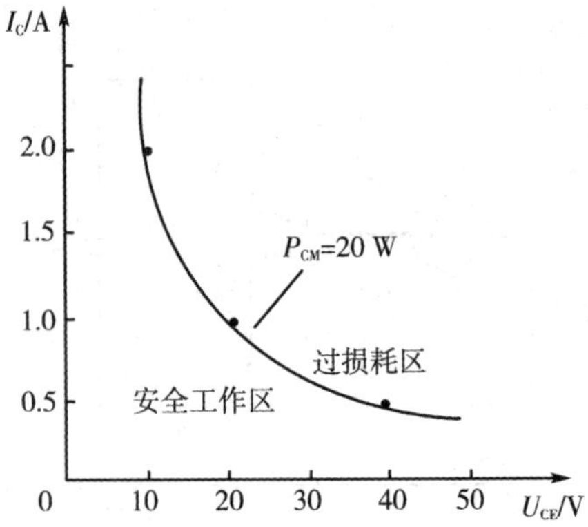

图 6.24　由 P_{CM} 定出安全工作区

6.3.5　温度对晶体管特性的影响

温度对晶体管特性有着不可忽视的影响，了解这些影响，并在电路中采取有效措施加以克服，就成了十分现实的问题。温度对晶体管特性的影响通常要考虑以下三个方面。

(1)温度对 I_{CBO} 与 I_{CEO} 的影响。

I_{CBO} 是集电结的反向饱和电流，与二极管一样，温度每升高 10 ℃时，I_{CBO} 约增加一倍。由于 $I_{CEO}=(1+\beta)I_{CBO}$，所以 I_{CEO} 随温度的增加而增加。锗管由于温度变化引起 I_{CEO} 的变化要比硅管严重。

(2)温度对 β 值的影响。

晶体管的 β 值随温度的升高而增加，根据实验结果，温度每升高 1 ℃，β 值增大 0.5%~1%。

(3)温度对 U_{BE} 的影响。

温度升高时，晶体管的输入特性向左移动，如图 6.25 所示，即对同样的 I_B，当温度升高后，U_{BE} 减小。对大多数管子来说，温度每升高 1 ℃，U_{BE} 下降 2.0~2.5 mV。

温度对 U_{BE}、I_{CBO} 和 β 的影响都集中反映在集电极电流 I_C 随温度升高而增加上。

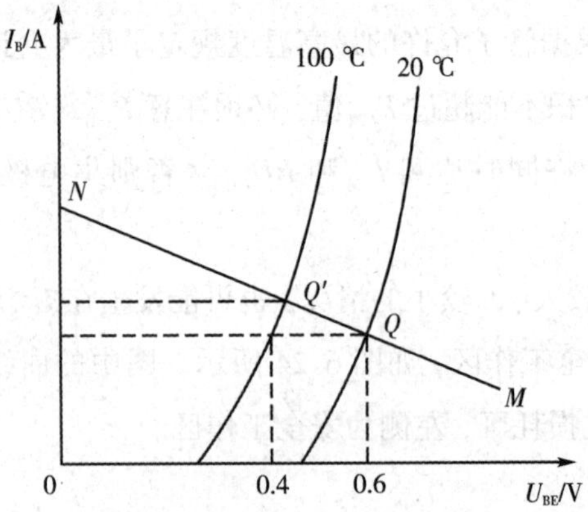

图 6.25　温度对输入特性的影响

6.4　本章小结

(1)运载电荷的粒子称为载流子。半导体中有两种载流子：自由电子和空穴。自由电子带负电，空穴带正电。

(2)在半导体中用掺杂的方法，可以得到两种导电类型的半导体：P 型和 N 型半导体。P 型半导体中，多子是空穴，主要靠空穴导电；N 型半导体中，多子是自由电子，主要靠自由电子导电。

(3)P 型半导体和 N 型半导体相结合形成 PN 结，它是载流子扩散运动和漂移运动相平衡的结果，PN 结具有单向导电性，外加正向电压时，呈现很小的正向电阻，有较大的正向电流，相当于导通状态；外加反向电压时，呈现很大的反向电阻，只有很小的反向电流，相当于截止状态。

(4)二极管有一个 PN 结，它具有单向导电性。稳压二极管工作在其反向击穿区，在工作区内，管子端电压稍有变化，会导致管内电流有很大变化，利用此特点可组成稳压电路。

(5)晶体管输出特性可以分为三个区域。截止区，发射结和集电结都工作在反向偏置情况下，$I_C \approx 0$，相当于一个开关的断开状态；饱和区，发射结和集电结都工作在正向偏置状态，此时相当于开关的接通状态；放大区，发射结加正向电压，集电结加反向电压，晶体管具有电流放大作用。

(6)晶体管放大作用的实现是晶体管内部结构(内因)和外加电压(外因)共同作用的结果。

思政课堂

勇于探索，追求真理——晶体管发展史

晶体管几乎无处不在，小到人们日常生活中的助听器、音响、电视机和计算机，大到实验室仪器、工业生产和国防设备等，都离不开晶体管，可以毫不夸张地说，晶体管奠定了现代电子技术的基础。目前，我国已经发展成为晶体管这类电子器件的最大生产国和消费国，在移动通信建设、无人驾驶、超算等方面已迈入世界第一方阵。通过翻阅历史画卷，我们来回顾一下晶体管的发展史。

1883 年，爱迪生发明了碳丝电灯，在改进的过程中，突发奇想在灯丝旁边放置了一根铜丝。他发现，没有连接在电路里的铜丝却产生了微弱的电流，这种现象被称作爱迪生效应。后来，人们逐步认识到这种效应就是一种热电子效应。1904 年，弗莱明在研究检波器的过程中，利用该效应发明了真空电子二极管；1906 年，在其基础上，真空电子三极管诞生，这个小小的元件，集检波、放大和振荡三种功能于一体，为电子技术的发展奠定了基础，这才有后来的广播电台、收音机、无线对讲机等的诞生。

不可否认，电子管存在很多不足，其问世不久后，人们就在努力寻找新的电子器件。直到 1947 年，世界上第一只晶体管诞生，它是一种代替真空电子管的信号放大元件，这也引发了后来的电子革命，该发明也获得了诺贝尔物理学奖。在之后的许多年，经过大量科学家的不懈努力，性能更稳定、体积更小的晶体管陆续出现，这也为我们现在所用的各种集成电路打下了基础。

目前，我国科学家利用一种异质结晶体管制造出的一款功率放大电路器件，放在卫星通信系统中实现信号的远距离传输。正是由于功放的存在，才让我们看到和听到了远在 40 万公里以外的景象和声音；嫦娥一号升空了，我们欣喜地发现，原来月球上没有玉兔，也没有桂花树；蛟龙下水为我们探测到的不是龙王的定海神针，而是黑金石油。

通过晶体管的发展过程，我们可以看到，正是科学家不满足于现状，面对问题迎难而上、勇于探索，才有了一次次的技术革新，才有了我们现在美好的生活。同时，我们也不能忽视短板，既要有自豪感，又要有危机感和责任感。在我们学习的过程中，晶体管电路该如何连接、不同的连接方法又会对电路产生什么影响等问题使我们在不断地“学习—思考—分析”的过程中提升科学思维能力。在实际应用中，电路的性能对控制精度的影响非常大，因此，对精度的严格要求正是工匠精神的体现。

习　题

题 6.1　怎样使用万用表判断二极管正、负极与好坏？

题 6.2　试说明 PN 结形成的物理过程。

题 6.3　两个稳压值为 8 V 的同型号稳压管可能组成几种不同电路，哪种情况动态电阻最小？哪种情况温度稳定性最好？

题 6.4　图 6.26(a) 和 (b) 电路中，设二极管为硅管，其正向压降为 0.7 V，试求输出电压 U_o。

题 6.5　如图 6.27 所示电路中，设二极管均为硅管，正向压降为 0.7 V。试求：当 $U_i=3$ V 时，哪些管导通，哪些管截止？$U_i=0$ 时又怎样？

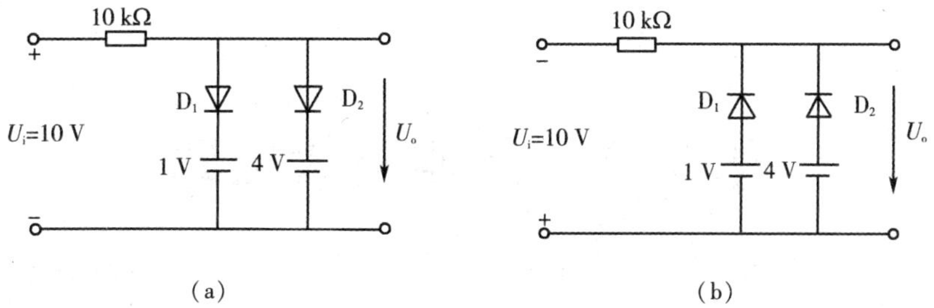

图 6.26　题 6.4 图

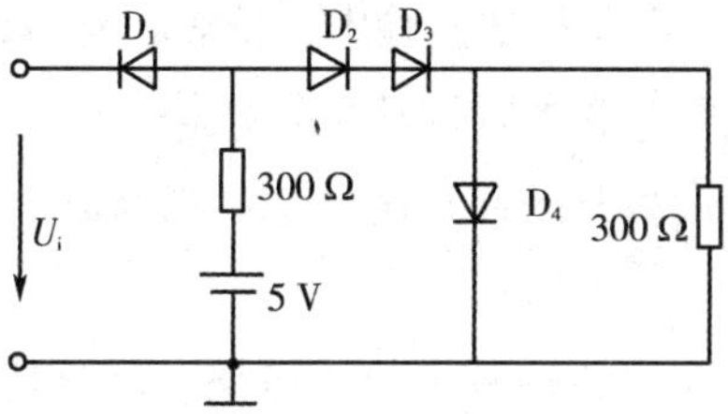

图 6.27　题 6.5 图

题 6.6　晶体三极管工作在放大区、截止区、饱和区的外部条件是什么？

题 6.7　怎样用万用表判断晶体管的类型和管脚？

题 6.8　有两只晶体管，一只 $\beta=200$，$I_{CEO}=100\ \mu A$；另一只 $\beta=100$，$I_{CEO}=10\ \mu A$，二者其他参数相同。试问哪一只晶体管热稳定性好？为什么？

题 6.9　已知晶体管 $P_{CM}=100$ mW，$I_{CM}=20$ mA，$BU_{CEO}=15$ V，试问在下列三种情况下，哪种情况能正常工作，哪种情况不能正常工作？为什么？

①$U_{CE}=3$ V，$I_C=10$ mA；

②$U_{CE}=2$ V，$I_C=40$ mA；

③$U_{CE}=10$ V，$I_C=20$ mA。

第 7 章　基本放大电路

放大器被广泛应用于各种现代电子设备中。性能良好的放大器电路是由一系列基本放大电路组成的。同时，在生产和科学实验中，经常需要借助放大电路将微弱的电信号(电压、电流)放大几百倍、几千倍之后带动执行机构，对生产设备进行测量、控制或调节。日常使用的扩音器就是将微弱的音频信号转换成电信号并经过放大电路放大后带动扬声器发出声音的。

本章介绍由分立元件组成的各种基本放大电路，包括其电路结构、工作原理、分析方法、特点和应用等。

7.1　共发射极放大电路

7.1.1　共发射极放大电路的组成

图 7.1(a)是由 NPN 型晶体管组成的共发射极基本交流放大电路。输入端接交流信号源(通常可用一个电动势 e_s 与电阻 R_s 组成的电压源等效表示)，输入电压为 u_i；输出端接负载电阻 R_L，输出电压为 u_o。图 7.1(a)所示电路的输入回路和输出回路以发射极为公共端，故称为共发射极放大电路。

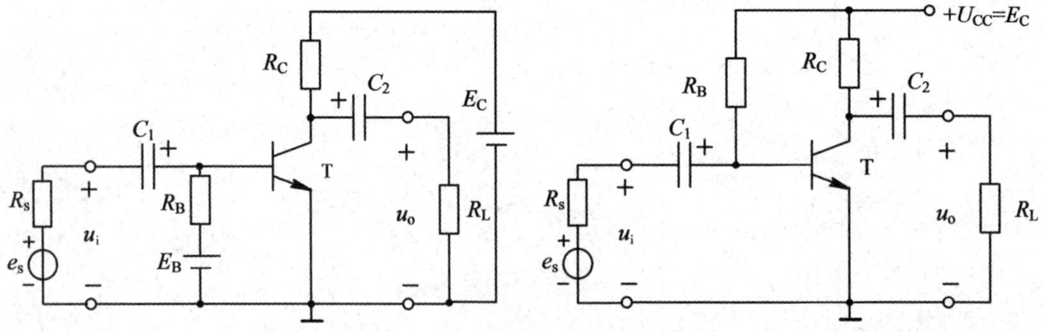

(a)双电源供电　　(b)单电源供电

图 7.1　共发射极放大电路

晶体管是放大电路的核心组件，利用其电流放大作用，把直流电源 E_C 供给的能量转换为按输入信号变化的交流电能。因此，也认为晶体管是一个控制组件。

①集电极电源 E_C。一方面保证晶体管集电结反向偏置，使晶体管工作在放大状态；另一方面又是放大电路的能源。E_C 一般为几伏到几十伏。

②集电极负载电阻 R_C。通过它可以把电流的变化转变为电压的变化，以实现电压放大。R_C 的阻值一般为几千欧到几十千欧。

③基极电源 E_B 和基极电阻 R_B。它们的作用是使发射结处于正向偏置，并提供适当的基极电流 I_B，以使放大电路获得合适的工作点。R_B 的阻值一般为几十千欧到几百千欧。

④耦合电容 C_1 和 C_2。又称为隔直电容，在电路中起"传递交流，隔断直流"的作用，电容的容量一般选择几微法到几十微法。采用电解电容，连接时要注意极性，由于电容容量较大，对交流信号可视为短路。

在图 7.1(a)的放大电路中，用了两个直流电源 E_C 和 E_B，使用不便。实际上可将 R_B 的一端改接到 E_C 的正极上，这样 E_B 可以省去，只用 E_C 供电，由它来兼管 E_B 的任务。此外，在放大电路中，通常将公共端接"地"，设其电位为零，作为电路中其他各点电位的参考点。同时，为了简化电路的画法，习惯上不画出电源 E_C 的符号，而只在其正极的一端标出它对"地"的电压值 U_{CC} 和极性，如图 7.1(b)所示。

7.1.2　放大电路的直流通路和交流通路

为了便于分析放大电路，通常要画出其直流通路和交流通路。

(1)直流通路。

直流通路就是放大电路直流成分流通的路径。放大电路在不加输入信号时的工作状态称为静态。这时，只有直流电源 E_C 加在放大电路上，电路中各处的电压和电流都是直流量，因此，静态分析要在放大电路的直流通路中进行。图 7.2 是图 7.1(b)所示放大电路的直流通路。

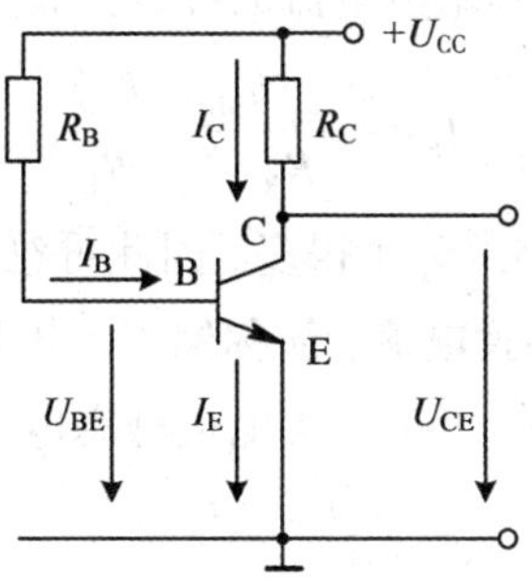

图 7.2　直流通路

直流通路的画法：由于电容具有隔直作用，电感对直流无阻碍作用，因此画直流通路时要把放大电路中的电容视为开路、电感视为短路，如图 7.2 所示。

(2)交流通路。

交流通路就是放大电路中交流成分流通的路径。放大电路有交流信号输入时的工作状态称为动态，对放大电路进行动态分析要在交流通路中进行。图 7.3 是图 7.1(b)所示放大电路的交流通路。

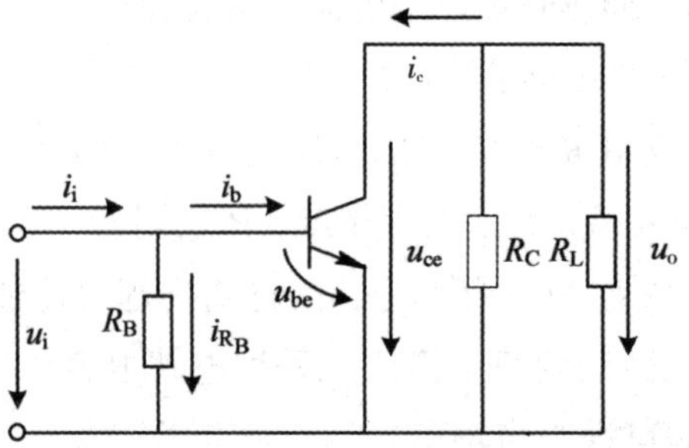

图 7.3　交流通路

交流通路的画法：对于频率不是很低的交流信号，耦合电容、交流旁路电容均可视为短路；直流电源由于内阻很小，交流成分在其上产生的压降很小，可以忽略不计，所以对交流信号而言，直流电源也可视为短路，如图 7.3 所示。

7.2　放大电路的分析方法

对放大电路进行分析包括静态分析和动态分析两个方面。

7.2.1　静态分析

放大电路的静态分析通过直流通路进行，方法主要有图解法和估算法。

(1)静态工作点的估算。

如图 7.2 所示的直流通路，其基极电流的计算公式为

$$I_B=\frac{U_{CC}-U_{BE}}{R_B}\approx\frac{U_{CC}}{R_B} \tag{7.1}$$

由于 U_{BE}(硅管约为 0.7 V)比 U_{CC}小得多，因此可忽略不计。

静态时的基极电流 I_B称为偏置电流，简称偏流，电阻 R_B称为偏置电阻。

根据晶体管的电流放大原理，可确定集电极静态电流 I_C，即

$$I_C\approx\beta I_B \tag{7.2}$$

由集电极所处回路列出回路电压方程，即

$$U_{CE}=U_{CC}-I_CR_C \tag{7.3}$$

(2)静态工作点的图解。

从式(7.1)~式(7.3)可以看出，静态时，晶体管的电压、电流都是直流量，I_B，I_C，

U_{CE}在晶体管的输出特性曲线上对应着一个点，这个点称为放大电路的静态工作点 Q，如图 7.4 所示。它的设置对放大电路的影响很大。如果不设置静态工作点，那么当输入的交流信号为负半周时，发射结处于反向偏置，晶体管失去电流放大作用。设置静态工作点后，保证了发射结始终处于正向偏置，集电结处于反向偏置。

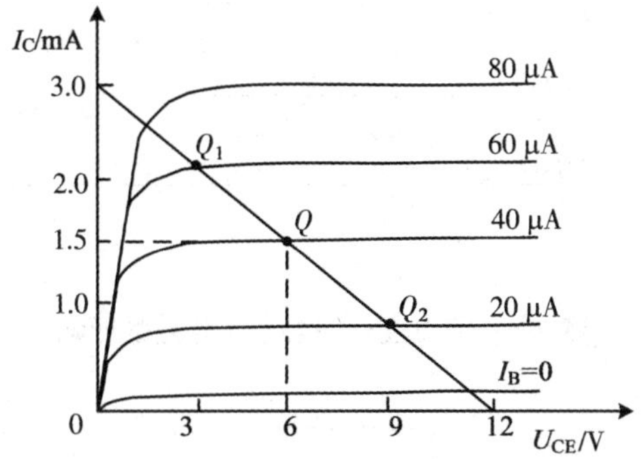

图 7.4　图解法确定静态工作点

信号输入后，电信号叠加在原静态值上，各极的电压、电流就成为交直流值叠加的脉动值，所以放大电路是一个交直流共存的电路，如图 7.5 所示。

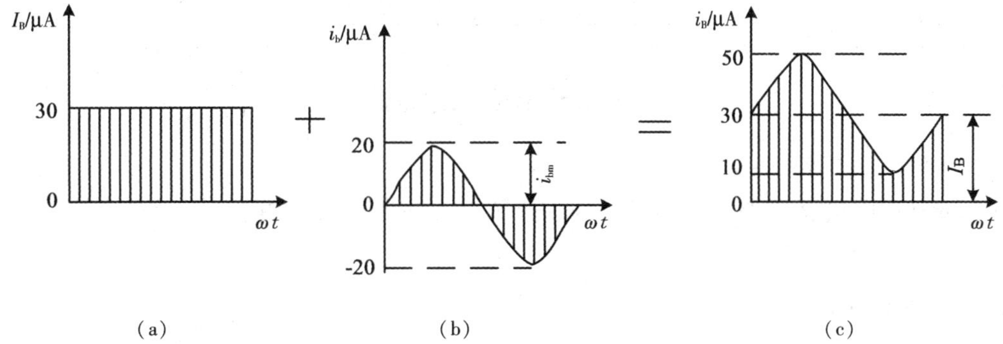

图 7.5　信号与静态值叠加

(3)温度对静态工作点的影响。

如前所述，当温度升高时，晶体管的参数 I_{CBO}，I_{CEO}都将增大。显然，I_{CEO}的增加使整个输出特性曲线向上平移，Q 点的位置随之移动，由 Q 点变为 Q'点，如图 7.6 所示。温度变化剧烈时，有可能导致 Q 点进入饱和区，使放大电路产生严重失真。此外，温度升高还会引起 β 值增加及 U_{BE}减小，这些因素都集中表现在 I_C的增大上。为使工作点稳定，应设法在温度变化时，保持 I_C稳定不变。

(4)静态工作点的稳定。

稳定静态工作点常采用分压式偏置电路的方法。

分压式偏置电路如图 7.7 所示，它是最常用的一种基本单元电路，基极电压由电阻 R_{B1}，R_{B2}分压决定，发射极接有电阻 R_E，当电路组件参数满足一定条件时，可以稳定工作点。

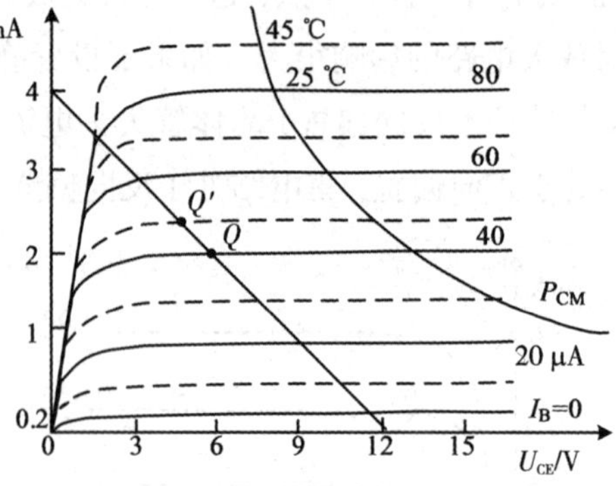

图 7.6　温度变化对静态工作点的影响

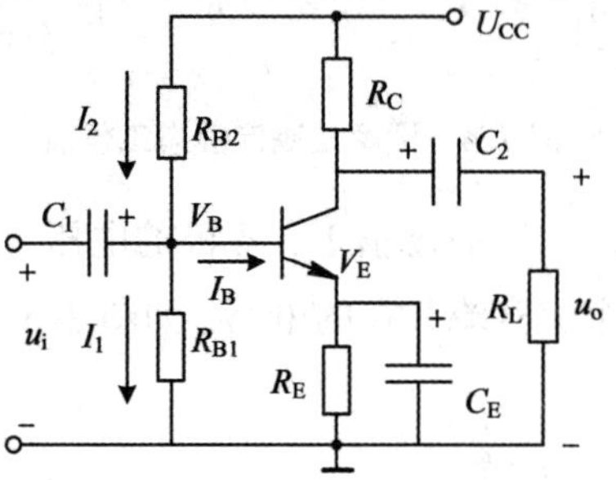

图 7.7　分压式偏置电路

①电路的基本特点。

❖利用电阻 R_{B1}，R_{B2}分压来固定基极电位 V_B。由图 7.7 可知，

$$I_2=I_1+I_B$$

若使 $I_1>>I_B$，则

$$I_2\approx I_1\approx\frac{U_{CC}}{R_{B1}+R_{B2}}$$

$$V_B=I_1R_{B1}\approx\frac{R_{B1}}{R_{B1}+R_{B2}}U_{CC}\tag{7.4}$$

式(7.4)表明，V_B与晶体管的参数和温度无关，当 U_{CC}，R_{B1}，R_{B2}均固定不变时，V_B能保持稳定不变。

❖利用发射极电阻 R_E产生反映 I_C变化的电位 V_E，V_E作用于输入偏置电路，能自动调节 I_B，使 I_C保持不变。因为

$$U_{BE}=V_B-V_E=V_B-I_ER_E$$

又

$$I_C\approx I_E=\frac{V_B-U_{BE}}{R_E}$$

当满足 $V_B >> U_{BE}$时，可得

$$I_C \approx I_E \approx \frac{V_B}{R_E} \tag{7.5}$$

由前述可知，V_B是固定不变的，若 R_E也不变，则 I_C和 I_E也能稳定不变。

由以上分析可知，只要满足 $I_1 >> I_B$，$V_B >> V_{BE}$这两个条件，则 V_B、I_C和 I_E均与晶体管的参数无关，不受温度变化影响，可以保持静态工作点的稳定。

在估算时，可按经验公式[式(7.6)和式(7.7)]取值，即

$$I_1 \geqslant (5\sim10) I_B \tag{7.6}$$

$$V_B \geqslant (5\sim10) U_{BE} \tag{7.7}$$

②稳定工作点的物理过程。稳定工作点是靠发射极电阻 R_E和基极电位 V_B的共同作用来实现的。基极电位 V_B为

$$V_B = V_E + U_{BE} = I_E R_E + U_{BE}$$

若温度升高，使得 I_B和 I_C增大，V_E随着升高，由于 V_B固定不变，V_E增加导致 U_{BE}减小进而使 I_B减小，抵消了 I_C的增大，这个自动调整过程可以表示为

$$\text{温度}T\uparrow \rightarrow I_C\uparrow \rightarrow V_E\uparrow \xrightarrow{V_B\text{固定不变}} U_{BE}\downarrow \rightarrow I_B\downarrow \rightarrow I_C\downarrow$$

温度下降时，调整过程与此相反。

综上分析，所谓工作点稳定，不是工作点的位置恒定不变，而是当工作点受温度影响变动后，通过电路自身的调节作用，能自动复原的过程。

【例 7.1】 求图 7.8 所示放大电路的静态工作点。已知晶体管 T 的电流放大倍数 $\beta = 50$。

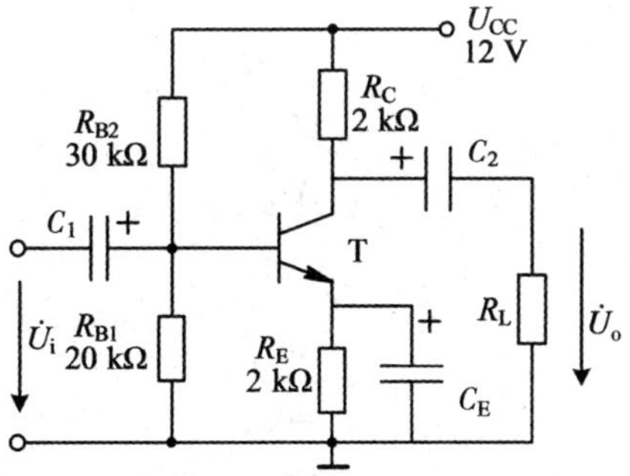

图 7.8 分压式偏置电路

解 基极电位为

$$V_B = \frac{R_{B1}}{R_{B1}+R_{B2}} U_{CC} = \frac{20}{20+30} \times 12 = 4.8(\text{V})$$

发射极电流为

$$I_E=\frac{V_B-U_{BE}}{R_E}=\frac{4.8-0.6}{2}=2.1(\mathrm{mA})$$

集电极电流为

$$I_C\approx I_E=2.1(\mathrm{mA})$$

基极电流为

$$I_B=\frac{I_C}{\beta}=\frac{2.1}{50}=0.042(\mathrm{mA})$$

集电极与发射极间电压为

$$U_{CE}\approx U_{CC}-I_C(R_C+R_E)=12-2.1\times(2+2)=3.6(\mathrm{V})$$

7.2.2 动态分析

当放大电路有输入信号时，晶体管的各个电流和电压都含有直流分量和交流分量。直流分量一般即静态值，由 7.2.1 节所述的静态分析来确定。动态分析是在静态值确定后分析信号的传输情况，考虑的只是电流和电压的交流分量(信号分量)。因此，放大电路的动态分析通过交流通路进行。微变等效电路分析法和图解分析法是动态分析的两种基本方法。

(1)微变等效电路分析法。

所谓微变等效电路，就是把非线性组件晶体管等效为一个线性电路，也就是把晶体管线性化，等效为一个线性元件。

①晶体管的微变等效电路。图 7.9(a)是晶体管的输入特性曲线，在输入特性的 Q 点附近，特性基本是一段直线，即 ΔI_B 与 ΔU_{BE} 成正比，其比值可以作为晶体管的输入电阻，即

$$r_{be}=\frac{\Delta U_{BE}}{\Delta I_B}$$

对于交流分量，可写成

$$r_{be}=\frac{\Delta u_{be}}{\Delta i_b}$$

因此，基极与发射极之间可用 r_{be} 等效代替，如图 7.9(b)所示。

低频小功率晶体管的输入电阻 r_{be} 常用式(7.8)估算：

$$r_{be}=300+(1+\beta)\frac{U_T}{I_E} \tag{7.8}$$

式中，I_E 为发射极电流静态值，mA；U_T 为温度电压当量，常温下常取 $U_T=26\ \mathrm{mV}$。

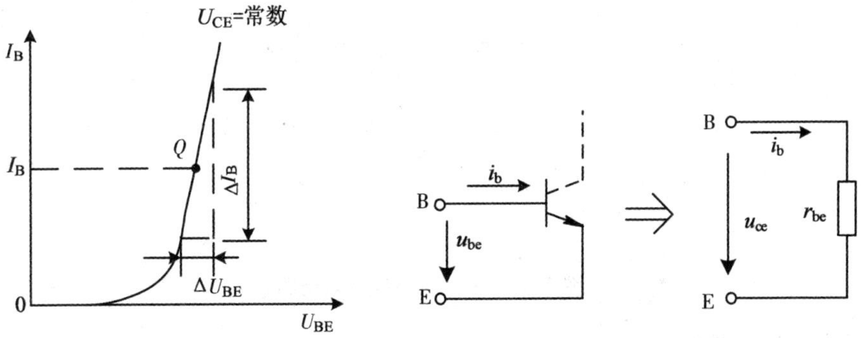

(a)从输入特性曲线求 r_{be}　　　　(b)晶体管 B-E 间微变等效电路

图 7.9　晶体管输入回路微变等效电路

图 7.10(b)是晶体管输出特性曲线，在 Q 点附近特性基本上是水平的，则 ΔI_C 与 ΔU_{CE} 无关，而只取决于 ΔI_B；在数量关系上，ΔI_C 比 ΔI_B 大 β 倍。对交流分量则可写成 $i_c = \beta i_b$，所以从输出端看进去时，可以用一个大小为 $\beta \Delta i_b$ 的恒流源来代替三极管，如图 7.10(a)所示。

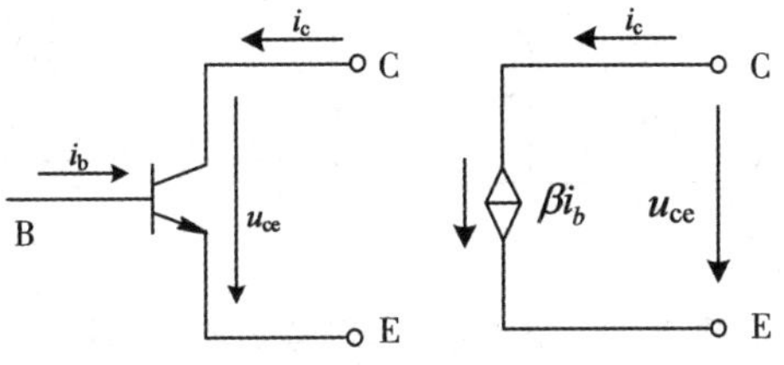

(a)

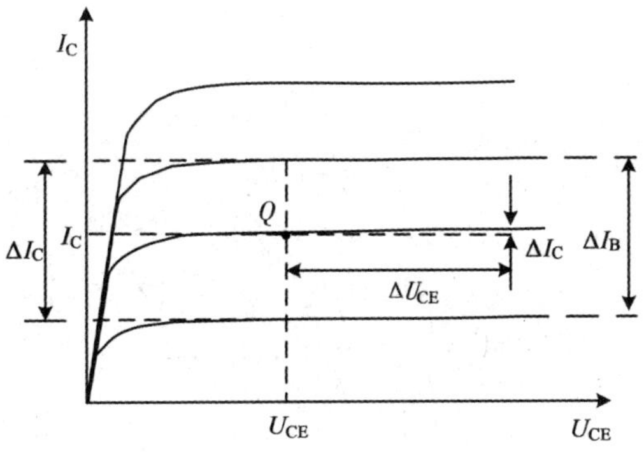

(b)

图 7.10　晶体管输出回路及微变等效电路

综合晶体管输入回路和输出回路，得出微变等效电路，如图 7.11 所示。

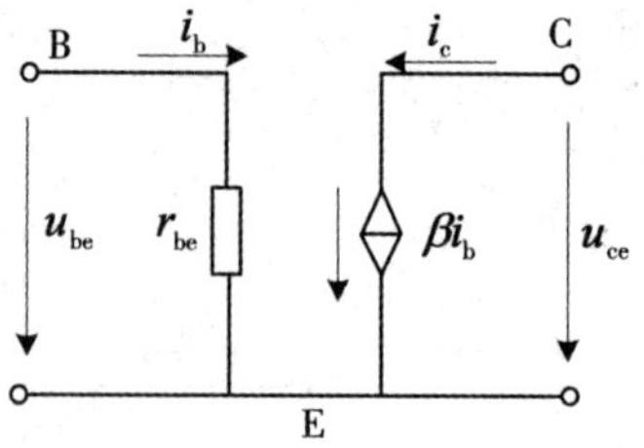

图 7.11　晶体管微变等效电路

②动态参数的计算。

❖电压放大倍数的计算。图 7.12(a)为单管电压放大电路的交流通路，设输入的是正弦信号，则其中的电压和电流都可用相量表示，如图 7.12(b)所示。由于 $R_B >> r_{be}$，可略去 R_B，输出端 R_C 与 R_L 并联，用等效电阻 R_L' 代替。

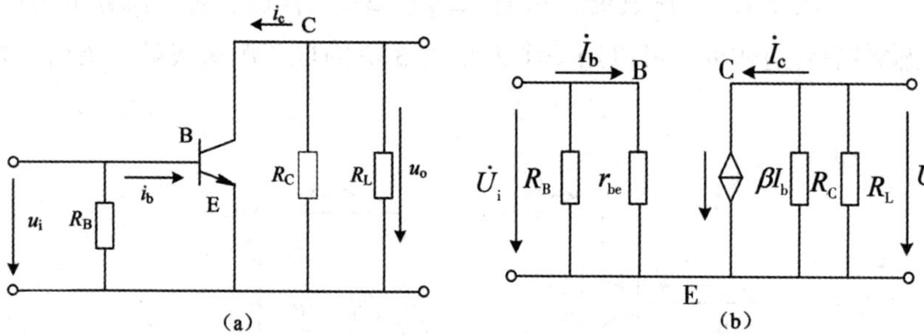

图 7.12　交流放大及其微变等效电路

由图 7.12 可得，

输入电压：

$$\dot{U}_i = \dot{I}_b r_{be}$$

输出电压：

$$\dot{U}_o = -\dot{I}_c R_L'$$

电压放大倍数

$$A_u = \frac{\dot{U}_o}{\dot{U}_i} = -\frac{\dot{I}_c R_L'}{\dot{I}_b r_{be}},\quad \dot{I}_c = \beta \dot{I}_b$$

所以

$$A_u = -\beta \frac{R_L'}{r_{be}} \tag{7.9}$$

式中，负号表示 $\dot{U}_o$ 与 $\dot{U}_i$ 的相位相反。

当负载开路时，$R_L' = R_C$，则

$$A_u=-\beta\frac{R_C}{r_{be}}$$

由于 $R'_L<R_C$，则有负载时的电压放大倍数比开路时要小。

【例 7.2】 图 7.12 为交流放大电路，已知 $R_B=360\ \mathrm{k\Omega}$，$R_C=2\ \mathrm{k\Omega}$，$R_L=5.1\ \mathrm{k\Omega}$，$\beta=50$，$U_{CC}=12$ V，$r_{be}=1\ \mathrm{k\Omega}$，试计算：①不接负载电阻 R_L时的电压放大倍数；②接有负载电阻 R_L时的电压放大倍数。

解　①当放大电路不接 R_L时，电压放大倍数：

$$A_u=-\beta\frac{R_C}{r_{be}}=-50\times\frac{2}{1}=-100$$

②当接有负载电阻 R_L时，

$$R'_L=\frac{R_CR_L}{R_C+R_L}=\frac{2\times5.1}{2+5.1}=1.44(\mathrm{k\Omega})$$

则电压放大倍数：

$$A_u=-\beta\frac{R'_L}{r_{be}}=-50\times\frac{1.44}{1}=-72$$

由以上计算可知，接有 R_L时，输出电压幅值将减小，电压放大倍数降低。

❖放大电路的输入电阻和输出电阻。一个放大电路的输入端总是与信号源或前级放大电路相连接，其输出端常与后一级放大电路或负载相连接，为了考虑它们之间的相互关系和相互影响，了解放大电路输入电阻和输出电阻的概念是很重要的。

一是输入电阻 r_i。图 7.13 所示的放大电路对信号源来说是一个负载，可用一个等效电阻代替，这个电阻既是信号源的负载，也是放大电路的输入电阻 r_i。输入电阻的定义为放大电路的输入电压与输入电流之比值，即

$$r_i=\frac{\dot{U}_i}{\dot{I}_i} \tag{7.10}$$

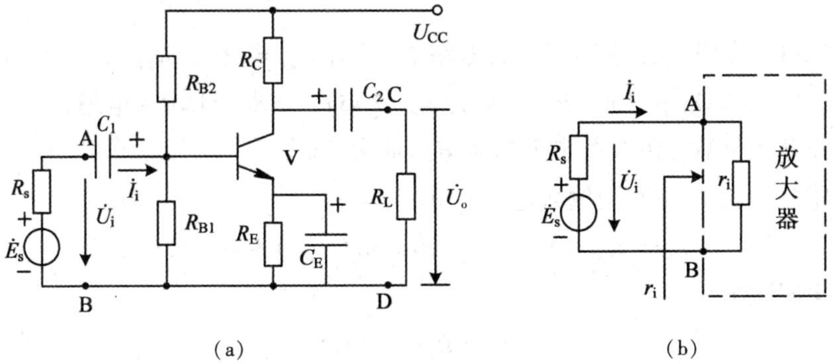

图 7.13　放大电路的输入电阻

输入电阻越小，放大电路从信号源吸取的电流越大，加重了信号源的负担；同时，由于信号源内阻 R_s 和 r_i 的分压，实际加到放大电路的输入电压 $\dot{U}_i$ 减小，因此，通常放大电路的输入电阻越大越好。

输入电阻 r_i，可用微变等效电路计算，由图 7.13 不难看出，输入电阻为 $r_i=R_{B1}//R_{B2}//r_{be}$。

通常，$r_{be}<<R_{B1}$，$r_{be}<<R_{B2}$，即 $r_i\approx r_{be}$。其中，r_i 是放大电路的输入电阻，r_{be} 是晶体管的输入电阻，两者不能混淆。

二是输出电阻 r_o。对负载来说，放大电路是一个信号源，其内阻即放大电路的输出电阻 r_o。

如果放大电路的输出电阻较大，当负载变化时，输出电压的变化较大，也就是放大电路带负载能力较差，因此，通常放大电路的输出电阻越小越好。

放大电路的输出电阻可在信号源短路（$E_s=0$）和负载开路的条件下求得。从图 7.14 所示的微变等效电路来看，当 $E_s=0$ 时，$\dot{I}_b$ 和 $\beta\dot{I}_b$ 也为零。输出电阻是从放大电路的输出端 C，D 看进去的一个等效电阻，即

$$r_o\approx R_C$$

R_C 一般为几千欧，因此共发射极放大电路的 r_o 较高。

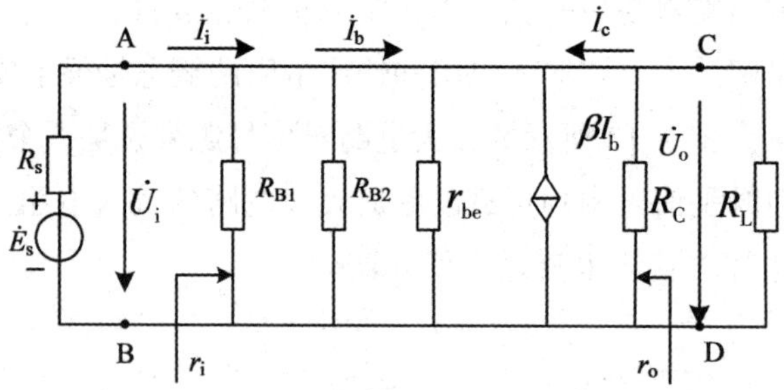

图 7.14　放大电路的输入电阻和输出电阻

【**例 7.3**】　在图 7.13 所示的放大电路中，已知 $U_{CC}=12$ V，$R_{B1}=20$ kΩ，$R_{B2}=30$ kΩ，$R_E=2$ kΩ，$R_C=2$ kΩ，$\beta=50$，$R_L=6$ kΩ，$r_{be}=1$ kΩ。试求：①输入电阻 r_i 和输出电阻 r_o；②计算电压放大倍数；③当 C_E 断开时的电压放大倍数。

解　①从图 7.13 中得出输入电阻 r_i 为

$$r_i=R_{B1}//R_{B2}//r_{be}=20//30//1=0.933(\text{k}\Omega)$$

输出电阻 r_o 为

$$r_o\approx R_C=2(\text{k}\Omega)$$

②

$$R_L'=R_C//R_L=2//6=1.5(\text{k}\Omega)$$

$$A_u=-\beta\frac{R_L'}{r_{be}}=-50\times\frac{1.5}{1}=-75$$

③当 C_E 断开后，R_E 上有交流分量通过，对电压放大倍数产生很大影响，其微变等效电路如图 7.15 所示。

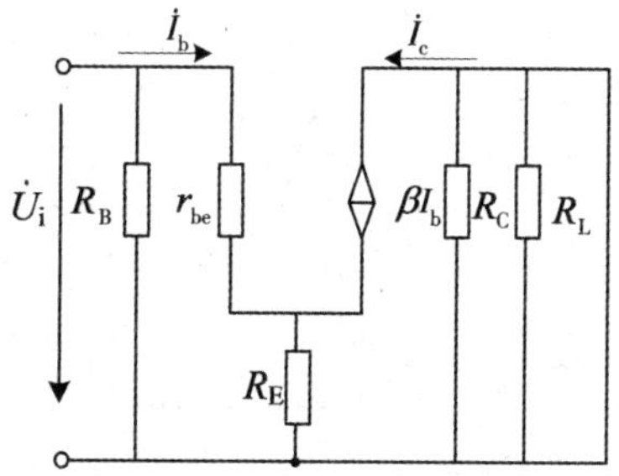

图 7.15　C_E 断开微变等效电路

$$\dot{U}_i=\dot{I}_b r_{be}+\dot{I}_e R_E=\dot{I}_b r_{be}+(1+\beta)\dot{I}_b R_E$$

$$\dot{U}_o=-\dot{I}_c R_L'=-\beta\dot{I}_b R_L'$$

$$A_u=\frac{\dot{U}_o}{\dot{U}_i}=-\frac{\beta R_L'}{r_{be}+(1+\beta)R_E}=-\frac{50\times1.5}{1+(1+50)\times2}=-0.72 \tag{7.11}$$

由式(7.11)可知，R_E 的接入虽然带来了静态工作点的稳定，但是使电压放大倍数下降了(这一点称为负反馈，将在本书第 8 章详细讨论)。为使放大倍数不致下降，R_E 两端必须并联一个旁路电容 C_E。

(2)图解分析法。

利用晶体管的输入特性和输出特性曲线，运用作图方法分析放大电路的基本性能，称为图解分析法。图解分析法比较直观，可以清楚地了解晶体管放大信号的物理过程。

①计算电压放大倍数。根据输入交流信号电压 u_i，通过图解分析法可以确定输出电压 u_o，进而计算电压放大倍数。

以图 7.1(b)所示放大电路为例，设输入信号 $u_i=0.02\sin\omega t$ V，$u_{BE}=U_{BE}+u_i$，便可从输入特性曲线上对应画出 i_b。当 $u_{im}=0.02$ V 时，i_b 在 20~40 μA 变化，见图 7.16(a)。u_i 在正半周时，工作点由 Q 点移到 Q_1 点，对应的 $i_c=4$ mA，$u_{CE}=4$ V；当 u_i 为负半周时，工作点由 Q 点移到 Q_2 点，相应的 $i_c=2$ mA，$u_{CE}=8$ V。当负载电阻 $R_L=\infty$ 时，电压放大倍数为

$$A_u=\frac{\text{输出电压幅值}}{\text{输入电压幅值}}$$

从图 7.16 可见，输入电压的幅值 $u_{im}=0.02$ V，输出电压的幅值 $u_{om}=2$ V。

又因为输出电压 u_o 与输入电压 u_i 相位相反，所以

$$A_u=\frac{u_{om}}{u_{im}}=-100 \tag{7.12}$$

式中，负号表示输出电压与输入电压反相。

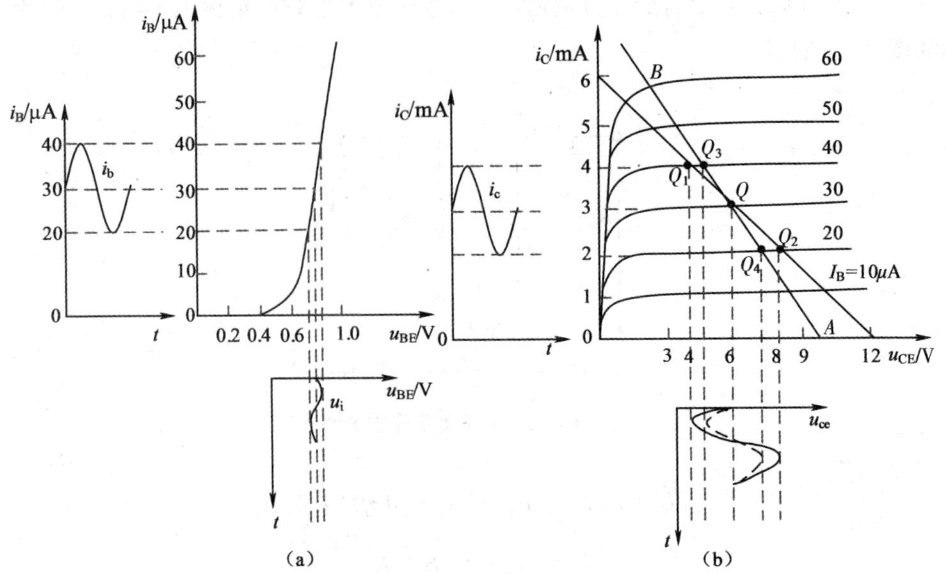

图 7.16　交流放大电路有输入信号时的图解分析

【例 7.4】　在图 7.1(b)所示放大电路中，已知 $U_{CC}=12\ \text{V}$，$R_B=370\ \text{k}\Omega$，$R_C=2\ \text{k}\Omega$，晶体管的输出特性曲线如图 7.16(b)所示，如果在输出端加上负载 $R_L=3\ \text{k}\Omega$，试用图解分析法求电压放大倍数。

解　首先画出电路的交流通路，如图 7.3 所示。由图可见，此时的负载为 R_C 与 R_L 并联，用等效电阻 R_L' 表示，即 $R_L'=R_C//R_L=2//3=1.2\ \text{k}\Omega$。通过 Q 点作一条斜率为 $-1/R_L'$ 的直线 AB，称为电路的交流负载线，它是动态工作点移动的轨迹。由图 7.16(b)可见，当 i_b 在 20~40 μA 变动时，交流负载线与输出特性曲线的交点为 Q_3，Q_4。由此可得 u_{ce} 的波形如图 7.15(b)中虚线所示，由图可查得

$$u_{om}=4.6-6=-1.4\ \text{V}$$

则

$$A_u=\frac{u_{om}}{u_{im}}=\frac{-1.4}{0.02}=-70$$

②非线性失真。对电压放大电路的一个基本要求就是输出信号尽可能不失真。所谓失真，是指输出信号的波形不复现输入信号的波形。引起失真的原因主要是静态工作点的位置选择不当，使放大电路的工作范围超出晶体管特性曲线上的线性范围。

从图 7.17 中可以看出，由于工作点 Q_1 偏低，输入信号在负半周就有一部分进入截止区，使管子发射结处于反向偏置而截止，于是 i_{c1} 在负半周、u_{ce1} 在正半周有一部分被“削掉”，形成截止失真。静态工作点选在 Q_2 点时，由于工作点偏高，输入信号在正半周时放大电路进入饱和区，使得 i_{c2} 的正半周电流不随 i_{b2} 而变化，形成饱和失真。上述两种失真统称非线性失真。

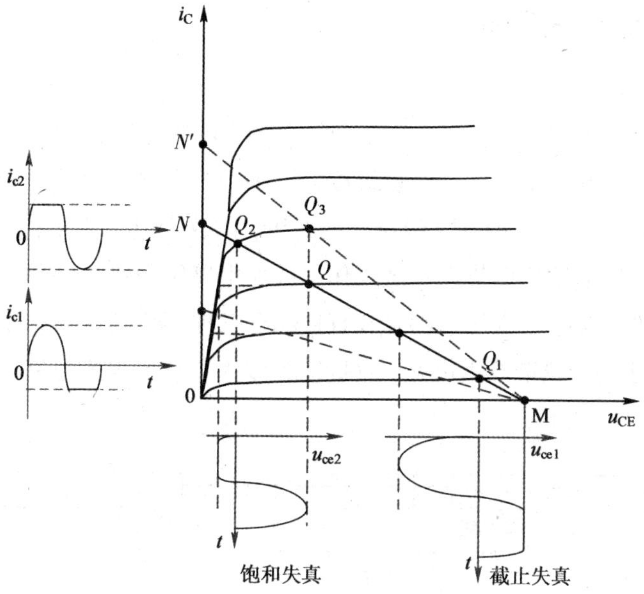

图 7.17　放大电路的非线性失真

③放大电路参数 R_B，R_C，U_{CC}对静态工作点的影响。

❖R_B的影响。电路中其他参数不变，增大 R_B，偏流 I_B减小，工作点将沿着负载线由 Q_2点下移到 Q 点(如图 7.18 所示)，能避免饱和失真；反之，减小 R_B，工作点上移，可避免截止失真。

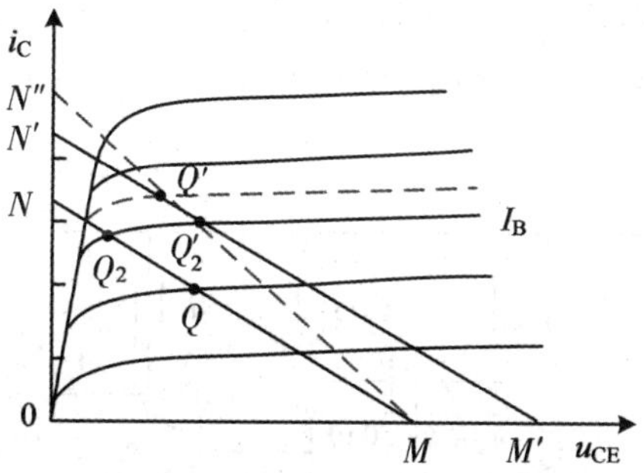

图 7.18　R_B，R_C，U_{CC}对静态工作点的影响

❖R_C的影响。电路中其他参数不变，减小 R_C，使负载线斜率增大，如图 7.18 中的 MN''直线所示，工作点由 Q_2移至 Q_2'，避免饱和失真。

❖U_{CC}的影响。电路中其他参数不变，增加 U_{CC}，则负载线 MN 将平行向右移，如图 7.18 中 $M'N'$直线所示，由于 U_{CC}的增加，I_B也随着增加，因此工作点由 Q_2移至 Q'。

在实际电路中，R_C和 U_{CC}是一定的，因此，调整工作点最方便的办法是改变偏置电阻 R_B。

7.3 多级放大电路

在实际应用中，由于输入信号电压是很微弱的，要把微弱信号放大到足以带动负载，仅用单级放大电路是不够的，必须经多级放大。多级放大电路由若干个单级放大电路组成，如图 7.19 所示。其中，前面几级叫作前置级，以放大电压为主；后面几级叫作功放级，任务是输出一定的功率以推动负载工作。放大电路级与级之间的连接叫作耦合。常见的耦合方式有阻容耦合、变压器耦合和直接耦合三种：阻容耦合多用于电压放大电路，变压器耦合多用于高频调谐放大电路，直接耦合多用于直流放大电路。多级放大电路的耦合方式及特点具体如下。

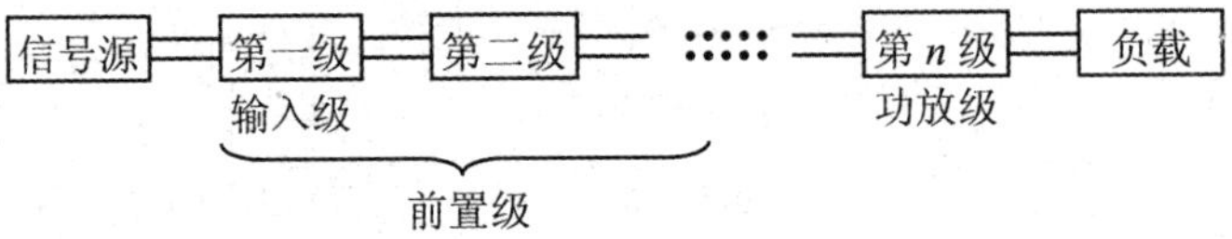

图 7.19 多级放大电路的组成

7.3.1 阻容耦合放大电路的耦合方式及特点

阻容耦合就是用电阻、电容把前后级放大电路连接起来。典型的两级阻容耦合放大电路如图 7.20 所示。图中每级电路都是分压式偏置电路。前后级之间通过电容 C_2 和下级输入电阻 r_{i2} 实现耦合。耦合电容 C_2 的作用是把前一级放大后的交流信号传送到后一级，将前后两级的直流分量隔离，使前、后级的静态工作点互不影响，从而可以单独计算。

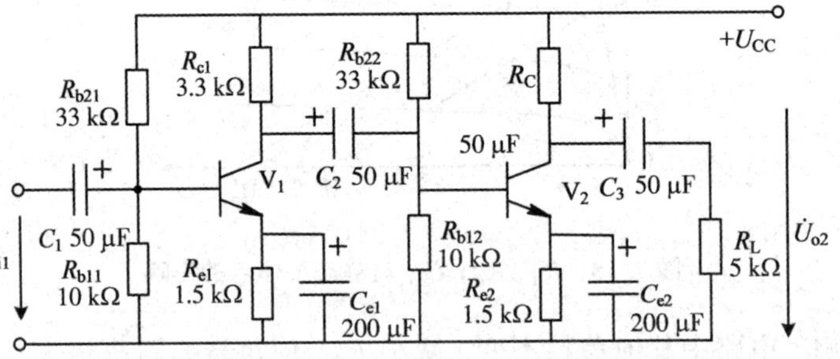

图 7.20 典型的两级阻容耦合放大电路

阻容耦合放大电路的主要优点是结构简单、轻便、成本低，其频率特性也比较好，并可获得较高的电压放大倍数。但阻容耦合的效率低，常用在前置放大级中作为电压放大电路。

计算多级放大电路的电压放大倍数时，必须考虑级间相互影响。此时，既可以把后级的输入电阻看成前级的负载，也可以把前级等效为一个具有内阻的信号源，从而可以应用单级放大电路的有关计算公式来计算。

图7.20的微变等效电路如图7.21(a)所示，若把后级的输入电阻 r_{i2} 作为前级的负载，则前级放大电路的电压放大倍数可按图7.21(b)所示电路计算，则后级的输入电阻为

$$r_{i2}=R_{b12}//R_{b22}//r_{be2} \tag{7.13}$$

式中，r_{be2} 是 V_2 管的输入电阻。由此求得第一级电路的交流总负载为

$$R'_{L1}=R_{c1}//r_{i2}=R_{c1}//R_{b12}//R_{b22}//r_{be2} \tag{7.14}$$

根据式(7.9)得到第一级电压放大倍数为

$$A_{u1}=\frac{\dot{U}_{o1}}{\dot{U}_{i1}}=-\frac{\beta_1 R'_{L1}}{r_{be1}} \tag{7.15}$$

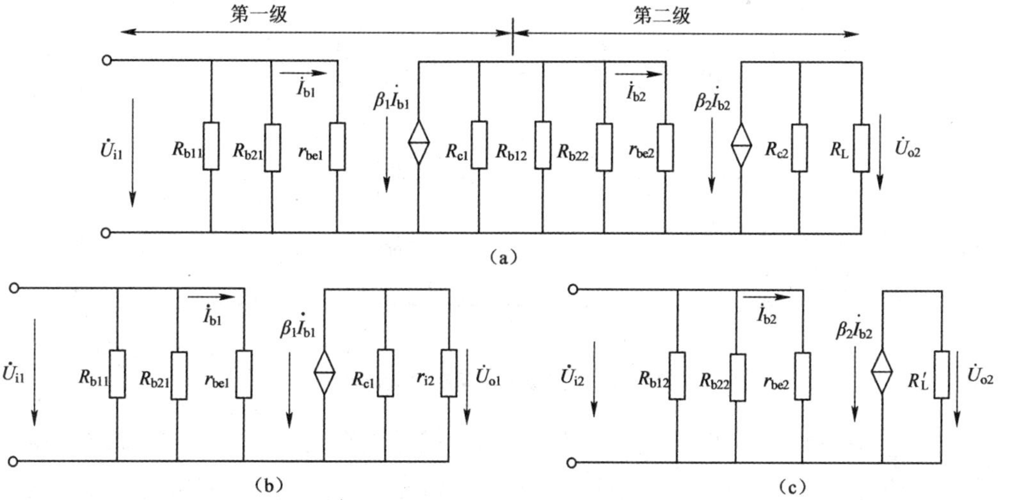

图7.21　两级交流放大电路的分析

同样，由图7.21(c)可得第二级电压放大倍数：

$$A_{u2}=\frac{\dot{U}_{o2}}{\dot{U}_{i2}}=-\frac{\beta_2 R'_L}{r_{be2}},\ R'_L=R_{c2}//R_L \tag{7.16}$$

在计算前级电压放大倍数时，已经考虑了后级对它的影响，所以前级的输出电压 $\dot{U}_{o1}$ 也就是后级的输入电压 $\dot{U}_{i2}$，即

$$\dot{U}_{i2}=\dot{U}_{o1}$$

由此可得两级总电压放大倍数：

$$A_u=\frac{\dot{U}_{o2}}{\dot{U}_{i1}}=\frac{\dot{U}_{o1}}{\dot{U}_{i1}}\frac{\dot{U}_{o2}}{\dot{U}_{o1}}=\frac{\dot{U}_{o1}}{\dot{U}_{i1}}\frac{\dot{U}_{o2}}{\dot{U}_{i2}}=A_{u1}A_{u2}$$

或

$$A_u = \beta_1 \beta_2 \frac{R'_{L1} R_L}{r_{be1} r_{be2}} \tag{7.17}$$

式(7.17)表明，两级的电压放大倍数 A_u 等于各级电压放大倍数的乘积，由此可以推出 n 级放大电路的电压放大倍数为

$$A_u = A_{u1} A_{u2} A_{u3} \cdots A_{un}$$

7.3.2 直接耦合放大电路的耦合方式及特点

直接耦合放大电路是把前一级放大电路的输出端和后一级放大电路的输入端直接或经过一个电阻连接起来，如图 7.22 所示。直接耦合放大电路可以用来放大变化缓慢的信号或直流量变化的信号(统称为直流信号)。

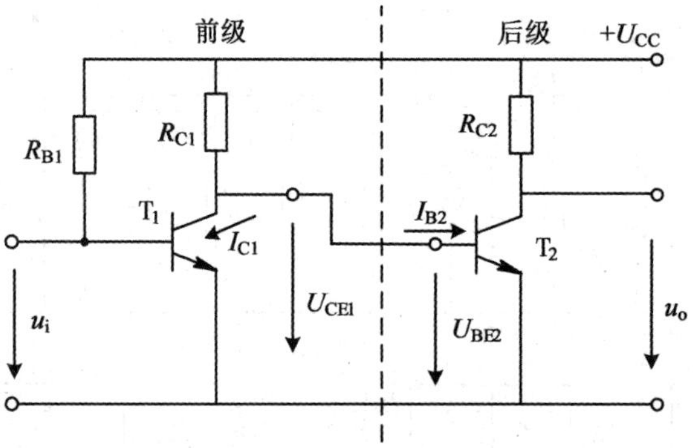

图 7.22　直接耦合两级放大电路

由于在直接耦合放大电路中，前级和后级之间无隔直元件，它们的直流路径相通，这就带来了两个新的问题：一个是前后级放大电路静态工作点的相互影响和配合问题；另一个是零点漂移问题。

(1)前后级放大电路静态工作点的相互影响和配合。

从图 7.22 中可以看出，T_1管的集电极—发射极电压 U_{CE1} 等于 T_2管的基极—发射极电压 U_{BE2}。T_2管正常工作所需的 U_{BE2}很小(锗管为 0.1~0.3 V，硅管为 0.6~0.7 V)。这样，就要求 T_1管 U_{CE1}也等于这个数值，而这样小的 U_{CE1}值使 T_1管接近于饱和区工作。因此，这种电路除了在信号很小，允许第一级的 U_{CE1}在很小的情况下工作外，一般是不使用的。

为了提高前一级 T_1管的 U_{CE1}值，使 T_1管有较大的工作范围，而不致使 U_{BE2}超过正常工作所需数值，可采用提高后一级 T_2管的发射极电位的方法。

这种方法可通过在 T_2管的发射极电路中接入电阻 R_{E2}或硅稳压管 VS(或硅二极管)来实现，如图 7.23 所示。

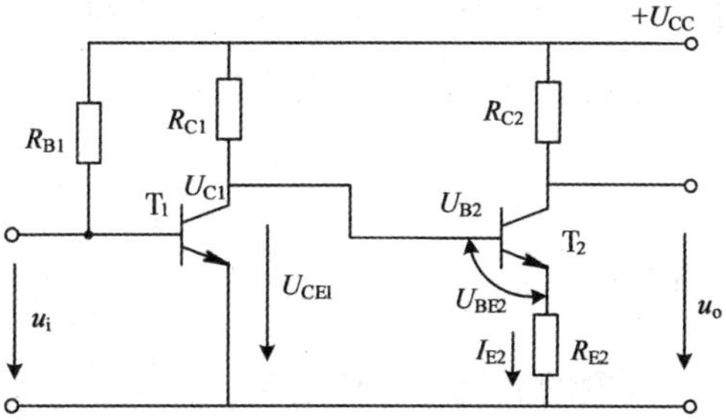

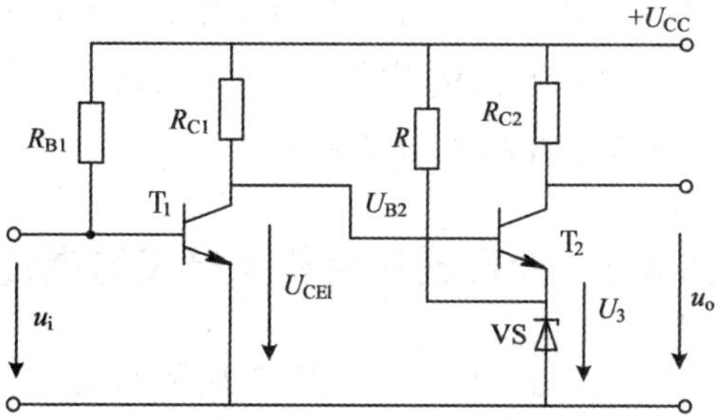

图 7.23　提高后级发射极电位直接耦合放大电路

图 7.23(a)所示电路的缺点是 R_{E2}会对放大信号产生负反馈，损失了电压放大倍数。在交流放大电路中，可采用在 R_{E2}两端并联旁路电容来排除这种负反馈。但是由于电容对直流信号相当于开路，故不能采用并联旁路电容的方法来解决。图 7.23(b)中，由于稳压管的动态电阻 r_s(或二极管的正向动态电阻)较小，因此，它们对信号的负反馈作用很小，不会造成电压放大倍数的较大损失。

(2)零点漂移。

一个理想的放大电路，当输入信号为零时，输出端的信号电压也应固定在初始值(一般为 0 V)，这个值称为零点。而在直接耦合放大电路中，前后级之间的直流通路相通。因此，在放大电路中，任一点的直流电位改变都会引起输出端电位的变化。事实上，由于长期工作过程中晶体管特性受温度变化和电源电压不稳定等影响，即使在输入信号为零时，放大电路的输出端也会出现电压的缓慢变动，即输出端电压偏离原来的起始点无规律地上下变动(如图 7.24 所示)，这种现象称为零点漂移。

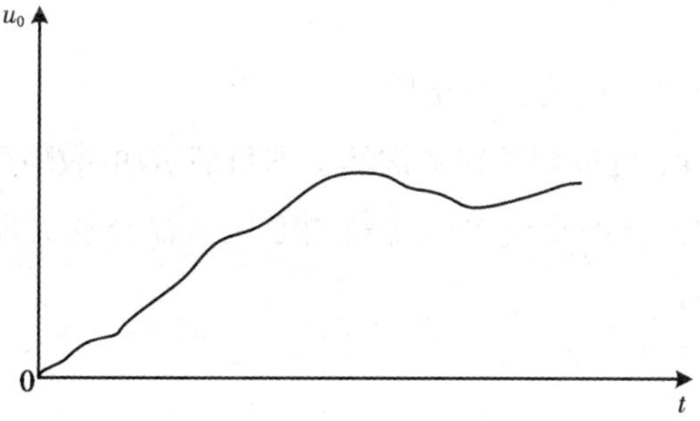

图 7.24　零点漂移现象

在多级直接耦合放大电路中，前一级的零点漂移(静态电位的变化)将和有用信号一起传送到后一级。经过逐级放大，在输出端产生严重的影响，甚至在输出端无法与有用信号区分，致使放大电路丧失工作能力。

为了减小直接耦合放大电路的零点漂移，通常选用高稳定度的电源和温度稳定性高的电路元件。一种有效抑制零点漂移的方法是采用差动放大电路。差动放大电路利用两个型号和特性相同的晶体管来实现温度补偿，可以有效地减小由于温度变化而引起的零点漂移，此处不做详细介绍。

7.3.3 变压器耦合放大电路的耦合方式及特点

变压器通过一次侧、二次侧的磁耦合可以把一次侧的交流信号传送到二次侧，因此变压器可以用作耦合元件。用变压器把前、后两级连接起来的耦合方式叫作变压器耦合，如图 7.25 所示。

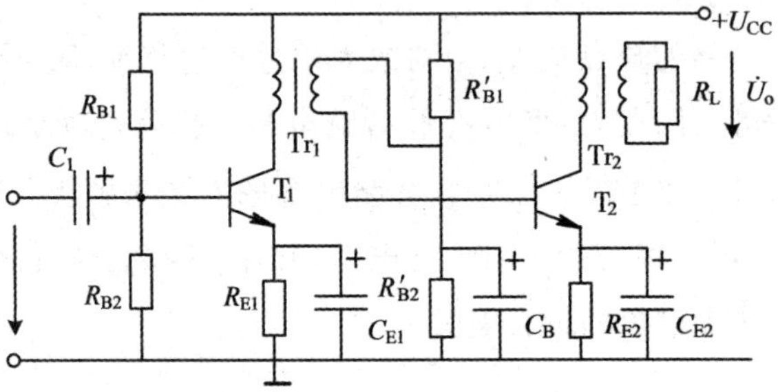

图 7.25　变压器耦合放大电路

变压器可以传递交流信号，但不能传递直流信号，因此变压器耦合放大电路只能放大交流信号。由于变压器的隔直作用，各级间无直流联系，各级的静态工作点可以独立计算。

变压器耦合电路的特点是，在传递信号的同时可实现阻抗变换，以使负载获得最大的功率。根据变压器阻抗变换原理，从变压器一次侧看进去的等效负载电阻侧 R_L' 为

$$R_L' = k^2 R_L \tag{7.18}$$

式中，k 为变压器的电压比；R_L 为负载电阻。

选择适当的电压比 k，可以把接在二次侧上的负载 R_L 的数值变换为所需要的等效负载 R_L' 的数值。R_L' 就是放大器的交流等效负载。变压器耦合放大电路常用在低频功率放大和中频调谐放大电路上。

7.4　本章小结

(1)放大电路的工作状态。

①静态。无输入信号，电路中只有直流量，它们通过直流通路。在画直流通路时，电路中的电容可视为开路。

②动态。有输入信号，交流放大电路的信号一般指正弦交流量。在这种状态下，电路中的电流、电压都是指在原静态直流量上叠加交流分量，交流分量通过交流通路。画交流通路时，电路中的旁路电容、耦合电容、电源都可认为短路。

(2) 放大电路的分析方法。

①微变等效电路分析法。它用于小信号，通过微变等效电路，可以很方便地计算放大倍数、输入电阻、输出电阻。

②图解分析法。在晶体管输入、输出特性曲线上，用作图方法能形象地分析放大电路的工作状态，并可分析计算放大倍数，确定动态工作范围。

(3) 常见的共射极基本放大电路。

①固定偏置放大电路；②分压式具有电流负反馈的偏置电路。

(4) 计算方法。

①静态。一般采用估算法，利用直流通道来计算静态工作点 Q 的直流值。注意：对于不同电路，其计算步骤有所不同。在计算 I_E 后就可求出管子的 r_{be} 值。

②动态。在小信号下，采用微变等效电路法进行放大电路动态时的计算，本章介绍了共射极基本放大电路的计算。

习　题

题 7.1　如果将晶体管的集电极电源 U_{CC} 极性反接，使集电极也处于正向偏置，集电极电流有何变化？对放大作用是否更有利？

题 7.2　什么叫静态？什么是静态工作点？放大电路为什么要设置静态工作点？

题 7.3　Q 点设置在何处将产生截止失真或饱和失真？试用图解分析法来说明。

题 7.4　改变 R_C，R_B，U_{CC}，对静态工作点有何影响？

题 7.5　如图 7.26 所示，各电路对交流正弦电压信号有无电压放大作用？如果没有，电路元件应如何改动(只能改动一个元件)？

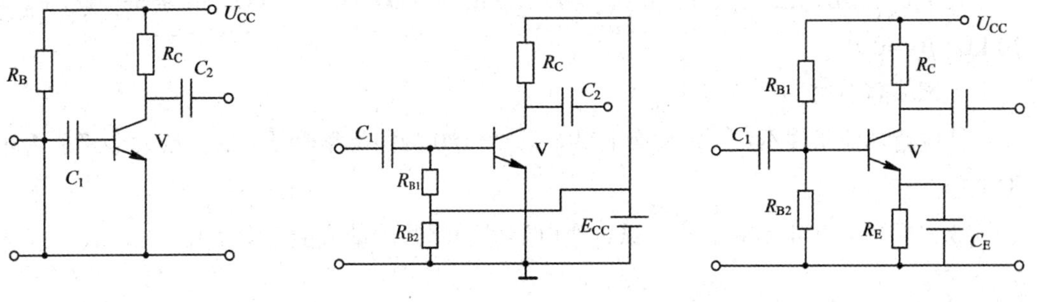

(a)　　(b)　　(c)

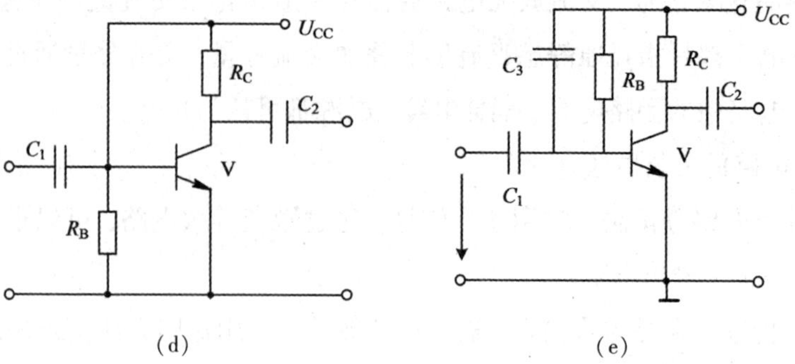

图 7.26　题 7.5 图

题 7.6　晶体管放大电路如图 7.27 所示，已知 $U_{CC}=12$ V，$R_C=3$ kΩ，$R_B=285$ kΩ，$\beta=50$。

①试估算管子的静态工作点；

②若要求 $U_{CE}=7$ V，$I_C=1.5$ mA，问 R_C及 R_B应改为多大？

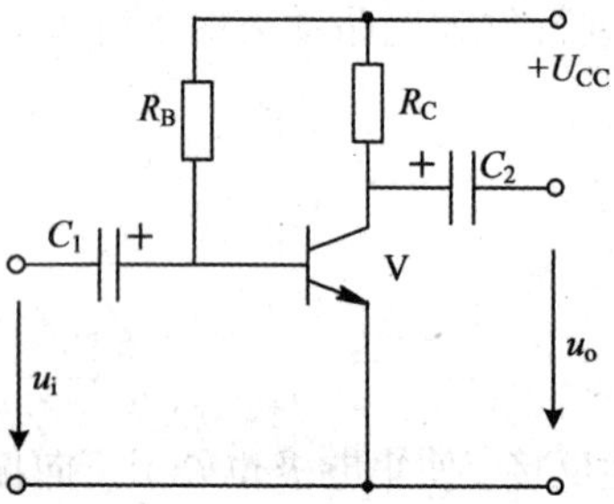

图 7.27　题 7.6 图

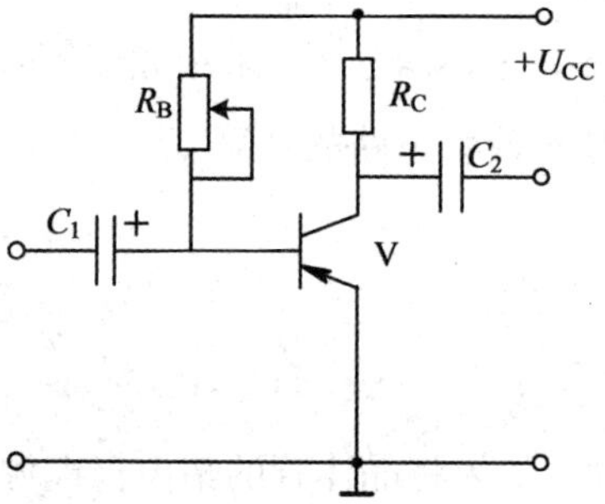

图 7.28　题 7.7 图

题 7.7　如果放大电路的接法如图 7.28 所示，问：

①U_{CC}和 C_1、C_2的极性如何考虑？请在图上标出。

②当 $U_{CC}=12$ V，$\beta=75$，$I_C=1.5$ mA 时，R_B应调到多大？

③在调整静态工作点时，如不慎将 R_B调到了零，对晶体管有无影响？为什么？通常采用何种措施来防止这种情况发生？

题 7.8　在图 7.29 中，已知 $U_{CC}=12$ V，$R_C=2$ kΩ，$R_E=1$ kΩ，$R_{B1}=33$ kΩ，$R_{B2}=10$ kΩ，$\beta=40$。

①试求静态值：I_B、I_C及 U_{CE}。

②电路其他条件不变，如果换上另一只 $\beta=180$ 的同类型管子，估算放大电路能否正常工作。

③如果换上 PNP 型晶体管，试说明电路应做哪些改动才能正常工作。

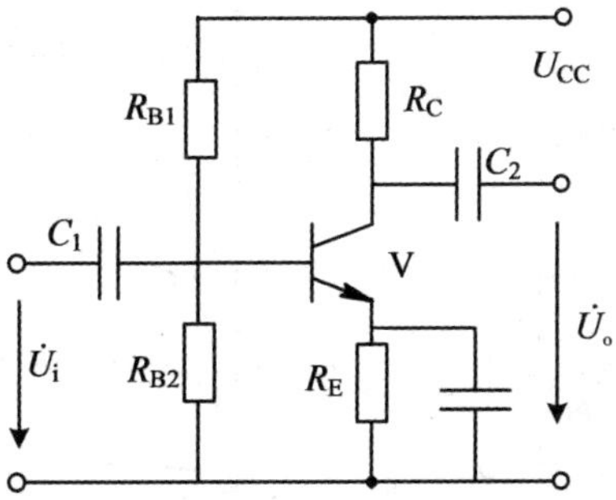

图 7.29　题 7.8 和题 7.9 图

题 7.9　放大电路如图 7.29 所示，其中 $U_{CC}=15$ V，$R_C=3$ kΩ，$R_E=2$ kΩ，$I_C=1.55$ mA，$\beta=50$。试估算 R_{B1}，R_{B2}。如果由于某种原因 R_{B2} 烧断，工作点如何变化？若保持原工作点不变，应如何调整 R_{B1}？此时是否仍有稳定静态工作点的能力？

题 7.10　已知图 7.30 中，$R_B=450$ kΩ，$R_C=10$ kΩ，$R_L=1.5$ kΩ，$U_{CC}=12$ V，晶体管输出特性如图 7.30(b)所示。

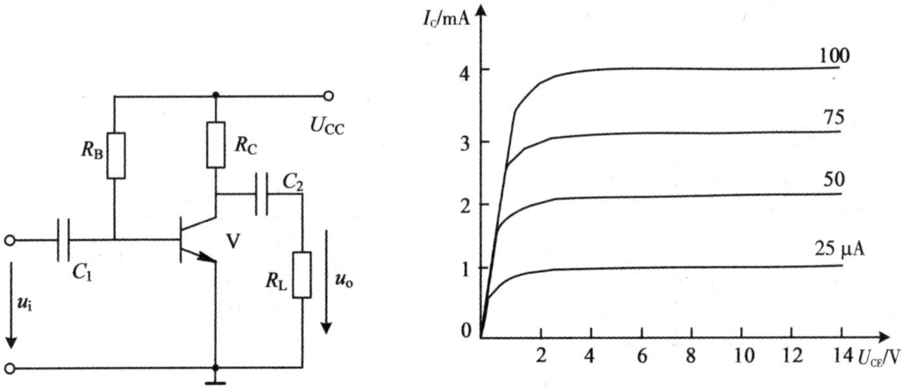

(a)　　　　(b)

图 7.30　题 7.9 图

①试用图解分析法求静态工作点，并分析这个 Q 点选择是否合适；

②在 U_{CC} 和晶体管不变的情况下，为了使 $I_C=2$ mA，$U_{CE}=2$ V，应该改变哪些参数？改成什么数值？

题 7.11　在图 7.31(a)中，如果 $R_{B1}=62$ kΩ，$R_{B2}=15$ kΩ，$R_E=1$ kΩ，$R_L=4$ kΩ，$R_C=3$ kΩ，$U_{CC}=24$ V，管子的输出特性曲线如图 7.31(b)所示，试求：

①静态工作点；

②交、直流负载线；

③在 $i_b=20\sin \omega t$ 情况下的输出电压 U_o 的波形及其幅值。

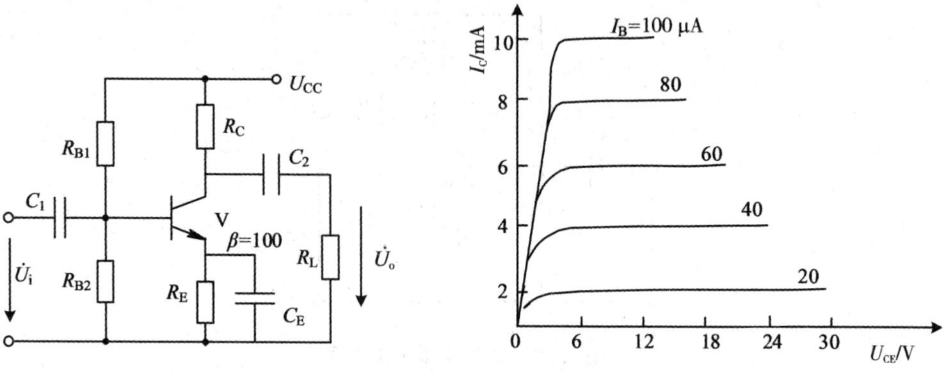

（a）　　　　（b）

图 7.31　题 7.11 图

题 7.12　放大电路如图 7.32 所示，已知 $\beta=60$，试求：$R_F=0\ \Omega$ 及 $R_F=300\ \Omega$ 时，

①静态工作点；

②电压放大倍数 A_u；

③如果在输出端并联一个 $R_L=2\ \text{k}\Omega$ 的负载时，求电压放大倍数。

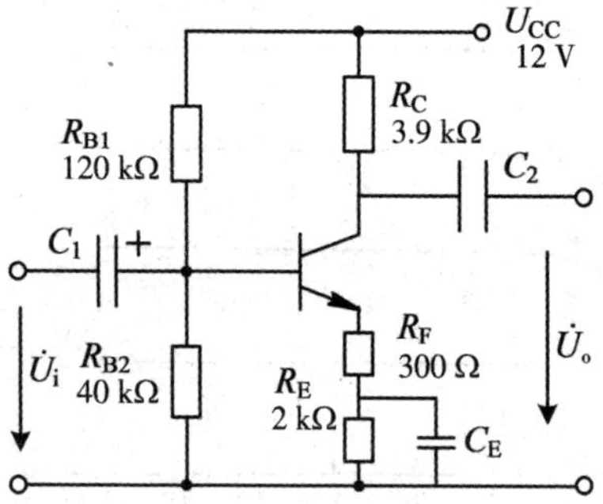

图 7.32　题 7.12 图

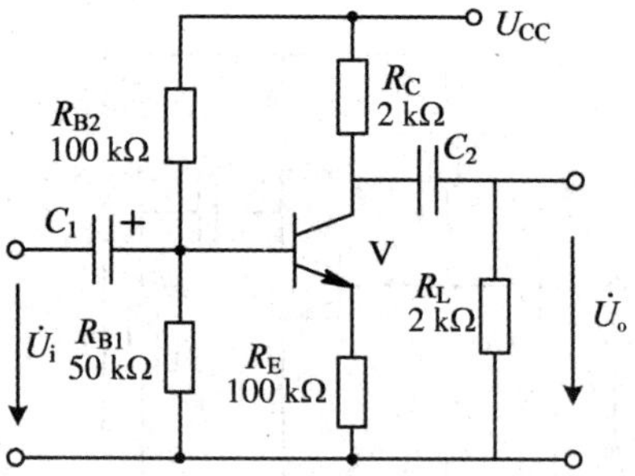

图 7.33　题 7.13 图

题 7.13　图 7.33 所示电路中，已知 $U_{CC}=4.5\ \text{V}$，$\beta=50$。

①画出微变等效电路；

②求输入电阻和输出电阻；

③当 $R_s=0\ \Omega$ 时，求 $A_u=\dfrac{\dot{U}_o}{\dot{U}_i}$；

④当 $R_s=600\ \Omega$ 时，求 $A_{us}=\dfrac{\dot{U}_o}{e_s}$。

第 8 章　集成运算放大器

运算放大器(简称“运放”)是一种高放大倍数的直接耦合多级放大器，它的放大倍数通常大于 10^4。运算放大器又称集成放大电路，采用半导体制造工艺将晶体管元件、电阻和连线集成在一小片半导体硅片上。它的体积小而性能好，被广泛用于测量装置、自动控制、信号变换等领域。

本章主要介绍集成运算放大器的组成、符号、放大电路中的负反馈、运算电路，以及集成运算放大器在各个方面的应用。

8.1　集成运算放大器简介

8.1.1　集成运算放大器的组成和电路模型

集成运算放大器是一种高放大倍数的多级放大器，它的种类、型号很多，电路形式也有所不同，但归纳起来，通常由输入级、中间级、输出级和偏置电路四部分组成，如图 8.1 所示。

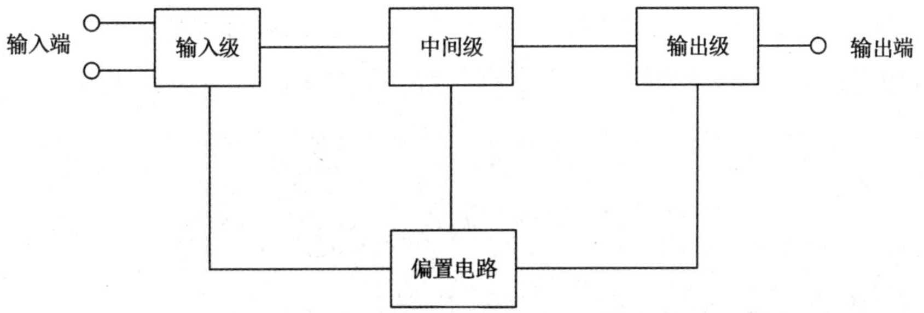

图 8.1　集成运算放大器组成部分

(1)输入级。

从提高输入电阻和减少零点漂移两方面来考虑，输入级一般采用差动放大电路。

差动放大电路利用两个型号和特性相同的晶体管来实现温度补偿，可以有效地减小由于温度变化而引起的零点漂移。这种电路尤其适合于集成化电路，因此被广泛用于线性集成电路。

(2)中间级。

中间级主要进行电压放大，因此要求它的放大倍数高，一般由共发射极放大电路构成。

(3)输出级。

为降低输出电阻，提高输出电压幅度及输出功率，一般都采用互补对称放大电路。

(4)偏置电路。

偏置电路的作用是为上述各级电路提供稳定及合适的偏置电流，决定各级的静态工作点，一般由各种恒流源电路构成。

集成运算放大器的电路比较复杂，对使用者来说，需要掌握的是集成运算放大器的主要性能及其与外部电路的正确连接和使用方法，对于其内部电路的研究则是次要的，故本书不做详细介绍，有兴趣的读者请参阅有关资料。

根据国家标准规定，集成运算放大器用图 8.2 所示符号来表示。图 8.2 中，反相输入端用“-”号表示；同相输入端用“+”号表示；右为输出端；一般线路图中，正、负电源经常不予画出；A_o表示开环电压放大倍数。

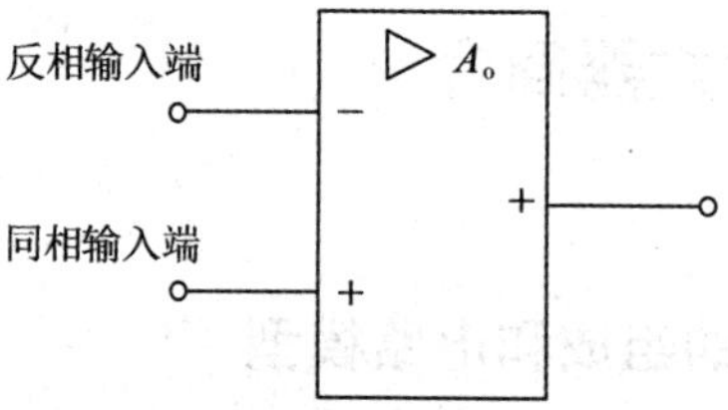

图 8.2　集成运算放大器的符号

国产 F007 型集成运算放大器有双列直插式[图 8.3(a)]和圆壳式[图 8.3(b)]两种封装。双列直插式引脚编号如图 8.3(a)所示，标记缺口方向在左(无缺口的，面对商标正向)，引脚编号顺序从下向上逆时针方向排列；圆壳式引脚排列如图 8.3(b)中以键为参考标记，从底部标记点右边的第一个引脚开始，依次为 1，2，3，…，8。

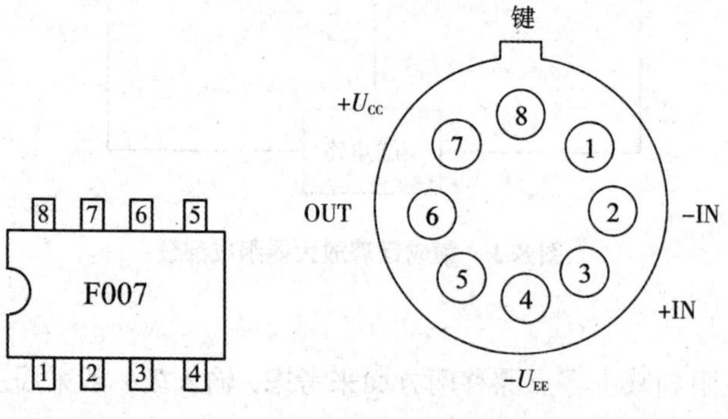

(a)双列直插式　(b)圆壳式

图 8.3　F007 引脚图

各引脚的用处：1，5 为外接调零电位器的两个端子；2 为反相输入端；3 为同相输入端；4 为外接负电源（−15 V）；7 为外接正电源（+15 V）；6 为输出端；8 为空脚。

为了便于对运算放大器电路进行分析和计算，当集成运算放大器工作在线性区时，可以用图 8.4 所示的电路模型来表示。即对信号源来说，集成运算放大器相当于一个等效电阻 r_i，称为输入电阻；对负载来说，集成运算放大器可看作一个受控电压源（其电压大小受输入电压控制）和内阻 r_o（称为输出电阻）相串联的等效电压源。

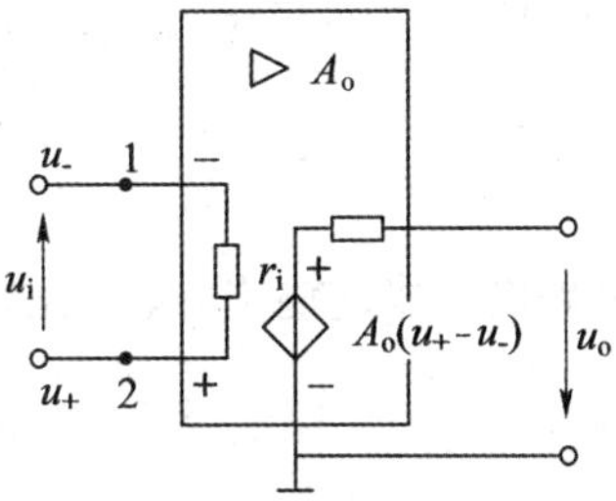

图 8.4　集成运算放大器电路

8.1.2　主要参数

（1）开环电压放大倍数 A_o。

开环电压放大倍数是指集成运算放大器在无外加反馈回路的情况下的差模放大倍数，通常用分贝（dB）表示。A_o越高，运算精度也越高，因此它是影响运算精度的重要指标。性能较好的集成运算放大器的 A_o可达 140 dB 以上，F007 的 A_o约为 10^5，即 100 dB。

（2）输入失调电压 U_{IO}。

为了使输出电压为零，在输入端加入补偿电压（在去掉外接调零电位器作用时），这个补偿电压称为输入失调电压 U_{IO}。U_{IO}值越小，说明电路的对称程度越好，一般 U_{IO}为 0.5~5.0 mV。

在集成运算放大器中，通常用外接调零电位器，调节达到零输入时零输出。

（3）输入偏置电源 I_B。

输入偏置电流是指输入信号为零时，两个输入端的静态基极电流的平均值，即

$$I_B=\frac{I_{B1}+I_{B2}}{2}$$

它主要与电路中第一级管子的性能有关，也反映了集成运算放大器输入电阻的大小。从使用角度来看，输入偏置电流越小越好，一般为 1 nA~100 μA。

（4）输入失调电流 I_{IO}

输入失调电流是指输入信号为零时，两个输入端静态基极偏置电流之差，即 $I_{IO}=I_{B1}-I_{B2}$。由于信号源内阻的存在，I_{IO}会引起一个输入电压，破坏集成运算放大器的平衡，使集成运算放大器输出电压不为零。所以，I_{IO}越小越好，一般为 1 nA~10 μA。

(5)最大差模输入电压 U_{IDM}。

最大差模输入电压是指集成运算放大器的反相和同相输入端之间所能承受的最大电压值。超过这个电压值，集成运算放大器输入级差动对管中的一根管子将会出现反向击穿现象，从而使集成运算放大器性能显著恶化，甚至可能造成永久性损坏。

(6)最大共模输入电压 U_{ICM}。

最大共模输入电压是指集成运算放大器所能承受的最大共模输入电压。超过 U_{ICM} 值，它的共模抑制比将显著下降，使输出不稳定，过大的共模电压也会使集成运算放大器发生永久性损坏。

(7)最大输出电压 U_{OM}。

最大输出电压是指输出端开路时，能使输出和输入电压保持不失真关系的最大输出电压值。

8.1.3 传输特性

集成运算放大器的传输特性是指输出电压与输入电压的关系曲线。典型集成运算放大器的电压传输特性如图 8.5 所示，有三个运行区：一个线性区和两个饱和区。

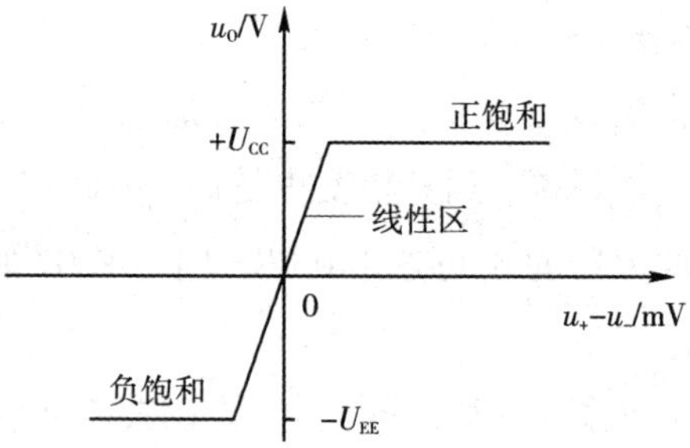

图 8.5 典型集成运算放大器的电压传输特性

在线性区运行，输出电压 u_O 和两输入端电压之差($u_+ - u_-$)的函数关系是线性的，可用式(8.1)表示：

$$u_O = A_o(u_+ - u_-) = A_o u_i \tag{8.1}$$

式中，A_o 为开环电压放大倍数。

在饱和区运行时，如果 $u_+ > u_-$，输出电压 u_O 接近正饱和值 $+U_{CC}$；如果 $u_+ < u_-$，输出电压 u_O 接近于负饱和值 $-U_{EE}$。

【例 8.1】 F007 型集成运算放大器的正、负电源电压为±15 V，开环电压放大倍数为 $A_o = 2\times10^5$，输出最大电压(即 $\pm U_{OM}$)为±13 V。在图 8.2 中分别加下列输入电压，求输出电压及其极性：

①$u_+ = +15\ \mu V$，$u_- = -10\ \mu V$；②$u_+ = -5\ \mu V$，$u_- = +10\ \mu V$；③$u_+ = 0\ V$，$u_- = +5\ mV$；④$u_+ = 5\ mV$，$u_- = 0\ V$。

解　由式(8.1)可知

$$u_+ - u_- = \frac{u_O}{A_o} = \frac{\pm 13}{2\times 10^5} = \pm 65(\mu V)$$

可见，只要两个输入端之间的电压绝对值超过 65 μV，输出电压就达到正或负的饱和值。

①　$$u_O = 2\times 10^5(15+10)\times 10^{-6}V = +5(V)$$

②　$$u_O = 2\times 10^5(-5-10)\times 10^{-6}V = -3(V)$$

③　$$u_O = -13(V)$$

④　$$u_O = +13(V)$$

8.2　放大电路中的反馈

在放大电路中，为了改善其工作性能，常采用负反馈。

8.2.1　反馈的基本概念

所谓反馈，就是把放大电路的输出量(电压或电流)的一部分或全部，经过一定的电路(称为反馈电路)送回到放大电路的输入回路，以影响输入量。这种反馈的概念可用图 8.6 来表示。图中，基本放大电路和反馈电路构成一个闭合环路，称闭环，又称反馈放大电路。集成运算放大器在实际应用时，经常需要外接反馈电路以构成各种不同功能的应用电路。

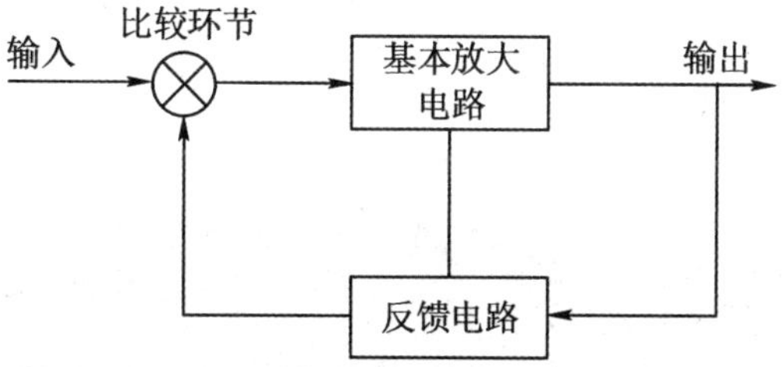

图 8.6　反馈放大电路的组成

通过反馈电路反馈到输入回路中去的电压或电流，如果对输入信号起削弱作用，那么称为负反馈；如果对输入信号起增强作用，那么称为正反馈。

在由单级集成运算放大器构成的反馈放大电路中，如果反馈的电量(电压或电流)加在同相输入端，由于同相输入端的信号与输出信号的极性相同，将使同相输入端的净输入量增强，显然构成正反馈；反之，如果反馈的电压或电流加在反相输入端，则构成负反馈。

正反馈常用在振荡电路和脉冲数字电路中。而在放大电路中几乎用的都是负反馈，因为负反馈可以改善放大电路的性能。集成运算放大器电路为了获得负反馈，反馈电路一定要接到反相输入端。下面主要分析负反馈放大电路。

图 8.7 所示是负反馈放大电路的组成。它是由基本放大电路(如集成运算放大器)和反馈电路两部分组成的。这种电路称为闭环放大电路。图 8.7 中所有信号都以相量形式表示，放大电路的输入信号 $\dot{X}_i$、净输入信号 $\dot{X}_i'$、输出信号 $\dot{X}_o$ 和反馈信号 $\dot{X}_f$ 均可以是电压或电流。反馈信号与输出信号的比值定义为反馈系数，用 $\dot{F}$ 表示，即

$$\dot{F}=\frac{\dot{X}_f}{\dot{X}_o} \tag{8.2}$$

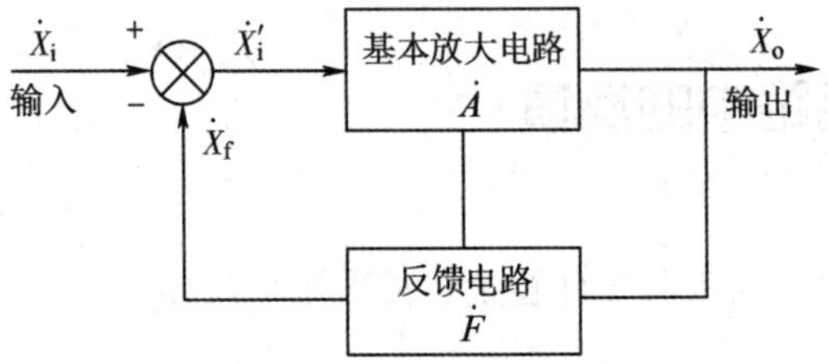

图 8.7　负反馈放大电路的组成

图 8.7 中的箭头表示信号传递的方向，符号⊗表示比较环节，正、负号表示连接的极性。输入信号与反馈信号在比较环节比较后，再加到基本放大电路的输入端。因此，对于负反馈，基本放大电路的净输入为

$$\dot{X}_i'=\dot{X}_i-\dot{X}_f \tag{8.3}$$

基本放大电路的放大倍数 $\dot{A}$ 通常称为开环放大倍数或开环增益，它是输出信号 $\dot{X}_o$ 与净输入信号 $\dot{X}_i'$ 之比，即

$$\dot{A}=\frac{\dot{X}_o}{\dot{X}_i'} \tag{8.4}$$

有反馈时的放大倍数 $\dot{A}_f$ 通常称为闭环放大倍数或闭环增益，它是输出信号 $\dot{X}_o$ 与输入信号 $\dot{X}_i$ 之比，即

$$\dot{A}_f=\frac{\dot{X}_o}{\dot{X}_i} \tag{8.5}$$

由式(8.2)~式(8.5)可以推出

$$\dot{A}_f=\frac{\dot{X}_o}{\dot{X}_i}=\frac{\dot{X}_o}{\dot{X}_i'+\dot{X}_f}=\frac{\dot{X}_o}{\dot{X}_i'+\dot{F}\dot{X}_o}$$

$$\dot{A}_f = \frac{\dfrac{\dot{X}_o}{\dot{X}_i'}}{1+\dot{F}\dfrac{\dot{X}_o}{\dot{X}_i'}} = \frac{\dot{A}}{1+\dot{F}\dot{A}} \tag{8.6}$$

式(8.6)是反馈放大电路的基本关系式。它表示引入反馈后闭环放大倍数 $\dot{A}_f$、开环放大倍数 $\dot{A}$ 和反馈系数 $\dot{F}$ 三者的关系。反馈引起的具体作用可概括为以下三种情况：

①若 $|1+\dot{F}\dot{A}|>1$，则 $|\dot{A}_f|<\dot{A}$，表明引入反馈后，放大倍数减小了，即负反馈；

②若 $|1+\dot{F}\dot{A}|<1$，则 $|\dot{A}_f|>\dot{A}$，表明引入反馈后，放大倍数增加了，即正反馈；

③若 $|1+\dot{F}\dot{A}|=0$，则 $\dot{A}_f\to\infty$，表明放大电路在没有输入信号时，也有输出信号，放大电路变成了一个振荡电路。

在负反馈放大电路中，$|1+\dot{F}\dot{A}|>1$，$|\dot{A}_f|<\dot{A}$，即放大倍数降低。$|1+\dot{F}\dot{A}|$ 越大，则 $|\dot{A}_f|$ 越小，表明负反馈越强。所以，$|1+\dot{F}\dot{A}|$ 是一个表示负反馈强弱程度的量，称为反馈深度。

当 $|1+\dot{F}\dot{A}|>>1$ 时，称为深度负反馈，这时式(8.6)可写为

$$\dot{A}_f \approx \frac{\dot{A}}{\dot{F}\dot{A}} = \frac{1}{\dot{F}} \tag{8.7}$$

这是一个很重要且有用的公式，它表明，在深度负反馈的条件下，闭环放大倍数 $\dot{A}_f$，几乎与开环放大倍数 $\dot{A}$ 无关，也就是说，不受管子参数的影响，仅决定于反馈电路。因此，闭环放大电路具有很高的稳定性。利用式(8.7)也可近似地计算闭环电压放大倍数 $\dot{A}_f$。通常认为，$|1+\dot{F}\dot{A}|>>10$ 时为深度负反馈，用式(8.7)计算出 $\dot{A}_f$ 的误差小于 10%，在工程中是允许的。

8.2.2　负反馈放大电路的类型

在负反馈放大电路中，如果从输出端取得的反馈信号正比于输出电压，则称为电压反馈；如果从输出端取得的反馈信号正比于输出电流，则称为电流反馈。在输入端，输入信号和反馈信号既可以是电压比较，也可以是电流比较。在电路连接方式上，电压比较表现为串联，故称为串联反馈；电流比较表现为并联，故称为并联反馈。因此，负反馈放大电路按照反馈方式分为电压串联负反馈、电流并联负反馈、电压并联负反馈、电流串联负反馈四种类型。下面分别通过具体的电路进行介绍，以期正确判断其反馈类型并掌握各自的特点。

(1)电压串联负反馈电路。

如图 8.8 所示，基本放大电路是一个集成运算放大器，由电阻 R_1 和 R_2 组成的分压器就是反馈电路。

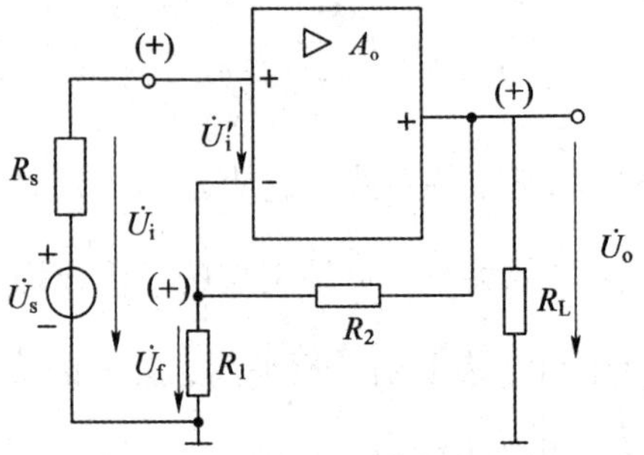

图 8.8　电压串联负反馈电路

为了判断这个电路的反馈极性，可以采用瞬时极性法。设想在放大电路的输入端接入一信号电压 $\dot{U}_s$，其瞬时极性如图 8.8 所示，由 $\dot{U}_s$ 引起电路各处电位瞬时极性如图 8.8 中“+”号所示。显然，由于输入信号 $\dot{U}_s$ 接在运放的同相输入端，因此 $\dot{U}_o$ 与 $\dot{U}_s$($\dot{U}_i$)同相。由于 $\dot{U}_o$ 经反馈电路而产生的反馈电压 $\dot{U}_f$ 与 $\dot{U}_o$ 同相，也就是与 $\dot{U}_i$ 同相。从输入回路中的电压关系看出，$\dot{U}_f$ 抵消了 $\dot{U}_i$ 的一部分，致使集成运算放大器两输入端之间的净输入电压 $\dot{U}_i'=\dot{U}_i-\dot{U}_f$ 减小，电路的输出电压 $\dot{U}_o$ 亦减小，整个放大电路的电压放大倍数将降低，因此，这时所引入的反馈是负反馈。同时，由于 $\dot{U}_f$ 和 $\dot{U}_i$ 在输入回路中彼此串联，所以是串联反馈。

再从电路的输出端来看，反馈电压 $\dot{U}_f$ 经 R_1，R_2 组成的分压器由输出电压 $\dot{U}_o$ 取样得来，反馈电压 $\dot{U}_f$ 是 $\dot{U}_o$ 的一部分，即反馈电压与输出电压成比例。故是电压反馈。所以，图 8.8 所示电路是电压串联负反馈电路。

在判断电压反馈时，可以采用一种简便的方法，即根据电压反馈的定义——反馈电压与输出电压成比例。设想将放大电路的输出端对地短路，即设 $\dot{U}_o=0$，如使 $\dot{U}_f=0$ 即反馈不存在，则是电压反馈。图 8.8 所示电路中，设 $\dot{U}_o=0$，则 $\dot{U}_f=0$，所以是电压反馈。

电压负反馈的重要特点是电路的输出电压趋向于维持恒定，即有稳定输出电压的作用。因为无论反馈信号以何种方式引回到输入端，实际上都是利用输出电压 $\dot{U}_o$ 本身的变化，通过反馈电路对放大电路起自动调整作用，这就是电压负反馈的实质。例如，当 $\dot{U}_i$ 一定时，若负载电阻 R_L 减小而输出电压 $\dot{U}_o$ 下降，则电路将进行如下自动调整过程：

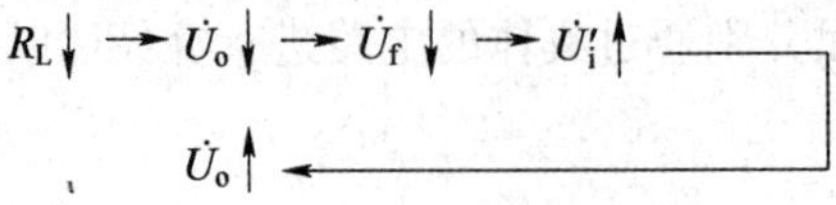

可见，负反馈的结果牵制了 $\dot{U}_o$ 的下降，从而使 $\dot{U}_o$ 基本维持恒定。

(2)电流并联负反馈电路。

如图 8.9 所示，仍然采用瞬时极性法判断反馈的极性。设在电路的输入端外加一信号电流，其输入电流为 $\dot{I}_i$，由于流入反相输入端，故输出端极性与之相反，输出电流为 $\dot{I}_o$ 方向为流入输出端，由此而引起电路中各支路电流 $\dot{I}_i$、$\dot{I}_i'$ 及 $\dot{I}_f$ 的流向如图 8.9 中的箭头所示。显然，流进集成运算放大器的反相输入端的电流 $\dot{I}_i'=\dot{I}_i-\dot{I}_f$，与未接反馈电路时的情况相比，$\dot{I}_i'$ 减小，电路的输出电流 $\dot{I}_o$ 亦减小，电流放大倍数下降，可见引入的是负反馈。由此可以看出，反馈信号从输出端加到集成运算放大器的反相输入端，即可实现负反馈。

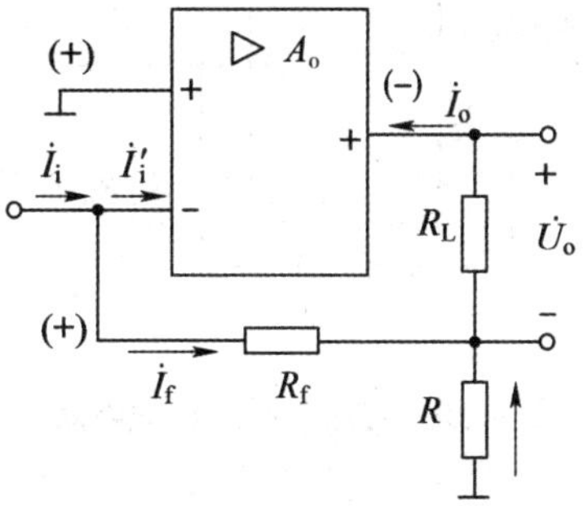

图 8.9　电流并联负反馈电路

反馈信号 $\dot{I}_f$ 是从输出电流 $\dot{I}_o$ 取样的，所以是电流反馈。另一种比较简便的方法就是将负载 R_L 开路，致使 $\dot{I}_o=0$，从而使 $\dot{I}_f=0$(指由 $\dot{I}_o$ 反馈所产生的那一部分)，即反馈信号消失了，从而确定为电流反馈。

从图 8.9 中还可以看到，在电路的输入端，反馈电流 $\dot{I}_f$ 与输入电流 $\dot{I}_i$ 以并联的方式供给集成运算放大器以净输入电流 $\dot{I}_i'$，所以是并联反馈。综合起来，如图 8.9 所示电路是电流并联负反馈电路。

电流负反馈的重要特点是趋向于维持输出电流 $\dot{I}_o$ 恒定，即有稳定输出电流的作用。在一定的条件下，不论何种原因(如 R_L 增大等)使 $\dot{I}_o$ 减小，负反馈的作用将引起如下的自动调整过程：

$$R_L\uparrow \to \dot{I}_o\downarrow \to \dot{I}_f\downarrow \to \dot{I}_i'\uparrow$$
$$\dot{I}_o\uparrow \leftarrow$$

可见，负反馈作用的结果牵制了 $\dot{I}_o$ 的减小，使 $\dot{I}_o$ 基本维持恒定。

以上讨论的电压串联和电流并联两种负反馈电路，从它们的取样对象(电压 $\dot{U}_o$ 或电

流 $\dot{I}_o$)和反馈信号(电压 $\dot{U}_f$ 或电流 $\dot{I}_f$)与输入信号的连接方式来看，具有典型性，所得的结论可以推广到其他两种反馈电路中。

(3)电压并联负反馈电路。

如图 8.10 所示，这里电源以电流源的形式出现。先判断该电路的反馈极性。假设在输入端所加的信号电流 $\dot{I}_i$ 的瞬时流向如图 8.10 中的箭头所示，则由于集成运算放大器的倒相作用，得出 $\dot{U}_o$ 的极性是上端为负，此时 $\dot{I}_i$、$\dot{I}_i'$ 及 $\dot{I}_f$ 的流向如图 8.10 中的箭头所示，这样在相同电流源值的作用下，因 $\dot{I}_f$ 的分流而使流入集成运算放大器的电流 $\dot{I}_i'$ 减小，$\dot{U}_o$ 亦减小，故属于负反馈。

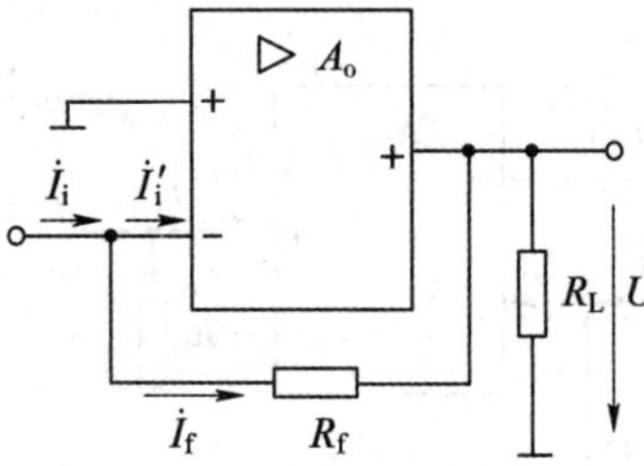

图 8.10　电压并联负反馈电路

输出端的取样对象为 $\dot{U}_o$，故为电压反馈。也可这样来判断，假设 $\dot{U}_o=0$ 即输出短路，则反馈电流 $\dot{I}_f$ 消失，即反馈不存在，所以是电压反馈。又因在输入端 $\dot{I}_i$ 和 $\dot{I}_f$ 并行地供给集成运算放大器的电流 $\dot{I}_i'$，所以是并联反馈。综合来看，该电路是电压并联负反馈电路。

(4)电流串联负反馈电路。

电流串联负反馈电路如图 8.11 所示，读者可自行分析。

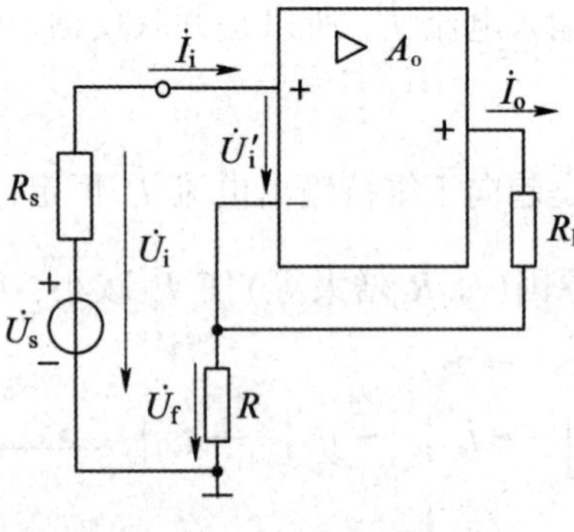

图 8.11　电流串联负反馈电路

通过对上述四种类型的负反馈电路进行分析，可得出判别的简便方法：

①若反馈信号与输入信号同时加在一个输入端上，则是并联负反馈；若反馈信号与

输入信号分别加在两个输入端上，则是串联负反馈。

②若反馈电路是从输出端直接引出的，则为电压反馈；若反馈电路是从负载电阻 R_L 的靠近“地”端引出的，则为电流反馈。

8.2.3　负反馈对放大电路性能的影响

放大电路引入负反馈后会使放大倍数下降，由式(8.6)可知，闭环电压放大倍数为 $\dot{A}_f=\dfrac{\dot{A}}{1+\dot{F}\dot{A}}$，使引入负反馈后的放大倍数减小为无反馈时的 $\dfrac{1}{1+\dot{F}\dot{A}}$ 倍。虽然这是一个缺点，但是能从多方面改善放大电路的性能，现分述如下。

(1)提高放大倍数的稳定性。

前面已经分析，当输入信号($\dot{U}_i$ 或 $\dot{I}_i$)一定时，电压负反馈能使输出电压基本维持恒定，电流负反馈能使输出电流基本维持恒定，总的来说，就是能维持放大倍数恒定。从式(8.6)来看，当反馈很深，即 $|1+\dot{F}\dot{A}|>>1$ 时，式(8.6)将简化为

$$\dot{A}_f=\frac{\dot{X}_o}{\dot{X}_i}=\frac{\dot{A}}{1+\dot{F}\dot{A}}\approx\frac{\dot{A}}{\dot{F}\dot{A}}=\frac{1}{\dot{F}}$$

引入负反馈后，放大倍数只决定于反馈电路，而与基本放大电路几乎无关。反馈电路一般由一些性能比较稳定的无源线性元件所组成，因此引入负反馈后放大倍数是比较稳定的。

为了从数量上表示放大倍数的稳定程度，用有、无反馈两种情况下放大倍数相对变化之比来评定。一般放大倍数的稳定性是用它的绝对值的变化来表示的，在不考虑相位关系时，用正实数 A 和 F 分别表示放大倍数 $\dot{A}$ 和反馈系数 $\dot{F}$ 的绝对值，则式(8.6)变为

$$A_f=\frac{A}{1+FA} \tag{8.8}$$

在式(8.8)中，对 A 取导数，得

$$\frac{dA_f}{dA}=\frac{(1+FA)-FA}{(1+FA)^2}=\frac{1}{(1+FA)^2}$$

或

$$dA_f=\frac{dA}{(1+FA)^2}$$

以式(8.8)来除，得

$$\frac{dA_f}{A_f}=\frac{1}{1+FA}\frac{dA}{A} \tag{8.9}$$

式(8.9)表明，引入负反馈后，放大倍数的相对变化是未加负反馈前放大倍数相对

变化的 $1/(1+FA)$。例如，当 $1+FA=10$（通常是容易满足这一条件的）时，引入负反馈后，A_f的相对变化只有 A 的相对变化的 1/10。

【例 8.2】 已知一个负反馈放大电路 $A=300$，$F=0.01$，试求：

①闭环电压放大倍数 A_f为多少？

②如果由于某种原因使 A 发生±6%的变化，那么 A_f的相对变化量为多少？

解 ①根据式(8.8)，闭环电压放大倍数为

$$A_f=\frac{A}{1+FA}=\frac{300}{1+0.01\times300}=75$$

②又根据式(8.9)，得

$$\frac{dA_f}{A_f}=\frac{1}{1+FA}\frac{dA}{A}=\frac{300}{1+0.01\times300}(\pm6\%)=0.25\times(\pm6\%)=\pm1.5\%$$

(2)减小非线性失真。

由于电路中存在非线性器件，所以即使输入信号 $\dot{X}_i$ 为纯正弦波，输出信号也不是正弦波，而会有一定的非线性失真。引入负反馈以后，会减小非线性失真。下面进行定性分析。

设图 8.12(a)所示的是一个无反馈的放大电路，在输入正弦信号时，输出产生了失真：正半周幅值大，负半周幅值小。引入负反馈以后［图 8.12(b)］，由于反馈系数为常数，反馈信号将与输出信号一样失真，也是上大下小。由于净输入信号为输入正弦信号和反馈信号之差，所以净输入信号也失真，变成上小下大。这样的信号经过放大，其输出波形的失真程度势必得到一定的改善。

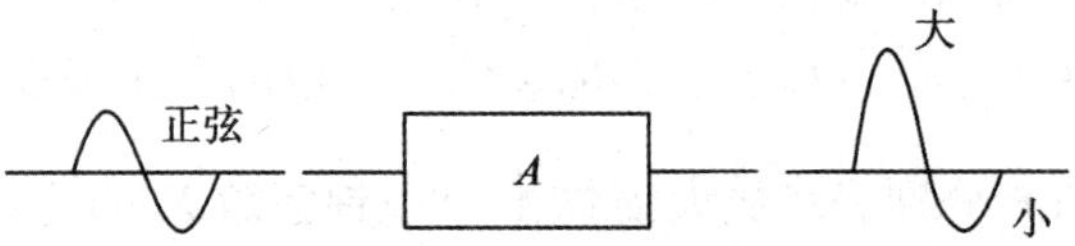

(a)

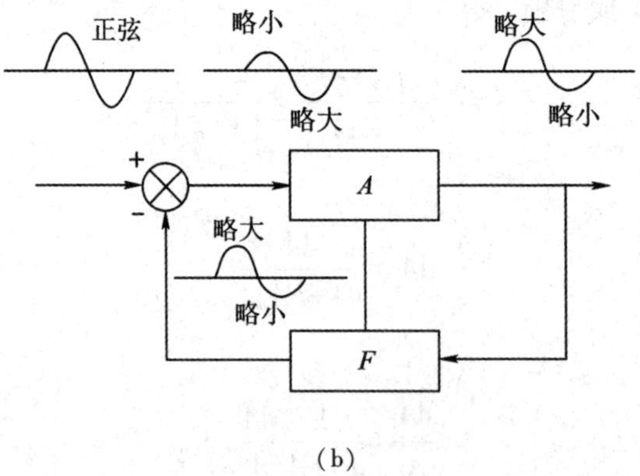

(b)

图 8.12 非线性失真

应当注意的是，负反馈减小、非线性失真所指的是反馈环内的失真，如果输入波形本身就是失真的，这时即使引入负反馈，也无济于事。

(3)抑制噪声。

对放大器来说，噪声是有害的。噪声电压可以视为由器件的非线性所引起的高次谐波电压。显然负反馈的引入，使有效信号和噪声电压一同减小。应当注意，噪声电压是固定的，而有效信号可以人为地增加(人为地加大输入电压的幅度或另外增加一前置放大级)，这样就可以提高信号噪声比。

(4)扩展频带。

频带宽度是放大电路的技术指标之一，在某些场合下，往往要求有较宽的频带。引入负反馈是扩展频带的有效措施之一。由式(8.7)可以看出，在深度负反馈的条件下，放大电路的放大倍数只与反馈电路的参数有关，如果反馈电路里不含 L, C 等电抗元件，而仅由若干电阻所构成，则可近似认为反馈放大电路的放大倍数为一常数，即可使频带增宽。

(5)对输入电阻和输出电阻的影响。

放大电路引入负反馈后，对输入电阻和输出电阻都产生影响。反馈的方式不同，影响也不一样。

输入电阻的增大或减小取决于输入端的反馈方式(串联或并联)。引入串联负反馈后，输入电阻 r_{if} 比无负反馈时的输入电阻 r_i 大。并联负反馈的情况相反，使 r_{if} 减小。反馈越深，r_{if} 减小越甚。

输出电阻 r_{of} 的变化情况则取决于输出端的反馈方式(电压或电流)。电压负反馈具有稳定输出电压的作用，使电路接近恒压源的性质，而恒压源的内阻很小，所以使输出电阻 r_{of} 减小。而电流负反馈具有稳定输出电流的作用，使电路接近恒流源的性质，而恒流源的内阻很大，所以使输出电阻 r_{of} 增大。

综上所述，可以得出以下结论：负反馈之所以能够改善放大电路多方面的性能，归根结底是由于将电路的输出量($\dot{U}_o$ 或 $\dot{I}_o$)引回到输入端与输入量($\dot{U}_i$ 或 $\dot{I}_i$)进行比较，从而随时对输出量进行调整。前面研究过的提高放大倍数的稳定性、减小非线性失真、抑制噪声、扩展频带及对输入电阻和输出电阻的影响，均可用自动调整作用来解释。反馈越深，即 $|1+\dot{F}\dot{A}|$ 的值越大时，这种调整作用越强，对放大电路性能的改善越为有益。但是，$|1+\dot{F}\dot{A}|$ 的值越大，放大倍数下降越多。由此可知，负反馈对放大电路性能的改善，是以牺牲放大倍数为代价的。另外，必须注意到，反馈深度 $|1+\dot{F}\dot{A}|$ 的值也不能无限制地增加，否则在多级放大电路中，容易产生不稳定现象(自激)。因此，这里所得的结论，在一定条件下是正确的，不能一概而论，不能绝对化。

从前面的分析中可以看出，引入不同类型的负反馈，对放大电路的影响不同。那么为了得到某些性能指标高的放大电路，应如何引入负反馈呢？这里做一些原则性的提示。

①稳定直流量(如静态工作点)，引入直流负反馈(反馈量为直流量)。

②稳定交流性能，引入交流负反馈(反馈量为交流量)。

③稳定输出电压，引入电压负反馈；稳定输出电流，引入电流负反馈。

④提高输入电阻，引入串联负反馈；减小输入电阻，引入并联负反馈。

⑤降低输出电阻，引入电压负反馈；增加输出电阻，引入电流负反馈。

【例 8.3】 电路如图 8.8 所示，试近似计算它的电压放大倍数。

解 图 8.8 所示电路为电压串联负反馈电路，其反馈电压为

$$\dot{U}_f = \frac{R_1}{R_1 + R_2}\dot{U}_o$$

反馈系数为

$$\dot{F} = \frac{\dot{U}_f}{\dot{U}_o} = \frac{R_1}{R_1 + R_2}$$

当$|1+\dot{F}\dot{A}|>>1$时，有

$$A_f \approx \frac{1}{\dot{F}} = 1 + \frac{R_2}{R_1}$$

8.3 集成运算放大器在信号运算方面的应用

集成运算放大器外接深度负反馈电路后，便可以实现比例、加减、积分与微分、对数反对数及乘除等运算。这是它线性应用的一部分。通过对这一部分的分析，可以看到，理想集成运算放大器外接负反馈电路后，其输出电压与输入电压之间的关系只与外接电路的参数有关，而与集成运算放大器本身的参数无关。

8.3.1 理想集成运算放大器及其分析依据

为了分析方便，简化分析过程，通常把实际集成运算放大器视为理想器件，它应具有如下理想参数：

①开环电压放大倍数 $A_o \approx \infty$；

②开环输入电阻 $r_i \approx \infty$；

③开环输出电阻 $r_o \approx 0$；

④共模抑制比 $K_{CMR} \approx \infty$；

⑤开环通频带宽 $BW \approx \infty$；

⑥输入偏置电流比 I_B、输入失调电流 I_{IO}及输入失调电压 U_{IO}均为零。

当然，完全理想的集成运算放大器是不存在的，但实际集成运算放大器的特性相当接近于理想集成运算放大器。借助理想集成运算放大器进行分析所引起的误差很小，在工程上是允许的。根据上述理想集成运算放大器的参数，工作在线性区时，可以得到下面两个重要特性。

①由于理想集成运算放大器的输入电阻为无限大，所以理想集成运算放大器的两输入端不取用电流，即

$$i_P = i_N \approx 0 \tag{8.10}$$

如图 8.13 所示，i_N为反相输入端电流，i_P为同相输入端电流，u_N为反相输入端电位，u_P为同相输入端电位。

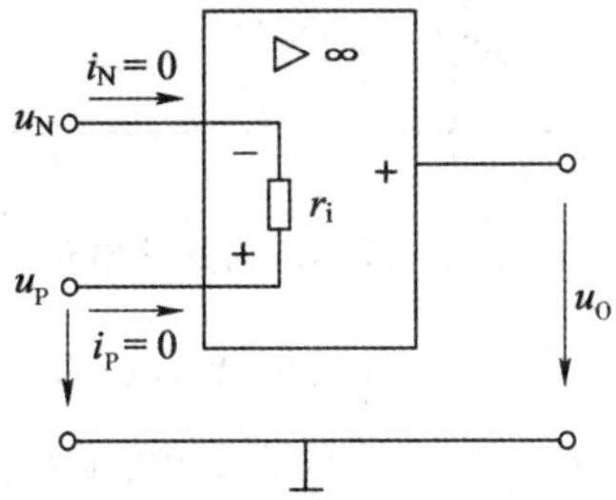

图 8.13　理想集成运算放大器的基本规律

②由于理想集成运算放大器的开环电压放大倍数 A_o接近于无穷大($A_o \to \infty$)，而它的输出电压 u_O是一个有限值，介于两个电源电压(U_{CC}与 U_{EE})值之间，所以其输入电压为

$$u_I = u_P - u_N = \frac{u_O}{A_o} \approx 0$$

于是

$$u_P \approx u_N \tag{8.11}$$

这两个特性是分析集成运算放大电路的重要依据。运用这两个特性，将大大简化集成运算放大应用电路的分析。

式(8.10)和式(8.11)说明理想集成运算放大器工作在线性区时，$u_P \approx u_N$，即两个输入端的电位近似相等，其电位差趋近于零，但不是短路，称为“虚短”；又 $i_P = i_N \approx 0$，这两个输入端好像是断开一样，称为“虚断”，即不是真正的断路。

集成运算放大器在作线性应用时，一般不工作在开环状态。一方面，由于开环电压放大倍数很高，即使输入毫伏级的信号电压，也足以使输出电压接近于电源电压；另一方面，由于干扰，其工作难于稳定。所以集成运算放大器通常都是工作在闭环状态，即在其输出端与输入端之间加一反馈电路，以实现不同的功能。

8.3.2　比例运算

集成运算放大器组成的比例运算电路有三种输入方式，即反相输入、同相输入和差

动输入。其中，差动输入实际上是反相输入和同相输入的综合。

(1)反相输入运算电路。

反相输入运算电路如图 8.14 所示，它的输入信号 u_I 经过外接输入电阻 R_1 加到反相输入端 N，而在同相输入端 P 与地之间接一平衡电阻 R'，电阻 R_F 跨接于输出端与反相输入端之间。

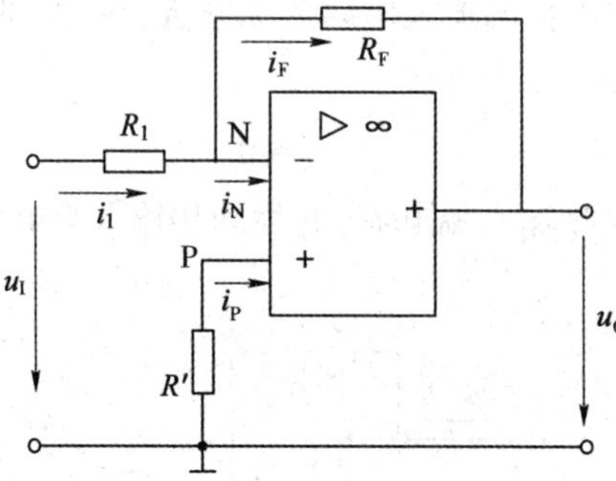

图 8.14　反相输入运算电路

下面分析这种电路的基本性能。在理想集成运算放大器的条件下，根据式(8.10)，即由于 $i_N \approx 0$，所以通过 R_F 的电流 i_F 等于通过 R_1 的电流 i_1，即 $i_F = i_1$。由于 $i_p \approx 0$，所以 R' 上没有电压降，故同相端的电位 $u_p \approx 0$；又根据式(8.11)，即由于 $u_p \approx u_N$，所以 $u_N \approx 0$。这就是说，反相输入端的电位近似为零，即近似于“地”电位，但不是真正接地，通常将这种现象称为“虚地”。这是反相输入运算电路的重要特点。

由图 8.14 可得

$$i_1 = \frac{u_I - u_N}{R_1} = \frac{u_I}{R_1}$$

$$i_F = \frac{u_N - u_O}{R_F} = -\frac{u_O}{R_F}$$

因为 $i_F = i_1$，所以

$$-\frac{u_O}{R_F} \approx \frac{u_I}{R_1} \tag{8.12}$$

在开环电压放大倍数 A_o 足够大时，近似相等很接近完全相等，故反相输入运算电路的电压放大倍数为

$$A_f = \frac{u_O}{u_I} = -\frac{R_F}{R_1} \tag{8.13}$$

或

$$u_O = -\frac{R_F}{R_1} u_I \tag{8.14}$$

式(8.13)表明，集成运算放大器在理想的条件下，电压放大倍数仅与外部电路的电阻 R_1 和 R_F 有关，而与集成运算放大器本身的参数无关。选用不同的电阻比值 R_F/R_1，就

可以得到不同的电压放大倍数 A_f。由于电阻的精度和稳定性可以做得很高，所以电压放大倍数 A_f 的精度和稳定性也很高。式(8.14)中的负号表示输出电压 u_O 与输入电压 u_I 之间的相位(或变化量极性)相反，因此，这种集成运放电路称为反相输入运算电路。

平衡电阻 R' 是为使集成运算放大器两个输入电路的电阻对称，所以接在同相输入端的平衡电阻应等于反相输入端各支路电阻并联的阻值，即 $R'=R_F//R_1$。

考虑到反相输入端处于“虚地”，电位为零，所以反相输入运算电路的输入电阻 r_{if} 接近等于外接输入电阻 R_1，即

$$r_{if}\approx R_1 \tag{8.15}$$

由于集成运算放大器本身的输出电阻 r_o 通常很小，当 $A_o\approx\infty$ 时，$r_{of}\approx 0$。

在图 8.14 中，若 $R_F=R_1=R$，则

$$A_f=\frac{u_O}{u_I}\approx -1$$

或

$$u_O\approx -u_I$$

即输出电压 u_O 与输入电压 u_I 的大小接近于相等，而两者的相位(或极性)相反。这时，集成运算放大电路相当于做了一次变号运算。这种集成运算放大器称为反相器。

【例 8.4】 在图 8.14 中，若 $R_1=10\ \text{k}\Omega$，$R_F=100\ \text{k}\Omega$，$u_I=0.8\ \text{V}$，试求 A_f，u_O，r_{if}，R'。

解

$$A_f=-\frac{R_F}{R_1}=-\frac{100}{10}=-10$$

$$u_O=-10u_I=-10\times 0.8=-8(\text{V})$$

$$r_{if}\approx R_1=10(\text{k}\Omega)$$

$$R'=R_F//R_1=10//100=9.09(\text{k}\Omega)$$

通常取 R_1 和 R_F 的阻值范围为 1 kΩ~1 MΩ，这也是输入电阻的范围，电压放大倍数 A_f 的范围为 0.1~100.0，工作频率为 0~1 MHz。

(2)同相输入运算电路。

如图 8.15 所示，它的输入信号 u_I 经过 R_2 加在同相输入端，反相端通过 R_1 接地，电阻 R_F 跨接在输出端与反相输入端之间。

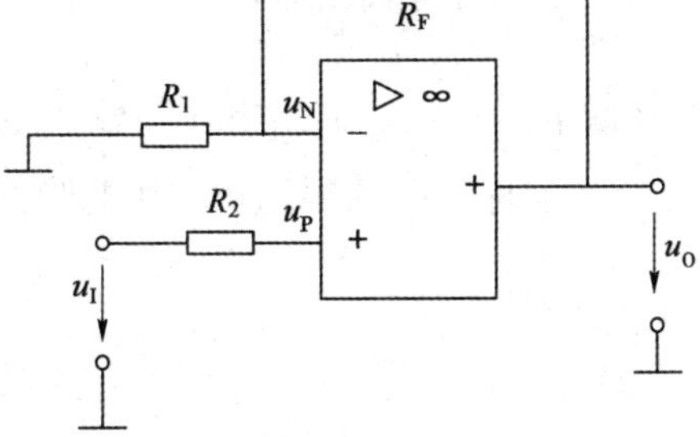

图 8.15　同相输入运算电路

在理想集成运算放大器的条件下，反相端的电压 u_N 是输出电压 u_O 在 R_F 与 R_1 上的分压，即

$$u_N = u_O \frac{R_1}{R_1 + R_F}$$

因为

$$u_N = u_P = u_I$$

所以

$$A_f = \frac{u_O}{u_I} = \frac{R_1 + R_F}{R_1} = 1 + \frac{R_F}{R_1} \tag{8.16}$$

式(8.16)表明，当集成运算放大器在理想条件下，同相输入运算电路的电压放大倍数 A_f 也仅与外部电阻 R_1 和 R_F 有关，而与集成运算放大器本身的参数无关。选用不同的电阻比值 R_F/R_1，就能得到不同大小的电压放大倍数 A_f。注意式(8.16)为正值，表明输出电压与输入电压相位(或极性)相同，因此，这种运放电路称为同相输入运算电路。同时，由于比值 R_F/R_1 为正值，所以同相运算电路的电压放大倍数是大于或等于 1。

应该指出，图 8.15 中集成运算放大器两个输入端上的信号电压为 $u_N = u_P = u_I$。因此，两个输入端的信号电压是共模信号电压(大小相等，极性相同)，其值就是输入信号电压 u_I。所以同相输入运算电路中，所选用的集成运算放大器必须承受共模信号电压 u_I。而在图 8.14 所示的反相输入运算电路中，它的两个输入端没有承受共模信号电压。

从图 8.15 所示的输入回路可得输入电阻：

$$r_{if} = \frac{u_I}{i_P}$$

在理想条件下，由于 $i_P \approx 0$，所以 $r_{if} \approx \infty$。

同相输入运算电路的输入电阻一般很高，在 10 MΩ 以上，甚至可达 100 MΩ 左右。而同相输入运算电路的输出电阻与反相输入运算电路基本相同。所以同相输入运算电路的主要特点是输入电阻高、输出电阻低。

图 8.15 所示的同相输入运算电路中，若使 $R_F = 0$ 或 $R_1 = \infty$，则

$$A_f = 1 + \frac{R_F}{R_1} = 1 \tag{8.17}$$

式(8.17)表明，当 $R_F = 0$ 或 $R_1 = \infty$ 时，输出电压与输入电压大小相等，相位(或极性)相同，所以这种集成运算放大器称为电压跟随器，其电路如图 8.16 所示。它是同相输入运算电路的一个特例。

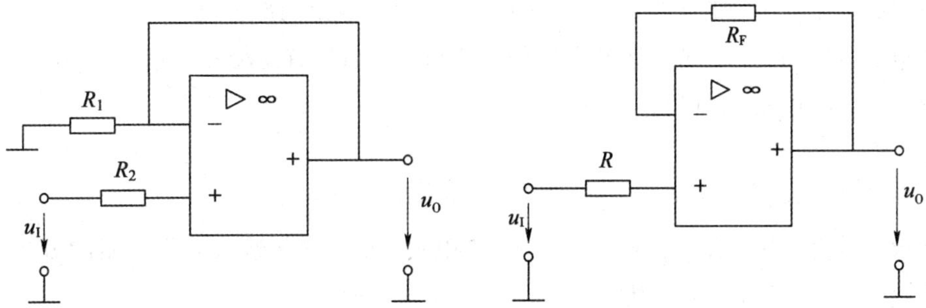

(a)　　　　　　　　　　　　　　(b)

图 8.16　电压跟随器电路

虽然电压跟随器的电压放大倍数 $A_f = 1$，但由于它的输入电阻非常大，输出电阻很小，因而获得了广泛应用，如作缓冲器、阻抗变换器、隔离器等。图 8.17 所示电路是一个用作隔离器的实例。图 8.17(a)是一个电阻分压器，当负载电阻 R_L 变化时，输出电压 u_2 会随之变化。图 8.17(b)是用电压跟随器使 R_L 与分压器隔离，这样当 R_L 变化时，u_2 将保持不变，而 R_L 两端所加电压值仍然等于 u_2。

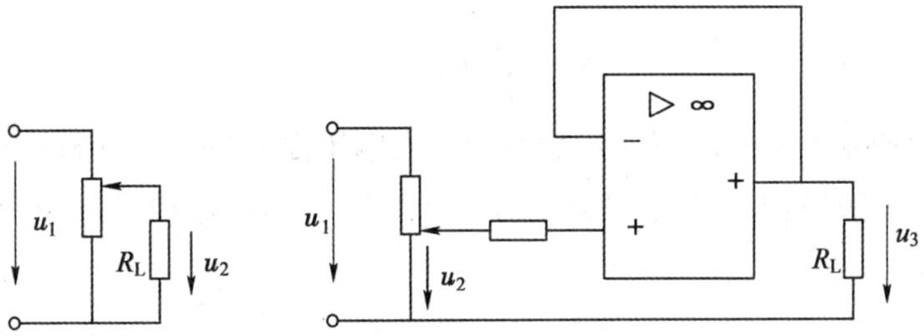

(a)　　　　　　　　　　　　　　(b)

图 8.17　电压跟随器应用实例

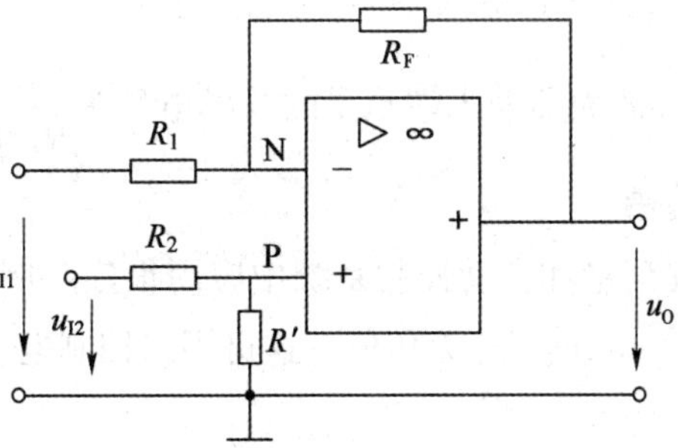

图 8.18　差动输入运算电路

(3)差动输入运算电路。

差动输入运算电路如图 8.18 所示，它的两个输入端都有信号输入：一个输入信号 u_{I1}，接在反相输入端；另一个输入信号 u_{I2}，接在同相输入端。当集成运算放大器工作在线性区时，按照电路中的叠加原理，输出电压 u_O 可看成由两部分电压叠加而成。

先设 $u_{I2}=0$，由反相输入运算电路的分析可知，当只有反相输入信号 u_{I1} 作用时，其输出电压 u_{O1} 由式(8.14)可得

$$u_{O1}=-\frac{R_F}{R_1}u_{I1}$$

再设 $u_{I1}=0$，当只有同相输入信号 u_{I2} 作用时，则由同相输入运算电路的分析可知，其输出电压 u_{O2} 由式(8.16)可得

$$u_{O2}=\frac{R_1+R_F}{R_1}u_p=\frac{R_1+R_F}{R_1}\frac{R'}{R_2+R'}u_{I2}$$

如果两个输入信号 u_{I1} 和 u_{I2} 同时作用，根据叠加原理，其总的输出电压 u_O 应是两部分输出电压的代数和，即

$$u_O=u_{O1}+u_{O2}=-\frac{R_F}{R_1}u_{I1}+\frac{R_1+R_F}{R_1}\frac{R'}{R_2+R'}u_{I2} \tag{8.18}$$

通常，为了减小失调，要求集成运算放大器反相输入端和同相输入端的外接电阻平衡对称。因此，常取 $R_1=R_2$，$R'=R_F$，这时总的输出电压为

$$u_O=\frac{R_F}{R_1}(u_{I2}-u_{I1}) \tag{8.19}$$

可见，其总的输出电压 u_O 仅决定于两个输入电压之差($u_{I2}-u_{I1}$)和外部电阻的比值 R_F/R_1，所以称为差动输入运算电路或差值运算电路。当使 $R_F=R_1$ 时，则式(8.19)可进一步简化为

$$u_O=u_{I2}-u_{I1} \tag{8.20}$$

从而可用差动输入运算电路实现两个输入信号的减法运算。

若 $u_{I2}=u_{I1}$，则 $u_O=0$。这说明差动输入运算电路不放大共模输入电压。当然，只有严格满足 $R_1=R_2$、$R'=R_F$ 及理想运放的条件，才能得到这一特性。

图 8.18 中，集成运算放大器输入端承受的共模电压为 $\frac{R'}{R_2+R'}u_{I2}$，不得超出集成运算放大器允许的共模输入范围。

差动输入运算电路在测量和自动控制系统中应用很广。例如，当 $u_{I2}>u_{I1}$ 时，输出电压 u_O 为正值；反之，当 $u_{I2}<u_{I1}$ 时，u_O 为负值。这可用来控制电动机的正、反转。

8.3.3 加法运算

图 8.19 所示为三个输入信号的加法电路，由于电路是反相输入接法，反相端 N“虚地”，所以三个输入电压彼此独立地通过自身的输入回路电阻转换为电流。

因为输入到集成运算放大器内的电流 $i_N=0$，故

$$i_1+i_2+i_3=i_F \tag{8.21}$$

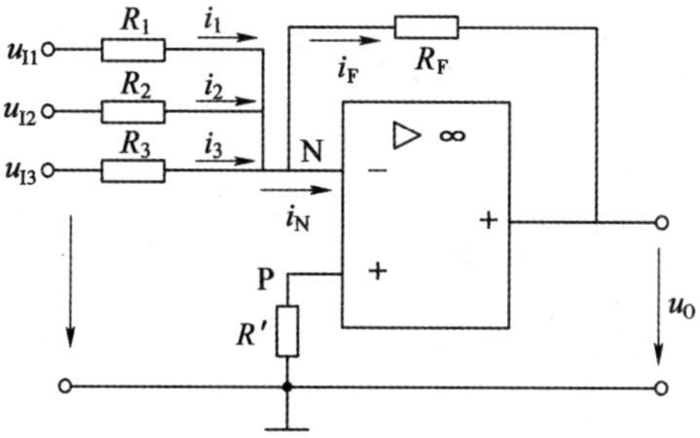

图 8.19 加法运算电路

$$\frac{u_{I1}}{R_1}+\frac{u_{I2}}{R_2}+\frac{u_{I3}}{R_3}=-\frac{u_O}{R_F}$$

则

$$u_O=-\left(\frac{R_F}{R_1}u_{I1}+\frac{R_F}{R_2}u_{I2}+\frac{R_F}{R_3}u_{I3}\right) \tag{8.22}$$

式(8.22)表明，输出电压等于各输入电压按照不同比例相加，实现了对输入信号电压的求和运算。其中，负号表示极性相反，这是由反相输入所引起的，故又称为反相加法器。

当 $R_1=R_2=R_3=R$ 时，

$$u_O=-\frac{R_F}{R}(u_{I1}+u_{I2}+u_{I3}) \tag{8.23}$$

即输出量与各输入量之和成比例。

当 $R_F=R_1=R_2=R_3=R$ 时，

$$u_O=-(u_{I1}+u_{I2}+u_{I3}) \tag{8.24}$$

即输出量等于输入量之和，但极性(相位)相反。

图 8.19 中平衡电阻 $R'=R_1//R_2//R_3//R_F$。

加法电路也可以从运算放大器的同相输入端输入信号，但由于运算关系及平衡电阻的选取比较复杂，而且同相输入时在运算放大器的同相和反相输入端加有共模电压，当共模电压超过运算放大器允许的共模电压输入范围时，运算放大器便不能工作，因此一般很少使用同相输入加法电路。

【例 8.5】 在图 8.19 所示的加法运算电路中，$R_F=110\ \text{k}\Omega$，其输出电压满足如下关系：$u_O=-(10u_{I1}+5.5u_{I2}+2.82u_{I3})$，求 R_1、R_2、R_3及平衡电阻 R'。

解 因 u_{I1}，u_{I2}，u_{I3}对输出电压 u_O应满足加法运算表达式，即

$$u_O=-\left(\frac{R_F}{R_1}u_{I1}+\frac{R_F}{R_2}u_{I2}+\frac{R_F}{R_3}u_{I3}\right)$$

与给定 $u_O=-(10u_{I1}+5.5u_{I2}+2.82u_{I3})$做比较，得

$$\frac{R_F}{R_1}u_{I1}=10u_{I1}$$

其中，

$$\frac{R_F}{R_1}=10,\ R_1=\frac{R_F}{10}=\frac{110}{10}=11(\text{k}\Omega)$$

同理，

$$\frac{R_F}{R_2}=5.5,\ R_2=\frac{110}{5.5}=20(\text{k}\Omega)$$

$$\frac{R_F}{R_3}=2.82,\ R_3=\frac{110}{2.82}=39(\text{k}\Omega)$$

$$R'=R_1//R_2//R_3//R_F=11//20//39//110=5.69(\text{k}\Omega)$$

为了达到运算精度，应选精密电阻或通过电位器调到所需阻值。

【**例 8.6**】 电路如图 8.20 所示，求 u_O。

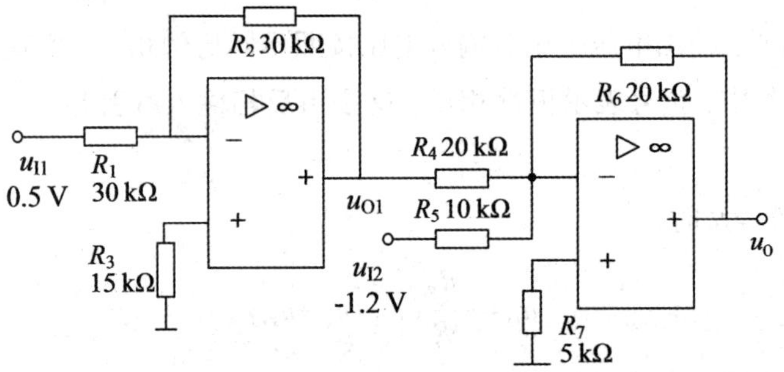

图 8.20 例 8.6 电路图

解 图 8.20 中，第一级是反相器，其输出电压为

$$u_{O1}=-\frac{R_2}{R_2}u_{I1}=-u_{I1}=-0.5(\text{V})$$

第二级是反相加法运算电路，其输出电压为

$$u_O=-\left(\frac{R_6}{R_4}u_{O1}+\frac{R_6}{R_5}u_{I2}\right)=2.9(\text{V})$$

8.3.4 减法运算

当做减法运算时，其输出量与输入量之差成比例，即

$$u_O=K(u_{I1}-u_{I2}) \tag{8.25}$$

前面介绍的图 8.20 所示的差动输入运算电路，即减法电路，前面已经证明，其输出信号与输入信号之差成比例：

$$u_O=\frac{R_F}{R_1}(u_{I2}-u_{I1})$$

这种电路要求电阻必须对称，它的输入电阻也不够高。为了提高减法电路的输入电阻，可采用同相输入串联型差动运算电路，如图 8.21 所示。从图中可得

$$u_{O1}=\left(1+\frac{R_1}{R_2}\right)u_{I1}=\frac{R_1+R_2}{R_2}u_{I1}$$

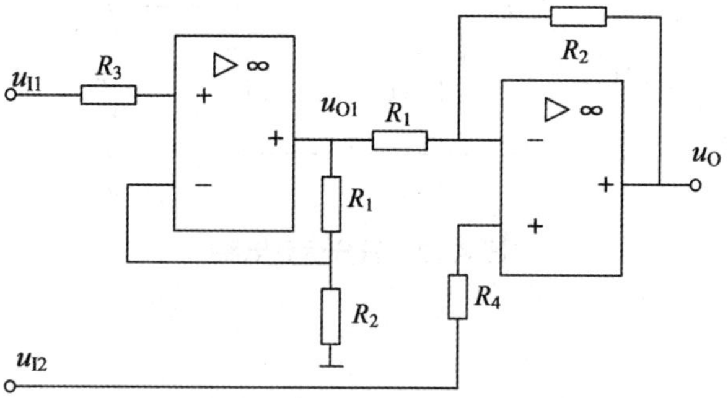

图 8.21　同相输入串联型差动运算电路

当 u_{O1}单独作用时，在输出端产生的电压分量为

$$u_O'=-\frac{R_2}{R_1}u_{O1}=-\frac{R_2}{R_1}\cdot\frac{R_1+R_2}{R_2}u_{I1}=-\left(1+\frac{R_2}{R_1}\right)u_{I1}$$

当 u_{I2}单独作用时，在输出端产生的电压分量为

$$u_O''=\left(1+\frac{R_2}{R_1}\right)u_{I2}$$

所以

$$u_O=u_O'+u_O''=\left(1+\frac{R_2}{R_1}\right)(u_{I2}-u_{I1}) \tag{8.26}$$

由于两个运算放大器都是同相输入，因此输入电阻很高。

8.3.5　积分运算

图 8.22 所示为常用反相型积分运算电路，与反相输入运算电路比较，是将反馈支路中的 R_F用电容 C 代替。

在理想情况下，N 点为“虚地”，$u_N=0$，

$$i_1=\frac{u_I}{R} \tag{8.27}$$

通过电容电流为

$$i_C=C\frac{du_C}{dt}$$

电容两端电压为

$$u_C=u_N-u_O=-u_O$$

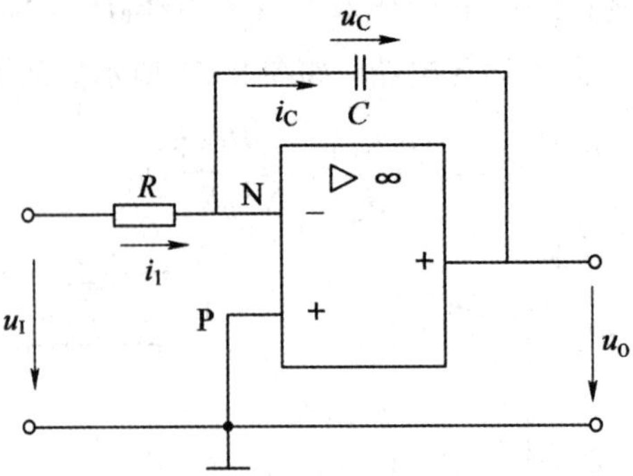

图 8.22　积分运算电路

所以

$$u_O = -u_C = -\frac{1}{C}\int i_C \mathrm{d}t$$

由于运放输入端不取用电流，故

$$i_1 = i_C$$

因此

$$u_O = -\frac{1}{C}\int i_1 \mathrm{d}t = -\frac{1}{C}\int \frac{u_I}{R}\mathrm{d}t$$

$$u_O = -\frac{1}{RC}\int u_I \mathrm{d}t \tag{8.28}$$

式(8.28)表明，输出电压 u_O为输入电压 u_I对时间的积分，负号表示输出电压与输入电压相位相反。

当 u_I是一个正向阶跃电压时，i_1为常数，电容 C 以恒流进行充电，输出电压为

$$u_O = -\frac{u_I}{RC}t = -\frac{u_I}{\tau}t \tag{8.29}$$

式(8.29)表明，u_O随时间呈线性变化，$\tau = RC$ 称为积分时间常数。

【例 8.7】 在图 8.22 所示的电路中，设集成运算放大器为理想状态，$R = 100\ \text{k}\Omega$，$C = 2\ \mu\text{F}$，输入一个 $u_I = 0.1$ V 的直流电压，经过 5 s 后的输出电压为多少？并画出输入、输出波形。

解　根据式(8.29)，5 s 后的输出电压：

$$u_O = -\frac{u_I}{RC}t = -\frac{0.1\times5}{100\times10^3\times2\times10^{-6}} = -2.5(\text{V})$$

输入、输出波形如图 8.23 所示。

【例 8.8】 电路如图 8.24 所示，求输出量与输入量之间的关系。若 u_I为一正向阶跃电压，画出 u_O的波形。

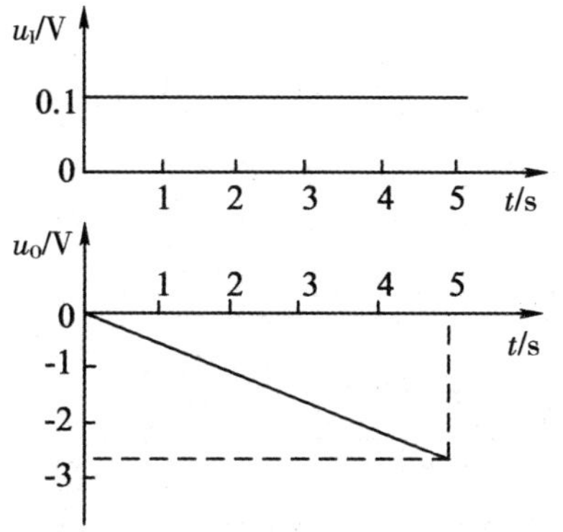

图 8.23 例 8.7 的输入、输出波形电路

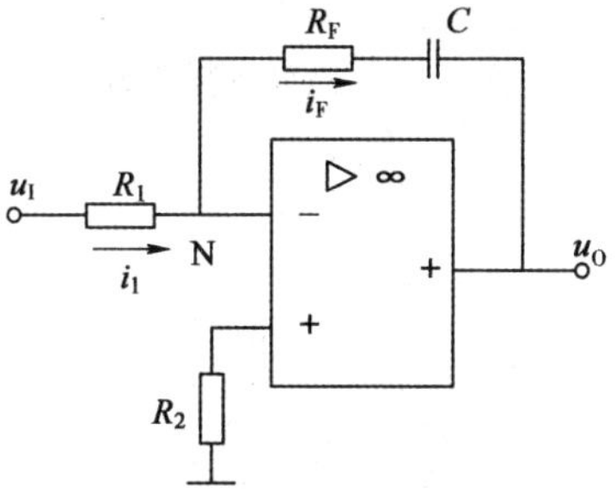

图 8.24 例 8.8 电路

解

$$i_F = i_1 = \frac{u_I}{R_1}$$

$$u_O = -i_F R_F - \frac{1}{C}\int i_F \mathrm{d}t = -\left(\frac{R_F}{R_1}u_I + \frac{1}{R_1 C}\int u_I \mathrm{d}t\right)$$

其中, 第一项表明 u_O 与输入成比例关系; 第二项表明 u_O 与输入成积分关系。这种集成运算放大器称为比例-积分(P-I)调节器。

当输入为正向阶跃电压时, 输出电压为

$$u_O = -\frac{U_I}{R_1 C}t$$

输入、输出电压波形如图 8.25 所示。

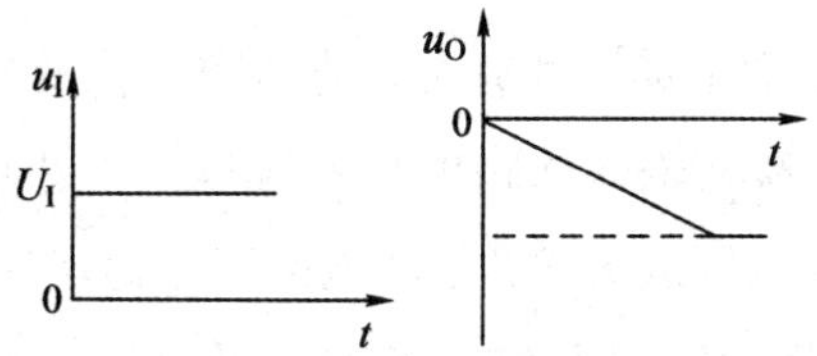

图 8.25 例 8.8 的输入、输出电压波形

8.3.6 微分运算

图 8.26 所示为微分运算电路，它是由积分电路中 R 和 C 的位置互换构成的。因为

$$u_O=-i_FR=-i_CR$$

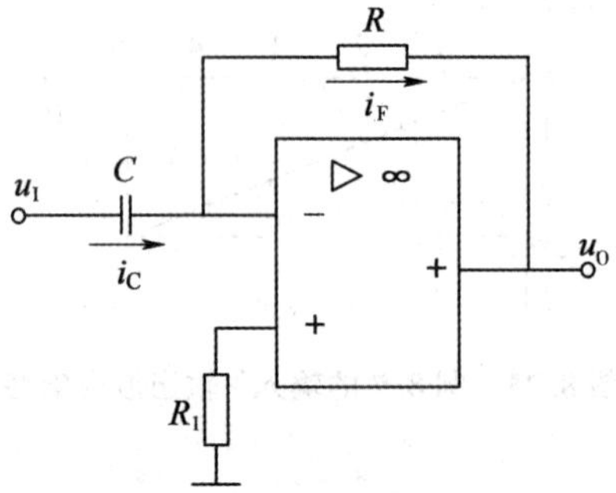

图 8.26 微分运算电路

而

$$i_C=C\frac{du_I}{dt}$$

所以

$$u_O=-RC\frac{du_I}{dt} \tag{8.30}$$

式(8.30)表明，输出电压 u_O与输入电压 u_I对时间微分成正比；RC 为微分时间常数；负号表示输出与输入反相。所以，图 8.26 是一个反相微分运算电路。

当微分电路输入正向阶跃电压时，在 $t=0$ 瞬间，输入信号突然加入，电容 C 相当于短路，输出电压最大(反向)，以后由于 C 被充电，u_O很快衰减为零，输出波形如图 8.27 所示。

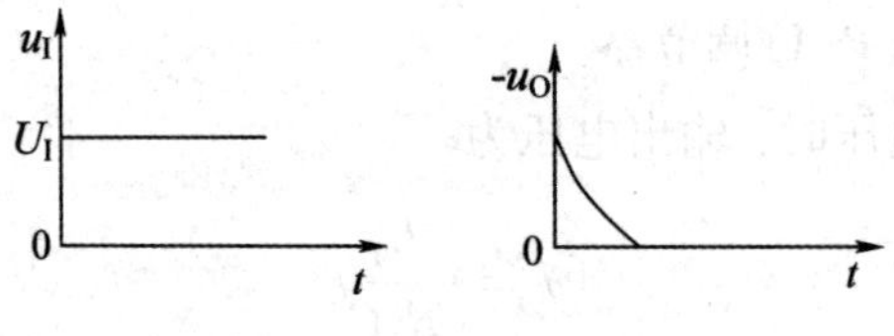

图 8.27 输入、输出波形

由于微分运算电路是高通电路，对输入端的高频干扰及噪声反应很灵敏，容易产生高频自激振荡。使用时，一般在输入回路中与 C 串联一个小电阻，则可限制干扰，加强负反馈作用，从而限制高频电压放大倍数，使电路工作稳定。

将比例运算电路和微分运算电路结合起来，可以组成比例-微分运算电路，如图 8.28 所示。

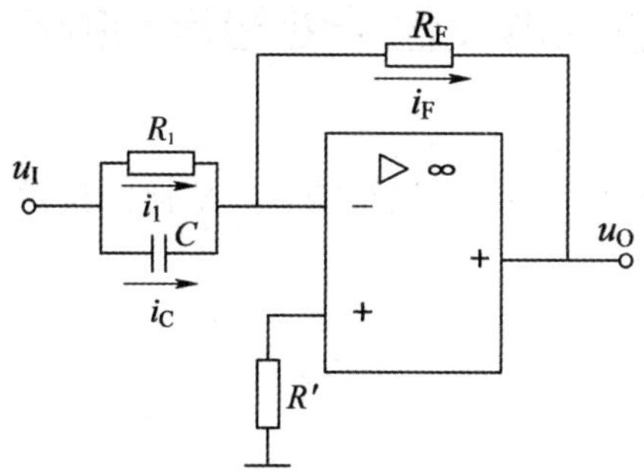

图 8.28　比例-微分运算电路

因为

$$u_O = -i_F R_F$$

而

$$i_F \approx i_1 + i_C = \frac{u_I}{R_1} + C\frac{du_I}{dt}$$

所以

$$u_O = -\frac{R_F}{R_1}u_I - R_F C\frac{du_I}{dt}$$

$$u_O = -\frac{R_F}{R_1}\left(u_I + R_1 C\frac{du_I}{dt}\right) \tag{8.31}$$

当输入端加入负向阶跃信号$-u_I$时，在$t=0$瞬间，电容C可看作短路，这时u_O达到最大值；在$t>0$以后，电容C上逐渐充电，i_C逐渐减小，u_O按照指数规律下降，如图 8.29 所示。当充电结束时，电容C相当于开路，所以最后的输出电压为

$$u_O(\infty) = \frac{R_F}{R_1}U_I$$

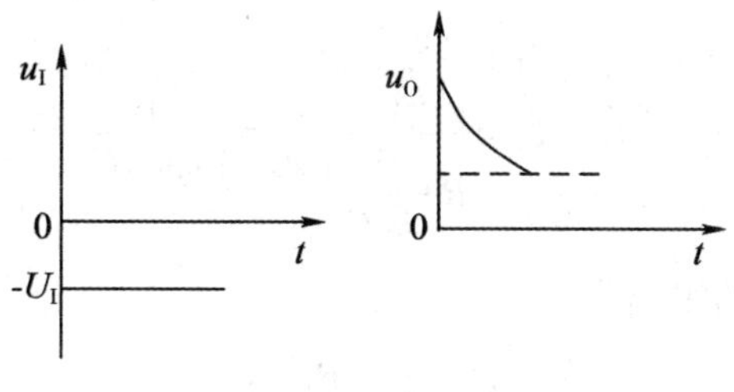

图 8.29　输入、输出波形

比例-微分运算电路用在自动控制系统中，对调节过程起加速作用。

8.4 集成运算放大器在信号处理方面的应用

在各种电路系统中，经常要对信号进行滤波、采样保持及比较等处理。下面做简单介绍。

8.4.1 有源滤波电路

滤波器是一种选频电路，它能使频率在某一范围以内的信号顺利通过，而对频率在此范围以外的信号加以抑制，使其衰减很大。根据通过信号的频率范围，滤波器可以分为低通、高通、带通及带阻等不同类型。电路理论中介绍的RC电路组成的滤波器，称为无源滤波器。将其与集成运算放大器相结合组成滤波器，因集成运算放大器是有源元件，故称为有源滤波器。它具有输入阻抗高、输出阻抗低、选择性好、体积小、重量轻等优点，因此得到广泛应用。

图8.30(a)是低通有源滤波器的电路，它是将RC低通滤波器接到集成运算放大器的同相输入端，R_1和R_F构成同相输入比例运算电路，设输入电压u_I为某一频率的正弦电压，则可用相量表示。

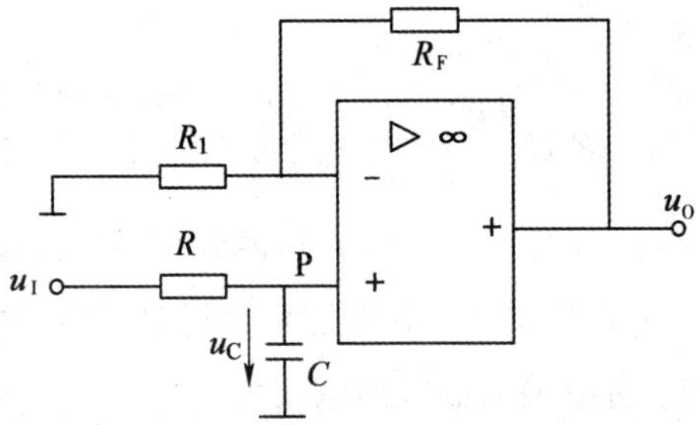

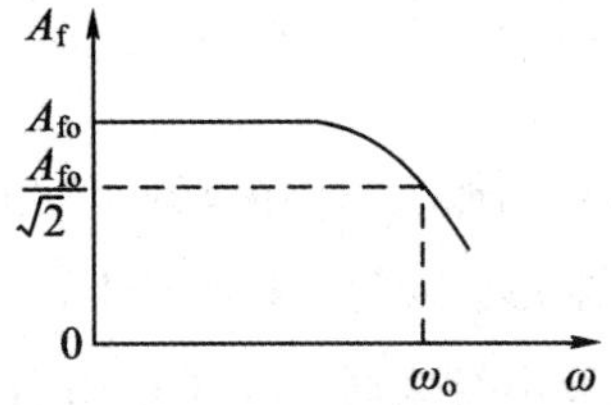

图8.30 低通有源滤波器

由RC电路得出

$$\dot{U}_P=\dot{U}_C=\frac{\dot{U}_I}{R+\frac{1}{j\omega C}}\frac{1}{j\omega C}=\frac{\dot{U}_I}{1+j\omega RC}$$

由同相比例运算电路得出

$$\dot{U}_O=\left(1+\frac{R_F}{R_1}\right)\dot{U}_P$$

故电压放大倍数为

$$A_{\mathrm{f}}=\frac{\dot{U}_{\mathrm{O}}}{\dot{U}_{\mathrm{I}}}=\frac{1+\dfrac{R_{\mathrm{F}}}{R_1}}{1+\mathrm{j}\omega CR}=\frac{1+\dfrac{R_{\mathrm{F}}}{R_1}}{1+\mathrm{j}\dfrac{\omega}{\omega_0}} \tag{8.32}$$

式中，$\omega_0=\dfrac{1}{RC}$或$f_0=\dfrac{1}{2\pi RC}$称为上限截止频率。

式(8.32)即同相输入一阶低通滤波器的频率特性。它体现了电路对不同频率信号的放大能力的变化。

由A_{f}的绝对值可得其幅频特性：

$$|A_{\mathrm{f}}|=\frac{1+\dfrac{R_{\mathrm{F}}}{R_1}}{\sqrt{1+\left(\dfrac{\omega}{\omega_0}\right)^2}} \tag{8.33}$$

当 $\omega=0$ 时，

$$|A_{\mathrm{fo}}|=1+\frac{R_{\mathrm{F}}}{R_1}$$

当 $\omega=\omega_0$时，

$$|A_{\mathrm{f}}|=\frac{1+\dfrac{R_{\mathrm{F}}}{R_1}}{\sqrt{2}}=\frac{|A_{\mathrm{fo}}|}{\sqrt{2}}$$

其幅频特性如图 8.30(b)所示。当 $\omega>\omega_0$时，输出电压衰减很大，认为信号不能通过滤波器，所以称为低通有源滤波器。其通频带为 $0\sim\omega_0$。

若将低通有源滤波器中 RC 电路的 R 和 C 交换位置，则成为高通有源滤波器。

8.4.2　采样保持电路

在数据采集系统中，常常要进行模拟信号(随时间连续变化的信号)到数字信号(不连续变化的脉冲信号)的转换，这种转换称为 A/D 转换。在 A/D 转换前，要对模拟信号进行定期的瞬时采样，并在两次采样之间的时间间隔中保持前一次采样值，以满足 A/D 转换器的工作需要。实现这种功能的电路称为采样保持电路。

图 8.31 为采样保持电路，图 8.31(a)为电路原理图，图中集成运算放大器接成同相电压跟随器形式；场效应管 VF 为一模拟电子开关；电容 C 为保持电容。采样控制信号 u 为矩形脉冲，其波形见图 8.31(b)，将其加在 VF 管的栅极以控制场效应管的导通、截止，实现电子开关的闭合和断开。u_{I}为输入的模拟信号，其波形见图 8.31(c)。

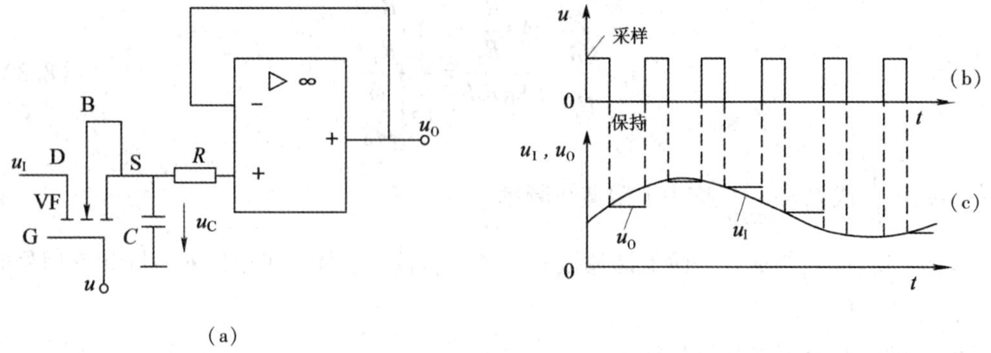

图 8.31　采样保持电路

电路的工作过程如下：当采样控制信号 u 为高电平，即处于采样周期时，VF 导通，电容 C 迅速充电到 u_I的数值，集成运算放大器为同相跟随器，此期间输出 $u_O=u_C=u_I$；当采样控制信号 u 为低电平，即处于保持周期时，VF 截止，电容 C 无放电通路，故保持采样结束时的电压值，直至下一采样周期的到来。此期间输出为 $u_O=u_C$。输出 u_O的信号波形见图 8.31(c)。

集成采样保持放大器的典型型号为 5G582(类同美国 AD 公司的 AD582)。它是一种单片集成采样保持器的通用芯片。其电路结构框图和符号如图 8.32 所示。图 8.32(a)中，$\bar{S}/H$ 用于控制开关 S 的逻辑电路，C_H为外接保持电容，$\bar{S}/H$ 低电平时采样，高电平时保持。其工作原理与图 8.31(a)所示电路相同，但功能更加完善。

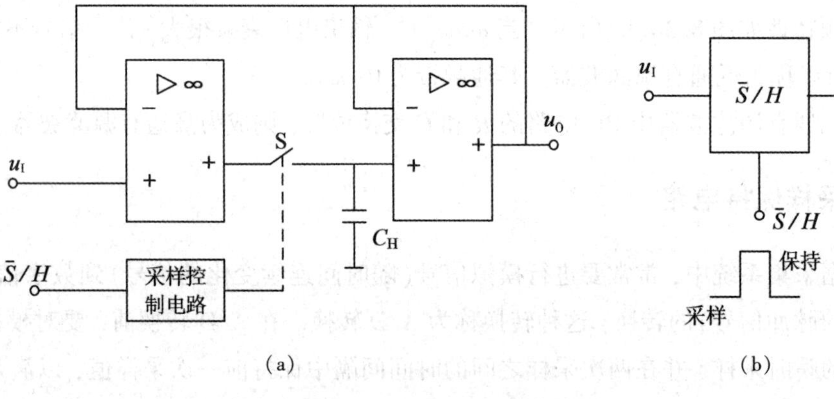

图 8.32　集成采样保持器 5G582

集成采样保持器的品种有很多，如快速采样保持器 AD585、超高速采样保持器 THS-0060S/H 等型号。

8.4.3　电压比较器

比较器是用来比较两个电压大小的电路。它在测量技术、自动控制、波形发生等电路中应用很多。比较器工作在集成运算放大器的开环状态，由于其开环电压放大倍数很高，因此在两个输入端之间有微小的电压差异时，其输出电压就偏向于饱和值。若运放电路引入适量的正反馈，则输出状态的转换过程是阶跃式的。输出电压不是处于正饱和姿态（接近正电源 U_{CC}），就是处于负饱和状态（接近负电源 $-U_{EE}$），超出了集成运算放大器电压传输特性的线性范围，故称为非线性应用。

图 8.33 所示电路是一种最简单的电压比较器，是将一个模拟量的电压信号 u_I 和一个参考电压 U_R 相比较。信号 u_I 从反相端输入，U_R 为参考电压接于同相端，集成运算放大器开环工作，具有很高的开环电压放大倍数。当 $u_I<U_R$ 时，输出为正饱和电压 U_{OM}；当 $u_I>U_R$ 时，输出为负饱和电压 $-U_{OM}$。运放的正、负饱和电压为

$$\begin{aligned} U_{OM} &\approx U_{CC}-(1\sim1.5)\text{V} \\ -U_{OM} &\approx U_{EE}+(1\sim1.5)\text{V} \end{aligned} \tag{8.34}$$

式中，1.0~1.5 V 是集成运算放大器内部的饱和压降。

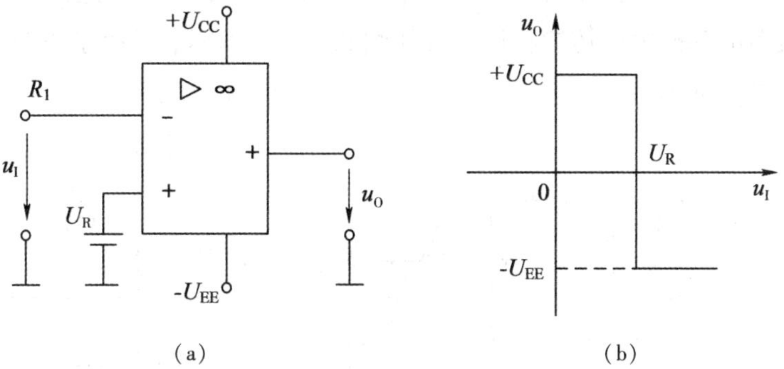

图 8.33　电压比较器

其理想的传输特性如图 8.33(b) 所示。它表示输入电压在参考电压 U_R 附近有微小变化时，输出电压将在 $-U_{EE}$ 与 $+U_{CC}$ 之间转变。可见，电压比较器的输出信号仅有两个电位，一个是低电位，另一个是高电位，是一种不连续的离散信号。

为了与数字电路的高、低电平相配合，一般在集成运算放大器的输出端接稳压管作限幅电路，如图 8.34(a) 所示，u_I 加在同相端，U_R 加在反相端稳压管，VS 加在输出端。

当 $u_I>U_R$ 时，

$$u_O=U_S$$

当 $u_I<U_R$ 时，

$$u_O=-U_D$$

其中，U_S 为稳压管 VS 的稳定电压，U_D 为稳压管 VS 的正向压降。这种比较器的理想电压传输特性曲线如图 8.34(b) 所示。

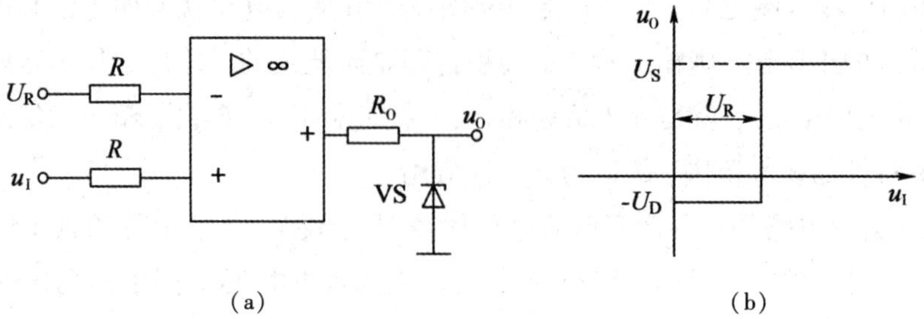

图 8.34　加限幅电路的比较器

如果参考电压 $U_R=0$，则输入电压 u_I过零时，输出电压 u_O将产生跃变，这种比较器称为过零比较器。图 8.35(a)为加限幅电路的过零比较器，VS_1，VS_2为限幅稳压管，其稳定电压相同($U_{S1}=U_{S2}=U_S$)；u_I加在反相端，同相端接地。

当 $u_I>0$ 时，运放负饱和，$u_O=-(U_S+U_D)$；当 $u_I<0$ 时，运放正饱和，$u_O=U_S+U_D$。

过零比较器的理想电压传输特性曲线如图 8.35(b)所示，可用于正弦波信号变换为方波信号，如图 8.36 所示。

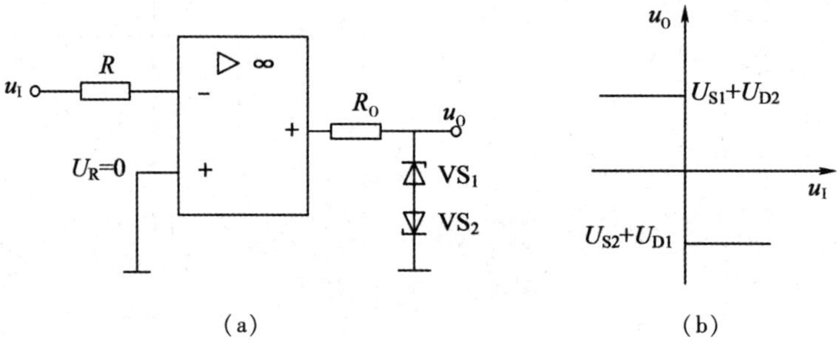

图 8.35　过零比较器

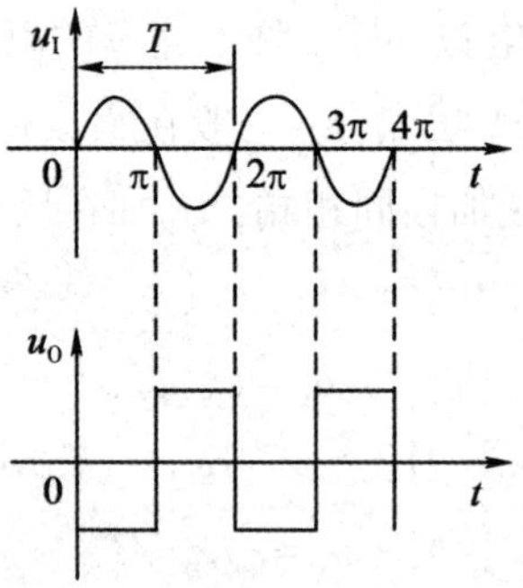

图 8.36　正弦波信号变换为方波信号

过零比较器的输入信号 u_I若正好在过零值附近，则由于零点漂移的存在，u_O将不断地跳变，造成不稳定。为了提高电路的性能，一般采用具有正反馈电路的滞回比较器，如图 8.37 所示。正反馈电路是为了加速比较器的转换过程。

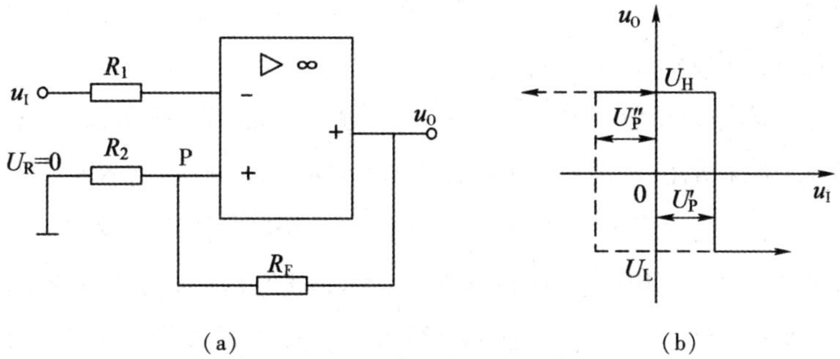

图 8.37　滞回比较器

设某一瞬间，运放输出高电平(高电位)，$u_O=U_H$，这时运放同相输入端电压为

$$U'_P=\frac{R_2}{R_2+R_F}U_H \tag{8.35}$$

这时 U'_P称为“上门限电平”。

当 u_I增大到 $u_I \geqslant U'_P$时，运放输出电压从 U_H转换到低电平 U_L。

在 $u_O=U_L$时，运放同相输入端的电压转变为

$$U''_P=\frac{R_2}{R_2+R_F}U_L\text{(为负值)} \tag{8.36}$$

这时 U''_P称为“下门限电平”。

当 u_I减小到 $u_I \leqslant U''_P$时，运放输出电压从 U_L转换到 U_H，运放同相端电压又变为 U'_P。滞回比较器的理想电压传输特性曲线如图 8.37(b)所示。

上门限电平 U'_P与下门限电平 U''_P的差值，称为“门限宽度”，用 ΔU_T表示，即

$$\Delta U_T=U'_P-U''_P=\frac{R_2}{R_2+R_F}(U_H-U_L) \tag{8.37}$$

从式(8.34)和式(8.36)可以看出，改变正反馈系数$\frac{R_2}{R_2+R_F}$，可同时调节门限宽度及上、下门限电平。

为了保证比较器的精度，参考电压及电阻阻值都必须稳定，同时要求运放的失调电压和温漂都要很低。

简单比较器和滞回比较器有一个共同的特点，即 u_I单方向变化时，u_O只跳变一次，因而只能检查一个电平。

◆◇ 8.5　本章小结

(1)直接耦合放大电路是组成集成运算放大器的基础，它不仅可以放大变化缓慢的直流信号，也可以放大交流信号。直接耦合放大电路必须正确解决前、后级静态工作点

的配合及零点漂移问题。产生零点漂移的主要原因是温度引起管子参数变化。抑制零点漂移的有效方法是采用差动放大电路。

(2)运算放大器实质上是一种具有高放大倍数的直接耦合多级放大电路，它通常由输入级、中间放大级和输出级组成，现已制作成集成电路，即集成运算放大器。

(3)运算放大器从电压传输特性上看，有三个工作区：线性区和两个(正、负)饱和区。运算放大器作线性应用时，工作在线性区；作非线性应用时，常进入两个饱和区。

(4)运算放大器在实际运用时，经常需要外接反馈电路及不同种类的电路元件，以构成各种不同功能的应用电路。在放大电路中引入反馈，虽然使闭环放大电路的放大倍数减小，但是能改善放大电路很多方面的性能，使放大倍数的稳定性提高，改善非线性失真，减小噪声，展宽通频带，改变输入电阻和输出电阻。改善性能是以牺牲放大倍数为代价的。反馈越深，越为有益，但不能无限制地加深反馈，否则易引起电路的不稳定。

(5)典型的负反馈电路有四种，即电压串联、电流串联、电压并联、电流并联负反馈。要掌握判别方法，明确各自的特点和用途，根据不同情况选择合适的负反馈电路形式。

(6)在分析运算放大器各种应用电路时，常把实际运算放大器理想化，以简化运算放大器应用电路的分析。根据理想化条件，在线性区有两个重要特性：①输入电流为零，即 $i_N=i_P=0$；②两个输入端的电位相等，即 $u_N=u_P$。

(7)运算放大器构成的基本运算电路有三种，即反相输入运算电路、同相输入运算电路和差动输入运算电路。掌握其电路形式、输入输出关系、放大倍数及输入电阻。

(8)集成运放的应用非常广泛，根据运放工作区域分为线性应用和非线性应用。按照实际应用的情况，可概括为模拟信号的运算、在信号处理方面的应用、在信号产生方面的应用及在信号测量方面的应用等。

(9)集成运放用于模拟信号的运算主要有比例、加法、减法、积分和微分运算。并由此派生出各种电路，它们并不单纯是为了模拟运算，更主要的是构成各种类型的电路放大、检测、驱动、自控等。

(10)在各种电路系统中，经常要对信号进行滤波、采样保持及比较等处理。有源低通滤波器是将 RC 低通滤波器加在同相比例运算电路的同相输入端而构成。

$A_f=\dfrac{\dot{U}_O}{\dot{U}_I}=\dfrac{1+\dfrac{R_F}{R_1}}{1+j\dfrac{\omega}{\omega_0}}$是它的频率特性，$\omega>\omega_0$时认为信号不能通过，其通频带为$0\sim\omega_0$。采样保持电路常用在 A/D 转换前，对模拟信号进行定期的瞬时采样，并在两次采样之间的时间间隔中保持前一次的采样值，以满足 A/D 转换器的要求。

(11)电压比较器是运放非线性应用的基础，它将输入信号与参考电压作比较，使输出电压为正饱和电压或负饱和电压。具有正反馈的滞回比较器应用更加广泛。

习 题

题 8.1 直接耦合放大电路与阻容耦合放大电路各有哪些特点?

题 8.2 在什么情况下必须采用直接耦合放大电路? 直接耦合放大电路又称直流放大电路, 那么它能否放大交流信号?

题 8.3 什么是零点漂移? 产生零点漂移的主要原因是什么? 它对放大电路有何影响?

题 8.4 为什么直接耦合放大电路要考虑零点漂移问题? 交流放大电路有没有零点漂移问题?

题 8.5 设甲、乙两个直耦放大电路, 测得甲输出端的零点漂移电压是 0.8 mV, 乙输出端的零点漂移电压是 0.5 mV, 试问能否断定甲的零点漂移电压比乙大? 为什么?

题 8.6 什么是反馈、正反馈、负反馈、反馈系数和反馈深度?

题 8.7 反馈放大电路是怎样组成的? 怎样判断有无反馈?

题 8.8 什么是基本放大电路、反馈放大电路、反馈电路(反馈网络)?

题 8.9 什么是电压反馈、电流反馈、串联反馈和并联反馈?

题 8.10 如果需要实现下列要求, 你将分别采用什么反馈?

①稳定静态工作点;

②稳定输出电压;

③稳定输出电流;

④提高输入电阻;

⑤降低输出电阻。

题 8.11 负反馈对放大电路性能有哪些影响? 当收音机中出现较强的天电干扰时, 能否用负反馈的办法来消除它?

题 8.12 当反馈深度的数值很大时, $\dot{A}_f$ 近似等于多少? $\dot{A}_f$ 的近似值有什么重要意义?

题 8.13 理想运放参数有哪些特点? 有哪些重要特性? 什么是“虚短”?

题 8.14 什么是“虚地”? 为什么同相输入方式不存在“虚地”?

题 8.15 试比较反相输入运算电路与同相输入运算电路的特点。

题 8.16 在信号运算的应用电路中, 运放一般工作在什么区域?

题 8.17 某一放大器开环电压放大倍数 $A=4000$, 选配了 $F=0.04$ 的负反馈, 试计算闭环电压放大倍数 A_f。若 A 增大为 8000, A_f变为多少? 并与式(8.17)计算结果相对照。

题 8.18 在图 8.38 所示的各电路中, 试判断反馈极性和反馈类型。

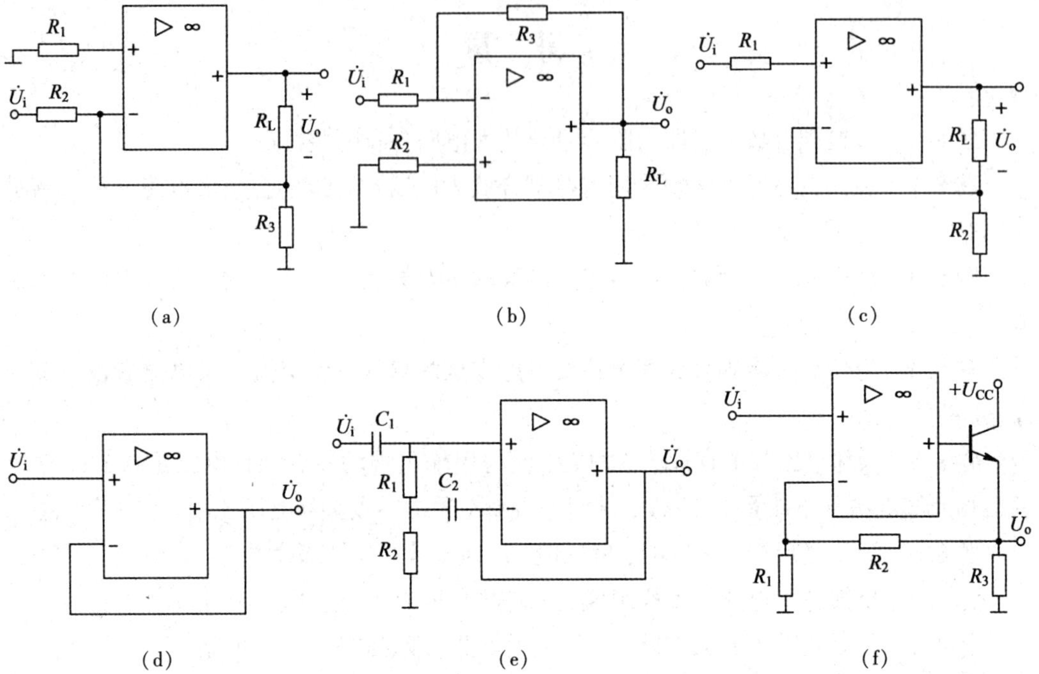

图 8.38 题 8.18 图

题 8.19 在图 8.39 所示电路中，设集成运放开环放大倍数为 $A_o=10^5$，电源 $U_{CC}=$ 15 V，$-U_{EE}=-15$ V，试求在下列三种情况下的输出电压 u_O。

①若 $u_{I1}=2$ mV，$u_{I2}=0$；

②若 $u_{I1}=0$，$u_{I2}=1$ mV；

③若 $u_{I1}=2.1$ mV，$u_{I2}=2$ mV。

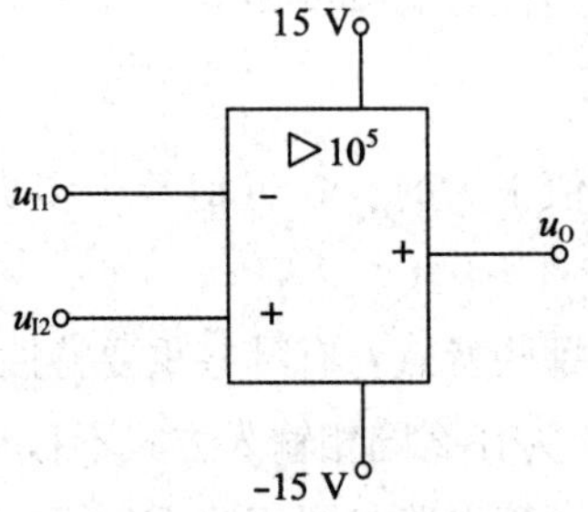

图 8.39 题 8.19 图

题 8.20 电路如图 8.40 所示，写出 u_O 与 u_I 的关系式。

题 8.21 求图 8.41 电路中的 u_O 和 R' 值。

题 8.22 在图 8.42 所示的电路中，已知 $R_1=20$ kΩ，$R_2=100$ kΩ，$R_3=150$ kΩ，$u_I=$ 30 mV，求输出电压 u_O。

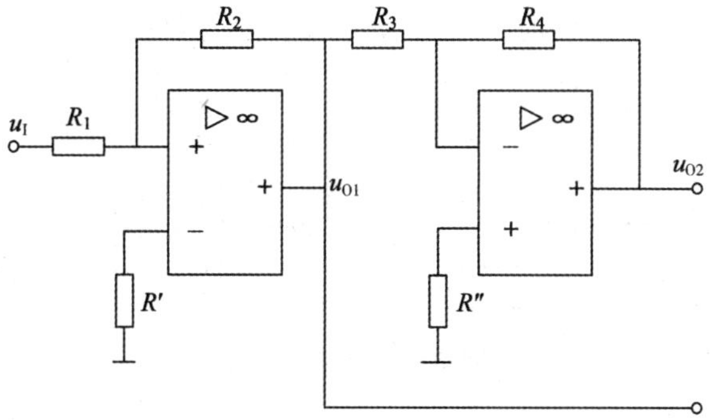

图 8.40　题 8.20 图

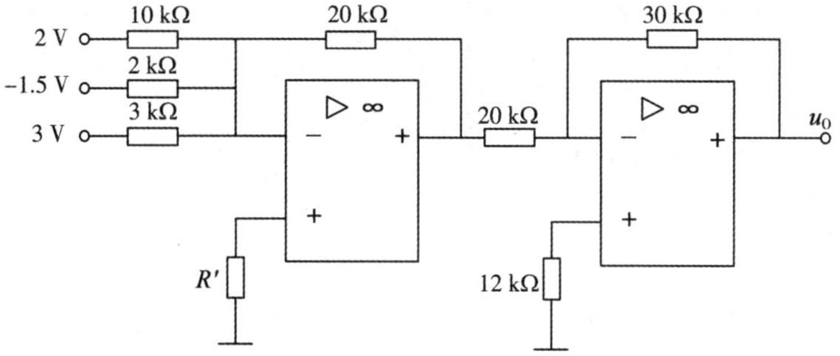

图 8.41　题 8.21 图

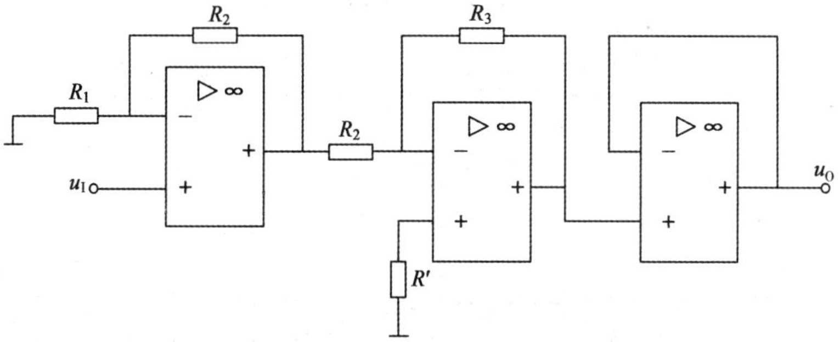

图 8.42　题 8.22 图

题 8.23　图 8.43 所示电路是运算放大器的串级应用。试求该电路输出电压 u_O的表达式，并说明这种应用的特点。

题 8.24　电路如图 8.44 所示，求 u_O。

题 8.25　在图 8.45 的电路中，计算 u_{O1}，u_{O2}，u_{O3}的值。

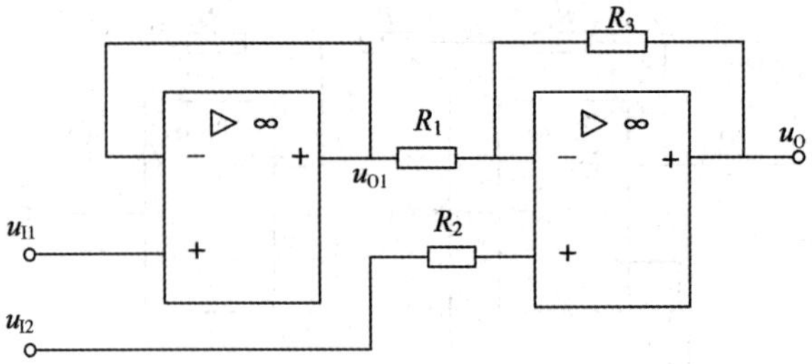

图 8.43　题 8.23 图

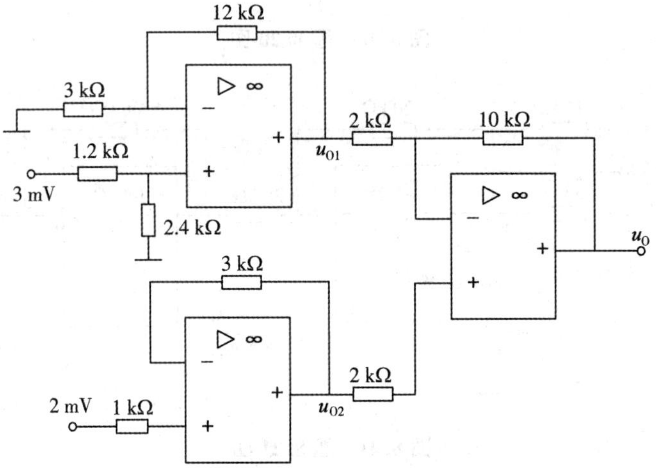

图 8.44　题 8.24 图

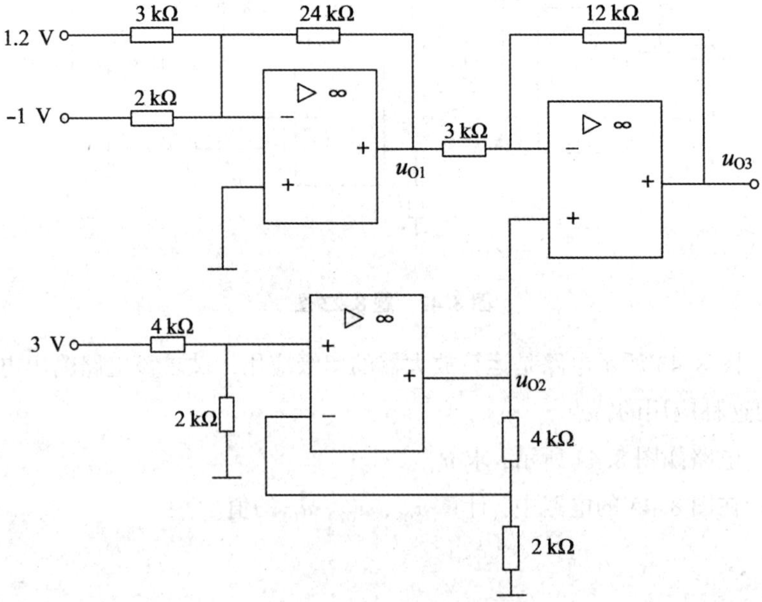

图 8.45　题 8.25 图

第 9 章　直流电源

在工农业生产、科学实验和日常生活中，主要采用交流电，但在某些场合(如电解、电镀、蓄电池充电、直流电动机供电等)，则需要用直流电源。此外，在电子设备和自动控制装置中，更需要电压非常稳定的直流电源。目前，这些直流电源广泛采用半导体直流电源，即利用半导体器件及电子元件将交流电变成直流电。

半导体直流稳压电源的组成部分如图 9.1 所示，展示了把交流电变换为直流电的过程。

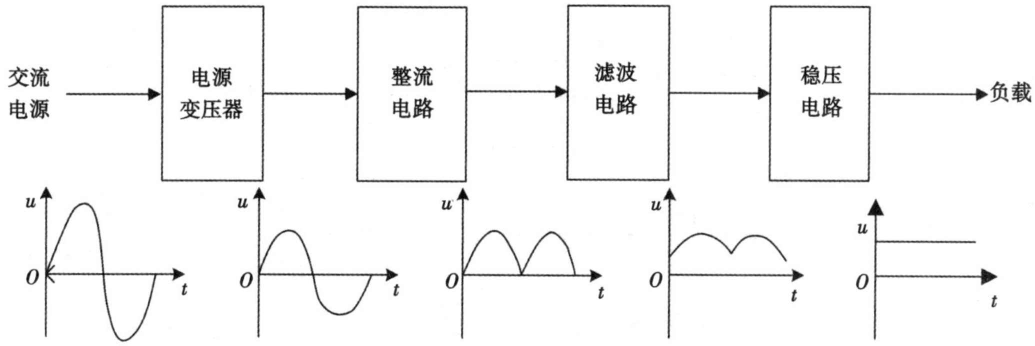

图 9.1　直流稳压电源的组成部分

各部分的作用如下。

①电源变压器：能将交流电压变换为符合整流需要的交流电压，同时起隔离作用，有利于安全。

②整流电路：能将交流电压变换为单向脉动直流电压。

③滤波电路：能减小整流输出电压的脉动程度，以便得到较平滑的直流电压，以适合负载的需要。

④稳压电路：在交流电源电压波动或负载变化时均使输出电压稳定。在对直流电压的稳定程度要求较低的电路中，稳压电路部分可以省略。

9.1　单相桥式整流电路

整流电路一般分为单相桥式整流电路和三相桥式整流电路，前者应用于电子仪器中，后者主要用于要求整流功率较高的场合，此处不做介绍。

9.1.1　电路

图 9.2(a)所示为单相桥式整流电路，它是由四个二极管 $D_1 \sim D_4$ 接成电桥的形式构成的。该电路的简略画法如图 9.2(b)所示。

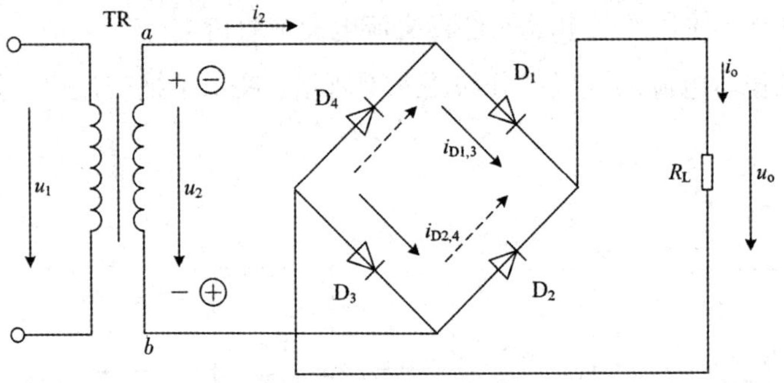

(a)电路图

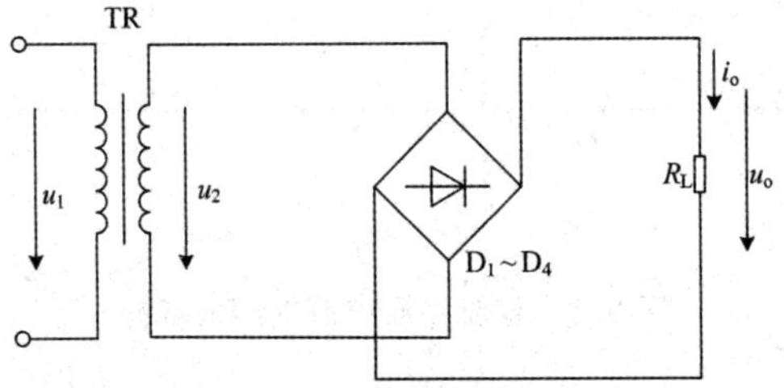

(b)简略画法

图 9.2　单相桥式整流电路

9.1.2　工作原理

设变压器二次侧电压为 $u_2=\sqrt{2}U_2\sin\omega t$，波形如图 9.3(a)所示。

当 u_2 为正半周时，其极性为上正下负[图 9.3(a)]。a 点电位高于 b 点，二极管 D_1 和 D_3 导通，D_2 和 D_4 截止，若二极管的正向导通压降不计，则负载电压 u_o 等于变压器二次侧电压 u_2，极性为上正下负；负载电流 i_o 等于流过二极管 D_1 和 D_3 的电流 $iD_{1,3}$，其流通路径为"$a \to D_1 \to R_L \to D_3 \to b$"。

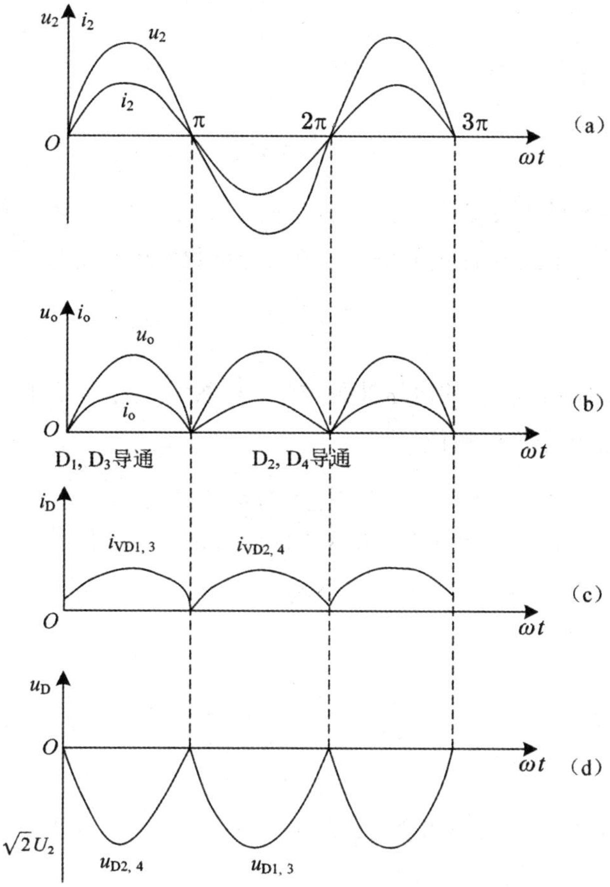

图 9.3　单相桥式整流电路工作波形

当 u_2 为负半周时，其极性为上负下正，b 点电位高于 a 点，因此 D_2 和 D_4 导通，D_1 和 D_3 截止，u_o 极性仍为上正下负，即负半周 u_2 经 D_2 和 D_4 的导引，将其正极接到了 R_L 的上端，而其负极接到了 R_L 的下端；i_o 等于流过 D_2 和 D_4 的电流 $i_{D_{2,4}}$，其流通路径为“$b \to D_2 \to R_L \to D_4 \to a$”。负载电压 u_o、负载电流 i_o 的波形如图 9.3(b)所示，可见负载电压为电源一周期内有两个半波的单向脉动直流电压。

整流二极管的电流、电压波形分别如图 9.3(c)和(d)所示。

9.1.3　基本计算

(1)负载电压平均值 u_o是单相半波整流的 2 倍：

$$U_2 = 2\times\sqrt{2}\frac{U_2}{\pi} = 2\times0.45U_2 = 0.9U_2 \tag{9.1}$$

式(9.1)也可以改写成

$$U_2=\frac{U_o}{0.9}=1.11U_o \tag{9.2}$$

(2)负载电流平均值为

$$I_o=\frac{U_o}{R_L} \tag{9.3}$$

(3)整流二极管的平均电流 I_{AV} 和最大反向工作电压 U_{RM}，因为每两个二极管串联导电半周，所以每个二极管中流过的平均电流应为负载平均电流的一半，即

$$I_{AV}=\frac{1}{2I_o} \tag{9.4}$$

由图 9.3(d)所示二极管的电压波形可知，二极管截止时所承受的最大反向工作电压仍然是变压二次侧电压的峰值，即

$$U_{RM}=\sqrt{2}U_2 \tag{9.5}$$

(4)变压器二次侧电流有效值 I_2 及变压器的容量 S_o、变压器二次侧电流 I_2 的波形如图 9.3(a)所示，为正弦波，因此其有效值为

$$I_2=\frac{U_2}{R_L}=\frac{1.11U_o}{R_L}=1.11I_o \tag{9.6}$$

变压器容量为

$$S=U_2I_2 \tag{9.7}$$

考虑到二极管的正向压降和变压器绕组中电阻的影响，变压器的二次侧电压 U_2 大约要比按照式(9.2)的计算值高出 10%。

【例 9.1】 有一额定电压为 18 V、阻值为 10 Ω 的直流负载，采用单相桥式整流电路供电，交流电源电压为 220 V，不考虑二极管的正向压降及变压器二次侧绕阻电阻的影响。①试选整流二极管；②求电源变压器的变比和容量。

解 ①依题意，采用如图 9.2 所示的整流电路，且已知 $U_o=18$ V，$R_L=10$ Ω，$U_1=220$ V，所以变压器二次侧电压有效值为

$$U_2=\frac{U_o}{0.9}=\frac{18}{0.9}=20(\text{V})$$

二极管的最大反向工作电压为

$$U_{RM}=\sqrt{2}U_2=28(\text{V})$$

负载平均电流 $I_o=U_o/R_L=\frac{18}{10}=1.8(\text{A})$，所以二极管的平均电流为

$$I_{AV}=\frac{1}{2I_o}=\frac{1}{2}\times1.8=0.9(\text{A})$$

查手册可选 2CZ11A(最大整流电流 $I_{FM}=1$ A，最大反向工作电压 $U_{RM}=100$ V)大功率整流二极管四个。

② 变压器的变比为

$$K=\frac{U_1}{U_2}=\frac{220}{20}=11$$

变压器二次侧电流有效值为

$$I_2=1.11I_o=1.11\times1.8=2(\text{A})$$

变压器的容量为

$$S=U_2I_2=20\times2=40(\text{V}\cdot\text{A})$$

9.1.4 单相桥式整流的优缺点

与单相半波整流相比，单相桥式整流的缺点是所用二极管数量较多；优点是变压器的利用率高，且整流输出电压脉动较小，平均值较高。因为单相桥式整流电路的优点较多，所以应用比较广泛。

9.2 滤波电路

整流电路虽然能将交流变成直流，但输出直流电压脉动较大，即整流后的输出电压是单向脉动电压，含有较大的交流部分。如果用于电子设备，会带来严重的不良影响。为此，在整流电路的后面还需加上滤波电路，以改善输出电压的脉动程度。下面介绍四种常用的滤波电路。

9.2.1 电容滤波电路(C 滤波器)

图 9.4(a)所示为桥式整流电容滤波电路，也是最简单的滤波器。负载电阻 R_L 两端所并联的电容 C 就是滤波电容，利用 C 的充放电作用，使负载电压、电流趋向平滑。图 9.4(b)所示为负载电压 U_o(也是滤波电容 C 两端电压 U_C)的波形示意图。

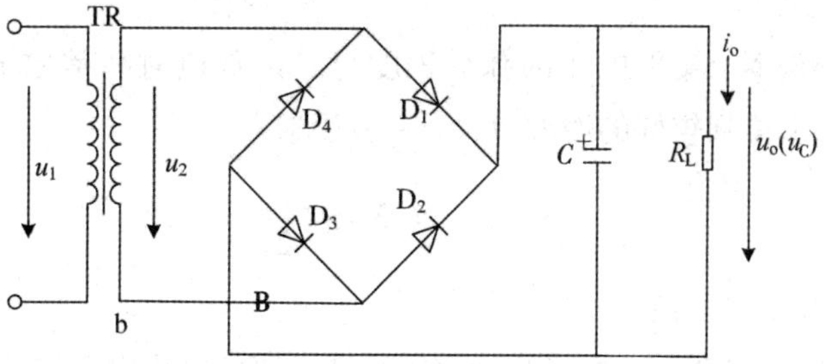

(a)

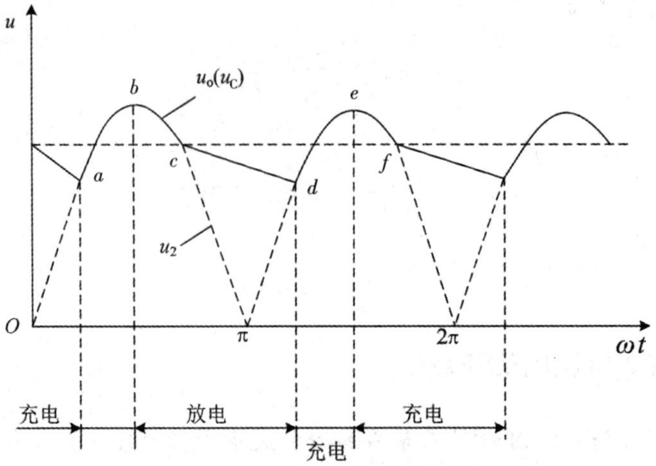

(b)

图 9.4　电容 C 滤波电路及其输出电压波形

当 U_2正半周且 $U_2>U_C$时[即图 9.4(b)中 *ab* 段]，D_1，D_3导通，电源 U_2一方面给负载供电(供电电流为 I_o)，同时对电容 C 充电(充电电流为 I_C)，使 C 两端电压 U_C随 U_2上升，在忽略二极管正向压降的情况下，$U_C=U_2$。当充电到 U_2的幅值 $u_2=\sqrt{2}/U_2$[即图 9.4(b)中 *b* 点后]，U_2按正弦规律下降，C 以时间常数 $T=R_LC$ 放电，使 U_C先跟随 U_2下降一小段时间[即图 9.4(b)中的 *bc* 段]，以后由于 C 放电速度按指数规律趋缓，U_C的下降速度小于 U_2的下降速度，$U_C>U_2$，D_1，D_3反偏截止，C 对 R_L放电，使 $U_o(U_C)$按指数规律下降[即图 9.4(b)中的 *cd* 段]。

当 U_2的负半周变化到$|U_2|=U_C$时，即图 9.4(b)中 *d* 点，D_2和 D_4开始处于正向偏置而导通，C 停止放电。此后，U_2一方面给负载供电，同时对 C 充电，使 U_C随 U_2数值的增大而上升，直到$\sqrt{2}U_2$，如图 9.4(b)中的 *de* 段。这一段的工作情况与 *ab* 段相同。到达 *e* 点后，$|U_2|$下降，C 又开始放电，如此重复。

由图 9.4(b)可见，在加了滤波电容 C 以后，输出电压 U_o的波形变得平滑了，而且输出电压平均值 U_o也提高了。

采用电容 C 滤波时，输出电压的脉动程度与 C 的放电时间常数 τ 有关，τ 大一些，脉动就小一些。为了得到较好的滤波效果，一般要求

$$\tau=R_LC\geqslant(3\sim5)\frac{T}{2} \tag{9.8}$$

式中，T 为电源电压 U_2的周期。

在满足式(9.8)的条件下，桥式整流电容滤波电路的输出电压平均值可按式(9.9)估算：

$$U_o\approx1.2U_2 \tag{9.9}$$

对于半波整流电容滤波电路，具输出电压平均值可以按照 $U_o\approx U_2$估算。

由图9.4(b)还可以看出，整流电路输出端接滤波电容后，二极管只在较短的时间内导通，通过二极管的电流是周期性的脉动电流。因此，流过二极管的瞬时电流可能很大，这就要求二极管应能经受得住一定的电流冲击。

通过二极管的电流虽然是脉冲波形，但由于电容 C 的放电作用，使通过负载电阻 R_L 的电流是较平滑的直流电流。

电容滤波电路的优点是电路简单，轻载时输出电压脉动较小，电压数值也较高。其缺点是负载变动时对输出电压影响较大，负载电流增大(即负载电阻 R_L 减小)时脉动变大。另外，二极管必须具有通过冲击电流的能力。因此，电容滤波电路一般用于要求输出电压较高、负载电流较小且变化也较小的场合。

滤波电容一般在几十微法到几千微法之间，视负载电流的大小而定，其耐压应大于输出电压的最大值。通常都采用极性电容。

【例9.2】 单相桥式整流电容滤波电路如图9.4(a)所示，已知交流电源频率为 $f=50$ Hz，如果要求输出直流电压为 $U_o=18$ V，输出直流电流为 $I_o=0.36$ A，试选整流二极管及滤波电容。

解 ①选整流二极管。流过二极管的电流为

$$I_{AV}=\frac{1}{2I_o}=\frac{1}{2}\times 0.36=0.18(\mathrm{A})$$

变压器二次侧电压有效值为

$$U_2\approx\frac{U_o}{1.2}=\frac{18}{1.2}=15(\mathrm{V})$$

二极管所承受的最大反向工作电压为

$$U_{RM}=\sqrt{2}U_2=\sqrt{2}\times 15=21.3(\mathrm{V})$$

可选2CZ54C二极管四个，其参数为 $I_{FM}=0.5$ A，$U_{RM}=100$ V。

②选滤波电容，由题意知

$$R_L=\frac{U_o}{I_o}=\frac{18}{0.36}=50(\Omega)$$

根据式(9.8)，取 $\tau=R_LC=\frac{5T}{2}$，则

$$R_LC=5\times\frac{1}{f}\div 2=5\times\frac{1}{50}\div 2=0.05(\mathrm{s})$$

$$C=\frac{0.05}{R_L}=\frac{0.05}{50}=0.001\ \mathrm{F}=1000\ \mu\mathrm{F}$$

可选 $C=1000$ μF、耐压50 V的极性电容器。

9.2.2 电感电容滤波电路(LC滤波器)

为了进一步减小输出电压的脉动程度，在图9.4(a)有滤波电容 C 之前串接一个电

感 L，这样就构成了电感电容滤波电路，如图 9.5 所示，图中 u_o'为整流输出电压。

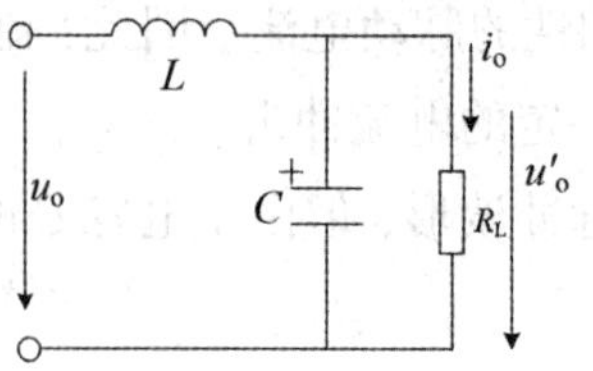

图 9.5　LC 滤波电路

整流输出电压 u_o'为单向脉动电压，含有直流量和交流分量两种成分。因为理想电感对直流相当于零阻抗，对交流则具有较大的阻抗，谐波频率越高，阻抗越大，所以 L 上无直流压降损失，但有较大的交流压降，因此它可以减弱滤波输出电压 u_o 中的交流分量。感抗 ωL 比负载 R_L大得越多，则 L 上交流分量的压降越大，而 R_L两端的交流分量压降越小，滤波效果越好，经 L 滤波后，又经电容 C 滤波，再一次降低 u_o中的交流分量。因此，LC 滤波要比单纯电容 C 滤波的效果更好。只是实际上由于电感较大(一般在几亨到几十亨范围)，电感线圈的匝数较多，其直流电阻不能忽略，因而会产生一定的直流压降损失，造成输出电压值有所下降。

LC 滤波适用于电流较大、要求输出电压脉动很小的场合，用于高频时更好，在电流较大、负载变动较大、对输出电压脉动程度要求不太高的场合，也可以将电容 C 去掉，这便是电感滤波电路(L 滤波器)。

9.2.3　π 形滤波电路

如果要求输出电压的脉动更小，可以在 LC 滤波电路的前面再并联一个电容 C_1，如图 9.6 所示，便构成了 π 形 LC 滤波电路。这种滤波器实际上是 C 滤波器(由 C_1组成)和 LC 滤波器(由 LC_2构成)的结合，相当于两级滤波，因此滤波效果更好。但整流二极管冲击电流较大。

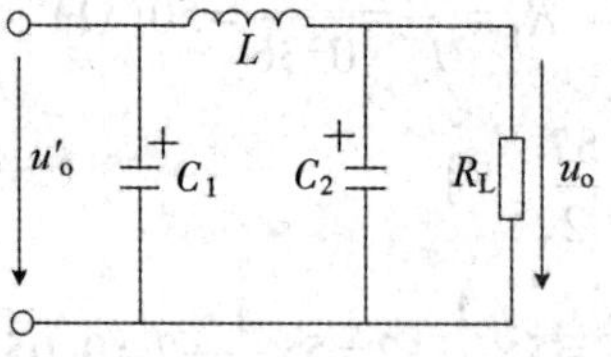

图 9.6　π 形 LC 滤波电路

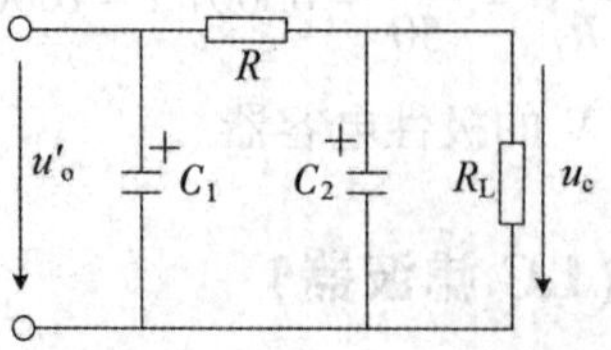

图 9.7　π 形 RC 滤波电路

由于电感线圈的体积大而笨重，成本又高，所以有时用电阻代替 π 形 LC 滤波器中的电感，这样便构成了 π 形 RC 滤波器，也称 CRC 滤波器，如图 9.7 所示。电阻 R 对交、直流分量具有同样的降压作用，但是它和电容 C_2 配合之后，就使整流输出脉动电压的交流分量较多地加在 R 两端(因为 C_2 的交流阻抗很小)，而较少地加在负载两端，从而起到滤波作用。R 和 C_2 越大，滤波效果越好。但 R 过大，会使其上的直流压降损失增大，所以这种电路主要用于负载电流较小，又要求输出电压脉动很小的场合。

9.2.4　有源滤波器

有源滤波器，按通过频率范围的不同，可以分为低通、高通、带通、带阻等。

图 9.8 所示为一个最简单的 RC 低通滤波器，只有 RC 电路组成，为无源滤波器。它的输出电压与输入电压的关系为

$$\dot{A}=\frac{\dot{U}_o}{\dot{U}_i}=\frac{-jX_C}{R-jX_C}=\frac{\frac{1}{j\omega C}}{R+\frac{1}{j\omega C}} \tag{9.10}$$

其幅度为

$$A=\frac{1}{\sqrt{1+\left(\frac{\omega}{\omega_0}\right)^2}} \tag{9.11}$$

式中，$\omega_0=\frac{1}{RC}$。则 $f_0=\frac{1}{2}\pi RC$，称为电路的截止(角)频率。其电路的幅频特性如图 9.8(b)所示，0~f_0 的频率范围称为通频带，大于 f_0 的频率范围称为阻带。

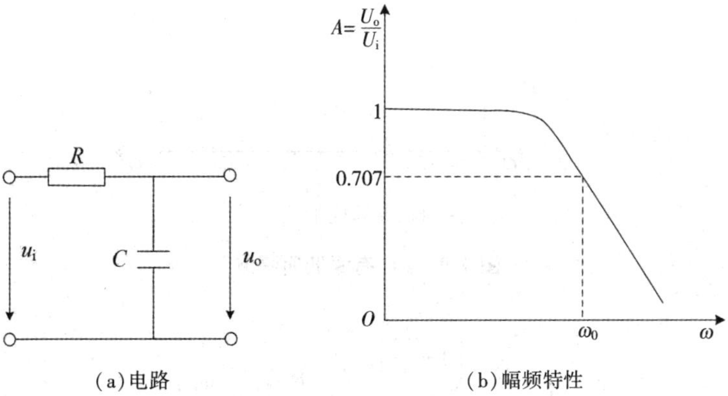

图 9.8　RC 无源低通滤波

如果将 RC 滤波电路接到集成运算放大器的同相输入端(如图 9.9 所示)，因为集成运算放大器是有源元件，所以这种滤波器称为有源滤波器。

图 9.9(a)所示为有源低通滤波器电路，经分析可得出

$$\dot{U}_{+}=\dot{U}_{C}=\frac{\dot{U}_{i}}{1+j\omega RC} \tag{9.12}$$

$$\dot{U}_{o}=\left(1+\frac{R_{F}}{R_{1}}\right)\dot{U}_{+}$$

所以

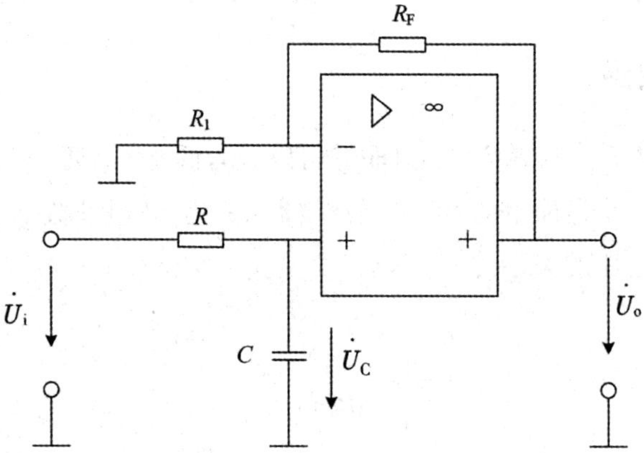

(a)电路

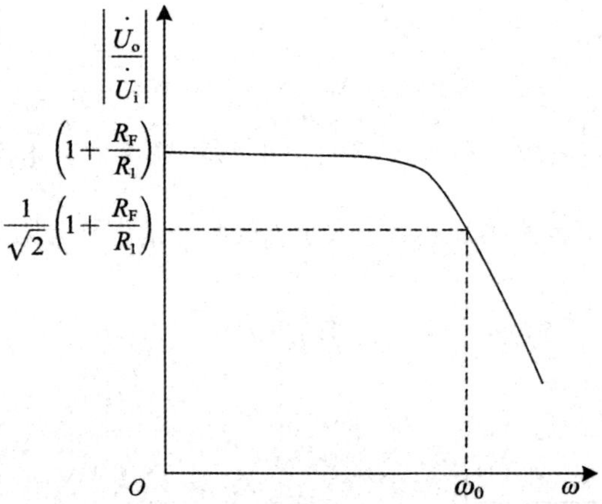

(b)幅频特性

图 9.9　RC 有源低通滤波

$$\dot{A}_{f}=\frac{\dot{U}_{o}}{\dot{U}_{i}}=\frac{\left(1+\frac{R_{F}}{R_{1}}\right)}{1+j\omega RC}=\left(1+\frac{R_{F}}{R_{1}}\right)\left(1+\frac{j\omega}{\omega_{0}}\right) \tag{9.13}$$

其幅值为

$$A_f=\frac{\left(1+\frac{R_F}{R_1}\right)}{\sqrt{1+\left(\frac{\omega}{\omega_0}\right)^2}}=\frac{A_{f0}}{\sqrt{1+\left(\frac{\omega}{\omega_0}\right)^2}} \tag{9.14}$$

当 $\omega=0$ 时，$A_f=A_{f0}=1+R_F/R_1$。

图 9. 9(b)所示为电路的幅频特性，与 RC 无源滤波器的幅频特性类似。

与无源滤波器相比，有源滤波器不仅有较强的带负载能力，而且对输入电压有放大作用。另外，有源滤波器还具有体积小、效率高、频率特性好等一系列优点，因而得到广泛应用。如果将有源低通滤波器中 RC 电路的 R 和 C 对调，那么称为有源高通滤波器。

9. 3　稳压管及串联型稳压电路

电子设备和控制装置中，需要稳定的直流电压。经整流、滤波后的输出电压，往往会随交流电源电压的波动、负载及环境温度的变化而变化。因此，还需要在整流、滤波电路之后加稳压电路，由稳压电路为负载提供稳定的直流电压。

图 9. 10 所示为一种稳压管并联稳压电路，其中点画线框内的电路称为稳压环节(即稳压电路)，它由限流电阻 R 和稳压管 VS 组成。交流电源经桥式整流，电容滤波后所得到的直流电压 U_i是稳压电路的输入电压，负载 R_L上的电压 U_o是稳压电路的输出电压，也是稳压管 VS 两端的电压。

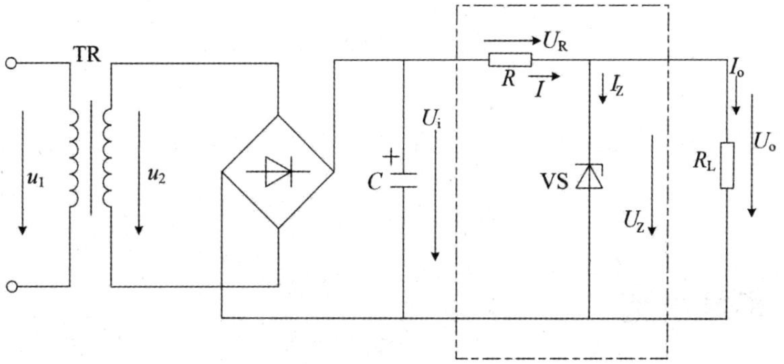

图 9. 10　稳压管稳压电路

引起输出电压不稳定的原因主要是两个：一是电源电压的波动，二是负载电流的变化。稳压管稳压电路对这两种情况都有抑制作用。

当交流电源电压变化引起 U_i升高时，起初 U_o随着升高，由稳压管的特性曲线可知，随着 U_o(即 U_Z)的上升，稳压管的电流 I_Z将显著增加，使得 R 上的电流 I 增大，因而 R 上的压降 U_R增大。只要参数选取得适当，U_R的增大可以基本抵消 U_i的升高，使输出电压 U_o基本保持不变。这种调节过程可以表达为

$$U_i\uparrow\rightarrow U_o(U_Z)\uparrow\rightarrow I_Z\uparrow\rightarrow I\uparrow\rightarrow U_R\uparrow\xrightarrow{\text{因为}U_o=U_I-U_R}U_o\downarrow \tag{9.15}$$

反之，当 U_i下降引起 U_o降低时，调节过程与上述过程相反。

当负载电流 I_o在一定范围内变化而引起输出电压变化时，同样会由于稳压管电流 I_Z的补偿作用，U_o基本保持不变。例如，I_o增大引起 U_o下降时，由于 U_o下降，即 U_Z下降将引起 I_Z急剧减小，因而 I 基本不变，U_R基本不变，从而 U_o基本不变。相反，I_o减小引起 U_o上升时，则 I_Z急剧增大，同样 I 和 U_R基本不变，从而 U_o基本不变。

可见，在这种稳压电路中，起自动调节作用的主要是稳压管 VS，当 U_o有较小变化时，将引起稳压管电流 I_Z的较大变化，通过限流电阻 R 起到补偿作用，使 U_o基本不变。选择稳压管时，一般取

$$U_Z=U_o \tag{9.16}$$

$$I_{zmax}=(1.5\sim3.0)I_{omax} \tag{9.17}$$

$$U_i=(2\sim3)U_o \tag{9.18}$$

稳压管稳压电路的优点是结构简单、成本低；缺点是受稳压管参数限制，输出电压较小，输出电压不可调，且稳定程度不高。一般用于负载电流较小且变化不大的场合。

【例 9.3】 稳压管稳压电路如图 9.10 所示，已知 $U_i=45$ V，要求 R_L在 3 kΩ~∞ 变化时，$U_o=15$ V，试选择稳压管。

解 依题意，负载电流最大值为

$$I_{omax}=\frac{U_o}{R_{Lmin}}=\frac{15}{3}=5(\text{mA})$$

取

$$I_{zmax}=2.5I_{omax}=2.5\times5=12.5(\text{mA})$$

$$U_Z=U_o=15\ \text{V}$$

查手册选 2CW61，其稳定电压 $U_Z=13.5\sim17$ V，稳定电流 $I_Z=5$ mA，最大稳定电流 $I_{zmax}=15$ mA。

9.4 本章小结

(1)利用半导体二极管的单向导电性可组成多种形式的整流电路。本章只介绍了应用广泛的单相桥式整流电路，主要用于小功率整流(1 kW 以下)。在单相桥式整流电路中，整流输出电压 u_o的平均值 U_o与电源变压器副边电压有效值 U_2之间的数量关系为 $U_o=0.9U_2$，整流元件所承受的最高反向电压为 $U_{RM}=\sqrt{2}U_2$。

(2)单相桥式整流电路的整流电压脉动程度较大，为获得尽可能平直的整流电压，需在整流桥和负载之间加滤波器。滤波电路有电容滤波、电感滤波和 LC 组合的复式滤波及有源滤波等。

(3)稳压管并联稳压电路是最简单的形式，通过选择合适的限流电阻 R 使稳压管工作在稳压区(即稳压管反向可逆击穿区)内，利用调节 R 所流过的电流保持稳定的电压输出。引入调整管后，扩大了负载的电流变化范围，组成串联型稳压电路。

习 题

题 9.1 在单相桥式整流电路中如有一臂断路，负载电阻上的电压和电流波形将如何？对各整流元件有无损害？如有一臂短路，情况又将怎样？

题 9.2 在图 9.2(a)所示的单相桥式整流电路中，如果 D_1 的正负极与连接导线接触不良，形成了较大的接触电阻，负载电阻 R_L 上的电压波形将如何？

题 9.3 有一单相桥式整流电路，变压器副边电压 $U_2=75$ V，负载电阻 $R_L=100\ \Omega$。试计算输出整流电压平均值 U_o、负载电流平均值 I_o 及二极管所承受的最大反向电压。

题 9.4 已知：交流电源电压为 220 V，频率为 50 Hz。要求：输出电压 $U_o=20$ V，输出电流 $I_o=600$ mA。试设计一单相桥式整流电路。

题 9.5 有一单相桥式整流电容滤波电路，已知交流电源电压为 220 V，频率为 50 Hz，负载 $R_L=50\ \Omega$。要求输出直流电压为 24 V。

①试求通过每个二极管的平均电流 I_D 和最大反向电压 U_{DRM}；

②选择滤波电容的容量和耐压值；

③估算电源变压器次级电压 U_2。

题 9.6 在图 9.10 所示的并联稳压电路中，如把稳压管正、负极的接线对调，是否仍起稳压作用？如限流电阻 $R=0\ \Omega$，电路仍能稳压吗？

题 9.7 图 9.10 所示的并联稳压电路中，要求输出电压 $U_o=10$ V、输出电流 $I_o=0\sim10$ mA。已知电网电压波动范围为±10%。试估算稳压电路的输入电压 U_i，并选择稳压管及限流电阻。

模块 4

数字电子技术

第 10 章 逻辑代数基础

逻辑代数是分析和设计数字电路的基本数学工具。本章主要讲解数制和编码，逻辑代数的基本概念、公式和定理，逻辑函数的公式化简法和卡诺图化简法。

10.1 数字电路概述

10.1.1 数字电路与模拟电路的区别

数字电路和模拟电路是电子电路的两大组成部分。它们的根本区别是由信号的性质所决定的，凡是能够处理在时间和数值上连续变化的信号的电路，称为模拟电路；凡是能够处理在时间和数值上不连续变化的信号的电路，称为数字电路。由于二者的作用不同，因此分析方法、工作状态和用途都不相同，模拟电路与数字电路的比较见表 10.1。

表 10.1 模拟电路与数字电路的比较

电路类型	信号类别	作用	工作状态	分析方法
模拟电路	在时间上和数值上连续变化的连续量	对输入模拟信号进行线性放大	线性放大状态，对电路的参数要求较高	估算法、图解法、微变等效法
数字电路	在时间上和数值上不连续变化的离散量	对数字信号实现输出和输入的逻辑关系	非线性放大状态，对电路的参数要求不高	布尔代数、卡诺图、真值表法

数字电路具有稳定性好、抗干扰能力强、精确度高、电路简单、便于制造和集成、具有算术运算和逻辑运算能力等特点，从而应用领域越来越广泛。目前，数字电子技术应用于数据存储、医疗器械、过程控制、计算机、数字通信以及语言和音调合成等不同领域，而且正在朝着更广泛的领域迅速扩大。以数字电路为基础发展起来的数字电子计算机，是当代科学技术最杰出的成就之一。计算机不仅是自动控制系统不可缺少的组成部分，而且已经成为人们工作、生活、学习不可或缺的重要组成部分，尤其是数字电路应用于通信领域后，使通信技术的发展突飞猛进，使人们获取信息、享受网络服务更为便捷。

10.1.2　数字信号

数字信号是指时间上和数值上都离散的信号。如计算机键盘输入电路中的信号、交通灯控制电路中的信号等都是数字信号。

各类脉冲波形是数字电路的信号源，脉冲波形的种类很多，如尖峰波、矩形波、锯齿波、三角波、梯形波等。这些信号源一般可由两种方法获得：一是由脉冲振荡器直接产生；二是利用脉冲整形电路，把已有的波形变换成所需要的脉冲波形。

在上述各种脉冲波形中，矩形波应用较多，主要用作电位控制信号；其次是尖峰波，又称微分波，主要用来改变触发器的状态以及逻辑门的开闭；再次是锯齿波，又称积分波，主要用作扫描电压。图 10.1 是矩形波的波形图，其参数如下。

①脉冲幅度 U_m：脉冲电压变化的最大值。

②脉冲前沿 t_r：脉冲电压由 $0.1U_m$ 上升到 $0.9U_m$ 所需的时间。对正脉冲是指前沿上升时间，对负脉冲是指前沿下降时间，它的单位是 ms，μs，ns。

③脉冲后沿 t_f：脉冲电压由 $0.9U_m$ 下降到 $0.1U_m$ 所需的时间。对正脉冲为后沿的下降时间，对负脉冲为后沿的上升时间。

④脉冲频率 f：单位时间内的脉冲个数。

⑤脉冲周期 T：周期性脉冲前后两次出现的时间间隔，$T=1/f$。

⑥脉冲宽度 t_p：从脉冲前沿的 $0.5U_m$ 处到脉冲后沿的 $0.5U_m$ 处所需的时间。

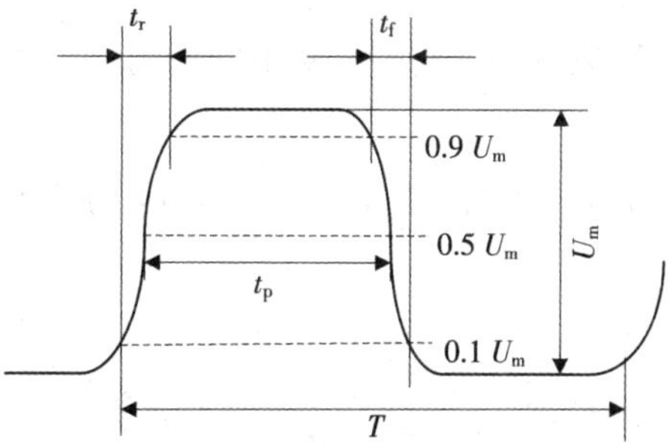

图 10.1　矩形波的主要参数

10.2　数制和编码

日常生活中最常用的计数方法是十进制，而在数字系统中常采用二进制、八进制和十六进制数。本节介绍各种不同的进位计数制和编码方式。

10.2.1 数制

数制即计数进位的规则。它是按照一定的规则表示数值大小的计数方法。对于任何一个数，可以用不同的进制来表示。

(1)十进制。

人们熟知的十进制(decimal)表示法中，用一串数码表示一个数，每个数码表示的数值由该数码所处的位置“加权”，整个数的数值就等于每个数码被加权后的数值之和，称为按权展开式。例如：

$$1734.75=1\times1000+7\times100+3\times10+4\times1+7\times0.1+5\times0.01$$

显然，十进制数的权按 10 的幂次变化，幂次以小数点的位置为基准，左边为正，按 0，1，2，…的顺序增加；右边为负，按-1，-2，…的顺序变化。在十进制中，我们习惯将小数点左边的位分别称为个位、十位、百位，小数点右边的位称为十分位、百分位，它们实际上就是各位的权值。

一般地，对于形如 $d_2d_1d_0.d_{-1}d_{-2}$的十进制数 D，其按权展开式为

$$D=d_2\times10^2+d_1\times10^1+d_0\times10^0+d_{-1}\times10^{-1}+d_{-2}\times10^{-2}$$

十进制的进制数“10”称为该进制的基数，所以十进制数中第 i 位的权为10^i。一个有着 n 位整数、m 位小数的十进制数可以表示为

$$D_{10}=\sum_{i=-m}^{n-1}10^i d_i \tag{10.1}$$

式中，d_i 是第 i 位数码，可以取 0，1，2，…，9 中的任何一个值。至此，可以将十进制按照按位计数法归纳如下：

①基数是 10，具有 0，1，2，3，4，5，6，7，8，9 共 10 个数码；

②第 i 位的权是 10^i；

③进位规则为逢 10 进 1。

(2)二进制。

二进制(binary)表示法应该具有以下特性：

①基数是 2，只具有 0，1 两个数码；

②第 i 位的权是 2^i；

③计数时，逢 2 进 1。

二进制数可以通过按权展开的方法转换为相应的十进制数形式，其表达式为

$$D_2=\sum_{i=-m}^{n-1}2^i d_i \tag{10.2}$$

【例 10.1】 分别将二进制数$(1001)_2$和$(101101)_2$转换为十进制数。

解

$$(1001)_2=1\times2^3+0\times2^2+0\times2^1+1\times2^0=(9)_{10}$$

$$(101101)_2=1\times2^5+0\times2^4+1\times2^3+1\times2^2+0\times2^1+1\times2^0=(45)_{10}$$

二进制数只有两个数码 0 和 1，与数字系统中只有高、低两种电平的数字信号格式相对应，是一种适用于硬件的数值表示法。然而，由于基数太小，二进制数并不适合直接使用。为了读写方便，数字系统中经常使用和二进制数具有对应关系的十六进制表示法。

(3)十六进制。

十六进制(hexadecimal)表示法具有以下特性：

①基数是 16，具有 0，1，2，3，4，5，6，7，8，9，A，B，C，D，E，F 共 16 个数码，其中数码 A，B，C，D，E，F 分别表示十进制数值 10，11，12，13，14，15；

②第 i 位的权是 16^i；

③计数时，逢 16 进 1。

1 位十六进制数和 4 位二进制数之间有着一一对应的关系，如表 10.2 所列。

表 10.2　1 位十六进制数和 4 位二进制数对照表

D_{16}	D_2	D_{16}	D_2	D_{16}	D_2	D_{16}	D_2
0	0000	4	0100	8	1000	C	1100
1	0001	5	0101	9	1001	D	1101
2	0010	6	0110	A	1010	E	1110
3	0011	7	0111	B	1011	F	1111

【例 10.2】　完成下列二进制数和十六进制数的转换。

解

$$(100011001110)_2 = (1000\ 1100\ 1110)_2 = (8CE)_{16}$$

$$(2AD5)_{16} = (0010\ 1010\ 1101\ 0101)_2 = (10101011010101)_2$$

(4)十进制数转换为二进制数。

十进制整数转换为二进制数时，其方法是：把十进制数的整数部分连续除以 2 取余数作为二进制数整数，小数部分连续乘以 2 取整数作为二进制小数。

【例 10.3】　将十进制数 18.625 转换为二进制数。

解

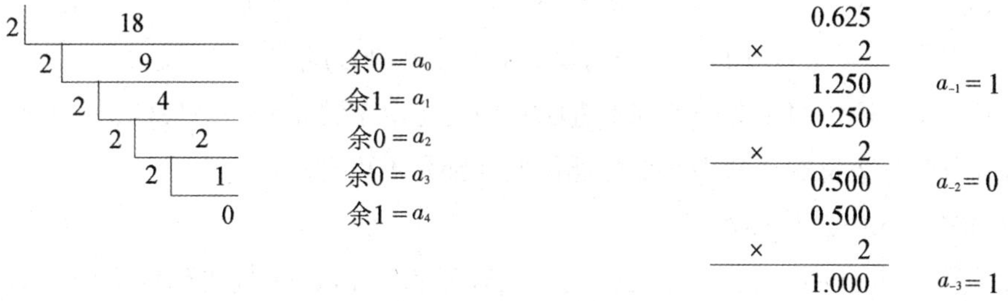

$$(18.625)_{10} = (10010.101)_2$$

10.2.2 编码

用二进制数表示文字、符号等信息的过程叫作二进制编码。在数字电路中，数据和信息都是用二进制码表示，n 位二进制数有 2^n 种不同的组合，可以代表 2^n 种不同的信息。本节介绍几种常用的编码。

(1)二-十进制编码(BCD 码)。

1 位十进制数由 10 个数码 0~9 组成，可用 4 位二进制(16 种取值组合)中的 10 种取值组合来表示这 10 个数码，称为二-十进制编码，也叫 BCD 码。BCD 码方案有很多，常用的有 8421 码、余 3 码、2421 码、5421 码等。其中使用最多的是 8421BCD 码，8421BCD 码是有权码，其各位的位权便依次(从最高位开始至最低位)是 8，4，2，1，而且每个代码的十进制数值，恰好就是它所表示的十进制数的数字。十进制与 8421BCD 码对应关系见表 10.3。

表 10.3　十进制与 8421BCD 码对应关系

十进制数	8421BCD 码
0	0000
1	0001
2	0010
3	0011
4	0100
5	0101
6	0110
7	0111
8	1000
9	1001

8421BCD 码和对应十进制数的相互转换十分方便，只要按照编码表逐字符转换即可。例如：

$$(1748)_{10}=(0001011101001000)_{8421BCD}$$

注意：BCD 码中的每个码字和十进制数中的每个字符是一一对应的，一个 BCD 码表达式中整数部分高位的 0 和小数部分低位的 0 都是不可省略的。

(2)格雷码(Gray codes)。

格雷码又叫循环码，是一种无权码。循环码就是相邻两组代码间只有 1 位取值不同，而其他位均相同。由于格雷码具有相邻性和循环性，因此在提高计数器工作可靠性以及提高通信抗干扰能力方面都起着重要作用。图 10.2 和图 10.3 列出的是 2 位和 3 位的循环码。

$$\begin{array}{ccc} 00 & \rightarrow & 01 \\ \uparrow & & \downarrow \\ 10 & \leftarrow & 11 \end{array}$$

图 10.2　2 位循环码

$$\begin{array}{ccccccc} 000 & \rightarrow & 001 & \rightarrow & 011 & \rightarrow & 010 \\ \uparrow & & & & & & \downarrow \\ 100 & \leftarrow & 101 & \leftarrow & 111 & \leftarrow & 110 \end{array}$$

图 10.3　3 位循环码

10.3　逻辑代数

逻辑代数又称布尔代数，是英国数学家乔治・布尔(George Boole)于 1847 年提出的，用于研究逻辑变量和逻辑运算的代数系统。逻辑代数与普通代数有不同的概念，逻辑代数研究的不是数量大小的关系，而是逻辑关系。逻辑代数是数字系统分析和设计的基本数学工具。

10.3.1　逻辑变量和逻辑函数

数字电路研究的是输入输出之间的逻辑关系，这种逻辑关系可用逻辑函数表达式 $F=f(A, B)$ 表示。通常称 F 是 A 和 B 的逻辑函数，A 和 B 是自变量。逻辑代数中的变量只有两种可能的取值，即 0 和 1，而逻辑函数的取值特征和自变量相同，也只能取 0 和 1 两种值。这两个取值称为逻辑值，通常用来表示数字电路中某条信号线上的电平。当用“0”表示低电平，用“1”表示高电平时，称为正逻辑表示法；若用“0”表示高电平，用“1”表示低电平，则称为负逻辑表示法。本书采用正逻辑表示法。由此可以看出，逻辑值不同于前面介绍的二进制数的数值，逻辑值“0”和“1”没有大小之分，只表示两种相对的状态。逻辑值可以用来表示开关的开和关、指示灯的亮和灭、命题的真与假这类只有两种取值的事件。

10.3.2　基本的逻辑运算

逻辑代数定义了三种基本的逻辑运算：与运算、或运算和非运算。

(1)与运算(AND)。

“只有当决定一个事件的几个条件全部具备时，这个事件才会发生”的逻辑关系称为与逻辑。图 10.4 是与逻辑的电路示意图，只有当开关 A 和 B 都闭合时，灯 F 才亮。电路中开关和灯的控制与被控制关系，可以抽象表示为自变量和函数关系。定义逻辑变量

A 和 B，分别用来表示开关 A 和 B，当开关打开时，相应的逻辑变量取值为“0”，否则为“1”。又定义逻辑变量 F 表示灯，当灯灭时，$F=0$，否则 $F=1$。显然，F 是 A 和 B 的函数。

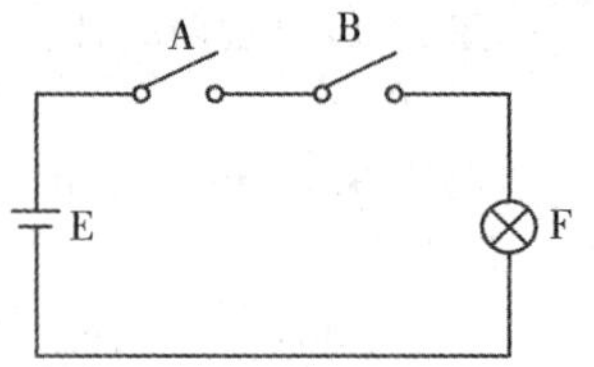

图 10.4　与逻辑电路

逻辑代数中将符合图 10.4 的函数关系定义为与运算，又叫逻辑乘，其逻辑表达式为

$$F=A\cdot B=AB \tag{10.3}$$

式中，与运算符号“·”在函数表达式中可以省略。由于每个自变量都只有 0，1 两种可能的取值，因此可以将自变量的各种取值和相应的函数值用表格表示，称为逻辑函数的真值表表示法。与运算对应的真值表如表 10.4 所列。由真值表可以看出，与运算的运算规则为：$0\cdot 0=0$，$0\cdot 1=0$，$1\cdot 0=0$，$1\cdot 1=1$。

表 10.4　与运算真值表

A	B	F
0	0	0
0	1	0
1	0	0
1	1	1

实现与运算的逻辑电路称为与门，一个二输入与门的逻辑符号如图 10.5 所示。

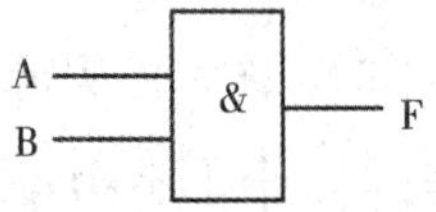

图 10.5　与门符号

(2)或运算(OR)。

“当决定一个事件的几个条件中，只要满足一个或一个以上条件时，这个事件就会发生”的逻辑关系称为或逻辑。图 10.6 是或逻辑的电路示意图，只要开关 A 或 B 闭合，灯 F 就亮。

逻辑代数中将或逻辑定义为或运算，其逻辑表达式为

$$F=A+B \tag{10.4}$$

式中，‘+’表示逻辑加，而不是普通算术中的加号，通常读作 F 等于 A 或 B。F，A，B 的取值只有两种可能：1 或 0。这里的 1 或 0 只是表示两个不同状态的符号，而不是数量上

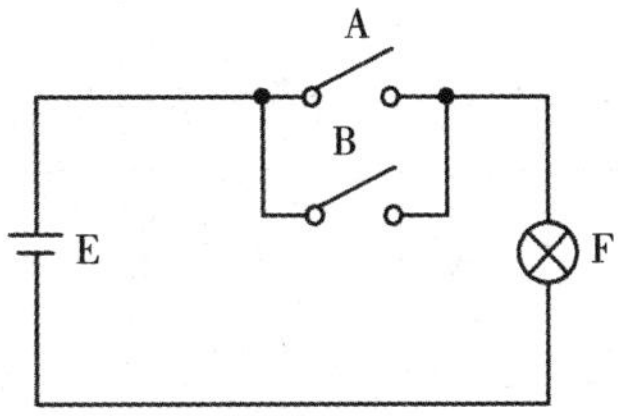

图 10.6　或逻辑电路

的意义。与普通算术加法不同，对于逻辑加来说，1+1=1。可以这样来理解，使事件发生的两个条件都满足时，按或的逻辑关系，当然事件也发生。在进行逻辑加法中，不管多少个 1 进行逻辑相加，其逻辑和也只能是 1。或运算对应的真值表如表 10.5 所列。由真值表可以看出，或运算的运算规则为：0+0=0，0+1=1，1+0=1，1+1=1。

表 10.5　或运算真值表

A	B	F
0	0	0
0	1	1
1	0	1
1	1	1

实现或运算的逻辑电路称为或门，一个二输入或门的逻辑符号如图 10.7 所示。

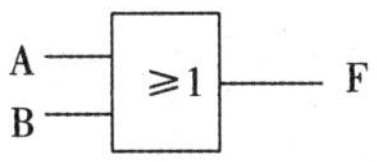

图 10.7　或门符号

(3)非运算(NOT)。

“非”就是反，就是否定。图 10.8 是非逻辑的电路示意图，开关 A 闭合，灯 F 就灭；开关 A 打开，灯 F 就亮。

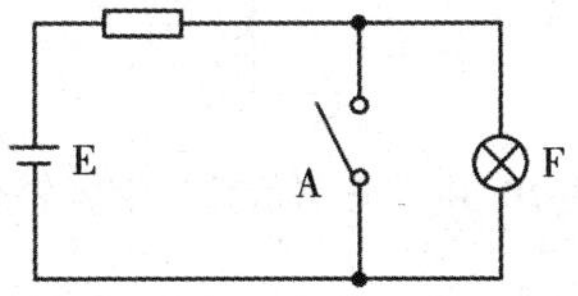

图 10.8　非逻辑电路

逻辑代数中将非逻辑定义为非运算，又叫逻辑反，其逻辑表达式为

$$F=\overline{A} \tag{10.5}$$

式中，$\overline{A}$ 读作“A 非”或“A 反”。非运算的真值表如表 10.6 所列，其运算规则为：$\overline{0}=1$，

$\overline{1}=0$。

表 10.6　非运算真值表

A	F
0	1
1	0

实现非运算的逻辑电路称为非门，其逻辑符号如图 10.9 所示。

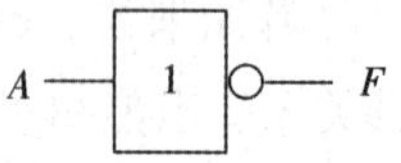

图 10.9　非门符号

三种基本逻辑运算的运算次序由高到低为：非运算、与运算、或运算。例如，在函数 $F=A+\overline{B}\cdot C$ 中，首先计算 $\overline{B}$，然后进行与运算求出 $\overline{B}\cdot C$，最后进行或运算。若需要更改运算次序，可以通过加括号实现。例如，函数 $Y=(A+\overline{B})C$ 中，计算次序为非运算、或运算、与运算。

10.3.3　复合逻辑运算与常用逻辑门

与运算、或运算、非运算是三种最基本的逻辑运算，实际逻辑问题往往比较复杂。复合逻辑运算是由与、或、非这三种逻辑运算组合而成的，常见的复合逻辑门运算有：与非、或非、异或、同或等逻辑运算。

(1)与非运算。

与非运算的逻辑符号如图 10.10 所示，真值表如表 10.7 所列。与非运算最为常用，其逻辑功能可以记为：有 0 出 1，全 1 出 0。其逻辑表达式为

$$F=\overline{A\cdot B}=\overline{AB} \tag{10.6}$$

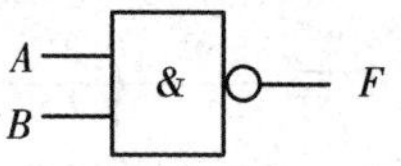

图 10.10　与非运算的逻辑符号

表 10.7　与非运算的真值表

A	B	F
0	0	1
0	1	1
1	0	1
1	1	0

(2)或非运算。

或非运算的逻辑符号如图 10.11 所示，真值表如表 10.8 所列。其逻辑表达式为

$$F=\overline{A+B} \tag{10.7}$$

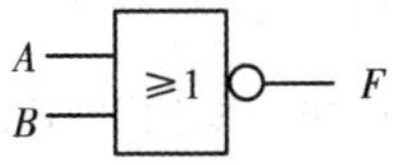

图 10.11　或非运算的逻辑符号

表 10.8　或非运算的真值表

A	B	F
0	0	1
0	1	0
1	0	0
1	1	0

(3)异或运算。

异或运算的逻辑符号如图 10.12 所示，真值表如表 10.9 所列。异或即两个输入变量互为相异输出为“1”，相同则输出为“0”。其逻辑表达式为

$$F=A\oplus B=\overline{A}B+A\overline{B} \tag{10.8}$$

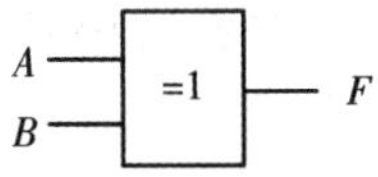

图 10.12　异或门的逻辑符号

表 10.9　异或门的真值表

A	B	F
0	0	0
0	1	1
1	0	1
1	1	0

(4)同或门电路。

同或门的逻辑符号如图 10.13 所示，真值表如表 10.10 所列。同或是两个输入变量相同输出为“1”，互为相异则输出为“0”。同或门又称异或反，其逻辑表达式为

$$\begin{aligned}F&=A\odot B\\&=\overline{A\oplus B}\\&=AB+\overline{A}\,\overline{B}\end{aligned} \tag{10.9}$$

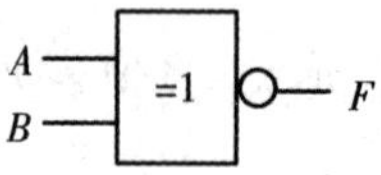

图 10.13　同或门的逻辑符号

表 10.10　同或门的真值表

A	B	F
0	0	1
0	1	0
1	0	0
1	1	1

(5)与或非门电路。

与或非门的逻辑符号如图 10.14 所示。其逻辑表达式为

$$F=\overline{AB+CD} \tag{10.10}$$

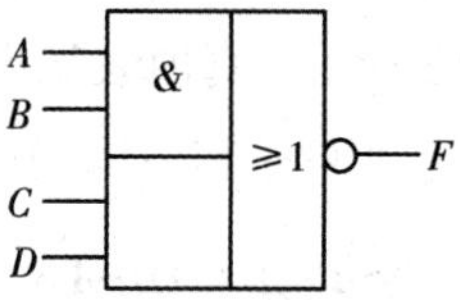

图 10.14　与或非门的逻辑符号

10.3.4　公式和定理

(1)基本公式和定理。

定理 1　交换律

$$A\cdot B=B\cdot A,\ A+B=B+A$$

定理 2　结合律

$$A\cdot(B\cdot C)=(A\cdot B)\cdot C,\ A+(B+C)=(A+B)+C$$

定理 3　分配律

$$A\cdot(B+C)=A\cdot B+A\cdot C,\ A+B\cdot C=(A+B)\cdot(A+C)$$

定理 4　0-1 律

$$A\cdot 0=0,\ A+1=1$$

定理 5　自等律

$$A\cdot 1=A,\ A+0=A$$

定理 6　重叠律

$$A\cdot A=A,\ A+A=A$$

定理 7　互补律

$$A \cdot \overline{A}=0,\ A+\overline{A}=1$$

定理 8　吸收律

$$A+A \cdot B=A$$

定理 9　反演律(又称摩根定理)

$$\overline{A \cdot B}=\overline{A}+\overline{B},\ \overline{A+B}=\overline{A} \cdot \overline{B}$$

定理 10　还原律

$$\overline{\overline{A}}=A$$

上述基本公式和定理都可以借助真值表、逻辑图等工具来加以证明。

【例 10.4】　利用逻辑真值表证明反演律$\overline{A \cdot B}=\overline{A}+\overline{B}$。

反演律证明如表 10.11 所列。

表 10.11　反演律证明

A	B	$\overline{AB}$	$\overline{A}$	$\overline{B}$	$\overline{A}+\overline{B}$
0	0	1	1	1	1
0	1	1	1	0	1
1	0	1	0	1	1
1	1	0	0	0	0

从表 10.11 中可以看到，等式两边的逻辑值对应相等，说明该公式成立。

【例 10.5】　证明吸收律 $A+AB=A$。

证明　$$A+AB=A(1+B)=A \cdot 1=A$$

【例 10.6】　证明分配律 $A+B \cdot C=(A+B) \cdot (A+C)$。

证明　$$(A+B) \cdot (A+C)=AA+AB+AC+BC=A+AB+AC+BC$$
$$=A(1+B+C)+BC=A+BC$$

【例 10.7】　试证明消变量公式 $A+\overline{A} \cdot B=A+B$。

证明　利用上面证明的分配律很容易就证明。

$$A+\overline{A} \cdot B=(A+\overline{A}) \cdot (A+B)=A+B$$

【例 10.8】　试证明并项公式 $AB+A\overline{B}=A$。

证明　$$AB+A\overline{B}=A(B+\overline{B})=A$$

上述各公式和定理，主要用来化简逻辑表达式，使之成为最简表达式，这样可以节省大量的元件。

【例 10.9】　运用摩根定理解$\overline{A+\overline{B}+C+\overline{D}}$。

解　$$\overline{A+\overline{B}+C+\overline{D}}=\overline{A} \cdot \overline{\overline{B}} \cdot \overline{C} \cdot \overline{\overline{D}}=\overline{A} \cdot B \cdot \overline{C} \cdot D$$

【例 10.10】 化简 $F=A\cdot\overline{B}\cdot(\overline{B}C+\overline{A}\cdot\overline{C})$。

解 $F=A\cdot\overline{B}\cdot(\overline{B}C+\overline{A}\cdot\overline{C})=A\cdot\overline{B}\cdot\overline{B}\cdot C+A\cdot\overline{B}\cdot\overline{A}\cdot\overline{C}=A\cdot\overline{B}\cdot C$

(2)代入规则。

对于任何逻辑等式，以任意一个逻辑变量或逻辑函数同时取代等式两边的某个变量后，等式仍然成立。

利用代入规则可以方便地将各种逻辑公式和定理推广到多变量。

【例 10.11】 用代入规则将反演律公式$\overline{A+B}=\overline{A}\cdot\overline{B}$ 推广到三变量的形式。

解 用$(B+C)$取代等式中的变量 B，由代入规则，有$\overline{A+(B+C)}=\overline{A}+\overline{B+C}$，对等式右边的$\overline{B+C}$运用反演律，可得$\overline{A+B+C}=\overline{A}+\overline{B}+\overline{C}$，显然，这就是反演律的三变量形式。

10.4 逻辑函数化简方法

一般来说，如果逻辑函数表达式很简单，那么逻辑电路也比较简单，所用的元件也较少，因而既节约了元件又可以提高电路的可靠性。通常，从逻辑命题抽象出来的逻辑函数不一定是最简的，因此要求对逻辑函数进行化简，找到最简表达式。

与或表达式是最常用的一种逻辑表达式，最简与或表达式的标准：式中乘积项(与项)的个数最少；每个与项中的变量个数也最少。常用的与或表达式的化简方法有公式化简法和卡诺图化简法。

10.4.1 逻辑函数的公式化简法

公式化简法，就是在与或表达式的基础上，利用公式和定理，消去表达式中多余的乘积项和每个乘积项中多余的变量，求出函数的最简与或式。经常使用到的方法可以归纳如下。

(1)并项法。

$$AB+A\overline{B}=A$$

【例 10.12】 化简函数 $F=ABC+AB\overline{C}+\overline{A}B$。

解 $F=ABC+AB\overline{C}+\overline{A}B=AB+\overline{A}B=B$

(2)吸收法。

$$A+AB=A$$

【例 10.13】 化简函数 $F=\overline{\overline{A}\cdot B}+A\overline{D}+\overline{B}CD$。

解 $F=\overline{\overline{A}\cdot B}+A\overline{D}+\overline{B}CD=A+\overline{B}+A\overline{D}+\overline{B}CD=A+\overline{B}$

(3)消变量法。

$$A+\bar{A}B=A+B$$

【例 10.14】 化简函数 $F=\overline{A\cdot\bar{B}}+AC+\bar{B}\bar{D}$。

解
$$F=\overline{A\cdot\bar{B}}+AC+\bar{B}\bar{D}=\bar{A}+B+AC+\bar{B}\bar{D}=\bar{A}+B+C+\bar{D}$$

(4)配项法。

为了达到化简目的，给某个与项乘以 $A+\bar{A}$，变为两项后再与其他项合并化简。

【例 10.15】 证明冗余定理 $AB+\bar{A}C+BC=AB+\bar{A}C$。

证明
$$AB+\bar{A}C+BC=AB+\bar{A}C+(A+\bar{A})BC=AB+\bar{A}C+ABC+\bar{A}BC=AB+\bar{A}C$$

10.4.2 逻辑函数的卡诺图化简法

用卡诺图化简逻辑函数是一种简便直观、容易掌握、行之有效的方法，在数字逻辑电路的设计中得到广泛应用。

(1)标准与或式与最小项。

$$Y=F(A,\ B,\ C)=\bar{A}\bar{B}\bar{C}+\bar{A}\bar{B}C+\bar{A}B\bar{C}+ABC \tag{10.11}$$

式(10.11)给出的就是具有 3 个变量逻辑函数 Y 的标准与或表达式。在标准与或表达式中，每一个乘积项都具有标准形式。而且，人们常把这种标准形式的乘积项叫作最小项。

3 个变量可以构成 8 个标准形式的乘积项：$\bar{A}\bar{B}\bar{C}$，$\bar{A}\bar{B}C$，$\bar{A}B\bar{C}$，$\bar{A}BC$，$A\bar{B}\bar{C}$，$A\bar{B}C$，$AB\bar{C}$，ABC。

这 8 个乘积项共同的特点如下：

①每个乘积项都有 3 个因子；

②每个变量都以原变量或者反变量的形式，作为一个变量在乘积项中出现且仅出现一次。这样的乘积项就叫作最小项。

同样，1 个变量 A 有 2 个最小项，即 $\bar{A}$，A；2 个变量 A，B 有 4 个最小项，即 $\bar{A}\bar{B}$，$\bar{A}B$，$A\bar{B}$，AB。

最小项是组成逻辑函数的基本单元，任何逻辑函数都可以表示成为最小项之和的形式被称为标准与或表达式。

【例 10.16】 写出函数 $Y=AB+BC+AC$ 的标准与或表达式。

解

$$\begin{aligned}Y&=AB+BC+AC\\&=AB(\bar{C}+C)+BC(\bar{A}+A)+AC(\bar{B}+B)\\&=AB\bar{C}+ABC+\bar{A}BC+ABC+A\bar{B}C+ABC\\&=\bar{A}BC+A\bar{B}C+AB\bar{C}+ABC\end{aligned}$$

逻辑函数的标准与或表达式是唯一的，也就是说，一个逻辑函数只有一个最小项之和的表达式。

为了叙述和书写方便，通常都要对最小项进行编号。编号的方法是：把与最小项对应的变量取值当成二进制数，与之相应的十进制数，就是最小项的编号。

例如，$Y=\bar{A}\,\bar{B}\,\bar{C}+\bar{A}B\bar{C}+A\bar{B}C+ABC=m_0+m_2+m_5+m_7=\sum_m(0,2,5,7)$。

(2)卡诺图画法。

卡诺图中将 n 个变量分成行变量和列变量两组，行变量和列变量的取值，决定了小方格的编号，也即最小项的编号。行、列变量的取值顺序一定要按格雷码(循环码)排列。图 10.15 分别列出了二变量、三变量和四变量的卡诺图。

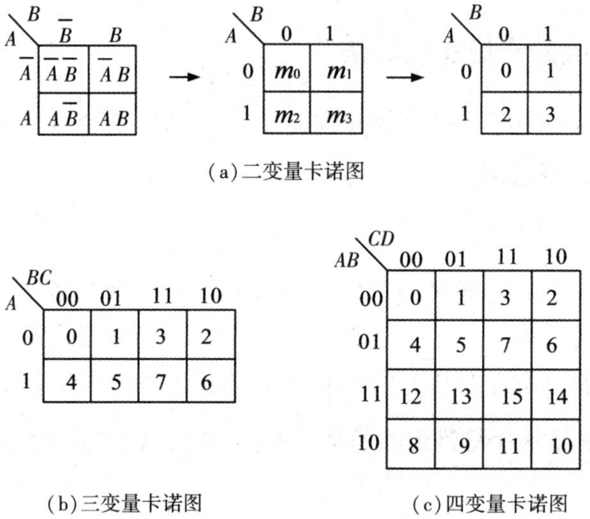

图 10.15　二、三、四变量的卡诺图

卡诺图的特点是形象地表达各个最小项之间在逻辑上的相邻性。图 10.15 中任何几何位置相邻的最小项，在逻辑上也是相邻的。

卡诺图的主要缺点是随着变量数目的增加，图形迅速复杂化，当逻辑变量在 5 个以上时，很少使用卡诺图。

(3)逻辑函数卡诺图。

逻辑函数的卡诺图既可根据真值表或标准与或式画卡诺图，也可根据一般逻辑表达式画卡诺图。若已知的是一般逻辑函数表达式，则首先将函数表达式变换成与或表达式，然后利用直接观察法填卡诺图。观察法的原理是：在逻辑函数与或表达式中，凡是乘积项，只要有一个变量因子为 0，该乘积项就为 0(0 也可以不填)；只有乘积项所有因子都为 1 时，该乘积项才为 1。如果乘积项没有包含全部变量，无论所缺变量为 1 或者为 0，只要乘积项现有变量满足乘积项为 1 的条件，该乘积项就为 1。

【例 10.17】　画出逻辑函数 $Y=\overline{(A+D)(B+\bar{C})}$ 的卡诺图。

解　逻辑函数可写成 $Y=\overline{(A+D)(B+\overline{C})}=\overline{A}\,\overline{D}+\overline{B}C$，则卡诺图为

AB \ CD	00	01	11	10
00	1		1	1
01	1			1
11				
10			1	1

【例 10.18】　画出逻辑函数 $Y(A, B, C, D)=\sum_m(1, 3, 4, 6, 7, 9, 11, 14, 15)$ 的卡诺图。

解　卡诺图为

AB \ CD	00	01	11	10
00		1	1	
01	1		1	1
11			1	1
10		1	1	

(4)逻辑函数的卡诺图化简法。

①合并最小项的规律。根据公式 $A\overline{B}+AB=A$ 可知，两逻辑上相邻的最小项可以合并成一项，并消去一个变量；四个相邻的最小项可合并为一项，并消去两个变量。卡诺图上能够合并的相邻最小项必须是 2 的整次幂(即 2^n 个)，并消去 n 个变量。

②用卡诺图化简逻辑函数。用卡诺图化简逻辑函数一般可分为三步进行：首先是画出逻辑函数的卡诺图；然后是合并最小项；最后写出最简与或式。

在合并最小项(圈 1)时应注意以下几个问题：圈数尽可能少；圈尽可能大；卡诺图中所有“1”都要被圈，且每个“1”可以多次被圈，但每个圈中至少要有一个“1”只圈 1 次。注意：一个函数的最简与或表达式不是唯一的。

例如：

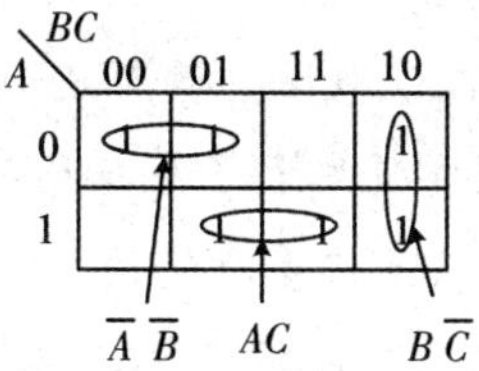

$Y=\overline{A}\,\overline{B}+AC+B\overline{C}$

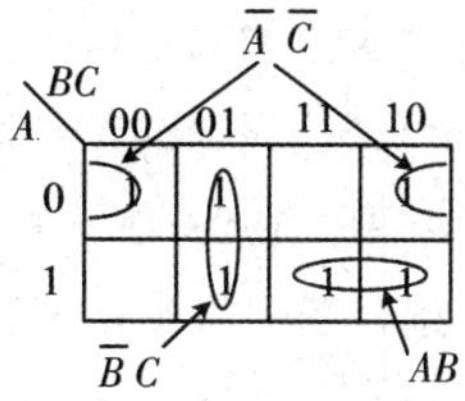

$Y=AB+\overline{A}\,\overline{C}+\overline{B}C$

从上面卡诺图化简结果可以看出，两个表达式都符合最简与或式的标准，因此都对。

【例 10.19】　化简函数 $Y=\overline{A}\,\overline{B}\,\overline{C}+\overline{A}\,\overline{B}C\overline{D}+\overline{A}B\overline{C}D+\overline{A}C\overline{D}+\overline{A}BCD+ABC$。

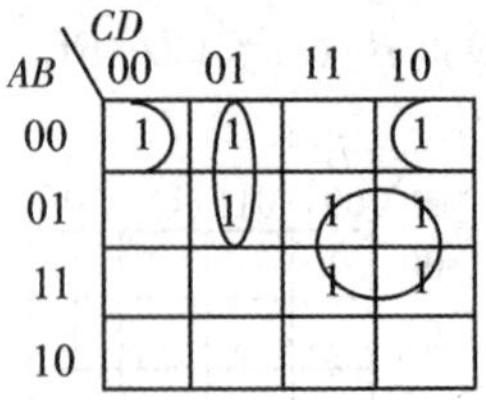

解 $$Y=\overline{A}\,\overline{C}D+\overline{A}\,\overline{B}\,\overline{D}+BC$$

10.5 本章小结

本章主要介绍了逻辑代数的逻辑运算、基本公式定理，以及逻辑函数的化简方法。

(1)与、或、非是三种基本逻辑运算，与非、或非、与或非、异或则是四种常用复合逻辑运算。

(2)逻辑代数的公式和定理是推演、变换和化简逻辑函数的依据，有些与普通代数相同，有些则完全不同，例如摩根定理、同一律、还原律等，要特别注意记住这些特殊的公式、定理。

(3)逻辑函数的公式化简法和卡诺图化简法，是应该熟练掌握的内容。

思政课堂

易经八卦与二进制——中国古代智慧

二进制可以说是信息时代电子计算机运用的计算基础。它只是运用“1”和“0”的组合规则，便把自然界中的一切事物都模拟到计算机中。它的意义在于让计算机代替人类对这个世界进行模拟化描述，从而使一个真实的世界以一种“新的”模拟化形式出现在世人的面前，在人类文明的进步史上具有重大的意义。

二进制由18世纪德国数理哲学大师莱布尼茨发现，而二进制思想可以追溯到我国古代的伏羲八卦图。1703年，法国皇家科学院发表了莱布尼茨的论文《论只使用符号0和1的二进制算术，兼论其用途及它赋予伏羲所使用的古老图形的意义》。莱布尼茨确信二进制与《易经》有着内在联系。二进制用“0”和“1”来表示一切数；《易经》则用阴爻“--”和阳爻“——”构成了一切卦。可以看到，二进制数与八卦图是完全对应的，如图10.16所示。

《易经》已经被应用到社会的各个领域，比如政治、军事、文化、经济、外交、科研、宗教、医学、建筑等。美国生物学家尼伦伯格破译了生物的遗传密码，获得诺贝尔奖，编写了《国际普世遗传表》。1973 年，法国学者马丁·申伯格从《国际普世遗传表》中发现了其遗传密码子的 64 种排列组合正好对应着八卦图，他将这一发现写到了《生命的秘密钥匙——易经与遗传密码》一书中。

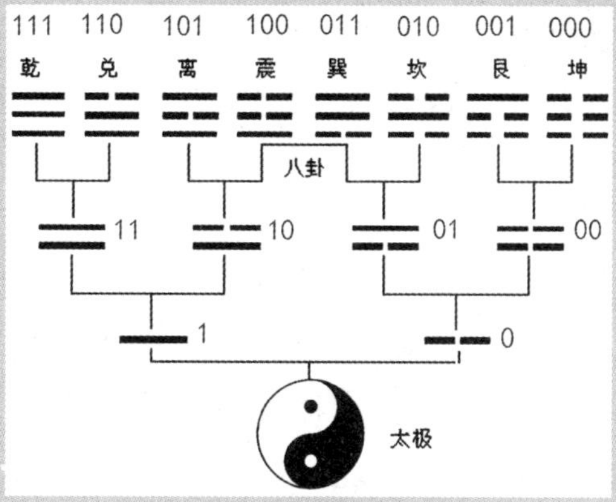

图 10.16　二进制数与八卦图

中国著名改革家梁启超把《周易》称为“数理哲学”。近代哲学家、北京大学教授冯友兰把《周易》称为“宇宙代数学”，其意是指将宇宙间万事万物皆可用《易经》去解释。《易经》是中华文化的活水源头，是我国历代先贤聪明智慧的结晶，对世界的影响广泛而久远。

习　题

题 10.1　在数字电路中为什么要采用二进制？写出二进制加权系数之和的展开式。

题 10.2　在逻辑代数中，三种最基本的逻辑运算是什么？

题 10.3　将下列二进制数变换为十进制数：11010；101101；1001101。

题 10.4　将下列十进制数变换为二进制数：13；25；46。

题 10.5　利用公式法化简下列各式：

①$F=A\bar{B}C+A\overline{BC}$；

②$F=A\bar{B}+\overline{A\bar{B}C}$；

③$F=A(BC+\bar{B}\bar{C})+A(\bar{B}C+B\bar{C})$；

④$F=AB+BC+\bar{B}C+A\bar{B}$；

⑤$F=A+\bar{A}C+BC+\bar{A}B\bar{C}$；

⑥$F=(A+A\bar{B}+A\bar{B}\bar{C})\cdot(A+B+C)$；

⑦$F=(AB+A\overline{B}+\overline{A}B)\cdot(\overline{\overline{A}+B}+A\overline{B})$。

题 10.6　用卡诺图化简下列逻辑函数表达式：

①$F=AC+\overline{B}\,\overline{C}+B\overline{C}$；

②$F=A\overline{B}+BC+A\overline{B}C+\overline{A}\,\overline{B}C\overline{D}$；

③$F=\overline{A}\,\overline{B}C+AD+B\overline{D}+C\overline{D}+A\overline{C}+\overline{A}\,\overline{D}$。

第 11 章　门电路和组合逻辑电路

数字电路按逻辑功能可分为组合逻辑电路和时序逻辑电路两大类。门电路是组合电路的基本单元。本章主要讨论分立元件门电路，TTL 集成门电路和 CMOS 集成门电路；各种组合逻辑电路及它们的分析、设计方法。

11.1　基本门电路

逻辑门电路是实现各种逻辑运算的电子线路，它是构成数字电路的基本单元。基本门电路包括与门、或门、非门三种。复合逻辑门主要有与非门、或非门、异或门、同或门和与或非门。门电路又可分为分立元件门(由二极管、三极管和电阻组成)和集成门电路。

在逻辑电路中，输入、输出信号通常用高电平和低电平来描述，本章采用正逻辑表示，即用 1 表示高电平，用 0 表示低电平。至于高低电平的数值，则随数字电路中元件的类型不同而异。例如 TTL 集成门电路中高电平为 $U_H=2\sim5$ V，低电平为 $U_L=0\sim0.8$ V；CMOS 集成门电路中高电平为 $U_H=V_{DD}$，低电平为 $U_L=0$ V。

11.1.1　与门电路

与门电路是一种多输入单输出实现与逻辑关系的电路。所谓与逻辑是指某一事件发生的诸条件全部满足时，事件才能发生的因果关系。例如用两个串联的开关与电灯相连，接通电源后，只有当两个开关全部闭合时，灯才亮。只有一个开关闭合，灯不亮，这种两个开关控制电灯亮灭的因果关系，就是与逻辑。用二极管组成的与门电路如图 11.1(a)所示，由二极管 D_1、D_2 和电阻 R、+10 V 电源构成。图 11.1(b)是与门的逻辑符号，逻辑符号中输入端的数目均按实有个数画出。

下面分析二极管与门电路的逻辑功能。为分析方便，设输入低电平为 0 V，输入高电平为 3 V，分析时略去二极管的正向压降。

(1)输入端 A，B 均为低电平 0。

这时 $U_A=U_B=0$ V，二极管 D_1，D_2 都因正向偏置而导通，$U_F=U_A=U_B=0$ V，输出端 F 为低电平 0。

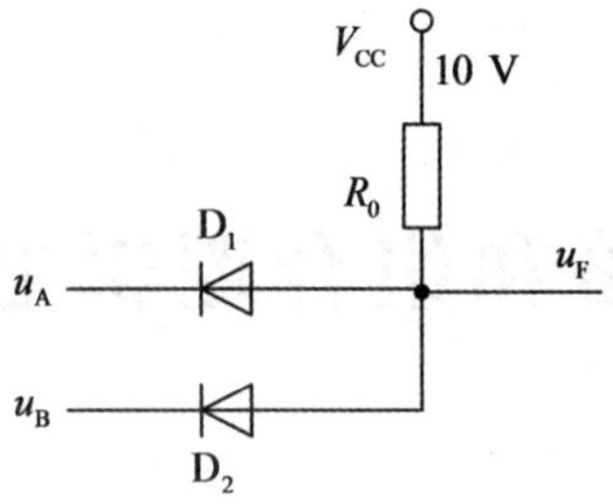

(a)电路图

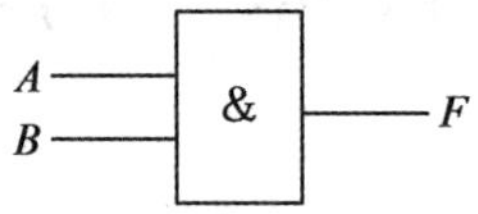

(b)逻辑符号

图 11.1　二极管与门电路和逻辑符号

(2)输入端 A 为低电平 0，输入端 B 为高电平 1。

这时 $U_A=0$ V，$U_B=3$ V，因 A 点电位低于 B 点，二极管 D_1 优先导通，使 $U_F=0$ V，故二极管 D_2 处于反向偏置而截止，输出端 F 为低电平 0。

(3)输入端 A 为高电平 1，输入端 B 为低电平 0。

这时 $U_A=3$ V，$U_B=0$ V，D_2 优先导通，D_1 截止，输出端 F 也为低电平 0。

(4)输入端 A，B 均为高电平 1。

这时 $U_A=U_B=3$ V，二极管 D_1，D_2 都因正向偏置而导通，$U_F=U_A=U_B=3$ V，输出端 F 为高电平 1。

由上面的分析可知，只有全部输入为高电平 1 时，输出才是高电平 1，否则输出均为低电平 0。即有 0 出 0，全 1 出 1，满足与逻辑关系。二极管与门电路输出函数 F 与输入变量 A，B 之间逻辑关系的真值表见表 11.1。

表 11.1　与门的真值表

输入		输出
A	B	F
0	0	0
0	1	0
1	0	0
1	1	1

其逻辑函数表达式为

$$F=A\cdot B=AB \tag{11.1}$$

11.1.2　或门电路

或门电路也是一种多输入单输出实现或逻辑关系的电路。所谓或逻辑是指某一事件发生的几个条件中，只要满足任意一个或一个以上条件时，事件就会发生，这样的因果关系叫作或逻辑关系。例如，用两个并联的开关去控制一个电灯的亮灭，接通电源后，只要其中任意一个开关合上，灯就亮。这两个开关的合、断与灯亮灭的因果关系就是或逻辑。

用二极管组成的或门电路如图 11.2(a)所示，与图 11.1(a)相对照就可看出，两个电路中的二极管 D_1，D_2 极性的连接正好相反，所用电源的极性也相反。图 11.2(b)是或门的逻辑符号，逻辑符号中输入端的数目按实有个数画出。

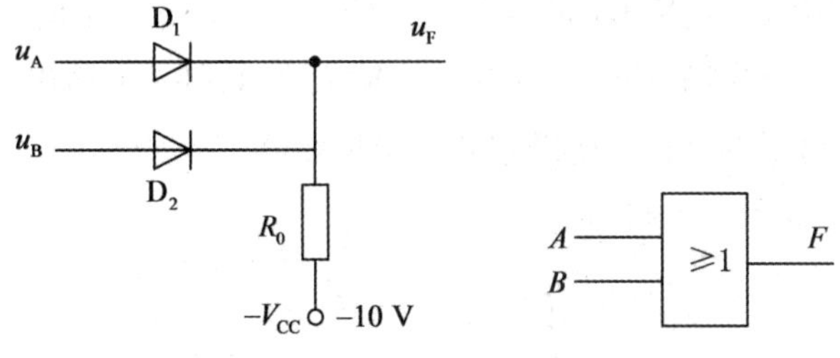

(a)电路图　　(b)逻辑符号

图 11.2　二极管或门电路和逻辑符号

下面分析或门电路的逻辑功能。分析时仍然假定输入高电平为 3 V，输入低电平为 0 V，并略去二极管的正向电压降。

(1)输入端 A，B 均为低电平 0。

这时二极管 D_1，D_2均因正向偏置而导通，$U_F=0$ V，输出端 F 为低电平 0。

(2)输入端 A 为低电平 0，B 为高电平 1。

这时 D_2优先导通，$U_F=U_B=3$ V，D_1处于反向偏置而截止，输出端 F 为高电平 1。

(3)输入端 A 为高电平 1，B 为低电平 0。

这时 D_1优先导通，D_2截止，输出端 F 也为高电平 1。

(4)输入端 A，B 均为高低电平 1。

这时二极管 D_1，D_2均导通，$U_F=U_A=U_B=3$ V，输出端 F 为高电平 1。

由以上分析可知，只要输入端 A，B 中有一个为高电平 1，输出端即为高电平 1；只有当输入端均为低电平时，输出端 F 才为低电平。即有 1 出 1，全 0 出 0，满足或逻辑关系。把上面的分析结果列成表格就得到或门电路的逻辑真值表，见表 11.2。

表 11.2　或门的逻辑真值表

输入		输出
A	B	F
0	0	0
0	1	1
1	0	1
1	1	1

由真值表可看出，输入与输出的逻辑关系与算术加法相似，故或门电路又称逻辑加法电路。其逻辑函数表达式为

$$F=\overline{A}B+A\overline{B}+AB=\overline{A}B+A=A+B \tag{11.2}$$

11.1.3 非门电路

非门电路是单输入单输出实现非逻辑关系的电路。非逻辑是指否定的意思，即它的结果和条件相反。例如，对高电平的否定就是低电平，对低电平的否定就是高电平。图11.3(a)是晶体三极管非门电路，它只有一个输入端 A 和一个输出端 F，由于三极管的B，C两极的信号极性是相反的，所以它是一个反相器。图11.3(a)中晶体管T工作在开关状态，图11.3(b)为其逻辑符号。

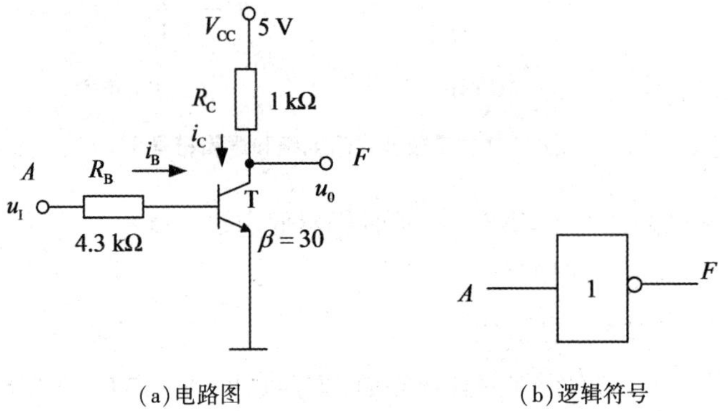

图 11.3 晶体三极管非门电路和逻辑符号

下面分析非门的逻辑功能。

(1)当 $u_I=U_{IL}=0$ V时，三极管截止，$i_B\approx0$，$i_C\approx0$，所以 $u_0=V_{CC}=5$ V，F 输出为高电平。

(2)当 $u_I=U_{IH}=5$ V时，发射结正偏，此时三极管是否工作在饱和状态，需进行如下判断：

$$i_B=\frac{U_{IH}-u_{BE}}{R_B}=\frac{5-0.7}{4.3}=1(\text{mA})$$

基极临界饱和电流为

$$I_{BS}\approx\frac{V_{CC}}{\beta R_C}=\frac{5}{30\times1}\approx0.17(\text{mA})$$

由于 $i_B>I_{BS}$，所以三极管饱和导通，故有 $u_0=U_{CES}\leqslant0.3$ V，F 输出低电平。

综上分析，非门的逻辑真值表见表11.3。由表可得，非门电路的逻辑功能是把逻辑电平倒置，即输入为高电平1时，输出为低电平0；反之，输入为低电平0时，输出为高电平1。

表 11.3　非门的真值表

A	F
1	0
0	1

非门的逻辑函数表达式为

$$F=\overline{A} \tag{11.3}$$

11.2　TTL 集成门电路

TTL 集成电路的输入、输出都是由三极管组成，又称为晶体管-晶体管逻辑门电路(Transistor Transistor Logic)，简称 TTL 集成门电路。双极型集成电路中，使用最多的是 TTL 集成电路，它具有体积小、质量轻、可靠性高、速度快等优点。在数字电路中，利用 TTL 集成电路可以组成各种门电路、计数器、译码器、单稳态触发器等多种逻辑部件。TTL 集成电路被广泛应用于计算机、遥测、遥控和数字通信设备中。

实际生产的 TTL 集成电路，品种齐全、种类繁多，主要有 74，74H，74S，74LS 四个系列。其中 74LS(低功耗肖特基系列)具有最佳的综合性能，是 TTL 集成电路的主流，是应用最广泛的系列。TTL 电源电压 U_{CC}为(5±5%)V，TTL 低电平为0~0.8 V，其典型值是 0.3 V；TTL 高电平为 2~5 V，其典型值是 3.6 V。

下面介绍 TTL 非门的基本电路结构、工作原理和电路参数。

11.2.1　电路结构

TTL 非门电路如图 11.4 所示，由输入级、中间级和输出级组成。

(1)输入级：由 T_1，R_1，D_1 组成，D_1 是保护二极管，为防止输入端电压过低而设置的。

(2)中间级：由 T_2，R_2，R_3 组成，T_2 集电极输出驱动 T_3，发射极输出驱动 T_4。

(3)输出级：由 T_3，T_4，R_4，D_2 组成。其中，T_3 和 T_4 构成射极输出形式，用以提高带负载能力。当 T_3 饱和导通时(T_4 截止)，输出端 Y 为高电平。当 T_4 饱和导通(T_3 截止)时，输出端 Y 为低电平。

11.2.2　工作原理

(1)当 $u_I=U_{IL}=0.2$ V 时，T_1 基极电位 $u_{B1}=0.9$ V，不能使 T_1 集电结、T_2 发射结、T_4 发射结 3 个 PN 结导通，所以 T_2，T_4 截止。此时，V_{CC}通过 R_2 使 T_3 导通，则输出电压为

$$u_O=V_{CC}-I_{B3}R_2-u_{BE3}-u_{D2}\approx V_{CC}-u_{BE3}-u_{D2}=5-0.7-0.7=3.6(\text{V})$$

此时输出端输出高电平 U_{OH}。

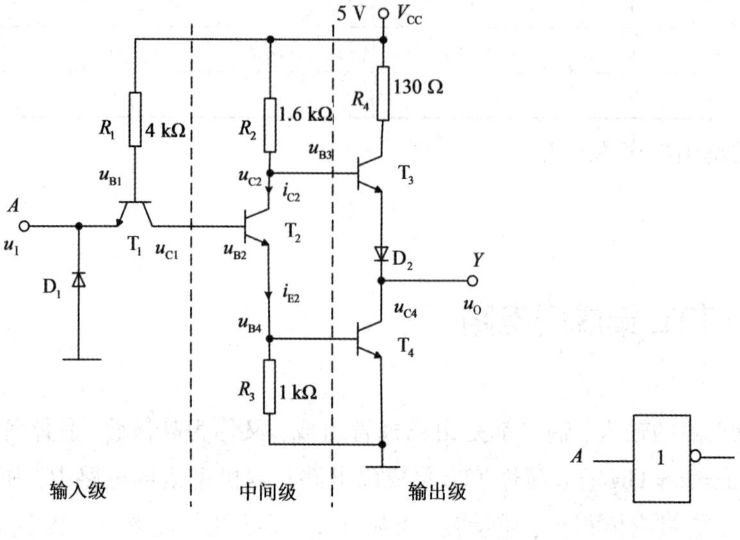

(a)电路图　　(b)逻辑符号

图 11.4　TTL 非门电路和逻辑符号

(2)当 $u_I=U_{IH}=3.6$ V 时，如果 T_1 发射结正偏，则其基极电位为 4.3 V。而电源 V_{CC} 通过 R_1 和 T_1 集电结向 T_2 和 T_4 提供基极电流，使 T_2，T_4 饱和导通，这时 T_1 的基极电位为

$$V_{B1}=V_{BC1}+V_{BE2}+V_{BE4}=0.7+0.7+0.7=2.1(\mathrm{V})$$

显然，V_{CC}、R_1、T_1 集电结、T_2、T_4 组成的支路先导通，T_1 基极电位就被钳位在 2.1 V，此时 T_1 的发射极电位为 3.6 V，集电极电位为 1.4 V，则 T_1 发射结反偏，集电结正偏，T_1 处于倒置放大状态。由于 T_2，T_4 饱和导通，输出 $u_O=V_{C4}=0.3$ V，同时可以估算出 T_2 的集电极电位：

$$V_{C2}=V_{CES2}+V_{B4}=0.3+0.7=1(\mathrm{V})$$

此时，由于 $V_{B3}=V_{C2}=1$ V，作用在 T_3 发射结和二极管 D_2 的串联支路的电压为

$$V_{C2}-u_O=1-0.3=0.7(\mathrm{V})$$

显然，T_3 和 D_2 均截止。

综上分析，可见输入与输出实现了非的逻辑功能：输入低电平，输出高电平；输入高电平，输出低电平。其逻辑表达式为

$$F=\overline{A} \tag{11.4}$$

11.2.3　电路参数

TTL 电路参数见表 11.4。

表 11.4 TTL 电路参数

参数名称	符号	单位	测试条件	指标
输入短路电流	I_{is}	mA	$V_{CC}=5$ V，输入依次接地	≤2.2
开门电平	U_{on}	V	$V_{CC}=5$ V，$U_o\leqslant 0.35$ V，$R_L=380\ \Omega$	≤1.8
关门电平	U_{off}	V	$V_{CC}=5$ V，$U_{oh}\geqslant 2.7$ V，输出空载	≥0.8
输出高电平	U_{oh}	V	$V_{CC}=5$ V，$U_i=0$ V，输出空载	≥3.0
输出低电平	U_{ol}	V	$V_{CC}=5$ V，$U_i=1.8$ V，$R_L=380\ \Omega$	≤0.35
扇出系数	N_o	个	$V_{CC}=5$ V，$U_i=1.8$ V，$U_{ol}\leqslant 3.5$ V	>8
平均传输延时时间	t_{pd}	ns	$V_{CC}=5$ V，$N_o=8$，$f=2$ MHz	≤30
空载导通电流	I_{ccl}	mA	$V_{CC}=5$ V，输入悬空，输出空载	≤10

(1)输出高电平 U_{oh}：在输出端开路时，输入端接地的输出端电平。

(2)输出低电平 U_{ol}：在输入端全部为高电平时，输出的低电平值。

(3)开门电平 U_{on}：在额定负载条件下，输出为额定低电平 0 时，所允许输入高电平的最小值。

(4)关门电平 U_{off}：在空载条件下，输出为额定高电平 1 时，所允许输入低电平的最大值。

(5)扇出系数 N_o：以同一型号的非门作为负载时，一个非门能驱动同类非门的最大数目，称为扇出系数，又称负载能力。

(6)平均传输延时时间 t_{pd}：对于前面所示的各种真值表，一直假定当门的输入端电压改变时，输出端电压立即改变到真值表所给出的对应值。然而事实上由于输出端总是有并联分布电容(或电容)，电压不能突变，实际上总是存在传输延时问题。

11.3 组合逻辑电路的分析与设计

由门电路组成且无反馈的逻辑电路称为组合逻辑电路，门电路是组合逻辑电路的最基本单元。组合逻辑电路的特点是：输出信号仅取决于该时刻的输入信号，与电路原来所处的状态无关。组合逻辑电路包括两个方面的内容：一是组合电路分析，即给定组合逻辑电路，分析其逻辑功能；二是组合电路设计，即给定逻辑功能，设计相应的组合逻辑电路。

表示组合逻辑电路逻辑函数的主要方法有：真值表、卡诺图、逻辑表达式、时序图(又称波形图)等方法。组合逻辑电路的应用十分广泛，如数字电路中的编码器、译码器、加法器、比较器、数据选择器、数据分配器、只读存储器等。

11.3.1 组合逻辑电路的分析

在工程上经常遇到“读图”的问题，组合逻辑电路分析就是数字电路的“读图”。指根据已知的逻辑电路，找出输出逻辑函数与输入变量之间的关系。分析步骤如下：

(1)由逻辑电路写出输出端的逻辑表达式；

(2)化简和变换逻辑表达式，列出输出函数的真值表；

(3)根据真值表，分析其逻辑功能。

【例 11.1】 试分析图 11.5 的逻辑功能。

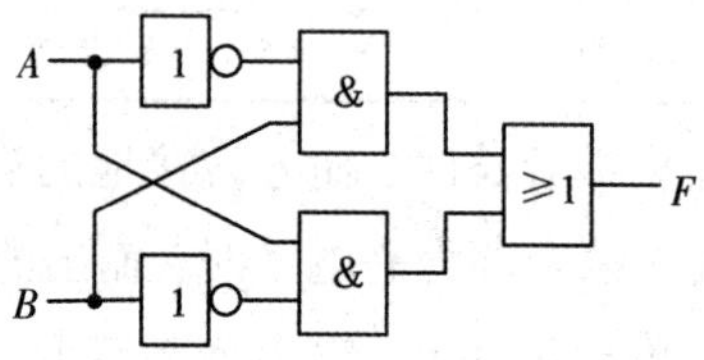

图 11.5 例 11.1 的逻辑电路

解 由逻辑图 11.5 写出逻辑表达式：

$$F=A\overline{B}+\overline{A}B \tag{11.5}$$

由表达式列出真值表，可得真值表 11.5。

表 11.5 例 11.1 真值表

A	B	F
0	0	0
0	1	1
1	0	1
1	1	0

由真值表 11.5 可以看出，该电路完成异或功能：当两个输入互为相异时输出为 1，两个输入相同时输出为 0。

【例 11.2】 试分析图 11.6 的逻辑功能。

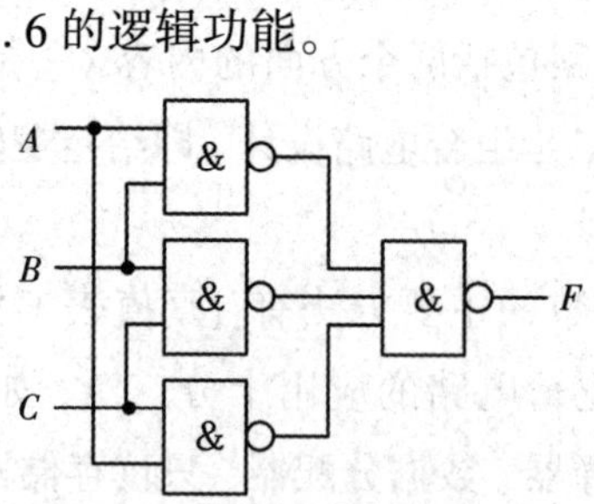

图 11.6 例 11.2 的逻辑电路

解　由逻辑图 11.6 写出逻辑表达式，并化简，即

$$F=\overline{\overline{AB}\cdot\overline{BC}\cdot\overline{AC}}=AB+BC+AC \tag{11.6}$$

由表达式列出真值表，可得真值表 11.6。

表 11.6　例 11.2 真值表

A	B	C	F
0	0	0	0
0	0	1	0
0	1	0	0
0	1	1	1
1	0	0	0
1	0	1	1
1	1	0	1
1	1	1	1

由真值表 11.6 可以看出，该电路属于表决权电路。输入用 1 表示同意，0 表示否决；输出用 1 表示决议通过，0 表示未通过。电路功能为：当多数同意时决议通过，未获得多数同意时决议未通过。

11.3.2　组合逻辑电路的设计

组合逻辑电路的设计是指根据已知的逻辑功能要求，一般以电路最简单、所用器件最少为目标，用逻辑门电路组成适合需要的逻辑电路。设计步骤如下：

(1)根据要求列出逻辑真值表；

(2)根据真值表写表达式，并求出最简与或，若有需要进行变换表达式；

(3)根据化简后的表达式，画出逻辑电路。

【例 11.3】　设计一个逻辑电路用以实现命题：农业工程专业的学生必须选修布尔代数或计算机程序设计，由于两门课上课时间冲突，只能选修其中一科。要求选用与非门和非门完成电路。

解　由命题可知，这是一个两输入变量的问题，用 $A=1$ 代表学生选修“布尔代数”，$A=0$ 代表学生不选修“布尔代数”；用 $B=1$ 代表学生选修“计算机程序设计”，$B=0$ 代表学生不选修“计算机程序设计”。根据以上分析，可得真值表 11.7。

表 11.7　例 11.3 真值表

A	B	F
0	0	0
0	1	1
1	0	1
1	1	0

由真值表可得逻辑表达式如下：

$$F=A\overline{B}+\overline{A}B \tag{11.7}$$

对上述化简结果，运用与非门和非门实现其逻辑功能，可对 F 两次取反，并根据摩根定理进行转换，表达式变换为

$$F=\overline{\overline{F}}=\overline{\overline{\overline{A}B+A\overline{B}}}=\overline{\overline{\overline{A}B}\cdot\overline{A\overline{B}}} \tag{11.8}$$

根据变换后的表达式，可得逻辑电路如图 11.7 所示。

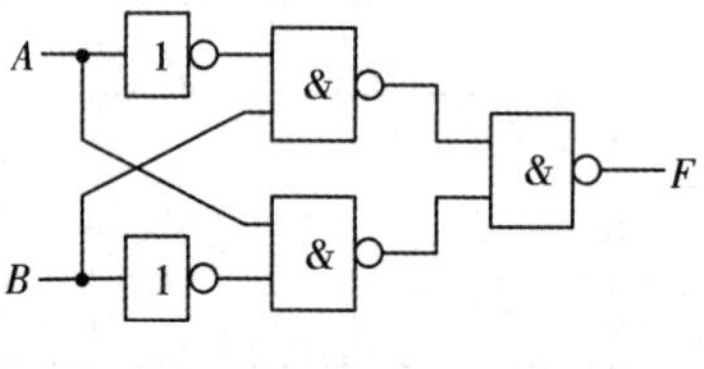

图 11.7　例 11.3 的逻辑电路

【**例 11.4**】用与非门设计一逻辑装置。当遇到十进制数 1，3，5，6 时，使其对应的输出为高电平 1。

解　由题意可知有三个输入变量，即 2^3 共有 8 个状态。其中包括 1，3，5，6 所对应的输出用 1 表示，其余状态用 0 表示。

第一步：根据题意列真值表 11.8。

表 11.8　例 11.4 真值表

十进制数	A	B	C	F
0	0	0	0	0
1	0	0	1	1
2	0	1	0	0
3	0	1	1	1
4	1	0	0	0
5	1	0	1	1
6	1	1	0	1
7	1	1	1	0

第二步：根据真值表写出逻辑表达式。具体方法是将真值表中所有输出为 1 的各项加起来，并对其进行化简，得

$$F=\overline{A}\,\overline{B}C+\overline{A}BC+A\overline{B}C+AB\overline{C} \tag{11.9}$$

将式(11.9)应用布尔代数进行化简：

$$F=\overline{A}\,\overline{B}C+\overline{A}BC+A\overline{B}C+AB\overline{C}=\overline{A}C(\overline{B}+B)+A\overline{B}C+AB\overline{C}$$

$$=\overline{A}C+A\overline{B}C+AB\overline{C}=C(\overline{A}+A\overline{B})+AB\overline{C}$$

$$=C(\overline{A}+\overline{B})+AB\overline{C}=\overline{A}C+\overline{B}C+AB\overline{C} \tag{11.10}$$

对式(11.10)中 F 同样可以应用卡诺图法进行化简，见图 11.8。

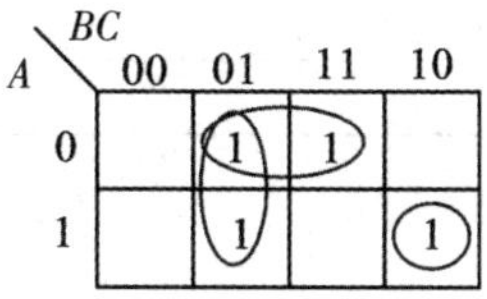

图 11.8　例 11.4 卡诺图

卡诺图化简的结果表明与公式法化简所得结果完全相同。综上分析，不难看出，对同一逻辑表达式进行化简，卡诺图法和公式化简法均可使用，其中卡诺图法具有简单、直观、容易掌握的特点，而公式化简法不仅运算显得麻烦，不易灵活掌握，而且要求使用者要具有丰富的实践经验和技巧。

由表达式可得逻辑电路如图 11.9 所示。

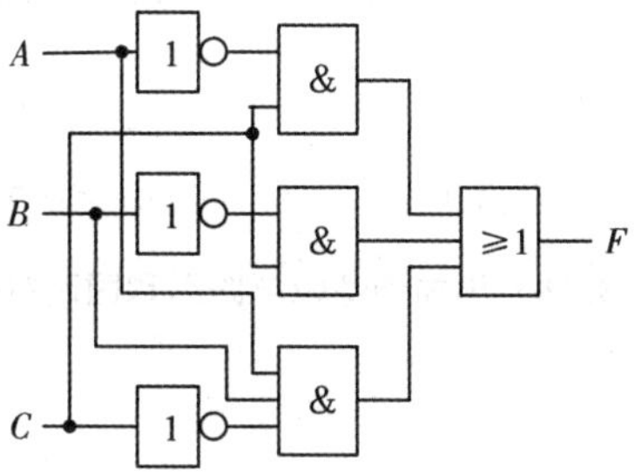

图 11.9　例 11.4 逻辑电路

11.4　加法器

二进制加法器是计算机实现加、减、乘、除等算术运算的基本单元，是数字系统中不可或缺的基本单元电路。

11.4.1　半加器

两个 1 位二进制相加，只考虑两个加数本身，而不考虑来自低位进位的加法运算，称为半加。实现半加运算的逻辑电路称为半加器。

设两个加数分别为 A_i 和 B_i，半加和为 S_i，向高位的进位为 C_i，半加器的真值表如表 11.9 所列。

表 11.9　半加器真值表

A_i	B_i	S_i	C_i
0	0	0	0
0	1	1	0
1	0	1	0
1	1	0	1

半加器的逻辑表达式为

$$S_i=\overline{A_i}B_i+A_i\overline{B_i}=A_i\oplus B_i \qquad (11.11)$$
$$C_i=A_iB_i$$

半加器的逻辑电路如图 11.10 所示。

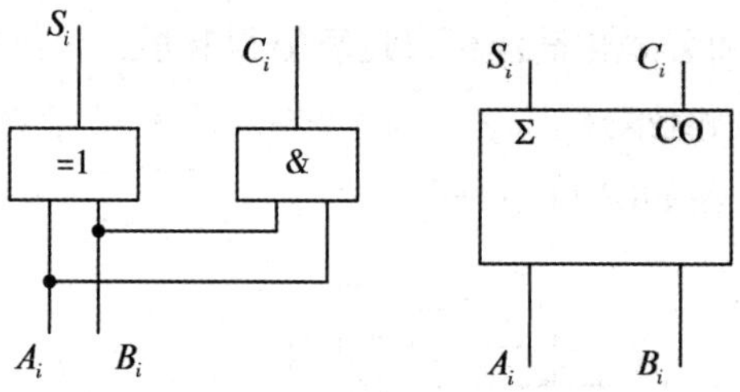

(a)逻辑电路　　(b)国际符号

图 11.10　半加器逻辑电路图和国际符号

11.4.2　全加器

如果用 A_i 和 B_i 分别表示 A，B 两个二进制数中的第 i 位，C_{i-1} 表示低位向本位的进位，C_i 表示本位向高位的进位，S_i 表示全加和。全加器的真值表如表 11.10 所列。

表 11.10　全加器真值表

A_i	B_i	C_{i-1}	S_i	C_i
0	0	0	0	0
0	0	1	1	0
0	1	0	1	0
0	1	1	0	1
1	0	0	1	0
1	0	1	0	1
1	1	0	0	1
1	1	1	1	1

全加器的逻辑表达式为

$$S_i=\overline{A_i}\,\overline{B_i}C_{i-1}+\overline{A_i}B_i\overline{C_{i-1}}+A_i\overline{B_i}\,\overline{C_{i-1}}+A_iB_iC_{i-1}=A_i\oplus B_i\oplus C_{i-1}$$

$$C_i = A_iB_i + A_i\overline{B}_iC_{i-1} + \overline{A}_iB_iC_{i-1} = A_iB_i + (A_i \oplus B_i)C_{i-1} \quad (11.12)$$

全加器的逻辑电路图如图 11.11 所示。

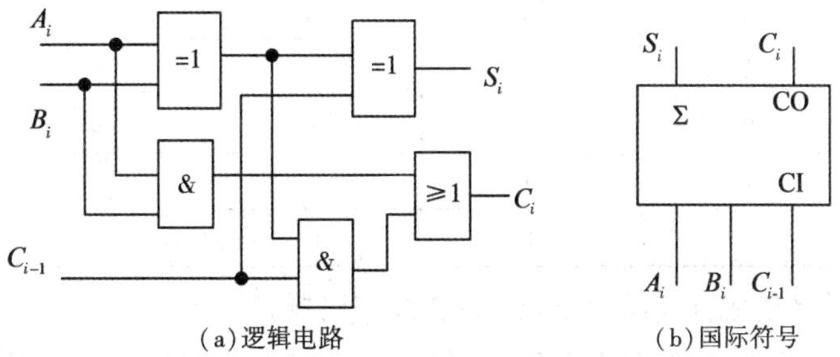

图 11.11　全加器逻辑电路图和国际符号

11.5　编码器

编码器和译码器是实现人机对话必不可少的部件。编码是指用二进制码表示一个给定的数或字符的过程，具有这种功能的逻辑器件称为编码器。例如计算机的输入键盘，就是由编码器组成的。每按下一个键，编码器就将该键盘的含义转换为一个计算机能够识别的二进制数，用它去控制机器的操作。

在数字电路中，采用的是二进制编码。即 n 位二进制代码，可以用来表示 2^n 个信号。常用的有二进制编码器、二-十进制编码器等。下面主要介绍二进制编码器。

用 n 位二进制对 $N=2^n$ 个信号进行编码的电路称为二进制编码，又称为 2^n 线-n 线编码器。

(1)2 位二进制普通编码器(4 线-2 线编码器)。

图 11.12 是 4 个按键和与非门构成的 4 线-2 线编码器。由电路图可知该编码器采用与非门，输入 $\overline{I}_0 \sim \overline{I}_3$ 为低电平有效，即按下任意一个键时，输入低电平。普通编码器在任何时刻，只能对一个输入信号进行编码，即输入是一组互相排斥的变量。其真值表如表 11.11 所列。其逻辑表达式为

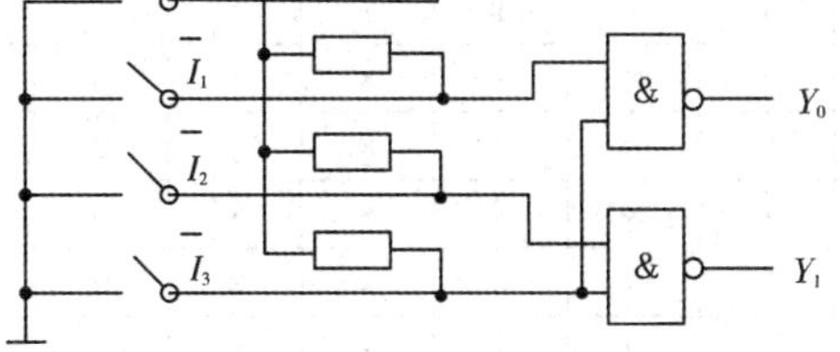

图 11.12　4 线-2 线编码器逻辑电路图

$$Y_0 = \overline{\overline{I}_1 \cdot \overline{I}_3},\ Y_1 = \overline{\overline{I}_2 \cdot \overline{I}_3} \quad (11.13)$$

表 11.11　2 位二进制编码器真值表

输入				输出	
$\overline{I}_0$	$\overline{I}_1$	$\overline{I}_2$	$\overline{I}_3$	Y_1	Y_0
0	1	1	1	0	0
1	0	1	1	0	1
1	1	0	1	1	0
1	1	1	0	1	1

(2)3 位二进制集成优先编码器(8 线-3 线编码器)。

优先编码器允许多个信号同时输入，但电路只对电路中优先级别最高的进行编码，而不理睬其他级别低的信号。集成优先编码器有很多类型，常见的 8 线-3 线优先编码器型号有 74LS148，其逻辑示意图和引脚图如图 11.13 所示。

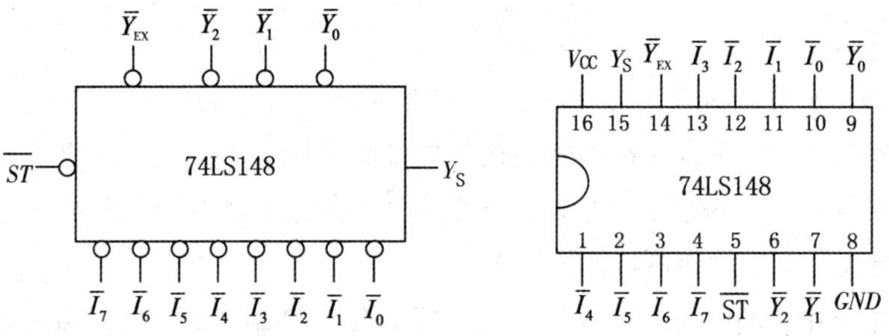

(a)逻辑示意图　　(b)引脚图

图 11.13　74LS148 优先编码器逻辑示意图和引脚图

图 11.13 中，输入$\overline{I}_0$~$\overline{I}_7$ 低电平有效，其中$\overline{I}_7$ 的优先权最高，$\overline{I}_6$ 次之，$\overline{I}_0$ 优先权最低；$\overline{ST}$是选通输入端，低电平有效；$\overline{Y}_2$~$\overline{Y}_0$ 是编码输出信号，反码输出；Y_S 是选通输出端，级联应用时高位片的 Y_S 端与低位片的$\overline{ST}$；$\overline{Y}_{EX}$为扩展输出端。其逻辑功能如表 11.12 所列。

表 11.12　74LS148 优先编码器真值表

输入									输出				
$\overline{ST}$	$\overline{I}_7$	$\overline{I}_6$	$\overline{I}_5$	$\overline{I}_4$	$\overline{I}_3$	$\overline{I}_2$	$\overline{I}_1$	$\overline{I}_0$	$\overline{Y}_2$	$\overline{Y}_1$	$\overline{Y}_0$	$\overline{Y}_{EX}$	Y_S
1	×	×	×	×	×	×	×	×	1	1	1	1	1
0	1	1	1	1	1	1	1	1	1	1	1	1	0
0	0	×	×	×	×	×	×	×	0	0	0	0	1
0	1	0	×	×	×	×	×	×	0	0	1	0	1
0	1	1	0	×	×	×	×	×	0	1	0	0	1
0	1	1	1	0	×	×	×	×	0	1	1	0	1
0	1	1	1	1	0	×	×	×	1	0	0	0	1
0	1	1	1	1	1	0	×	×	1	0	1	0	1
0	1	1	1	1	1	1	0	×	1	1	0	0	1
0	1	1	1	1	1	1	1	0	1	1	1	0	1

11.6　译码器和数码显示

译码就是将代码的特定含义翻译出来，它是编码的逆过程。能实现译码功能的电路称作译码器。译码器在数字系统、控制系统、测量系统和计算机中有广泛的应用。

11.6.1　译码器

一般译码器的输入是二进制代码，输出是表示代码特定含义的逻辑信号。普通译码器分为二进制译码器和二-十进制译码器。二进制译码器输入为 n 位代码时，对应有 2^n 个输出，又称 n 线-2^n 线译码器。二-十进制译码器输入为 4 位代码，对应 10 个输出，又称为 4 线-10 线译码器。

74LS138 是集成二进制译码器，又称 3 线-8 线译码器。其功能示意图和引脚图如图 11.14 所示，逻辑功能如表 11.13 所列。

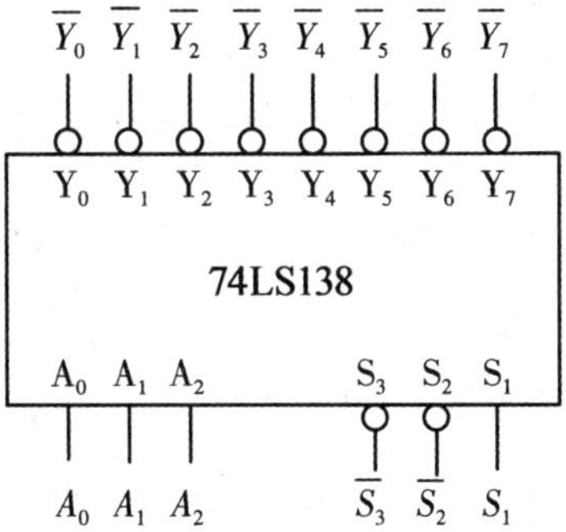

(a)逻辑图

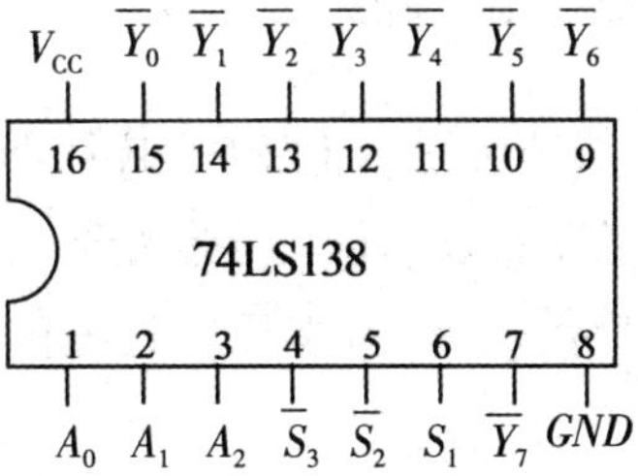

(b)引脚图

图 11.14　74LS138 的功能示意图和引脚图

表 11.13　译码器 74LS138 真值表

输入						输出						
S_1	$\overline{S}_2+\overline{S}_3$	A_2	A_1	A_0	$\overline{Y}_0$	$\overline{Y}_1$	$\overline{Y}_2$	$\overline{Y}_3$	$\overline{Y}_4$	$\overline{Y}_5$	$\overline{Y}_6$	$\overline{Y}_7$
×	1	×	×	×	1	1	1	1	1	1	1	1
0	×	×	×	×	1	1	1	1	1	1	1	1
1	0	0	0	0	0	1	1	1	1	1	1	1
1	0	0	0	1	1	0	1	1	1	1	1	1
1	0	0	1	0	1	1	0	1	1	1	1	1
1	0	0	1	1	1	1	1	0	1	1	1	1
1	0	1	0	0	1	1	1	1	0	1	1	1
1	0	1	0	1	1	1	1	1	1	0	1	1
1	0	1	1	0	1	1	1	1	1	1	0	1
1	0	1	1	1	1	1	1	1	1	1	1	0

其中，A_2，A_1，A_0 分别为二进制代码输入端；$\overline{Y}_0$，$\overline{Y}_1$，…，$\overline{Y}_7$ 为输出端，低电平有效，即输出为低电平时有译码输出信号。根据图 11.14 所示，当 $S_1=1$，$\overline{S}_2=\overline{S}_3=0$ 时，各输出逻辑函数表达式为

$$\overline{Y}_0=\overline{\overline{A}_2\cdot\overline{A}_1\cdot\overline{A}_0}\quad \overline{Y}_1=\overline{\overline{A}_2\cdot\overline{A}_1\cdot A_0}\quad \overline{Y}_2=\overline{\overline{A}_2\cdot A_1\cdot\overline{A}_0}\quad \overline{Y}_3=\overline{\overline{A}_2\cdot A_1\cdot A_0}$$

$$\overline{Y}_4=\overline{A_2\cdot\overline{A}_1\cdot\overline{A}_0}\quad \overline{Y}_5=\overline{A_2\cdot\overline{A}_1\cdot A_0}\quad \overline{Y}_6=\overline{A_2\cdot A_1\cdot\overline{A}_0}\quad \overline{Y}_7=\overline{A_2\cdot A_1\cdot A_0}$$

其中，S_1，$\overline{S}_2$，$\overline{S}_3$ 为使能控制信号。只有当 $S_1=1$，$\overline{S}_2=\overline{S}_3=0$ 时，译码器才工作，即有译码输出；否则译码器不工作，各译码输出端均为无效的高电平。当单片使用时，S_1 必须接高电平，$\overline{S}_2$，$\overline{S}_3$ 必须接低电平。当两片或两片以上译码器级联扩展使用时，应当充分利用 S_1，$\overline{S}_2$，$\overline{S}_3$ 这三个使能控制信号。

11.6.2　数码显示器件及显示译码器

显示译码器是一种与显示器件配套的译码器，译码的状态可由显示器件直接显示出来，被广泛应用于数字仪表、数字钟表、显示屏等场合。

常用的数码显示器件(又称数码管)有半导体数码显示器件(LED)和液晶数码显示器件(LCD)等。现简要介绍半导体数码管。

半导体数码管一般用七个条形的发光二极管排列成组合字形，如图 11.15 所示，以显示不同的数字和字符。

这种数码管常称为七段数码管。其外部结构为双列直插式，内部结构有共阴极和共阳极两种接法，如图 11.16 所示。使用共阴极接法时，所有接高电平 1 的字段亮。使用共阳极接法时，所有接低电平 0 的字段亮。

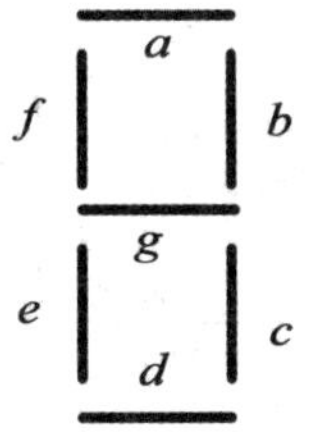

图 11.15　半导体数码管

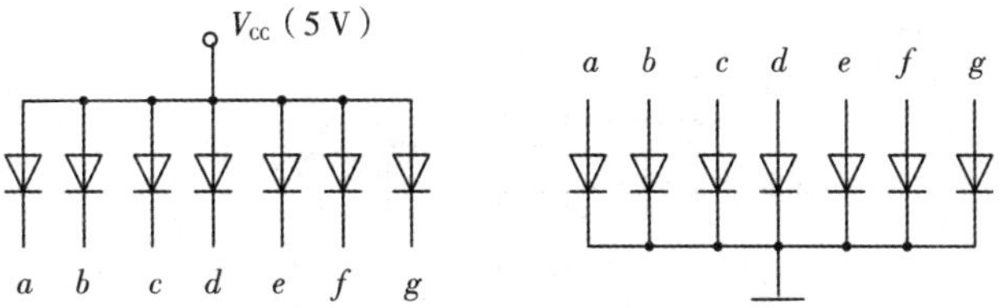

(a)共阳极接法　　(b)共阴极接法

图 11.16　七段发光二极管的两种接法

11.7　本章小结

(1)常见门电路有与门、或门、非门，这些电路是最基本的逻辑单元。主要以 TTL 集成门电路和 CMOS 集成门电路为重点，要求掌握门电路逻辑符号、真值表、逻辑表达式和逻辑功能方面的内容。

(2)组合逻辑电路的分析与设计。这部分内容是数字电路的一大分支也是本章的重点，要求学会根据已知逻辑电路写出表达式并化简、列出真值表、分析其逻辑功能，以及根据逻辑命题列出真值表并画出逻辑图的基本方法。

(3)常见的集成组合逻辑电路有加法器、编码器、译码器和显示电路。

随着集成电路技术的飞速发展，分立元件的数字电路已被集成电路所取代，所以重点应放在集成门电路上。

习　题

题 11.1　三种最基本的逻辑门电路是什么？其基本逻辑功能是什么？

题 11.2　组合逻辑电路的特点是什么？组合电路的分析与设计包括什么内容？

题 11.3　加法器基本原理是什么？

题 11.4　编码器和译码器的功能是什么？二者有什么区别？

题 11.5　列出图 11.17 逻辑电路的逻辑表达式，进行化简，并列出真值表。

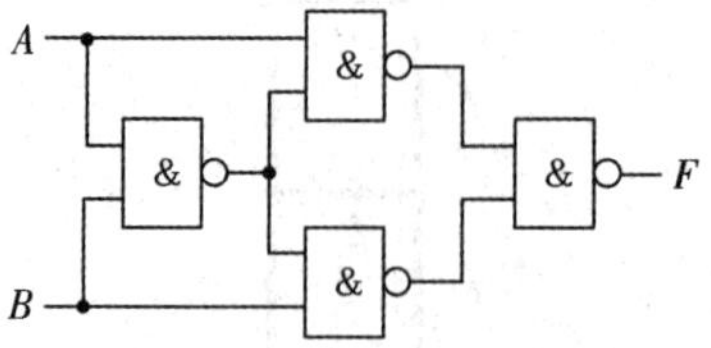

图 11.17　题 11.5 图

题 11.6　列出图 11.18 逻辑电路的逻辑表达式，进行化简，并列出真值表。

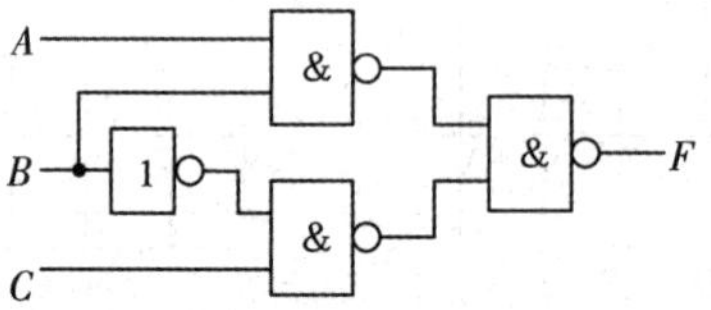

图 11.18　题 11.6 图

题 11.7　列出图 11.19 逻辑电路的逻辑表达式，进行化简，并列出真值表。

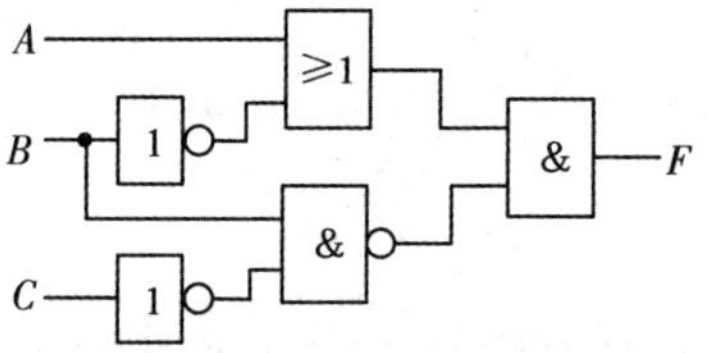

图 11.19　题 11.7 图

题 11.8　设计一组合逻辑电路。该电路有两个输入端 A，B 以及一个输出端 F。要求当两输入端同时为高电平 1 或同时为低电平 0 时，输出为高电平 1，驱动执行机构动作，其他输入状态对执行机构不起作用。

题 11.9　设计一个三变量的判奇电路，当三变量中有奇数个 1 时输出为 1，否则输出为 0。

题 11.10　用与非门设计一逻辑装置，使之能接收 8421 码，并碰到表示十进制数 0，1，3，5 时，该装置输出为高电平 1，指示灯亮。

第 12 章　触发器和时序逻辑电路

触发器是时序电路的基本单元。时序逻辑电路在任一时刻的输出，不仅取决于该时刻的输入，还取决于电路原来的状态。常见的时序电路有计数器、寄存器、移位寄存器、读/写存储器等。本章主要讨论触发器、寄存器、计数器、555 定时器、A/D 和 D/A 转换。

◆◇ 12.1　双稳态触发器

门电路是组合逻辑电路的基本单元，触发器是构成时序逻辑电路的基本单元，它是在门电路的基础上加上适当的反馈电路构成的。触发器有多种类型，按照其稳定的工作状态，可分为双稳态触发器、单稳态触发器和无稳态触发器(又称为多谐振荡器)等；按照其逻辑功能的不同，可分为 RS 触发器、JK 触发器、D 触发器、T 触发器和 T′触发器等；按照其触发方式的不同，可分为直接触发器、电平触发器和边沿触发器等。

双稳态触发器具有以下三个共同的特点：

①有两个互补的输出端 Q 和 $\overline{Q}$，两者的逻辑状态应相反；

②在不同的输入信号作用下，触发器可以被置成 1 态或 0 态两个稳定的状态，即一个触发器可以存储一位二进制信号；

③当输入信号消失后，触发器所置成的状态能够保持不变。

触发器的输出状态与输入信号之间的关系称为触发器的逻辑功能。触发器的逻辑功能描述方法通常有以下四种：

①逻辑状态表，又称功能表，是以表格的形式来描述触发器的逻辑功能；

②时序波形图，是以时序波形的形式来描述触发器的状态转换过程；

③特性方程，是以表达式的形式来描述触发器的逻辑功能；

④状态转换图，是以图形的形式来描述触发器的状态转换规律。

以上四种方法各有特点，在实际使用中，可根据具体情况选择使用。

12.1.1 基本 RS 触发器

(1)电路组成和逻辑符号。

由两个与非门交叉耦合构成的基本 RS 触发器，是双稳态触发器的基础结构形式，其逻辑图和逻辑符号如图 12.1 所示。它有两个输入端$\overline{R}$，$\overline{S}$，有两个输出端 Q，$\overline{Q}$。$\overline{R}$和$\overline{S}$都为低电平有效，$\overline{S}$称为置位端或置 1 输入端，$\overline{R}$称为复位端或置 0 输入端。一般情况下，Q，$\overline{Q}$ 是互补的。定义 $Q=1$，$\overline{Q}=0$ 为触发器的置位状态(1 态)；$Q=0$，$\overline{Q}=1$ 为触发器的复位状态(0 态)。触发器的现态用 Q^n表示，次态用 Q^{n+1}表示。

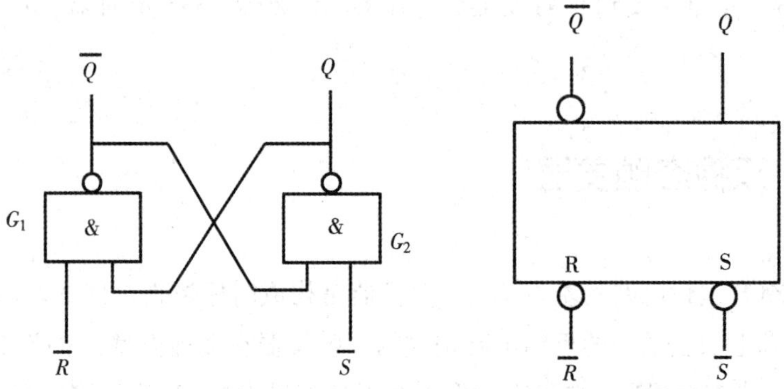

(a)逻辑图　　(b)逻辑符号

图 12.1 与非门组成的基本 RS 触发器

(2)工作原理。

①当$\overline{R}=1$，$\overline{S}=0$ 时，触发器的输出 $Q^{n+1}=1$，$\overline{Q}^{n+1}=0$。此时触发器的状态为 1 态，称置位状态。

②当$\overline{R}=0$，$\overline{S}=1$ 时，触发器的输出 $Q^{n+1}=0$，$\overline{Q}^{n+1}=1$。此时触发器的状态为 0 态，称复位状态。

③当$\overline{R}=1$，$\overline{S}=1$ 时，假设触发器为 0 态：$Q^n=0$，$\overline{Q}^n=1$，则 $Q=0$ 反馈到 G_1，输出端$\overline{Q}=1$；而$\overline{Q}=1$ 反馈到 G_2，G_2的两个输入端均为 1，输出端 $Q=0$，触发器保持 0 态不变。同理，假设触发器为 1 态，也将保持 1 态不变。因此，当$\overline{R}=1$，$\overline{S}=1$ 时，触发器保持原来的状态，即 $Q^{n+1}=Q^n$，这就说明触发器具有存储或记忆的功能。

④当$\overline{R}=0$，$\overline{S}=0$ 时，触发器的输出 $Q^{n+1}=1$，$\overline{Q}^{n+1}=1$，不满足 Q，$\overline{Q}$互补的条件。因此在正常工作时，输入信号应遵守$\overline{R}=\overline{S}=1$ 的约束条件，亦即不允许输入$\overline{R}=\overline{S}=0$ 的信号。

(3)特性表和特性方程。

由前面的分析，可以得出用两个与非门组成的 RS 触发器的特性表，如表 12.1 所列。

表 12.1　与非门组成的基本 RS 触发器的特性表

$\overline{R}$	$\overline{S}$	Q^{n+1}	功能说明
0	0	×	禁止状态
0	1	0	置 0(复位)
1	0	1	置 1(置位)
1	1	Q^n	保持原态

由特性表可知基本 RS 触发器具有约束，其特性方程为

$$\begin{cases} Q^{n+1}=S+\overline{R}\cdot Q^n \\ R\cdot S=0 \end{cases} \tag{12.1}$$

设触发器初始状态为 0，已知输入端$\overline{R}$，$\overline{S}$的波形图，则得到输出端 Q，$\overline{Q}$的波形，如图 12.2 所示。

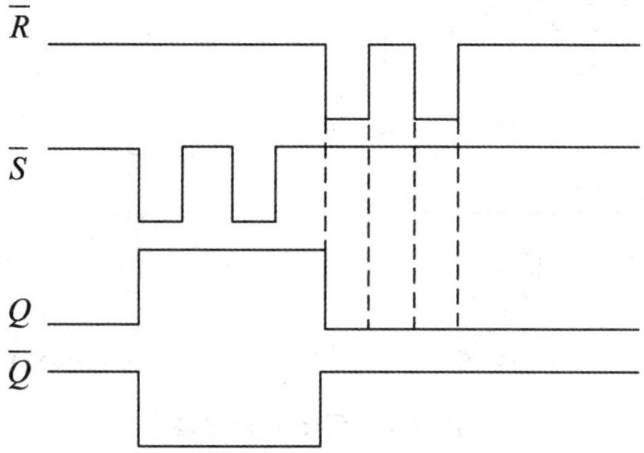

图 12.2　基本 RS 触发器的波形图

从特征表也可以导出状态图，如图 12.3 所示。

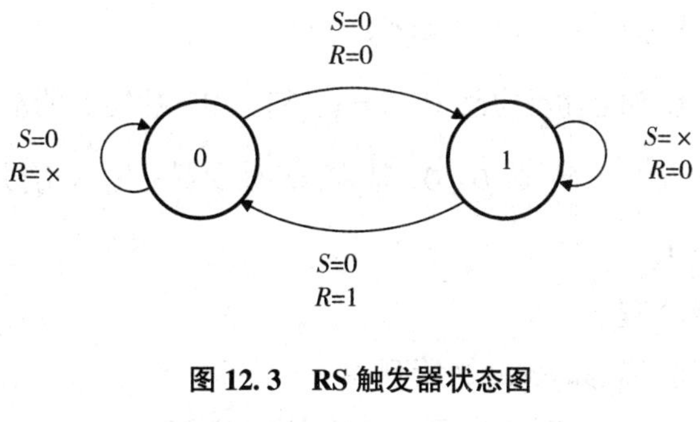

图 12.3　RS 触发器状态图

(4)基本 RS 触发器的主要特点。

基本 RS 触发器可由与非门或者或非门构成，其逻辑功能和优缺点都是一样的。

①主要优点是结构简单，具有置 0、置 1 和保持功能。

②缺点是电平直接控制，导致电路抗干扰能力下降；另外 R，S 之间有约束。

12.1.2 同步 D 触发器

为了解决电平直接控制问题，同步触发器增加了时钟脉冲控制端。为了解决 R，S 之间有约束的问题，出现了基本 RS 触发器的改进形式——同步 D 触发器，又叫作 D 锁存器。

(1)电路组成和逻辑符号。

同步 D 触发器的电路和逻辑符号如图 12.3 所示。门 G_1，G_2组成基本 RS 触发器，门 G_3，G_4组成输入控制电路。

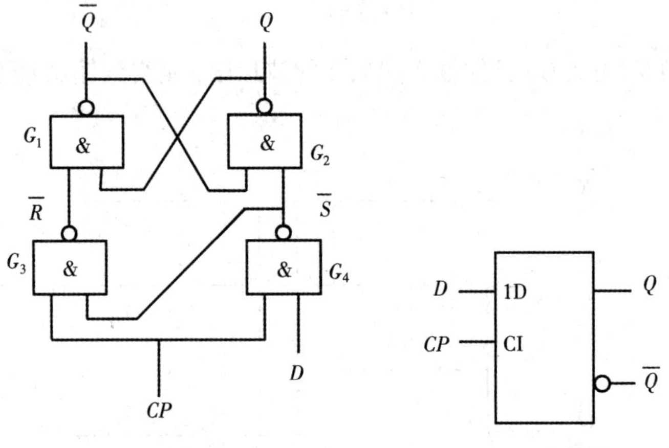

(a)逻辑图　　(b)逻辑符号

图 12.4　同步 D 触发器

(2)工作原理。

(1)当 $CP=0$ 时，控制门 G_3和 G_4被封锁，都输出 1，基本 RS 触发器的输入信号$\overline{R}=1$，$\overline{S}=1$，触发器保持状态不变，即$Q^{n+1}=Q^n$。

(2)当 $CP=1$ 时，G_3和 G_4被打开，若 $D=1$，基本 RS 触发器的输入信号$\overline{R}=1$，$\overline{S}=0$，触发器的输出 $Q^{n+1}=1$，$\overline{Q}^{n+1}=0$；若 $D=0$，基本 RS 触发器的输入信号$\overline{R}=0$，$\overline{S}=1$，触发器的输出 $Q^{n+1}=0$，$\overline{Q}^{n+1}=1$。

(3)特性表和特性方程。

同步 D 触发器的特性表如表 12.2 所列。

表 12.2　同步 D 触发器的特性表

CP	D	Q^{n+1}	功能说明
1	0	0	置 0
1	1	1	置 1
0	×	Q^n	保持原态

D 触发器又称跟随触发器，其特性方程为

$$Q^{n+1}=D,\ CP=1\ \text{期间有效} \tag{12.2}$$

设触发器初始状态为 0，已知输入端 CP，D 的波形如图 12.5 所示，则得到输出端 Q 的波形。

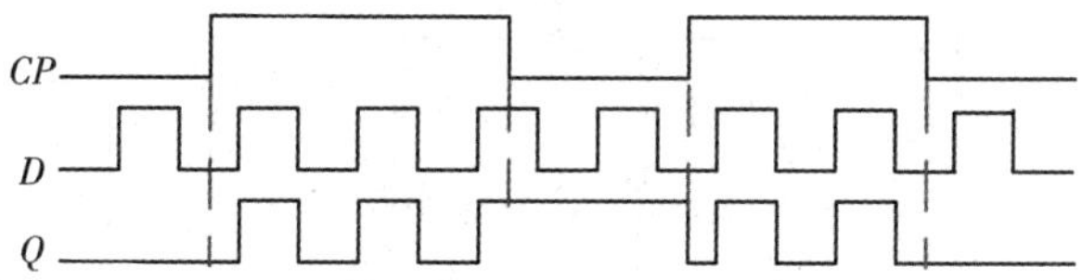

图 12.5　同步 D 触发器的波形图

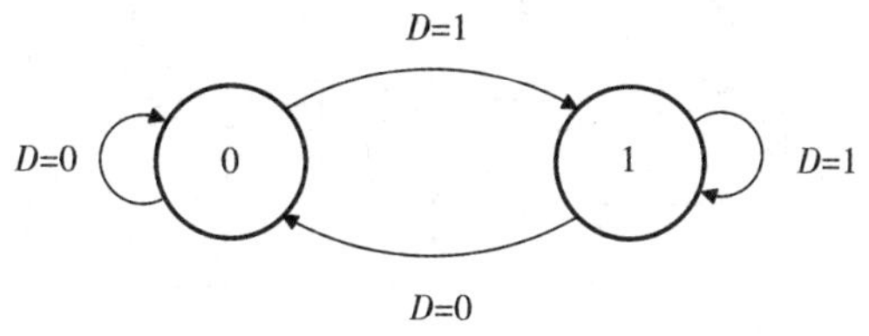

图 12.6　D 触发器状态图

(4)状态图。

触发器的功能还可以用图 12.6 所示的状态图更为形象地表示。它同样可以由 D 触发器的特性表导出。

由特性表、特性方程或状态图均可看出，当 $D=0$ 时，D 触发器的下一状态将会置 0 ($Q^{n+1}=0$)；当 $D=1$ 时，将被置 1($Q^{n+1}=1$)。在时钟脉冲的两个触发沿之间，触发器状态保持不变，即存储 1 位二进制数据。

(5)同步触发器的主要特点。

①只有当 CP 变为有效电平(这里是 $CP=1$)时，触发器才能接收输入信号，并按照输入信号将触发器的输出置成相应的状态。

②在 $CP=1$ 期间，输出状态跟随输入状态的变化而改变，在 CP 脉冲下降沿到来时才锁存，并在 $CP=0$ 期间，触发器保持该状态不变。

12.1.3　边沿触发器

(1)边沿 D 触发器。

①电路组成和逻辑符号。图 12.7(a)所示的是由两个同步 D 触发器级联起来构成的边沿 D 触发器，它是一种具有主从结构的边沿控制电路。其逻辑符号如图 12.7(b)所示，其中 CP 端的小圆圈表示 D 触发器是在时钟脉冲的下降沿触发；直接复位端$\overline{R}_D$和直接置位端$\overline{S}_D$的小圆圈表示低电平有效，并且不受时钟脉冲 CP 的制约，具有最高的优先

级。$\overline{R}_D$和$\overline{S}_D$的作用主要是给触发器设置初始状态，或对触发器的状态进行特殊控制。使用时要注意，任何时刻，只能其一为低电平，不能同时为低电平，设置后应恢复高电平。

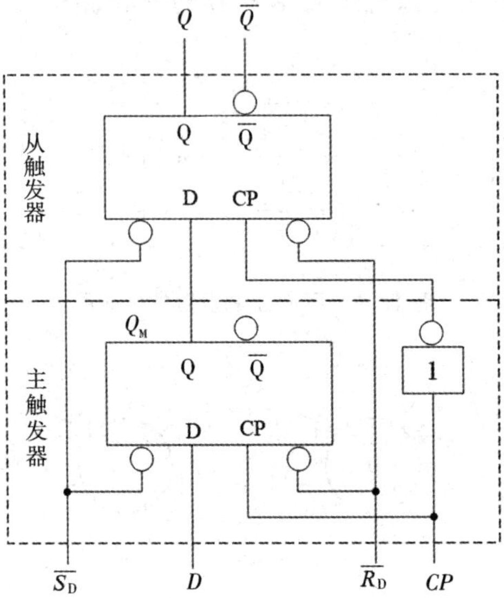

(a)逻辑图

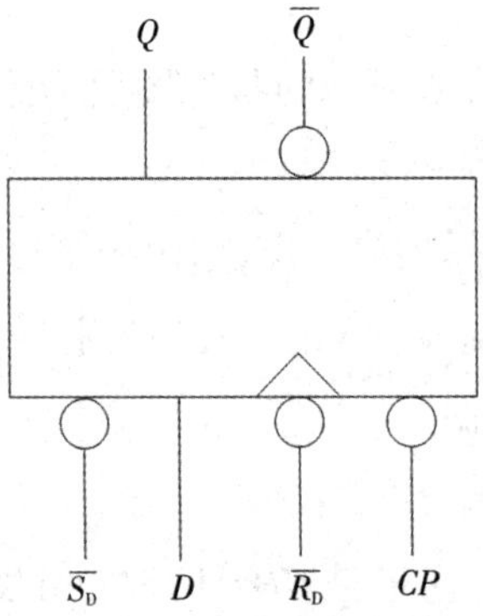

(b)逻辑符号

图 12.7　边沿 D 触发器

②工作原理。

❖ $CP=0$ 时，主触发器 Q_M保持不变，从触发器的状态决定于主触发器：$Q=Q_M$，输入信号 D 被拒之门外。

❖ $CP=1$ 时，从触发器 Q 保持不变，主触发器接收 D 信号，即 Q_M随着 D 变化而变。

❖ CP 下降沿时刻，主触发器锁存 CP 下降沿时刻 D 的值，即 $Q_M=D$，随后将该值送入从触发器，使得 $Q=D$。

❖ CP 下降沿过后($CP=0$)，主触发器保持，即主触发器锁存 CP 下降沿时刻 D 的值将保持不变，从触发器状态也当然不可能发生变化。

从以上分析得出边沿 D 触发器的特性表如表 12.3 所列。边沿 D 触发器的特性方程

为

$$Q^{n+1}=D，CP\text{ 的下降沿有效} \tag{12.3}$$

表 12.3 边沿 D 触发器的特性表

CP	D	Q^{n+1}	功能说明
↓	0	0	置 0
↓	1	1	置 1

设触发器初始状态为 0，已知输入端 CP，D 的波形如图 12.8 所示，则得到输出端 Q 的波形。

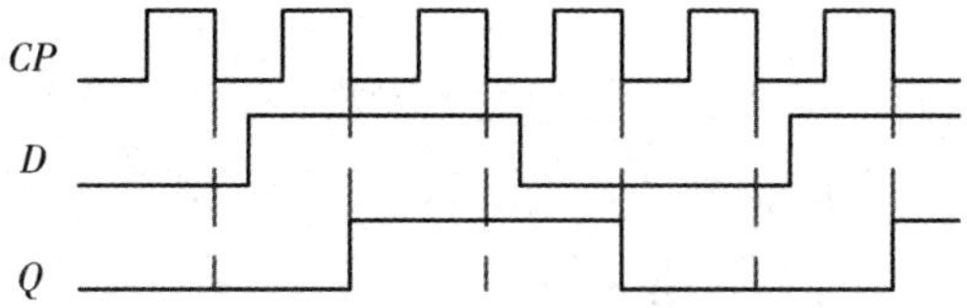

图 12.8 边沿 D 触发器的波形图

(2)边沿 JK 触发器。

边沿 JK 触发器的逻辑符号如图 12.9 所示。图中，CP 端的小圆圈表示 JK 触发器是在时钟脉冲的下降沿触发。边沿 JK 触发器还有维持阻塞型，它是用时钟脉冲的上升沿触发。$\overline{R}_D$ 为直接复位端、$\overline{S}_D$ 为直接置位端，二者都是低电平有效。

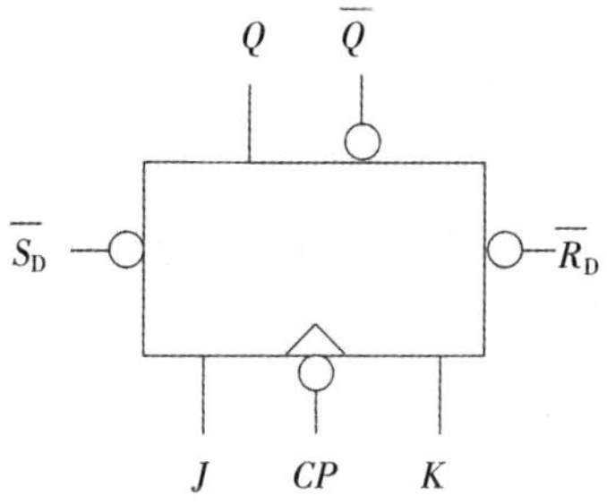

图 12.9 边沿 JK 触发器的逻辑符号

边沿 JK 触发器的特性表如表 12.4 所列。边沿 JK 触发器的特性方程为

$$Q^{n+1}=J\overline{Q}+\overline{K}Q^n，CP\text{ 的下降沿有效} \tag{12.4}$$

表 12.4 边沿 JK 触发器的特性表

CP	J	K	Q^{n+1}	功能说明
↓	0	0	Q^n	保持
↓	0	1	0	置 0
↓	1	0	1	置 1
↓	1	1	$\overline{Q}^n$	翻转

设触发器初始状态为 0，已知输入端 CP，J，K 的波形如图 12.10 所示，则得到输出

端 Q 的波形。

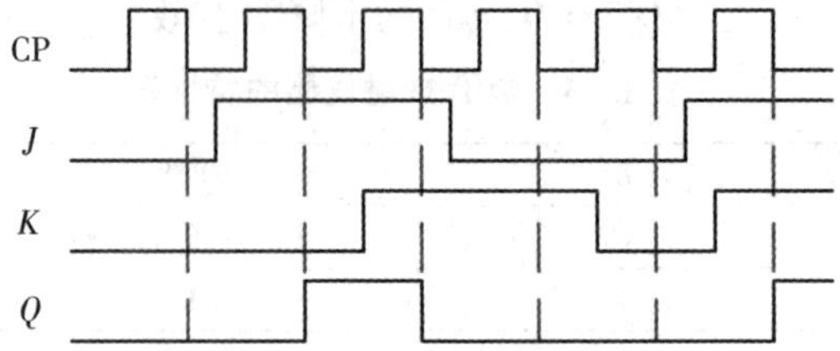

图 12.10 边沿 JK 触发器的波形图

(3)边沿触发器的特点。

①触发器的触发翻转发生在时钟脉冲的触发沿(上升沿或下降沿)。

②触发器的输出状态由时钟脉冲触发沿到来时前一瞬间输入信号的状态来确定。

(4)边沿触发器逻辑功能的转换。

市场上，集成边沿触发器的产品多为 JK 触发器和 D 触发器，因此根据实际需要，可将触发器改接和附加上一些门电路而转换成为另一种逻辑功能的触发器。如图 12.11 所示，图(a)把 JK 触发器转换成 D 触发器，图(b)把 JK 触发器转换成 T 触发器，图(c)把 JK 触发器转换成 T′触发器，图(d)把 D 触发器转换成 T′触发器。

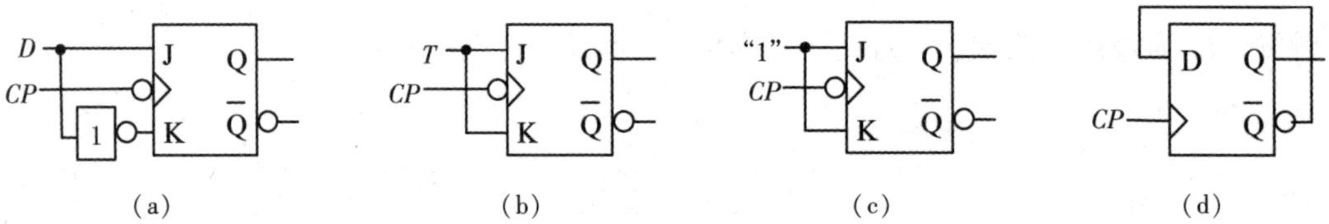

图 12.11 JK 触发器转换成 D 触发器

12.2 寄存器

寄存器是用来存储二进制数码的时序逻辑电路，它具有接收和寄存二进制数码的逻辑功能。一个双稳态触发器能寄存 1 位二进制数码，用 n 个触发器就可以存储 n 位二进制数。

寄存器存放数码的方式有并行和串行两种。并行方式就是数码各位从各对应位输入端同时输入到寄存器中；串行方式就是数码从一个输入端逐位输入到寄存器中。

从寄存器取出数码的方式也有并行和串行两种。在并行方式中，被取出的数码各位在对应于各位的输出端上同时出现；而在串行方式中，被取出的数码在一个输出端逐位出现。

寄存器按照逻辑功能可分为数码寄存器(也称基本寄存器)和移位寄存器，其区别在于有无移位功能。按内部元器件可分为 TTL 寄存器和 CMOS 寄存器。

12.2.1　基本寄存器

基本寄存器是一种并行输入、并行输出的寄存器，主要用来存放和传送数码。

图 12.12 是由 4 个 D 触发器组成的 4 位集成寄存器 74LS175 的逻辑电路图和引脚图。74LS175 是一种并行输入和并行输出数码寄存器，其中R_D是异步清零控制端，D_0 ~ D_3是并行数据输入端，CP 为时钟脉冲端，Q_0 ~ Q_3是并行数据输出端，$\overline{Q}_0$ ~ $\overline{Q}_3$是反码数据输出端。

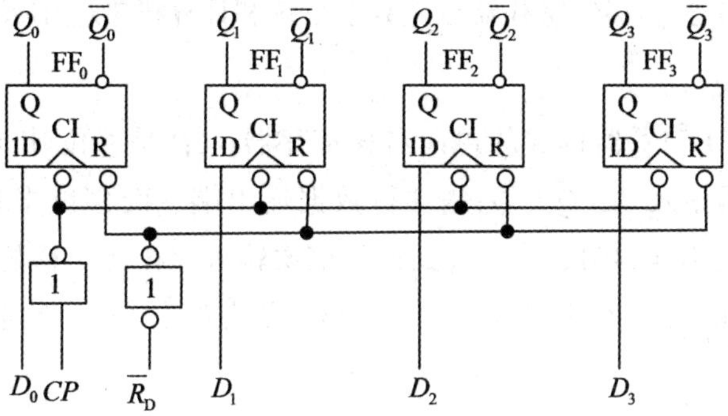

(a) 逻辑图

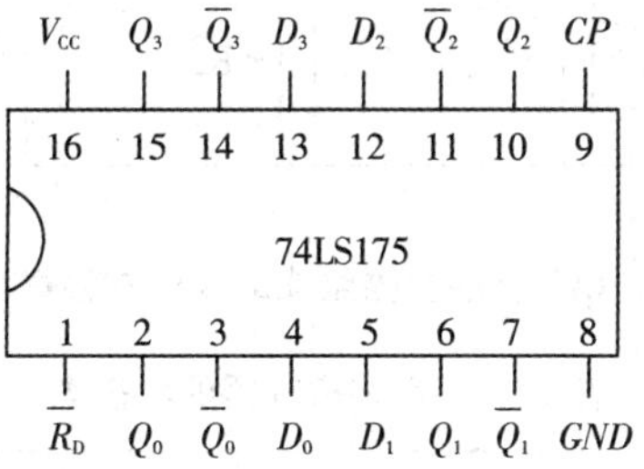

(b) 引脚排列

图 12.12　4 位集成寄存器 74LS175

74LS175 的功能如表 12.5 所列，其工作原理如下。

表 12.5　74LS175 的功能表

清零	时钟	数据输入				输出				工作模式
$\overline{R}_D$	CP	D_0	D_1	D_2	D_3	Q_0^{n+1}	Q_1^{n+1}	Q_2^{n+1}	Q_3^{n+1}	
0	×	×	×	×	×	0	0	0	0	异步清零
1	↑	D_0	D_1	D_2	D_3	D_0	D_1	D_2	D_3	数码寄存

①异步清零。$\overline{R}_D=0$，无论寄存器原来的内容是什么，立刻通过直接复位端将 4 个 D 触发器都复位到 0 状态，即$Q_i^{n+1}=0(i=0\sim3)$。

②同步送数。当$\overline{R}_D=1$时，CP的上升沿到来，加在并行数码数据输入端的数码D_1~D_4，马上就被送入寄存器中，即$Q_i^{n+1}=D_i(i=0\sim3)$，CP的上升沿有效。

③保持。当$\overline{R}_D=1$、CP的上升沿以外时间，寄存器保持内容不变，即$Q_i^{n+1}=Q_i^n(i=0\sim3)$。

12.2.2 移位寄存器

移位寄存器不但可以寄存数码，而且在移位脉冲作用下，寄存器中的数码可根据需要向左或向右移动1位。移位寄存器也是数字系统和计算机中应用很广泛的基本逻辑部件。

图12.13是由D触发器构成的单向右移寄存器，CP是移位脉冲端，$\overline{CR}$是清零端，D_{SR}是右移串行数据输入端，$Q_3\sim Q_0$是并行数据输出端。设移位寄存器的初始状态为0000，串行输入数码$D_i=1101$，从高位到低位依次输入。在4个移位脉冲作用后，输入的4位串行数码1101全部存入寄存器中。电路的状态如表12.6所列。

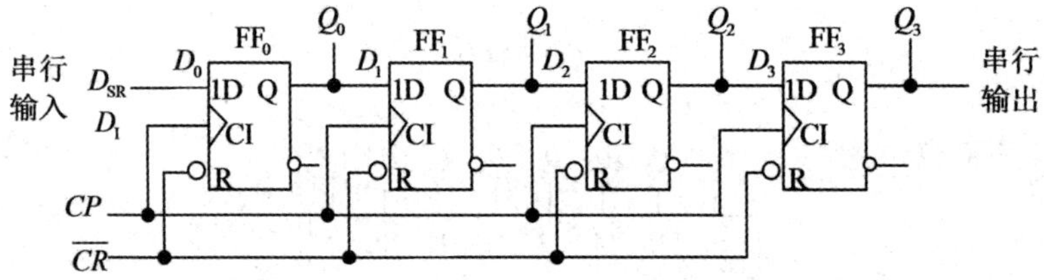

图12.13 D触发器组成的4位右移寄存器

表12.6 右移寄存器的状态表

移位脉钟	输　入	输　出			
CP	D_i	Q_0^{n+1}	Q_1^{n+1}	Q_2^{n+1}	Q_3^{n+1}
		0	0	0	0
1	1	1	0	0	0
2	1	1	1	0	0
3	0	0	1	1	0
4	1	1	0	1	1

移位寄存器中的数码可由Q_3、Q_2、Q_1和Q_0和并行输出，也可从Q_3串行输出。串行输出时，要继续输入4个移位脉冲，才能将寄存器中存放的4位数码1101依次输出。所以，移位寄存器具有串行输入-并行输出和串行输入-串行输出两种工作方式。

12.3　计数器

计数器通常是数字系统中广泛使用的主要器件，是用于统计输入脉冲 CP 个数的逻辑电路，主要由触发器构成。计数器除了具有计数功能外，还可用于定时、分频、产生节拍脉冲以及进行数字运算等。

计数器的种类繁多，分类方法也较多。按计数长度可分为二进制、十进制及任意(N)进制计数器；按计数值的增减趋势可分为加法计数器、减法计数器和可逆计数器。按计数器中触发器翻转是否与计数脉冲同步，可分为同步计数器和异步计数器。

12.3.1　二进制计数器

二进制计数器又称为 n 位二进制计数器，其进制 $N=2^n$，如十六进制计数器就是 4 位二进制计数器。

(1) 由触发器构成的二进制计数器。

图 12.14 所示为由 4 个 JK 触发器组成的同步 4 位二进制(十六进制)加法计数器的逻辑图。图中各触发器的时钟脉冲输入端接同一计数脉冲 CP，显然，这是一个同步时序逻辑电路。

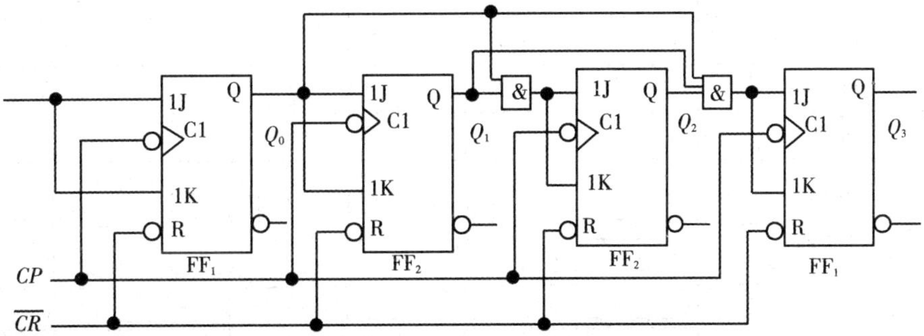

图 12.14　同步 4 位二进制加法计数器的逻辑电路

图 12.14 中把 JK 触发器转变成 T 触发器，T 触发器的特性方程为 $Q_{0i}^{n+1}=T\oplus Q_i^n$，($i=0, 1, 2, \cdots$)，即 $T=0$，$Q_i^{n+1}=Q_i^n$，触发器保持；$T=1$，$Q_i^{n+1}=\overline{Q_i^n}$，触发器翻转。各 T 触发器的驱动方程分别为

$$T_0=J_0=K_0=1$$

$$T_1=J_1=K_1=Q_0^n$$

$$T_2=J_2=K_2=Q_1^nQ_0^n$$

$$T_3=J_3=K_3=Q_2^nQ_1^nQ_0^n$$

设初始状态 $Q_3Q_2Q_1Q_0=0000$，根据驱动方程可列出状态表(见表 12.7)，其时序图如图 12.15 所示。

表 12.7　十六进制加法计数器的状态表

计数脉冲	电路状态				等效十进制数
	Q_3	Q_2	Q_1	Q_0	
0	0	0	0	0	0
1	0	0	0	1	1
2	0	0	1	0	2
3	0	0	1	1	3
4	0	1	0	0	4
5	0	1	0	1	5
6	0	1	1	0	6
7	0	1	1	1	7
8	1	0	0	0	8
9	1	0	0	1	9
10	1	0	1	0	10
11	1	0	1	1	11
12	1	1	0	0	12
13	1	1	0	1	13
14	1	1	1	0	14
15	1	1	1	1	15
16	0	0	0	0	0

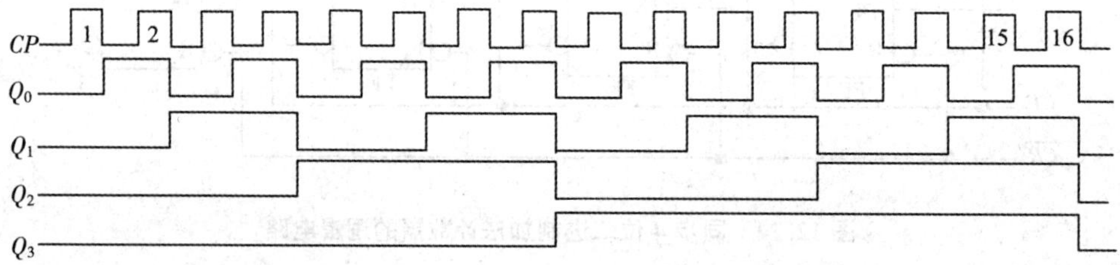

图 12.15　十六进制加法计数器的时序图

从图 12.15 中可以看出，Q_0，Q_1，Q_2，Q_3的周期分别是计数脉冲(CP)周期的 2 倍、4 倍、8 倍、16 倍。也就是说，Q_0，Q_1，Q_2，Q_3分别对 CP 波形进行了二分频、四分频、八分频、十六分频，因而计数器也可作为分频器。

(2)集成二进制计数器。

图 12.16 给出的是集成同步十六进制加法计数器 74LS161 的逻辑符号和外引脚图。其中，CP 是时钟脉冲输入端；$\overline{CR}$是清零端；$\overline{LD}$是置数端；CT_T，CT_P是工作状态控制端；

$D_3 \sim D_0$是并行数据输入端；$Q_3 \sim Q_0$是计数器状态输出端；CO 是进位输出端。

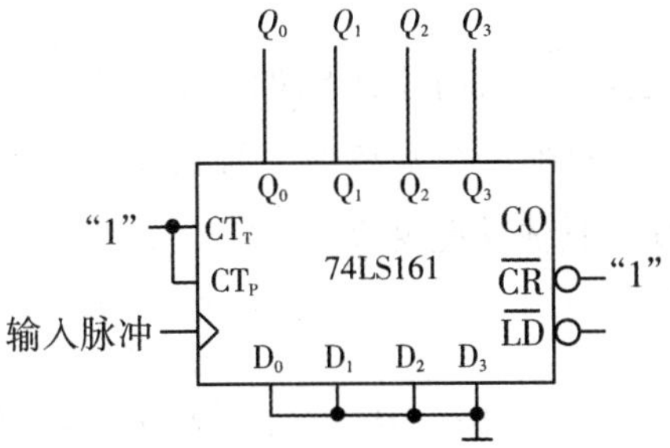

(a)逻辑符号

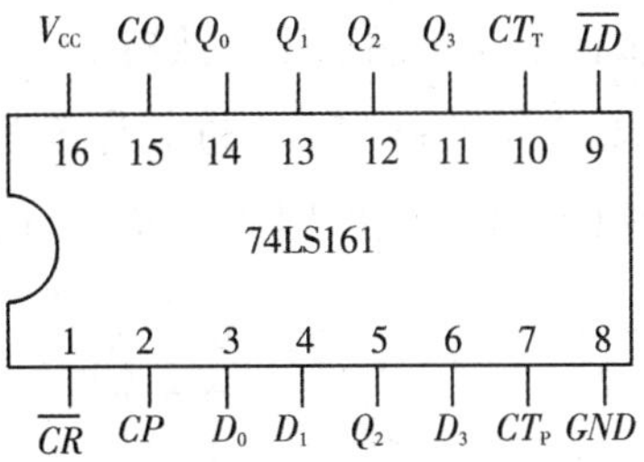

(b)外引脚图

图 12.16　十六进制加法计数器 74LS161

表 12.8　74LS161 的状态表

输入					输出				
$\overline{CR}$	$\overline{LD}$	CT_T	CT_P	CP	Q_3^{n+1}	Q_2^{n+1}	Q_1^{n+1}	Q_0^{n+1}	功能
0	×	×	×	×	0	0	0	0	异步清零
1	0	×	×	↑	D_3	D_2	D_1	D_0	同步置数
1	1	0	×	×	Q_3^n	Q_2^n	Q_1^n	Q_0^n	保持
1	1	×	0	×	Q_3^n	Q_2^n	Q_1^n	Q_0^n	
1	1	1	1	↑	计数，$CO=Q_3^nQ_2^nQ_1^nQ_0^n$				

表 12.8 是集成计数器 74LS161 的状态表，从表中可看出其具有以下功能。

①异步清零功能。当$\overline{CR}=0$，$Q_i^{n+1}=0(i=0\sim3)$，异步清零。

②同步并行置数功能。当$\overline{CR}=1$，$\overline{LD}=0$，且 CP 的上升沿到来时，并行输入数据进入计数器，即$Q_i^{n+1}=D_i(i=0\sim3)$。

③保持功能。当$\overline{CR}=\overline{LD}=1$，若 $CT_T \cdot CT_P=0$，即 CT_T，CT_P只要有其一为零，计数器保持原来状态不变，即$Q_i^{n+1}=Q_i(i=0\sim3)$。

④计数功能。当$\overline{CR}=\overline{LD}=CT_T=CT_P=1$，则计数器对 CP 信号进行加法计数，进位 $CO=Q_3^n Q_2^n Q_1^n Q_0^n$。

12.3.2　十进制计数器

由于人们的读数习惯，使用最多的是十进制计数器，尤其是采用 8421BCD 编码的二–十进制计数器。十进制计数器在电路组成、计数器原理和功能上很相似，所不同的是进位，十进制计数器当计数到 9，即四个触发器的状态为 1001 时，再来一个计数脉冲，这四个触发器不能像二进制加法计数器那样翻转成1010，而必须翻转成0000。这是十进制加法计数器与二进制加法计数器的不同之处。

集成同步十进制加法计数器74LS160的逻辑符号和外引脚图如图12.17所示。从图中可看出，74LS160和十六进制计数器74LS161的逻辑符号和外引脚图完全相同。它们功能也相同，唯一的区别就在进位，$CO=Q_3^n Q_0^n$，具体功能见表12.9。

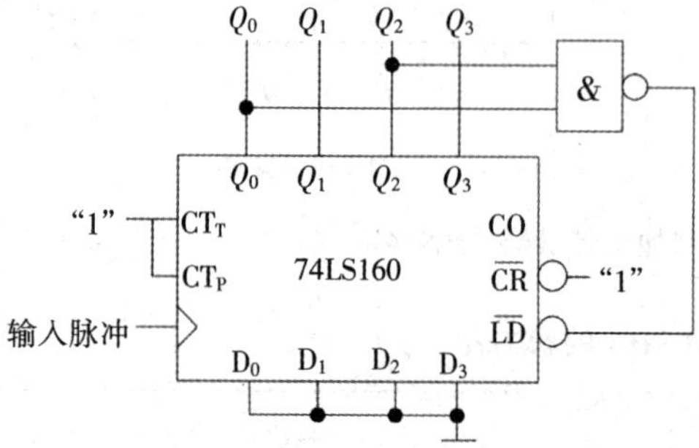

(a)逻辑符号

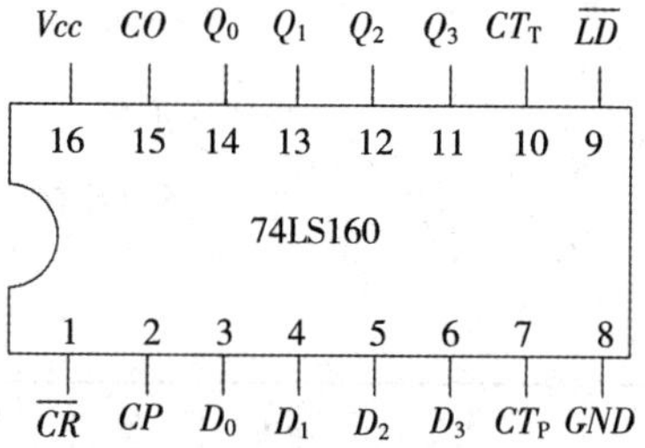

(b)外引脚图

图12.17 同步十进制加法计数器74LS160

表12.9 74LS160的状态表

输入					输出				
$\overline{CR}$	$\overline{LD}$	CT_T	CT_P	CP	Q_3^{n+1}	Q_2^{n+1}	Q_1^{n+1}	Q_0^{n+1}	功能
0	×	×	×	×	0	0	0	0	异步清零
1	0	×	×	↑	D_3	D_2	D_1	D_0	同步置数
1	1	0	×	×	Q_3^n	Q_2^n	Q_1^n	Q_0^n	保持
1	1	×	0	×	Q_3^n	Q_2^n	Q_1^n	Q_0^n	
1	1	1	1	↑	计数，$CO=Q_3^n Q_0^n$				

12.4 本章小结

(1)双稳态触发器：RS触发器、JK触发器、D触发器、T触发器等。要求掌握触发器的逻辑符号、特性方程和逻辑功能。

(2)掌握寄存器、计数器的工作原理和常用的集成芯片。

思政课堂

从古至今的计时器

人类最早使用的计时仪器是利用太阳的射影长短和方向来判断时间的。前者称为圭表，用来测量日中时间、定四季和辨方位；后者称为日晷，用来测量时间。二者统称为太阳钟。

圭表等太阳钟在阴天或夜间就失去了效用。为此，人们又发明了漏壶和沙漏、油灯钟和蜡烛钟等计时仪器。中国古代计时器的创始时间不晚于战国时代(公元前476—前221)。应用机械原理设计的计时器主要有两大类：一类利用流体力学计时，有刻漏和后来出现的沙漏；另一类采用机械传动结构计时，有浑天仪、水运仪象台等。此外，还有应用天文原理(大都根据日影方向测定时间)计时的日晷，它也是中国最古老的计时仪器之一。

古代计时方式的多样化彰显了古代劳动人民的聪明才智，然而这样的计时方式存在局限性和一定偏差。目前，计时方式主要采用电子计时器。

在第 29 届北京奥运会上，男子 100 米蝶泳决赛中，菲尔普斯以 0.01 秒的优势战胜塞尔维亚选手卡维奇赢得金牌。面对塞尔维亚官员、教练的质疑，国际泳联裁判埃库姆博的态度斩钉截铁，“这是电子计时器显示的成绩”。电子计时器为什么不会犯错？原因是奥运会上“水立方”8 条泳道上设置的“触摸板”和以往的原理一样：感应运动员触摸的力度而做出计时，可以精确到 0.01 秒。为了防止运动员触碰过轻，“水立方”还设置了 4 个可以精确到 0.01 秒的摄像头，一旦“触摸板”失效，可以用摄像头进行判断。所以，国际泳联的裁判才如此自信，而塞尔维亚的官员在观看了摄像头拍摄的录像后，也打消了继续上诉的念头。

习　题

题 12.1　图 12.18 所示的是由与非门组成的基本 RS 触发器，已知输入端$\overline{S}$，$\overline{R}$的波形，画出输出端 Q，$\overline{Q}$的波形。

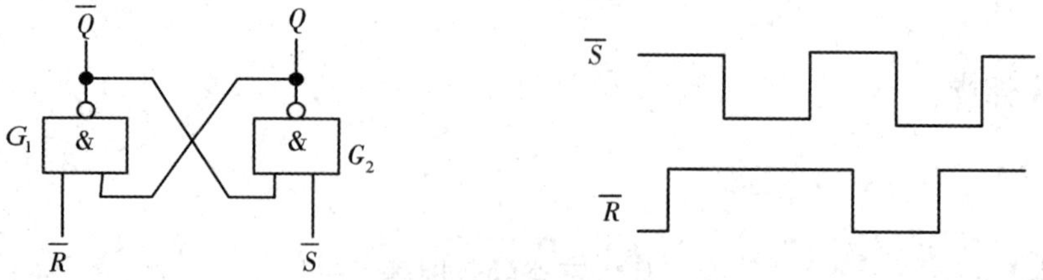

图 12.18　题 12.1 图

题 12.2　已知维持–阻塞结构 D 触发器输入端的波形如图 12.19 所示。试画出 Q, $\overline{Q}$ 端对应的波形。设触发器的初始状态为 0。

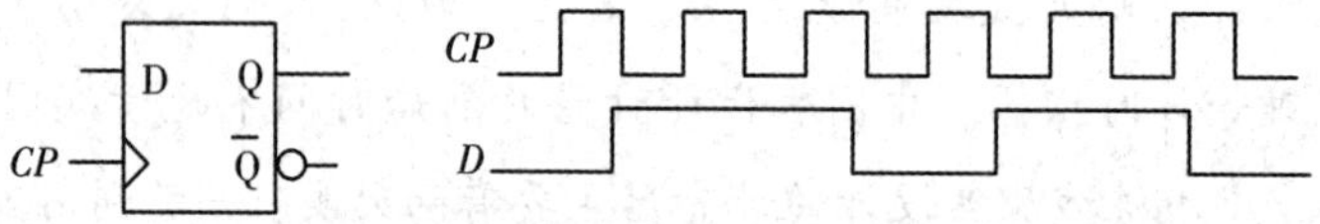

图 12.19　题 12.2 图

题 12.3　已知主从结构 JK 触发器输入端 J、K 和 CP 的波形如图 12.20 所示。试画出 Q, $\overline{Q}$端对应的波形。设触发器的初始状态为 0。

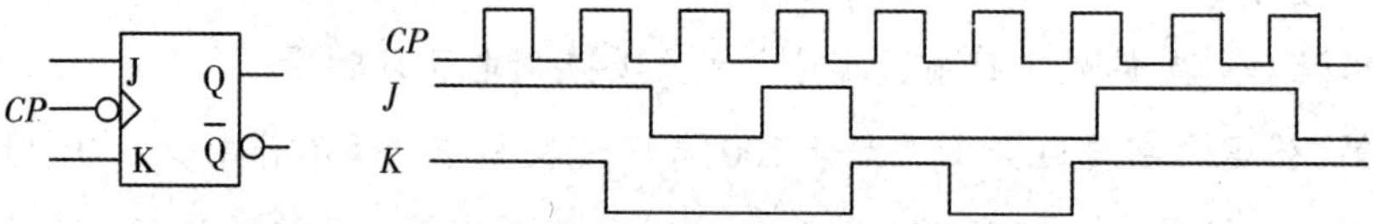

图 12.20　题 12.3 图

题 12.4　已知 JK 触发器的输入端 J, K 都接高电平，如图 12.21 所示。根据 CP 的波形画出 Q, $\overline{Q}$端对应的波形。设触发器的初始状态为 0。

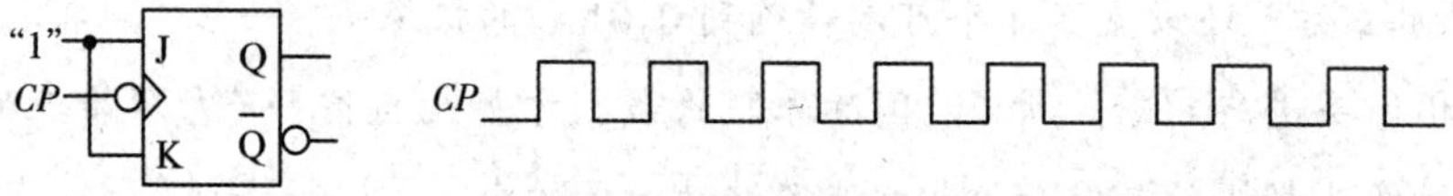

图 12.21　题 12.4 图

题 12.5　把 D 触发器转换成T′触发器，并级联成异步加法计数器的电路如图 12.22 所示。根据 CP 的波形画出 Q, $\overline{Q}$端对应的波形，并画出输出的状态转换图。设触发器的初始状态为 0。

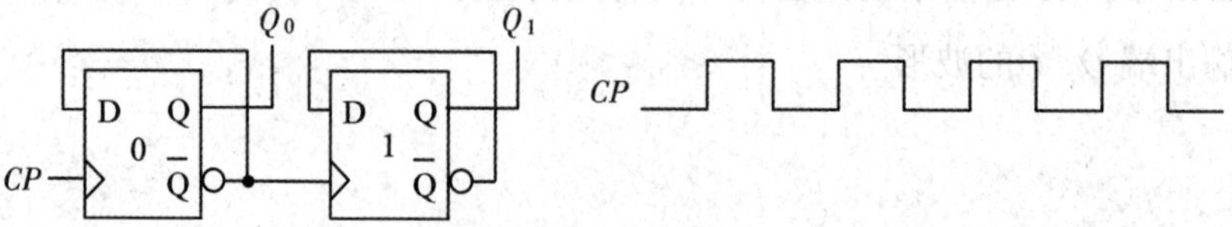

图 12.22　题 12.5 图

题 12.6　利用 D 触发器构成 4 位扭环形计数器，其电路如图 12.23 所示，试画出输出的状态转换图。设触发器的初始状态为 0。

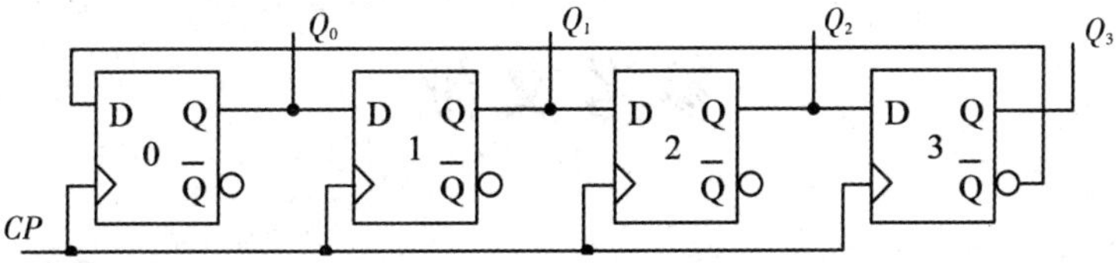

图 12.23　题 12.6 图

题 12.7　利用同步置数法把十进制集成计数器 74LS160 连接成 *N* 进制计数器，其电路如图 12.24 所示。试分析此电路为几进制，并画出输出的状态转换图。

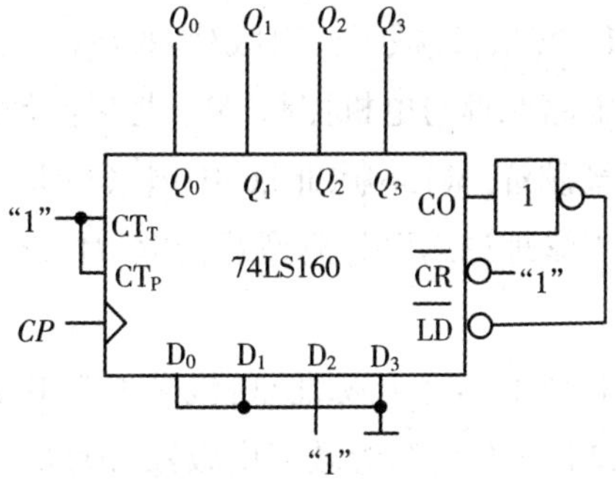

图 12.24　题 12.7 图

题 12.8　用异步清零法将集成计数器 74LS161 连接成下列计数器：

①八进制计数器；

②十二进制计数器。

题 12.9　用同步置数法将集成计数器 74LS161 连接成下列计数器：

①八进制计数器；

②十二进制计数器。

参考文献

[1] 周洋,陈亚娟,黄帆,等.电工技术基础[M].北京:北京航空航天大学出版社,2022.

[2] 陈春玲.电工与电子技术[M].沈阳:辽宁大学出版社,2016.

[3] 陈春玲.电工技术[M].沈阳:辽宁科学技术出版社,2022.

[4] 吴仕宏.电路基础[M].北京:机械工业出版社,2015.

[5] 李承,林红,张鄂亮.电路原理与电机控制[M].北京:清华大学出版社,2008.

[6] 侯树文.电工学及电气设备[M].4 版.北京:中国水利水电出版社,2008.

[7] 王居荣.电工技术电工学理论纲要与典型题精解[M].哈尔滨:哈尔滨工业大学出版社,2005.

[8] 齐占庆.机床电气控制技术[M].4 版.北京:机械工业出版社,2008.

[9] 秦曾煌.电工学[M].7 版.北京:高等教育出版社,2009.

[10] 张南.电工学:少学时[M].3 版.北京:高等教育出版社,2007.

[11] 杨方,赵朝会,丁文彦,等.电子技术[M].北京:中国水利水电出版社,2002.

[12] 杨素行.模拟电子技术基础简明教程[M].3 版.北京:高等教育出版社,2006.

[13] 童诗白,华成英.模拟电子技术基础[M].4 版.北京:高等教育出版社,2006.

[14] 刘常澍.数字逻辑电路[M].北京:高等教育出版社,2008.

[15] 宋婀娜.数字电子技术基础[M].北京:机械工业出版社,2022.

[16] 余孟尝,丁文霞,齐明,等.数字电子技术基础简明教程[M].4 版.北京:高等教育出版社,2018.